"十四五"职业教育国家规划教材

食品理化分析技术

第二版

U0225416

尹凯丹　万俊　主编

逯家富　主审

SHIPIN LIHUA
FENXI JISHU

化学工业出版社

·北京·

内 容 简 介

《食品理化分析技术》（第二版）是"十四五"职业教育国家规划教材，以《中华人民共和国国家标准·食品安全标准 5009 系列标准》为蓝本，以技能训练为主线，兼顾理论内容，将食品理化检验知识进行优化、重组、整合，形成了知识系统化、结构合理、重点突出、内容简约的，符合当前高职教育新模式下的全新教学体系。教材主要内容包括食品理化分析基本知识、物理检测法、重量分析法、滴定分析法、仪器分析法等模块，将一版教材中的食品理化分析室的设计与管理、食品样品的采集与前处理、食品的物理检验、食品一般成分的测定、食品矿物质的测定、食品添加剂的测定、食品中有害有毒物质的测定等内容根据检验方法分在各个模块中。本教材还着重在各个单元中强化训练各种理化分析仪器的使用，力求用简练的语言阐述各种仪器的操作技能要点；在实践教学方面，设计相关实训项目供学生进行技能训练。对于典型的任务，还设计了活页式工作单，学生开展技能训练时，依据单页的项目指导可完成任务，方便、实用。全面贯彻党的教育方针，落实立德树人根本任务，在教材中有机融入党的二十大精神。

本教材配有数字化教学资源，微课、视频等可通过扫描二维码学习观看，电子课件可登录 www.cipedu.com.cn 下载参考。

本教材可作为食品智能加工技术、食品营养与健康、食品检验检测技术、食品质量与安全等专业师生用书，也可作为企事业单位相关人员的参考用书。

图书在版编目（CIP）数据

食品理化分析技术/尹凯丹，万俊主编. —2 版. —北京：化学工业出版社，2021.1（2024.2重印）

高职高专系列规划教材

ISBN 978-7-122-37823-1

Ⅰ. ①食…　Ⅱ. ①尹…　②万…　Ⅲ. ①食品分析-物理化学分析-高等职业教育-教材　Ⅳ. ①TS207.3

中国版本图书馆 CIP 数据核字（2020）第 185240 号

责任编辑：李植峰　　　　　　　　　　　文字编辑：李　佩　　陈小滔
责任校对：李雨晴　　　　　　　　　　　装帧设计：王晓宇

出版发行：化学工业出版社（北京市东城区青年湖南街 13 号　邮政编码 100011）
印　　刷：三河市航远印刷有限公司
装　　订：三河市宇新装订厂
787mm×1092mm　1/16　印张 16¾　字数 399 千字　2024 年 2 月北京第 2 版第 4 次印刷

购书咨询：010-64518888　　　　　　　售后服务：010-64518899
网　　址：http://www.cip.com.cn

凡购买本书，如有缺损质量问题，本社销售中心负责调换。

定　　价：49.80 元　　　　　　　　　　　　　　　版权所有　违者必究

《食品理化分析技术》（第二版）编审人员

主　编　尹凯丹　万　俊

副主编　阎光宇　刘旭光　彭　颖

编　者　尹凯丹　（广东农工商职业技术学院）

　　　　万　俊　（广东农工商职业技术学院）

　　　　阎光宇　（厦门海洋职业技术学院）

　　　　刘旭光　（广东农工商职业技术学院）

　　　　彭　颖　（长沙商贸职业技术学院）

　　　　王晓洁　（长江职业学院）

　　　　赵雪平　（内蒙古农业大学职业技术学院）

　　　　李国权　（广东农工商职业技术学院）

　　　　郭　焰　（新疆轻工职业技术学院）

　　　　唐洪涛　（中国儿童中心）

主　审　逯家富

前　言

　　《食品理化分析》教材于2008年首次出版，曾多次重印，得到了使用学校的认可与好评，并且荣获第九届中国石油和化学工业优秀教材二等奖。在这里全体编写组成员感谢各位读者长期的支持与鼓励！

　　随着科技迅速发展，新技术、新方法层出不穷，食品安全标准的出台和不断更新，2008版的教材已经陈旧，更新是必要的。2015年我们开始准备更新和完善教材，但在更新的过程中，食品安全国家标准一直处于更新变化中，此版教材内容选用的标准全部是最新的国家标准，这一点我们深感欣慰！

　　本教材在构架方面也有所突破。第一版教材的内容分为食品分析与检验的基本知识、食品物理分析检验技术、食品营养成分分析测定、食品添加剂分析测定、食品中有毒有害成分的分析测定。新版的食品理化分析教材以技能训练为主线，兼顾理论内容，将食品理化检验知识进行优化、重组、整合，形成了知识系统化、结构合理、重点突出、内容简约的，符合当前高职教育新模式下的全新教学体系。具体内容包括食品理化分析基本知识、物理检测法、重量分析法、滴定分析法、仪器分析法等模块。把原来教材中的食品理化分析室的设计与管理、食品样品的采集与前处理、食品的物理检验、食品一般成分的测定、食品矿物质的测定、食品添加剂的测定、食品中有害有毒物质的测定等内容根据检验方法分在各个模块中。

　　另外，教材的教学内容以《中华人民共和国国家标准·食品安全标准5009系列标准》为依据，主要学习国家的标准分析方法，培养学生在今后的工作岗位中执行国家标准的能力。本教材还着重在各个单元中强化训练各种理化分析仪器的使用，力求用简练的语言阐述各种仪器的操作技能要点；在实践教学方面，设计相关实训项目供学生进行技能训练。对于典型的任务，还设计了活页式工作单，学生开展技能训练时，依据单页的项目指导即可完成任务，方便、实用。教材强调标准与法规意识，在专业教学内容前明确相应法规与标准，强化党的二十大报告提出的法治精神和依法治国理念。

　　本教材的突出优势是适应信息化技术，将全部的内容进行数字化资源课程建设，学习过程中可以直接扫描二维码进行学习和测试，大大方便了学生和教师之间的互动，提高学生的学习兴趣。电子课件可从 www. cipedu. com. cn 下载参考。

　　本教材在编写过程中得到各方面的大力支持，参考了许多文献资料，在此一并表示感谢。由于编者水平有限，书中不妥之处望同行及读者批评指正。

编者

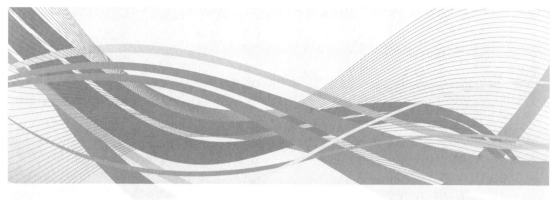

目 录

绪　论

"民以食为天，食以安为先"。食品是人类赖以生存和发展的物质基础，是维持人类生命和身体健康不可缺少的能量源和营养源。食品品质的优劣，直接关系着人们的身体健康和生活质量。2018 年修订的《中华人民共和国食品安全法》附则中对食品、食品安全作出明确定义："食品，指各种供人食用或者饮用的成品和原料以及按照传统既是食品又是中药材的物品，但是不包括以治疗为目的的物品。""食品安全，指食品无毒、无害，符合应当有的营养要求，对人体健康不造成任何急性、亚急性或者慢性危害。"

20 世纪 80 年代以来，食品安全问题日益引起人们关注，有著名的"疯牛病""大肠杆菌 O157 集体中毒""二噁英污染""苏丹红""禽流感""三鹿婴幼儿奶粉事件""地沟油"这些比较严重的恶劣食品安全事件；也有一些规模小却让消费者对食品望而生畏的食品安全问题：硫酸镁假白糖、假蜂蜜、二氧化硫残留超标黄花菜、掺假龙口粉丝、工业盐生产泡菜、碘含量超标奶粉、食品包装袋苯超标、孔雀石绿鱼、酸价和过氧化值超标油、甲醛鱼、苏丹红"红心咸鸭蛋"、致病菌超标食品、禁药大闸蟹、人造红枣、镉超标大米等。

食品安全问题主要来源于食品、农产品源头污染，我国受镉、砷、铬、铅等污染的耕地面积近 2000 万公顷；化肥、农药毒性残留问题严重，有毒物质残留是当前我国农产品食品最大的质量问题。食源性疾病指食品中致病因素进入人体引起的感染性、中毒性等疾病，包括食物中毒。加工工艺存在的问题，一是食品加工企业未能按照工艺要求操作，二是超量使用食品添加剂，甚至使用非法添加物而引起食品安全问题。另外，食品标识的滥用和制假售假也是中国食品安全急需解决的问题。

我国从 20 世纪 80 年代开始颁布与食品加工和检测相关的国家标准和行业标准，经过几十年的不断完善和修订，产品标准中框架技术要求部分的构成主要是原料要求、感官要求、理化指标、污染物限量、微生物限量、食品添加剂和营养强化剂等几个部分。

一、食品分析检测的性质、任务和作用

食品分析检测是专门研究各类食品组成成分的检测方法及有关理论，进而评定食品品质及其变化的一门技术性学科。

食品分析检测的任务是根据物理、化学、生物化学的一些基本理论和运用各种科学技术，按照有关技术标准，对食品原料、辅料、半成品及成品进行质检。

食品分析检测的具体作用表现在以下方面：

根据技术标准，运用检测手段，对食品进行分析，对食品进行评价，保证食品质量符合要求；

指导与控制生产工艺过程；

为食品生产企业成本核算、制订生产计划提供基本数据；

为开发新的食品资源、食品生产新工艺和新技术的研究及应用提供依据；

为政府管理部门对食品品质的宏观监控提供依据；

为有关机构解决产品质量纠纷提供技术依据。

二、食品理化分析的任务和内容

1. 食品理化分析的任务

食品理化分析的任务是运用物理、化学等学科的基本理论及各种科学技术，对食品工业生产中的物料（原料、辅助材料、半成品、成品、副产品等）的主要营养成分、食品添加剂、有毒有害物质的含量和有关工艺参数进行检测。

2. 食品理化分析的内容

（1）食品一般成分的分析 食品的一般成分分析主要是食品的营养成分分析。人体所必需的营养成分有水分、矿物质、碳水化合物、脂肪、蛋白质、维生素等六大类，它们是构成食品的主要成分。人们为了维护生命和健康，保证各项生命活动能正常开展，必须从食品中摄取足够的、人体所必需的营养成分。通过对食品中营养成分的分析，可以了解各种食品中所含营养成分的种类、数量和质量，合理进行膳食搭配，以获得较为全面的营养，维持机体的正常生理功能，防止营养缺乏而导致疾病的发生。通过对食品中营养成分的分析，还可以了解食品在生产、加工、储存、运输、烹调等过程中营养成分的损失情况，以减少造成营养成分损失的不利因素。此外，对食品中营养成分的分析，还能对食品新资源的开发、新产品的研制和生产工艺的改进以及食品质量标准的制定提供科学依据。

（2）食品添加剂的分析 食品添加剂是指在食品生产中，为了改善食品的感官性状、改善食品原有的品质、增强营养、提高质量、延长保质期，满足食品加工工艺需要而加入食品中的某些化学合成物质或天然物质。目前所使用的食品添加剂多为化学合成物质，有些对人体具有一定的毒副作用，如果不科学使用，必然会严重危害人们的健康。因此国家食品安全标准对食品添加剂的使用品种、使用范围及用量均作了严格的规定。为监督食品企业在生产中合理使用食品添加剂，保证食品的安全，必须对食品中的食品添加剂进行检测，这已成为食品分析中的一项重要内容。

（3）食品中有毒有害物质的检测 食品中的有毒有害物质是指食品在生产、加工、包装、运输、储存、销售等各个环节中产生、引入或污染的，对人体健康有危害的物质。食品中有害、有毒物质的种类很多，来源各异。且随着工业的高速发展，环境污染日趋严重，食品污染源将更加广泛。为了确保食品的安全性，必须对食品中有害、有毒物质进行分析检验。按有害、有毒物质的来源和性质，有害、有毒物质主要有以下几类。

① 有害金属元素 主要来自工业三废、生产设备、包装材料等对食品的污染。主要有砷、汞、铬、锡、锌、铅、镉、铜等。

② 食品加工中形成的有害、有毒物质 在食品加工中也可产生一些有害、有毒物质。如在腌制加工过程中产生的亚硝胺；在发酵过程中产生的醛、酮类物质；在烧烤、烟熏等加工过程中产生的 3,4-苯并芘。

③ 来自包装材料的有害、有毒物质 在食品包装中使用不符合质量要求的包装材料包装食品，使食品中引入有害、有毒物质，如聚氯乙烯、多氯联苯、荧光增白剂等。

④ 农药兽药残留 食品原料在生产中不合理地施用农药兽药，使动植物生长环境中农药兽药超标，经动植物体的富集作用及食物链的传递，最终造成食品中农药兽药的残留。

⑤ 细菌、霉菌及其毒素 食品生产或贮藏环节不当引起的微生物污染，使食品中产生有害的微生物毒素。此类微生物毒素中，对人类危害最大的是黄曲霉毒素。

总之，食品中的营养成分是人类生活和生存的重要物质基础，食品的品质直接关系到人类的健康及生活质量；食品中的有毒有害物质对食品安全造成严重威胁，为了保证食品的安全和保障人民的身体健康，对食品中的营养成分和有毒有害成分进行检测是食品理化分析的主要内容。

三、食品理化分析的方法

在食品理化分析与检验工作中，由于分析的目的不同，或由于被测组分和干扰成分的性质以及它们在食品中存在的含量差异，所选用的分析检验方法也不尽相同。在食品理化分析中，依据检验技术手段经常把分析检验方法分为物理检验法、化学分析法（质量分析法、容量分析法）、仪器分析法等。

1. 物理检验法

物理检验法是根据食品的物理参数与食品组成成分及其含量之间的关系，通过测定密度、黏度、折射率等特有的物理性质，来求出被测组分含量的检测方法。物理检验法快速、准确，是食品工业生产中常用的检测方法。

食品物理检验方法有两种类型：一种是直接测定某些食品质量指标的物理量，并以此来判断食品的品质，如测定罐头的真空度，饮料中的固体颗粒度，面包的比体积，冰淇淋的膨胀率，液体的透明度、黏度和浊度，等；另一种是测定某些食品的物理量参数，如密度、相对密度、折射率、比旋光度等，并通过其与食品的组成和含量之间的关系，间接检测食品的组成和含量。

2. 化学分析法

化学分析法是以物质组成成分的化学反应为基础，使被测组分在溶液中与试剂作用，由生成物的量或消耗试剂的量来确定组分和含量的分析方法。食品理化分析中最经常做的工作是定量分析。

化学分析法主要包括质量分析法和容量分析法。质量分析法是通过称量食品中某种成分的质量，来确定食品的组成和含量的，食品中水分、灰分、脂肪、纤维素等成分的测定采用质量分析法；容量分析法也叫滴定分析法，包括酸碱滴定法、氧化还原滴定法、配位滴定法和沉淀滴定法，食品中酸度、蛋白质含量、脂肪酸价、过氧化值等的测定采用容量分析法。此外，所有食品分析与检验样品的预处理都是采用化学方法来完成的。

化学分析法是食品理化分析的基础，即使在仪器分析高度发展的今天，许多样品的预处理和检测都采用化学分析法，而仪器分析的原理大多数也是建立在化学分析的基础上的。因此，化学分析法仍然是食品理化检验中最基本的、最重要的分析方法。

3. 仪器分析法

仪器分析法是根据物质的物理和物理化学性质，利用光电等精密的分析仪器来测定物质组成成分的方法。仪器分析法一般具有灵敏、快速、准确的特点，是食品理化分析方法发展的趋势，但所用仪器设备较昂贵，分析成本较高。目前，在我国的食品卫生标准检验方法中，仪器分析法所占的比例也越来越大。

仪器分析法包括光学分析法、电化学分析法、色谱分析法和质谱分析法。光学分析法又分为紫外-可见分光光度法、原子吸收分光光度法、荧光分析法等，可用于测定食品中无机元素、碳水化合物、蛋白质、氨基酸、食品添加剂、维生素等成分。电化学分析法又分为电导分析法、电位分析（离子选择电极）法、极谱分析法等。电导分析法可测定糖品灰分和水的纯度等；离子选择电极法广泛应用于测定 pH 值、无机元素、酸根、食品添加剂等成分；极谱分析法已应用于测定重金属、维生素、食品添加剂等成分。色谱分析法主要用于微量成分分析，常用的有薄层色谱法、气相色谱法和高效液相色谱法。可用于测定有机酸、氨基酸、碳水化合物、维生素、食品添加剂、农药残留、黄曲霉毒素等成分。此外，许多全自动分析仪也已经广泛应用，如蛋白质自动分析仪、氨基酸分析仪、脂肪测定仪、碳水化合物测定仪和水分测定仪等。

四、食品理化分析技术的发展方向

随着科学技术的迅猛发展，特别是在 21 世纪，食品理化分析采用的各种分离、分析技术和方法得到了不断完善和更新，许多高灵敏度、高分辨率的分析仪器已经越来越多地应用于食品理化分析中。目前，在保证检测结果的精密度和准确度的前提下，食品理化分析技术正朝着快速化、自动化的方向发展。

1. 食品理化分析技术的仪器化、快速化

现在许多先进的仪器分析方法，如气相色谱法、高效液相色谱法、原子吸收光谱法、毛细管电泳法、紫外-可见分光光度法、荧光分光光度法以及电化学方法等已经在食品理化分析中得到了广泛应用，在我国的食品卫生标准检验方法中，仪器分析方法所占的比例也越来越大。在样品的前处理方面采用了许多新颖的分离技术，如固相萃取、固相微萃取、加压溶剂萃取、超临界萃取以及微波消化等，较常规的前处理方法省时省事、分离效率高。以上种种技术和方法的使用，为提高食品理化分析的精度和准确度奠定了坚实的基础，并大大地节省了分析时间。

2. 食品理化分析的自动化、智能化

仪器分析尤其适用于微量或痕量组分的测定。目前，在食品分析检测中仪器分析方法有代替传统手工操作方法的趋势，气相色谱仪、高效液相色谱仪、氨基酸自动分析仪、原子吸收分光光度计及可进行光谱扫描的紫外-可见分光光度计、荧光分光光度计等均得到了普遍应用。计算机技术的引入，使仪器分析的快速、灵敏、准确等特点更加明显，多种技术的结合与联用使仪器分析应用更加广泛，有力推动了食品仪器分析的发展，使得食品分析处在一个崭新的发展时代。

现代分析仪器的种类十分繁多，根据仪器的工作原理以及应用范围，可划分为：电化学分析仪器、光学式分析仪器、射线式分析仪器、色谱类分析仪器、离子光学式分析仪器、磁学式分析仪器、热学式分析仪器、电子光学物性测定仪器及其他专用型和多用型仪器。

核磁共振分析法除了可以用于油脂等食品品质检测。还可以利用其分析粉状食品结块的机理，研究食品的结块与玻璃态转变温度、化学组成之间的关系，为延长食品的保质期提供理论基础。

生物芯片检测技术是一种全新的微量分析技术，在食品卫生检测、营养学、转基因产品检测中均有应用。化学发光分析较荧光分析更加灵敏，若直接测定氨基酸，灵敏度可达 3×10^{-11} mol/L，而且重现性较好。高效毛细管电泳具有高效、快速、简便、微量并可实现仪器化等优异特点，对于食品中样品珍贵、基体复杂的生物大分子，高效毛细管电泳技术更显现出特有的分析能力。随着生物技术的日臻完善，生物传感器作为一种多学科交叉的高新技术日渐渗透到食品分析领域。

食品中农药残留和兽药残留一直是政府和公众非常关注的问题，为了防止对人畜的危害，目前很多国家和地区都将农药残留和兽药残留作为主要的控制项目，列为必检指标。检测农药残留和兽药残留的主要方法包括气相色谱、高效液相色谱法和气-质联用检测法等。

现在，国际市场上出现越来越多的转基因食品，其检测主要借鉴转基因植物产品的检测技术。国内也将转基因食品的检测作为食品安全检测的一项重要内容。转基因食品检测包括两方面的内容：一是核酸的检测，也就是基因水平的检测，主要利用各种 PCR 定性、定量方法和基因芯片技术；二是蛋白质的检测，也就是外源基因表达的蛋白质的检测。

面对食品安全突发事件的发生，快速检测和筛查的应急分析是应急机制不可缺少的技术支撑之一，酶标仪和洗板机，用于农药、兽药残留、致病菌、毒素以及转基因检测，应用范围广，产品日益成熟。

总之，为适应食品工业发展的需要，食品仪器分析将在准确、灵敏的前提下，向着简易、快速、微量，可同时测量若干成分的小型化、自动化、智能化的方向发展。

五、食品理化分析课程的学习要求

食品理化分析是一门实践性很强的专业技术，在学习中要求学生要具有一定的基础化学知识、分析化学知识，具备一定的化学分析技能。在学习食品理化分析课程时，要树立实事求是的科学态度，注重理论学习与实际操作相结合。在理论学习中，对各种分析方法及有关原理必须深刻理解，力求融会贯通。在实践过程中要实事求是、耐心细致、一丝不苟，养成良好、严谨、科学的工作作风。通过对课程的学习，培养独立动手能力，独立思考问题、分析问题和解决问题的能力，培养初步开展科学研究工作的能力。在此基础上，重点掌握对各类食品在分析前的样品处理方法；掌握各种化学分析法、常用的仪器分析方法；掌握食品营养成分分析的标准方法；掌握食品添加剂、食品中微量元素、有害有毒物质等常见项目的常用分析方法；熟练掌握分析操作技能和技巧。

复习思考题

1.食品分析的任务是什么？
2.食品分析的作用有哪些？
3.食品理化分析包含了哪些内容？
4.食品理化分析有哪些方法？

模块一 食品理化分析的基本知识

影响食品理化分析的因素除了实验室人员的专业技能外，也离不开良好的实验室。好的食品理化实验室离不开实验设施、环境条件、实验室仪器设备、分析检验试剂及实验用水。这是食品理化分析的基础条件。

试样的制备及前处理、分析结果的处理与分析报告也是检验人员非常重要的技能。

本模块主要设定为两章。

第一章　食品理化分析室，包括食品理化分析室的设计与管理、分析试剂及实验室用水、食品理化分析仪器设备与基本操作技能。

第二章　试样准备及分析结果处理，包括样品的采集与制备、样品的前处理技术、数据处理与分析报告。

工作实际案例

第一章 食品理化分析室

第一节 食品理化分析室的设计与管理

知识目标

1. 通过学习国家标准掌握食品理化实验室的设计要求以设施功能；
2. 掌握实验室剧毒、强腐药品种类及管理方法；
3. 明确实验室危险种类和防止措施；
4. 掌握实验室事故急救措施。

技能目标

1. 会分类保管剧毒、强腐药品；
2. 能够对实验室火灾进行快速灭火；
3. 对割伤、烫伤、烧伤等意外事故能够迅速采取急救措施；
4. 能按要求对实验室废弃化学品分类；按照要求填写实验室废弃化学品收集记录表。

思政与职业素养目标

通过学习和技能训练提升法制观、道德观和劳动观。通过学习国家标准，能够对实验室剧毒和强腐药品进行管理并及时防止实验室危险的发生。培养规则意识、安全意识、环保意识。

国家标准

1. GB/T 32146.1—2015 检验检测实验室设计与建设技术要求 第 1 部分：通用要求
2. GB/T 32146.3—2015 检验检测实验室设计与建设技术要求 第 3 部分：食品实验室
3. GB/T 27404—2008 实验室质量控制规范 食品理化检测
4. GB/T 31190—2014 实验室废弃化学品收集技术规范

食品理化实验室是食品分析的重要场所，应满足食品分析所具备的要求。根据 GB/T 32146.3—2015《检验检测实验室设计与建设技术要求 第 3 部分：食品实验室》了解食品实验室的构成，重点是食品理化分析实验室的设计。

根据 GB/T 32146.3—2015《检验检测实验室设计与建设技术要求 第 3 部分：食品实验室》，按照实验室建筑的设计与建设要求不同，食品实验室分为食品理化实验室、食品微生物实验室、食品分子生物学实验室、食品毒理学实验室和食品感官分析实验室。

一、食品理化实验室的设计要求

1. 实验用房及辅助用房

由标准单元组成的具有特殊要求的实验室，其空间尺寸应按实验室功能、仪器设备规格、安装及维护检修的要求确定。

（1）业务受理室 业务受理室应综合考虑业务流程，方便接收确认样品。宜布局在首层，采用开放式柜台办公，柜台高度宜不高于 800mm。应设置信息登记、检验样品收发、检验报告收发和收费区域。设置供客户咨询、查询的设施。宜放置样品短期储存装置。

（2）样品室 样品室分为样品制备室和样品储藏室（区），样品制备室应包含样品制备所用的设备、操作台及洗涤池，样品储藏室（区）包括单独设置的样品储藏室以及未单独设室的样品储藏区。样品制备室的操作台应紧邻洗涤池，宽度宜为500～800mm，高度宜为760～810mm。

样品储藏环境分为常温和低温两种条件。常温环境宜采用储物架存放；低温环境宜采用冰箱或冰柜保存样品。如条件许可，应设置整体式的冷库。样品储藏室（区）要求通风、避光、一定的温湿度，能防虫、防蝇、防鼠。易燃、易爆和有毒的危险品宜设置单独放置区域。

（3）前处理室 样品前处理室分为无机前处理室和有机前处理室，两室应单独设计并分开设置。无机前处理室消化过程需在通风柜中进行，通风柜应耐强酸腐蚀。有机前处理室应配备通风柜或桌面通风罩，通风柜设在远离出口且靠近管井的位置。

前处理室应设有通风换气装置。前处理用设备如旋转蒸发器、氮吹仪、微波消解仪、离心机、浓缩仪等有挥发溶剂或刺激性气体的装置应放在通风柜中。实验台面应耐强酸强碱腐蚀、耐高温及耐有机溶剂，宜采用环氧树脂台面及环氧树脂水槽。试剂柜、器皿柜等功能高柜设在靠墙位置，器皿柜应尽量靠近水槽，试剂柜宜设置抽风装置。试剂架可采用磨砂玻璃或实心理化板等防腐蚀层板的钢制试剂架，高度可调节，也可在试剂架配吊柜。烘箱台设置应远离使用或储存有机溶剂的位置。

（4）仪器分析室 仪器分析室一般分为大型精密仪器室和小型仪器室。一般要求防震、防尘、温度和湿度相对稳定。同类仪器尽量集中，需要供气的仪器靠近气瓶间。对于放置不需要用水的大型精密仪器的房间，可不安装供水设施，仪器摆放尽量远离水源。

① 小型仪器室 食品实验室可能用到的小型分析仪器主要包括红外分光光度计、紫外分光光度计、电位滴定仪、阿贝折射仪、浊度计、旋光仪、黏度计、pH计、生物培养箱、显微镜、基因扩增仪、酶标仪等。小型仪器宜沿墙放置，环境条件应满足仪器的要求，如红外光谱仪、旋光仪要求恒温恒湿。小型仪器室的仪器台可按普通实验边台或中央台设计并提供足够电源插座即可；仪器台应稳固，可采用全钢结构或钢木结构台面等。

② 大型精密仪器室 大型精密仪器室按仪器的类型，一般分为光谱室、气相色谱室和液相色谱室。安装大型仪器的实验室，应安装专门的制冷设备，以保证室温的控制。色谱室室内要有良好的通风，宜配备万向排气罩。管路由气瓶间进入室内，室内总管线通过稳压阀分向每一台仪器。在管路设计时应充分考虑所用的气体，宜预留适当的管路。

食品实验室可能用到的大型精密分析仪器主要包括原子吸收光谱仪、原子荧光光谱仪、测汞仪、电感耦合等离子体发射光谱仪、电感耦合等离子体质谱仪、高效液相色谱仪、气相色谱仪、液相色谱质谱仪、气相色谱质谱仪、定氮仪、基质辅助激光解析飞行时间质谱仪等。

光谱室一般放置原子吸收光谱仪、原子荧光光谱仪、等离子体发射光谱仪、等离子质谱仪等光谱仪器，不宜和液相色谱、气相色谱放在同一个房间。此类仪器可能用到的气体包括乙炔气、空气、氢气、氧气、一氧化二氮等，应充分考虑所需气路的设计。

等离子体发射光谱仪和等离子体质谱仪宜隔间单独放置。

气相色谱室主要放置气相色谱仪和气相色谱质谱仪，该类仪器可能用到的气体有氢气、氮气、氦气、氩气、空气等，氢气可由氢气发生器提供。

液相色谱室一般放置液相色谱和液相色谱质谱仪，该类仪器可能用到的气体有氮气、氦气、氩气、空气等。放置液相色谱质谱仪的房间室温宜低于25℃，宜设单间，空调控温。

大型精密仪器室的仪器台一般宽度宜为800～1000mm，高度宜为760～840mm。仪器台离墙留出宜为500～800mm的通道，根据需要设置电源插座、网络接口、气体管路接口等。

（5）高温设备室 高温室一般放置烘箱、马弗炉等设备。室内应配备高温仪器台，其深度以750mm为宜，长度根据场地尺寸而定，高度以500mm为宜。高温台要求承重、耐高温，以用钢制框架配大理台面为宜。高温室供电系统应满足安全及使用要求。

（6）天平室 天平室应远离振动源，要求防震、防尘、防腐蚀、防潮，温度、湿度应满足使用要求。天平室应避开风或气流的干扰，设在人流少且方便工作的地方。外窗宜密闭并设遮光窗帘。放置分度值为 0.001mg 天平的天平室，应设缓冲间。天平室内一般设有天平台、周转台、物品架或边台；天平台具三级防震及调水平功能，周转台方便称量时临时放置物品与记录，物品或边台用于存放干燥皿。

（7）试剂室　根据试剂的品种不同，可采用不同品种的试剂储存柜，一般需要设置抽风系统，对于存放易燃易爆药品的房间，应设置防爆电器。宜单独设计标准样品储存室，并对标准品、标准溶液的存放装置上锁并有温度监测记录系统。

（8）洗涤室　洗涤室应配备洗涤台、器皿柜、器皿架、器皿车、高温台等，洗涤台的水槽可选用多个大型水槽；洗涤台上宜设置滴水架；高温台上放置烘箱。洗涤过程中若产生挥发性有害成分，应在洗涤台上设抽风罩。

（9）纯水制备　室实验室宜设纯水制备系统。规模较大，用水较多的食品实验室宜设立中央纯水系统，系统一般分为纯水制备系统、纯水存储系统、纯水分配系统、纯水终端纯化系统。实验室纯水亦可采用分散供水模式，即在实验室各用水点位置设置纯水机或成品水。

（10）气瓶室　当实验室需求的气体种类大于 3 种，或需储存 3 瓶以上的气体时，宜设立气瓶室，采用集中供气系统。气瓶室应保持阴凉、干燥、严禁明火、远离热源。气瓶室应有每小时不少于 3 次换气的通风措施，宜把气瓶室建在实验楼旁侧，气瓶室应配备防爆灯、防爆开关和防气体渗漏报警装置，墙壁需专门设计、施工，具有一定防爆级别。集中供气管路的组成一般包括气源系统、切换系统、管道系统、调压系统、泄漏报警及紧急切断系统。对于一些易燃易爆的气体，如氢气、乙炔等，在设计之初和施工过程中会和其他稀有气体不同，应加入气体回火防止器和泄漏报警等安全装置。

对于某些产生废气的仪器设备，如气相色谱质谱仪和液相色谱质谱仪，仪器运行时排出的废气应通过管道排放。

对于具有不同温度要求的实验室宜分区控制，并防止不同实验区域的环境交叉污染。

2. 房屋配件、实验室辅助设施

（1）门窗　有空调、洁净要求的房间设置外窗时，宜为双层密闭窗。各房间的门应保证人员、设备进出方便。

（2）地面　实验室要求防尘、防腐蚀，地面材料应平整、耐磨、易清洁，并按需要采取防静电措施，可用陶瓷板地面、聚氯乙烯（PVC）地面等。仪器分析实验室若采用一般的固定地板，管线可通过服务性柱从天花板往下走线；对于大型精密仪器分析实验室，也可采用架空地板。

（3）隔断、天花板　实验室应选用易清洁、不起尘的难燃材料，墙壁和天花板表面应平整，减少积尘面，要有保温、隔声和吸声效果，除固定隔断外，最好采用灵活隔断，以适应仪器更新及改扩建的需要。

室内各种管线宜暗敷，当管线穿楼板时宜设技术竖井。室内色彩宜淡雅柔和，不宜用大面积强烈色彩。视觉作业处的家具和房间内宜用无光泽或亚光表面。室内天花板上安装的风口、灯具、火灾探测器以及墙上的各种箱盒等应协调布置，做到整齐美观。

（4）实验室家具　实验室家具应符合以下要求。

①　实验台可采用钢木结构即金属框架与木制柜体组成。实验台台面按使用性质不同应具有相应的绝缘、耐磨、耐腐、耐火、耐高温、防水及易清洗等性能，一般实验台宜采用环氧树脂板，洁净实验室和无菌生物实验室宜采用不产生二次污染的台面。

②　标准实验台的宽度为 750mm，精密仪器台的深度宜为 800～1000mm；高度一般为 760mm 和 840mm 两种，760mm 高的实验台适合坐姿操作，840mm 高的实验台适合站立操作；实验台的长度宜为 750mm 的倍数。

③　安全储存柜可分为毒品柜、防爆柜、酸柜、挥发性试剂柜等。毒品柜用于储存有毒物品，需配双锁，能调节温湿度；防爆柜用于储存易燃易爆的物品，配自动闭门器、防爆门；酸柜用于

储存酸性试剂，宜用聚丙烯材料；挥发性试剂柜用于储存挥发性试剂，宜在试剂柜上部配备过滤器与小型风机。

④ 药品柜主要放置化学试剂，化学试剂须按固体、液体、有机、无机、酸、碱、盐等分类放置，便于查找和安全。药品柜可设置玻璃门，柜体也应具有一定的承重能力和防腐蚀性。药品柜分为抽屉式、阶梯层板式或可升降层板式。

⑤ 样品柜用于放置各类实验样品，可有分格且可贴标签的隔板，便于存放样品和查找样品。

⑥ 器皿柜用于存放洗净后的玻璃器皿，一般设有层板，层板宜采用抗倍特层板，层板用导轨与柜体固定，层板上开孔，可根据器皿尺寸大小调节位置。器皿柜应通风良好，易于清洁干燥。

⑦ 气瓶柜用于放置气瓶，气瓶柜一般采用钢制产品，配备报警器，根据气体不同分为可燃性报警器与非可燃性报警器，最好具备防爆功能，并在柜子上方设泄爆口。

⑧ 通风柜与墙壁的距离为300mm，通风柜侧对门建议最小开间为1000mm，通风柜正对门摆放最小距离为1800mm，人背对门操作通风柜最小距离为1500mm。两台通风柜对放时建议空间不小于3000mm，通风柜与中央台间距宜不小于1800mm，通风柜与对墙时的空间不小于1800mm，通风柜应留有1000mm的非干扰区及建议1000mm的走道。

二、食品理化分析室的安全管理

实验室的安全是头等大事，凡进入实验室工作的人员都必须有高度的安全意识，严格遵守操作规程和规章制度，保持警惕，事故就可以避免。

1. 实验室通用安全守则

为保障实验室人身及设备仪器安全，遵守下列安全守则是必要的。

① 实验室人员必须熟悉仪器、设备的性能和使用方法，按规定要求进行操作。

② 凡进行有危险性实验，实验人员应先检查防护措施，确认防护妥当后，才可进行操作。实验过程中操作人员不得擅自离开，实验完成后立即做好清理工作，并做出记录。

③ 凡进行有毒或有刺激性气体发生的实验，应在通风柜内进行，做好个人防护、不得把头部伸进通风柜内。

④ 凡接触或使用腐蚀和刺激性药品（如强酸、强碱、氟水、过氧化氢、冰醋酸等），取用时尽可能佩戴橡皮手套和防护眼镜，瓶口不要直接对着人。禁止用手直接拿取。开启有毒气体容器时应戴防毒面具。

⑤ 不使用无标签（或标志）容器盛放的试剂、试样。

⑥ 实验中产生的有毒、有害废液、废弃物应集中处理。不得任意排放或流入下水道。酸、碱或有毒物品溅落时，应及时清理并除毒。

⑦ 严格遵守安全用电规程。不使用绝缘不良或接地不良的电气设备，不准擅自拆修电器。

⑧ 安装易破裂的玻璃仪器时，要用布巾包住玻璃管。套橡皮管时，管口用水或甘油润滑，防止玻璃管破裂割伤手。

⑨ 实验完毕后，实验人员应养成勤洗手的习惯。实验室内禁止吸烟和存放食物、餐具（食品感官鉴评实验室例外）。

⑩ 实验室应配备消防器材。实验人员要熟悉其使用方法并掌握有关的灭火知识。

⑪ 实验结束后，人员离室前要检查水、电、燃气和门窗，确保安全，并做好登记。

2. 实验室剧毒、强腐蚀药品的保管和处理

(1) 氰化物和氢氰酸 在使用氰化物时严禁用手直接接触，大量使用这类药品时，应戴上口罩和橡皮手套。含有氰化物的废液，严禁倒入酸缸；应先加入硫酸亚铁使之转变为毒性较小的亚铁氰化物，然后倒入水槽，再用大量水冲洗原贮放的器皿和水槽。

(2) 汞和汞的化合物 若不慎将汞洒在地上，应立即用滴管或毛笔尽可能将它拾起，然后用锌皮接触使其变成合金而消除，最后撒上硫磺粉，使汞与硫反应生成不挥发的硫化汞。废汞切不可以倒入水槽冲入下水管。因为它会积聚在水管弯头处，长期蒸发，毒化空气。误洒入水槽的汞也应及时捡起。使用和贮存汞的房间应经常通风。

（3）砷的化合物　砷和砷的化合物都有剧毒，实验室常使用的是三氧化二砷（砒霜）和亚砷酸钠。这类物质中毒一般由经口摄入引起。砷的解毒剂是二巯基丙醇，肌内注射即可解毒。

（4）硫化氢　能麻痹人的嗅觉，以至逐渐不闻其臭，所以特别危险。使用硫化氢和酸分解硫化物时，应在通风橱中进行。

（5）有机化合物　苯、二硫化碳、硝基苯、苯胺、甲醇等使用时应特别注意和加强防护。

（6）溴　红色液体，易蒸发，能损伤眼睛、气管、肺部，使用时应戴橡皮手套。

（7）氢氟酸和氟化氢　氢氟酸和氟化氢皆具剧毒、强腐蚀性。操作必须在通风橱中进行，并戴橡皮手套。

3. 实验室危险性种类

（1）易燃、易爆危险品　实验室内因存有易燃、易爆等化学危险品，以及高压气体钢瓶，低温液化气体和可能进行的蒸馏、干燥、浓缩等操作，如果操作不当或没有遵守安全操作规定，就有可能导致安全事故的发生。

（2）有毒气体危险　在食品分析实验中，经常使用到各种有机溶剂和具有挥发性的有毒、有害试剂，实验过程中也可能产生有毒气体和腐蚀性气体，如不注意，都有引起中毒的可能。

（3）机械伤害危险　分析实验中经常涉及安装玻璃仪器、连接管道、接触运转中的设备等因素，操作者疏忽大意或思想不集中是导致事故发生的主要原因。

（4）触电危险　在实验室经常接触电气设备及高压仪器设备，用电安全必须时刻注意。

（5）其他危险　涉及放射性、微波辐射、电磁、电场的工作场所应有适当的防护措施，防止泄漏及对环境造成伤害。

4. 常见的实验室事故急救和处理

（1）实验室火灾原因及火灾处理　一般有机物，特别是有机溶剂，大都容易着火，有火花（点火、电火花、撞击火花）时就会引起燃烧或猛烈爆炸；某些化学反应放热而引起燃烧，如金属钠、钾等遇水会燃烧甚至爆炸；有些物品易自燃，如白磷遇空气就自行燃烧。

万一发生着火，要快速处理，首先要切断热源、电源，把附近的可燃物品移走，再针对燃烧物的性质采取适当的灭火措施。

常用的灭火措施有以下几种，使用时要根据火灾的轻重、燃烧物的性质、周围环境和现有条件进行选择。石棉布适用于小火，用湿抹布或石棉板盖上即可；干沙土抛洒在着火物体上就可灭火；水是常用的救火物质，但一般有机物着火不适用，在有机溶剂着火时，先用泡沫灭火器把火扑灭，再用水降温是有效的救火方法；泡沫灭火器可生成二氧化碳及泡沫，使燃烧物与空气隔绝而灭火，效果较好，适用于除电流起火外的灭火；二氧化碳灭火器不损坏仪器，不留残渣，对于通电的仪器也可以使用，但金属镁燃烧不可使用它来灭火；四氯化碳灭火器不导电，适于扑灭带电物体的火灾，但它在高温时分解出有毒气体，故在不通风的地方最好灭不用。另外，在有钠、钾等金属存在时不能使用，因为有引起爆炸的危险。

除了以上几种常用的灭火方式外，还有水蒸气、石墨粉等灭火方式。

（2）实验室意外事故的急救　实验室常见意外事故包括割伤、烫伤、受强酸腐伤、受强碱腐伤、磷烧伤等。实验室要建立预防措施和安装设备。

比如受强碱腐伤，立即用大量水冲洗，然后用1%柠檬酸或硼酸溶液洗。当碱溅入眼内时，用洗眼设备并以大量水冲洗，再用饱和硼酸溶液冲洗，最后滴入蓖麻油。

（3）触电的急救　遇到人身触电事故时，应立即拉下电闸断电或用木棒使电源线远离触电者。

三、废弃物处理

根据 GB/T 24777—2009《化学品理化及其危险性检测实验室安全要求》和 GB/T 31190—

2014《实验室废弃化学品收集技术规范》，废弃化学品和废弃物要严格回收和处理。

1. 实验室废弃化学品分类

实验室废弃化学品包括：镉、铅、汞、苯等；实验过程中产生的废弃化学品；过期、失效或剩余的实验室废弃化学品；盛装过化学品的空容器和沾染化学品的实验耗材等废弃物。

2. 废弃物的管理原则

① 将获取、收集、运输和处理废弃物的风险减至最小；将废弃物对人体和环境的危害影响减至最小。

② 危险性废弃物的管理应符合相关法律法规的要求。

③ 应建立管理废弃物的制度和程序，该制度和程序应满足国家或地方的相关法律法规要求，还应包括废弃物的堆放和处置等方面的管理。

④ 废液、废气、废渣等废弃物应分类收集、存放和集中处理，确保不扩大污染，避免交叉污染。存放废弃物的容器、冰箱等，应粘贴通用的危险标识。

⑤ 实验室应指定专人协调和负责处理废弃物。应确保废弃物只能由经过培训的人员处理，同时应采用适当的人员防护设备。无法在实验室妥善处理的剧毒品、致癌性废弃物应交环保部门或其他有资质的单位统一处理，并做好处理记录。

复习思考题

1. 食品理化实验室的设计有什么要求？
2. 食品理化实验室一般应包括几个单元？
3. 实验室建筑安全要考虑哪些方面？
4. 实验室中的一些剧毒、强腐蚀药品应如何保管和处理？
5. 实验室危险品有哪些种类？
6. 实验室废弃化学品分为哪 5 类？

第二节　分析试剂及实验室用水

知识目标

1. 掌握分析试剂的规格和等级；
2. 掌握化学试剂剂型及试剂规格；
3. 熟悉化学试剂标签颜色、代号及含义；
4. 熟悉基准试剂和溶液浓度的各种表示方法；
5. 明确理化分析用水要求。

技能目标

1. 能根据化学药品的性质进行保管和储存；
2. 能根据检验工作的具体情况进行试剂选用；
3. 能配制国家标准中经常使用的各种浓度的试剂；
4. 能正确使用实验室用水。

思政与职业素养目标

通过学习国家标准，能够掌握实验室试剂和实验室用水要求。通过实操强化工匠精神、科学精神和职业素养，强化规范意识和责任担当精神。

 **国家标准**

1.GB/T 5009.1—2003 食品卫生检验方法 理化部分 总则
2.GB/T 601—2016 化学试剂 标准滴定溶液的制备
3.GB/T 6682—2008 分析实验室用水规格和试验方法
4.GB/T 603—2002 化学试剂 试验方法中所用制剂及制品的制备

一、试剂的规格

我国的试剂规格基本上按纯度（杂质含量的多少）划分，共有高纯、光谱纯、基准、分光纯、优级纯、分析纯和化学纯等 7 种。常用于食品检验方面的试剂主要有三个等级，即优级纯、分级纯和化学纯。

(1) 优级纯 优级纯（GR）又称一级品或保证试剂，含量为 99.8％，试剂纯度最高，杂质含量最低，适合于重要精密的分析工作和科学研究工作，使用绿色瓶签。

(2) 分析纯 分析纯（AR）又称二级试剂，纯度很高，含量为 99.7％，略次于优级纯，适合于重要分析及一般研究工作，使用红色瓶签。

(3) 化学纯 化学纯（CP）又称三级试剂，含量≥99.5％，纯度与分析纯相差较大，适用于工矿、学校的一般分析工作。使用蓝色（深蓝色）标签。

(4) 实验试剂 实验试剂（LR）又称四级试剂。

除了上述四个级别外，目前市场上尚有以下两种。

基准试剂（PT）：专门作为基准物用，可直接配制标准溶液。

光谱纯试剂（SP）：表示光谱纯净。但由于有机物在光谱上显示不出，所以有时主成分达不到 99.9％以上，使用时必须注意，特别是作为基准物时，必须进行标定。

各级别试剂的特点及用途如表 1-1 所示。

表 1-1 各级别试剂的特点及用途

级别	名称	代号	标志颜色	用途
一级品	优级纯	GR	绿色	精密的分析工作和科学研究工作
二级品	分析纯	AR	红色	重要分析及一般研究工作
三级品	化学纯	CP	蓝色	工业产品的一般分析工作

二、化学试剂的储存

检验需要用到各种化学试剂，除供日常使用外，还需要储存一定量的化学试剂。大部分化学试剂都具有一定的毒性，有的是易燃、易爆危险品，因此，必须了解一般化学药品的性质及保管方法。

① 试剂要存放于通风、阴凉、温度低于 30℃的药品柜中。

② 较大量的化学药品应放在样品储藏室中，由专人保管。危险品应按照国家安全部门的管理规定储存。

③ 化学试剂大多数都具有毒性及危害性，要加强管理。

④ 隔离存放：易燃类、剧毒类、强腐蚀性类、低温贮存的等分类放置；要求化验人员有一定的相关知识。

⑤ 有些药品遇光容易分解，避光保存。

⑥ 固体、液体，酸、碱分别放置。

三、试剂选用的一般原则

高纯试剂和基准试剂的价格要比一般试剂高数倍乃至数十倍。因此，应根据分析与检验工作的具体情况进行选择，不要盲目地追求高纯度，这里就试剂选用的一般原则论述如下。

① 滴定分析常用的标准溶液，一般应选用分析纯试剂配制，再用基准试剂进行标定。某些情况下（例如对分析结果要求不是很高的实验），也可以用优级纯或分析纯试剂代替基准试剂。滴定分析中所用其他试剂一般为分析纯。

② 仪器分析实验一般使用优级纯或专用试剂，测定微量或超微量成分时应选用高纯试剂。

③ 某些试剂从主体含量看，优级纯与分析纯相同或很接近，只是杂质含量不同。若所做实验对试剂杂质要求高，应选择优级纯试剂；若只对主体含量要求高，则应选用分析纯试剂。

④ 按规定，试剂的标签上应标明试剂名称、化学式、摩尔质量、级别、技术规格、产品标准号、生产许可证号、生产批号、厂名等，危险品和毒品还应给出相应的标志。若上述标记不全，应提出质疑。

⑤ 指示剂的纯度往往不太明确，除少数标明"分析纯""四级试剂"外，经常只写明"化学试剂""企业标准"或"部颁暂行标准"等。常用的有机试剂也常等级不明，一般只可作"化学纯"试剂使用，必要时进行提纯。

四、试剂配制要求及其溶液浓度的基本要求

根据 GB/T 5009.1—2003《食品卫生检验方法　理化部分　总则》，检验方法中所使用的水，未注明其他要求时，系指蒸馏水或去离子水。未指明溶液用何种溶剂配制时，均指水溶液。检验方法中未指明具体浓度的硫酸、硝酸、盐酸、氨水时，均指市售试剂规格的浓度。液体的滴系指蒸馏水从标准滴管流下的一滴的量，在20℃时20滴约等于1mL。

1. 配制溶液的要求

① 配制溶液时所使用的试剂和溶剂的纯度应符合分析项目的要求。应根据分析任务、分析方法、对分析结果准确度的要求等选用不同等级的化学试剂。

② 试剂瓶使用硬质玻璃。一般碱液和金属溶液用聚乙烯瓶存放。需避光试剂贮于棕色瓶中。

2. 溶液浓度基本要求

在化学分析工作中，随时都要使用各种浓度的溶液。根据对准确度的不同要求，溶液浓度值的有效数字可以是不同的。像常用的试剂、沉淀剂、指示剂、缓冲溶液等，通常只需要一位有效数字，如 5％（NH$_4$）$_2$C$_2$O$_4$、0.5％酚酞、2mol/L H$_2$SO$_4$ 等；而滴定分析中用的标准溶液浓度值，则需要准确到四位有效数字。如 0.1000mol/L HCl 标准溶液。

溶液的浓度是指在一定量的溶液或溶剂中，所含溶质的量。

溶液是由两种或多种组分所组成的均匀体系。所有溶液都是由溶质和溶剂组成的，溶剂是一种介质，在其中均匀分布着溶质的分子或离子。溶剂和溶质的量十分准确的溶液叫标准溶液，而把溶质在溶液中所占的比例称作溶液的浓度。

在食品分析与检验工作中，随时都要使用各种浓度的溶液。根据国家标准，溶液浓度的要求如下。

① 标准滴定溶液浓度的表示应符合 GB/T 601—2016 的要求。

② 几种固体试剂的混合质量份数或液体试剂的混合体积份数可表示为 (1+1)、(4+2+1) 等。

③ 溶液的浓度可以质量分数或体积分数为基础给出，表示方法应是"质量（或体积）分数是 0.75"或"质量（或体积）分数是 75％"。质量和体积分数还能分别用 5μg/g 或 4.2mL/m^3 这样的形式表示。

④ 溶液浓度可以质量、容量单位表示，可表示为克每升或以其适当分倍数（g/L 或 mg/mL 等）表示。

⑤ 如果溶液由另一种特定溶液稀释配制，应按照下列惯例表示："稀释 $V_1 \rightarrow V_2$"表示，将体积为 V_1 的特定溶液以某种方式稀释，最终混合物的总体积为 V_2；"稀释 $V_1 + V_2$"表示，将体积为 V_1 的特定溶液加到体积为 V_2 的溶液中（1+1）、（2+5）等。

五、标准溶液

1. 溶液浓度表示方法

(1) 物质的量浓度 每立方分米（升）溶液中所含溶质 B 的物质的量，称为该溶质的物质的量浓度。以 c 表示或以 [ ] 表示。单位为 mol/L。例如 $c_{NaOH}=0.1mol/L$，表示 1L 溶液中所含 NaOH 的物质的量 $n_{NaOH}=0.1mol$。若配制此溶液，则称取 4g NaOH 溶于水后稀释至 1L。过去习惯称该浓度为体积摩尔浓度。

(2) 质量浓度 单位体积溶液中所含溶质 B 的质量，以 ρ_B 表示，单位为 g/L。例如 25.06g/L 的 Na_2CO_3 溶液，是指 1L 溶液中含有 Na_2CO_3 25.06g。若配制此溶液，则称取 25.06g Na_2CO_3，溶于水后稀释至 1L，即 $\rho_{Na_2CO_3}=25.06g/L$。当质量浓度很低时，可采用 $\mu g/L$、ng/L 表示。

(3) 体积分数 单位体积溶液中所含溶质 B 的体积，或者说溶液中某一组分 B 的体积与混合物总体积的比，以 ϕ_B 表示。如，1∶1 或（1＋1）的盐酸则是取 1 体积浓盐酸用 1 体积水稀释而成。当液体试剂互相混合或用水稀释时，常用这种表示方法。

(4) 质量分数 单位质量的溶液中所含溶质 B 的质量，或者说混合物中某一组分 B 的质量（m_B）与各组分质量之和的比。以 w 表示。如质量分数为 $x\%$，即表示 100g 溶液中含有溶质 xg。市售的酸、碱大多用这种方法表示。如以质量分数表示的 $w(HNO_3)=70\%$，是指在每 100g 的硝酸溶液中含有 70g HNO_3 和 30g 水。在微量和痕量分析中，过去常用 ppm 表示含量，其含义是 10^{-6} 或 $\mu g/g$。

(5) 滴定度 化学分析中，常常需要对大批试样测定同一组分的含量，为使用方便，引入了滴定度的概念。滴定度是指 1mL 标准溶液 A（又称滴定剂）相当于被测组分 B 的质量，用符号 $T_{B/A}$ 表示：$T_{B/A}=M_B/V_A$。

式中，M_B 为被测组分质量，V_A 为标准溶液的体积。$T_{B/A}$ 的常用单位为 g/mL。

2. 基准试剂

(1) 基准物质 用来直接配制标准溶液或标定溶液浓度的物质称为基准物质。基准物质要求物质的组成应与化学式完全相符。若含结晶水，其结晶水的含量也应与化学式相符，如草酸 $H_2C_2O_4 \cdot 2H_2O$，硼砂 $Na_2B_4O_7 \cdot 10H_2O$ 等。试剂的纯度要足够高，一般要求其纯度应在 99.9% 以上，而杂质含量应少到不至于影响分析的准确度；试剂在一般情况下应该很稳定，例如不易吸收空气中的水分和 CO_2，也不易被空气所氧化等；试剂最好有比较大的摩尔质量，这样一来，对相同摩尔数的试剂而言，称量时取量较多，而使称量相对误差减小；试剂参加反应时，应按反应方程式定量进行而没有副反应。

(2) 常用的基准物质

① 用于酸碱反应 无水碳酸钠 Na_2CO_3，硼砂 $Na_2B_4O_7 \cdot 10H_2O$，邻苯二甲酸氢钾 $KHC_8H_4O_4$，恒沸点盐酸，苯甲酸 C_6H_5COOH，草酸 $H_2C_2O_4 \cdot 2H_2O$ 等；

② 用于配位反应 硝酸铅 $Pb(NO_3)_2$，氧化锌 ZnO，碳酸钙 $CaCO_3$，硫酸镁 $MgSO_4 \cdot 7H_2O$ 及各种纯金属如 Cu、Zn、Cd、Al、Co、Ni 等；

③ 用于氧化还原反应 重铬酸钾 $K_2Cr_2O_7$，溴酸钾 $KBrO_3$，碘酸钾 KIO_3，碘酸氢钾 $KH(IO_3)_2$，草酸钠 $Na_2C_2O_4$，氧化砷（Ⅲ）As_2O_3，硫酸铜 $CuSO_4 \cdot 5H_2O$ 和纯铁等；

④ 用于沉淀反应 银 Ag，硝酸银 $AgNO_3$，氯化钠 NaCl，氯化钾 KCl，溴化钾 KBr（从溴酸钾中制备的）等。

3. 标准溶液的配制

标准溶液也称为标准滴定溶液，主要用于测定样品的主体成分或常量成分。其浓度要求准确到 4 位有效数字，常用的浓度表示方法是物质的量浓度和滴定度。

市售试剂往往具有脱水性、氧化性、挥发性，因此不能用直接法配制成标准溶液。一般先将试剂配成所需的近似浓度，再用基准试剂标定其准确浓度。

标准溶液的配制参照 GB/T 5009.1—2003 及 GB/T 601—2016 进行。

标准溶液是具有准确浓度的溶液，用于滴定待测试样。其配制方法有直接法和标定法两种。

（1）直接配制法 准确称取一定量基准物质，溶解后定量转入容量瓶中，用蒸馏水稀释至刻度。根据称取物质的质量和容量瓶的体积，计算出该溶液的准确浓度。例如，称取 1.471g 基准 $K_2Cr_2O_7$，用水溶解后，置于 250mL 容量瓶中，用水稀释至刻度，即得 $K_2Cr_2O_7$ 的物质的量浓度 $=0.02000mol/L$，或 $[K_2Cr_2O_7]=0.02000mol/L$。

（2）标定法 有些物质不具备作为基准物质的条件，便不能直接用来配制标准溶液，这时可采用标定法。将该物质先配成一种近似于所需浓度的溶液，然后用基准物质（或已知准确浓度的另一份溶液）来标定它的准确浓度。例如 HCl 试剂易挥发，欲配制物质的量浓度 c_{HCl} 为 0.1mol/L 的 HCl 标准溶液时，就不能直接配制，而是先将浓 HCl 配制成浓度大约为 0.1mol/L 的稀溶液，然后称取一定量的基准物质如硼砂对其进行标定，或者用已知准确浓度的 NaOH 标准溶液来进行标定，从而求出 HCl 溶液的准确浓度。

4. 标准溶液的标定方式

用基准物质或标准试样来校正所配制标准溶液浓度的过程叫作标定。用基准物质来进行标定时，可采用下列两种方式。

（1）称量法 准确称取 n 份基准物质（当用待标定溶液滴定时，每份约需该溶液 25mL 左右），分别溶于适量水中，用待标定溶液滴定。例如，常用于标定 NaOH 溶液的基准物质是邻苯二甲酸氢钾（$KHC_8H_4O_4$）。由于邻苯二甲酸氢钾摩尔质量较大，即 204.2g/mol，欲标定物质的量浓度 c_{NaOH} 为 0.1mol/L 的 NaOH 溶液，可准确称取 0.4～0.6g 邻苯二甲酸氢钾 3 份，分别放入 250mL 锥形瓶中，加 20～30mL 热水溶解后，加入 5 滴 0.5% 酚酞指示剂，用 NaOH 溶液滴定至溶液呈现微红色即为终点。根据所消耗的 NaOH 溶液体积便可算出 NaOH 溶液的准确浓度。

（2）移液管法 准确称取较大一份基准物质，在容量瓶中配成一定体积的溶液，标定前，先用移液管移取 $1/n$ 整分（例如，用 25mL 移液管从 250mL 容量瓶中每份移取 1/10），分别用待标定的溶液滴定。例如：用基准物质无水碳酸钠标定盐酸浓度时便时常采用此法。首先准确称取无水碳酸钠 1.2～1.5g，置于 250mL 烧杯中，加水溶解后，定量转入 250mL 容量瓶中，用水稀释至刻度，摇匀备用。然后用移液管移取 25.00mL（每份移取其 1/10）上述碳酸钠标准溶液于 250mL 锥形瓶中，加入 1 滴甲基橙指示剂，用 HCl 溶液滴定至溶液刚好由黄色变为橙色即为终点。记下所消耗的 HCl 溶液的体积。由此计算出 HCl 溶液的准确浓度。

这种方法的优点在于一次称取较多的基准物质，可做几次平行测定，既可节省称量时间，又可降低称量相对误差。值得注意的是，为了保证移液管移取部分的准确度，必须进行容量瓶与移液管的相对校准。

这两种方式不仅适用于标准溶液的标定，而且对于试样中组分的测定，同样适用。

六、实验室用水

食品分析与检验中绝大部分不能直接使用自来水或其他天然水，而需使用按一定方法制备得到的纯水。纯水并不是绝对不含杂质，只是杂质的含量极微小而已。根据现行国家标准 GB/T 6682—2008《分析实验室用水规格和试验方法》，分析实验室用水共分三个级别：一级水、二级水和三级水。

分析实验室用水的原水应为饮用水或适当纯度的水。

1. 分析实验室用水的规格

（1）一级水 一级水用于有严格要求的分析试验，包括对颗粒有要求的试验。如高效液相色谱分析用水。一级水可用二级水经过石英设备蒸馏或离子交换混合床处理后，再经 $0.2\mu m$ 微孔滤膜过滤来制取。

（2）二级水 二级水用于无机痕量分析等试验，如原子吸收光谱分析用水。二级水可用多次蒸馏或离子交换等方法制取。

（3）三级水 三级水用于一般化学分析试验。三级水可用蒸馏或离子交换等方法制取。分析实验室用水的规格见表 1-2。

表 1-2 分析实验室用水的规格

名称	一级	二级	三级
pH 值范围(25℃)	—	—	5.0～7.5
电导率(25℃)/(mS/m)	≤0.01	≤0.10	≤0.50
可氧化物质含量(以 O 计)/(mg/L)	—	≤0.08	≤0.4
吸光度(254nm,1cm 光程)	≤0.001	≤0.01	—
蒸发残渣(105℃±2℃)含量/(mg/L)	—	≤1.0	≤2.0
可溶性硅(以二氧化硅计)含量/(mg/L)	≤0.01	≤0.02	—

注：1. 由于在一级水、二级水的纯度下，难以测定其真实的 pH，因此，对一级水、二级水的 pH 值范围不做规定。
2. 由于在一级水的纯度下，难以测定可氧化物质和蒸发残渣，对其限量不做规定。可用其他条件和制备方法来保证一级水的质量。

在分析与检验中，一般使用三级水；仪器分析一般使用二级水，有的可使用三级水，有的（如电化学分析）则需使用一级水。

2. 实验室用水的制备、贮存及使用

一级水，基本不含有溶解或胶态离子杂质及有机物。二级水，可含有微量的无机、有机或胶态杂质。各级水的制备方法、贮存条件及使用范围见表 1-3。

（1）容器 各级用水均使用密闭的、专用聚乙烯容器。三级水也可使用密闭、专用的玻璃容器。新容器在使用前需用盐酸溶液（质量分数为 20%）浸泡 2～3d，再用待测水反复冲洗，并注满待测水浸泡 6h 以上。

（2）取样 取样前用待测水反复清洗容器，取样时要避免沾污。水样应注满容器。

（3）贮存 各级水在贮存期间，其沾污的主要来源是容器可溶成分的溶解、空气中的二氧化碳和其他杂质。因此，一级水不可贮存，使用前制备。二级水、三级水可适量制备，分别贮存在预先经同级水清洗过的相应容器中。各级用水在运输过程中应避免沾污。

表 1-3 分析实验室用水贮存和使用

级别	制备与贮存	使用
一级水	可用二级水经石英设备蒸馏或离子交换混合床处理后，再经 0.2μm 微孔滤膜过滤制取。不可贮存,使用前制备	有严格要求的分析实验,包括对颗粒有要求的试验,如高效液相色谱分析用水
二级水	可用多次蒸馏、反渗透或去离子等方法制备。贮存于密闭的、专用聚乙烯容器中	无机痕量分析等试验,如原子吸收光谱分析用水
三级水	可以采用蒸馏、反渗透或去离子等方法制备。贮存于密闭的、专用聚乙烯容器中,也可使用密闭的、专用玻璃容器贮存	一般化学分析试验

实际工作中，要根据具体工作的不同要求选用不同等级的水，对有特殊要求的实验室用水，需要增加相应的技术条件和实验方法。例如：配制无二氧化碳标准滴定溶液时，需使用无二氧化碳的水。

🏛️ **复习思考题**

1. 用于食品检验方面的试剂主要有几个等级？
2. 各级别试剂的特点及用途、代号、标志颜色是什么？
3. 溶液浓度有哪些具体要求？

4.常用溶液浓度表示方法有哪几种？

5.标准溶液的配制方法有几种？

6.分析实验室用水有哪几种规格？

第三节　食品理化分析仪器设备与基本操作技能

知识目标

1.掌握常用玻璃仪器分类和基本用途；

2.掌握常用电热设备的基本原理和用途；

3.掌握正确的基本操作方法（称量、定容、移液、滴定、过滤）。

技能目标

1.能够认识并正确使用各类玻璃仪器设备，如碘量瓶；

2.能够正确使用量筒、容量瓶、滴定管、移液管等量器；

3.会正确选用广口瓶、细口瓶、称量瓶、滴瓶等盛装不同溶液和试剂；

4.认识电炉、电热板、电磁炉、电热恒温水浴锅、电热恒温干燥箱、马弗炉等常用设备并掌握使用技能；

5.重点掌握称量、定容、移液、滴定、过滤等基本操作技能。

思政与职业素养目标

通过学习理化分析中常用设备和技能训练，对工匠精神、科学精神有强烈的认识；培养创新意识、科学思维、严谨求实和工匠精神。

国家标准

1.GB 21549—2008 实验室玻璃仪器　玻璃烧器的安全要求

2.GB/T 32146.3—2015 检验检测实验室设计与建设技术要求　第 3 部分：食品实验室

3.GB/T 27404—2008 实验室质量控制规范　食品理化检测

4.GB/T 31190—2014 实验室废弃化学品收集技术规范

一、常用玻璃仪器

目前国内一般将化学分析实验室中常用的玻璃仪器按它们的用途和结构特征，分为以下 8 类。

1. 烧器类

烧器类是指那些能直接或间接地进行加热的玻璃仪器，如烧杯、烧瓶、试管、锥形瓶、碘量瓶、蒸发器、曲颈瓶等。

烧杯包括普通烧杯、高型烧杯；烧瓶包括圆底烧瓶、平底烧瓶、二口烧瓶、三口烧瓶、四口烧瓶、蒸馏（支管）烧瓶、分馏（凯式）烧瓶、定氮烧瓶、曲颈瓶等；三角瓶包括锥形瓶、碘量瓶；试管包括试管、离心试管、刻度试管、具塞刻度试管、具塞试管。

2. 量器类

量器类是指用于准确测量或粗略量取液体容积的玻璃仪器，如量杯、量筒、容量瓶、滴定管、移液管等。

3. 容器及瓶类

（1）瓶类　是指用于存放固体或液体化学药品、化学试剂、水样等的容器，如试剂瓶、广口瓶、细口瓶、称量瓶、下口瓶、滴瓶、洗瓶等。

（2）称量瓶　高形称量瓶、扁形称量瓶。

（3）抽滤瓶

4. 管、棒类

管、棒类玻璃仪器种类繁多，按其用途分类，有冷凝管、分馏管、离心管、比色管、虹吸管、连接管、调药棒、搅拌棒等。

5. 加液器和过滤器类

加液器和过滤器类主要包括各种漏斗及与其配套使用的过滤器具，如漏斗、分液漏斗、布氏漏斗、砂芯漏斗、抽滤瓶、漏斗架等。

6. 标准磨口玻璃仪器类

标准磨口玻璃仪器类是指那些具有磨口和磨塞的单元组合式玻璃仪器。上述各种玻璃仪器根据不同的应用场合，可以具有标准磨口，也可以具有非标准磨口。如索氏提取器、凯氏定氮装置。

7. 专门仪器仪表

（1）温度计类　包括石英温度计、低温温度计、高温温度计、精密温度计、标准温度计、酒精温度计、贝克曼温度计、内标式温度计、金属套温度计、烘箱温度计、冰箱温度计等。

（2）密度计类　包括密度计、精密密度计、酒精密度计、比轻计、电液密度计、牛乳密度计、糖液密度计、密度瓶等。

（3）压力计　U形压力计。

（4）黏度计　乌氏黏度计。

（5）分离用仪器　包括蒸馏、分馏用的蒸馏头、分馏头、蒸馏弯头、垂刺分馏柱、垂刺分馏管、接收管（接引管）、真空接收管、单口弯接管、三叉燕尾管、二叉燕尾管、二口连接管、三口连接管等。

（6）冷凝装置　包括空气冷凝器、直形冷凝管、球形冷凝管、蛇形冷凝管、亚硫酸冷凝管、定碳空气冷凝管等。

（7）过滤、萃取仪器　包括纹筋三角漏斗、长颈三角漏斗、短颈三角漏斗、球形分液漏斗、梨形分液漏斗、梨形刻度分液漏斗、筒形滴液漏斗等。

（8）干燥仪器　包括干燥器、真空干燥器、定温干燥器、硫酸干燥器；干燥管包括直形干燥管、弯形干燥管、U型干燥管。

（9）成套仪器　包括测定脂肪专用的索氏提取器、测定蛋白质专用的凯氏定氮装置及其消化装置等。

8. 其他

常用仪器还有表面皿、培养皿、玻璃研钵、酒精灯、玻璃棒、玻璃管、玻璃珠、二通、三通、四通、比色皿、石英比色皿、比色管、比色杯、结晶皿、玻璃阀等。

二、常用设备

1. 常用电热设备

实验室常用电热设备包括电炉、电热板、电磁炉、电热恒温水浴锅、电热恒温干燥箱（烘箱）、马弗炉等。

（1）电热恒温水浴锅的使用　使用时关闭放水阀门，将水浴锅内注入清水至适当的深度，一般不超过水浴锅容量的 2/3。接上电源插头，顺时针调节"调温旋钮"至适当温度位置，开启电源开关。切记经常检查水位，水位一定要保持不低于电热管，否则将立即烧坏电热管；不要让控制箱内部受潮，以防漏电损坏，并注意水箱是否有渗漏现象；使用完毕，应注意关掉电源；长时间不用，应把水箱内的水倒掉。

（2）电热恒温干燥箱的使用 烘箱是利用电热丝隔层加热使物体干燥的设备。它适用于比室温高 5～300℃ 范围的烘焙、干燥、热处理等，灵敏度通常为 ±1℃。它的型号很多，但基本结构相似，一般由箱体、电热系统和自动控温系统三部分组成。其使用及注意事项如下。

烘箱应安放在室内干燥和水平处，防止振动和腐蚀。

要注意安全用电，根据烘箱耗电功率安装足够容量的电源闸刀。选用足够的电源导线，并应有良好的接地线。

带有电接点水银温度计式温控器的烘箱应将电接点温度计的两根导线分别接至箱顶的两个接线柱上。另将一支普通水银温度计插入排气阀中（排气阀中的温度计是用来校对电接点水银温度计和观察箱内实际温度用的），打开排气阀的孔。调节电接点水银温度计至所需温度后紧固钢帽上的螺丝，以达到恒温的目的。放入试品时应注意排列不能太密。散热板上不应放试品，以免影响热气流向上流动。禁止烘焙易燃、易爆、易挥发及有腐蚀性的物品；有鼓风的烘箱，在加热和恒温的过程中必须将鼓风机开启，否则影响工作室温度的均匀性和损坏加热元件；工作完毕后应及时切断电源，确保安全。烘箱内外要保持干净。使用时温度不要超过烘箱的最高使用温度。为防止烫伤，取放试品时要用专门工具。

（3）马弗炉的使用 马弗炉主要用于金属熔融、有机物灰化及重量分析的沉淀灼烧等。高温炉由加热部分、保温部分、测温部分等组成，有配套的自动控温仪，用来设定、控制、测量炉内的温度。

高温电炉的最高使用温度可达到 1000℃ 左右。炉膛以传热性能良好、耐高温而无胀碎裂性的碳化硅材料制成，外壁有形槽，槽内嵌入电阻丝以供加热。耐火材料外围包裹一层很厚的绝缘耐热镁砖石棉纤维，以减少热量损失。钢质外壳以铁架支撑。炉门以绝热耐火材料嵌衬，正中有一孔以透明云母片封闭用作观察炉膛的加热情况。伸入炉膛中心的是一支热电偶，作测定温度用。热电偶的冷端与高温计输入端连接，构成一套温度指示和自动控温系统。

使用时注意：用毛刷仔细清扫炉膛内的灰尘和机械性杂质，放入已经炭化完全的盛有样品的坩埚，关闭炉门；开启电源，指示灯亮，将高温计的黑色指针拨至需要的灼烧温度；随着炉膛温度上升，高温计上指示温度的红针向黑针移动，当红针与黑针对准时，控温系统自动断电；当炉膛温度降低，红针偏离与黑针对准的位置时，电路自动导通，如此自动恒温。达到需要的灼烧时间后，切断电源。待炉膛温度降低至 200℃ 左右，开启炉门，用长柄坩埚取出灼烧物品，在炉门口放置片刻，进一步冷却后置干燥器中保存备用。

2. 样品处理设备

样品处理设备包括组织捣碎机、磁力搅拌机、振荡机、电动离心机、绞肉机等。

3. 精密仪器

精密仪器有分析天平、分光光度计、酸度计、离子计、薄层色谱展开仪、气相色谱仪、高效液相色谱仪、质谱仪等。

4. 基本设备

理化分析室还应具备电冰箱、通风橱、离子交换纯水器等基本设备。

三、食品分析基本操作技能

食品理化分析实验中，有些技能是经常用到的，诸如称量、定容、移液、滴定、过滤都是食品分析实验中的基本技能，必须熟练掌握。

1. 分析天平的使用和称量技能

分析天平是定量分析中最重要的仪器之一。开始做分析工作之前必须熟悉如何正确使用分析天平，因为称量的准确度对分析结果有很大的影响。电子天平是用电磁力平衡来称物体重力的天平，称量结果准确可靠、显示快速清晰，具有简便的自动校准装置以及超载保护功能，被广泛应用。

电子天平室要求环境温度平稳、四周无强气流、空气干燥、无强磁场；工作台应牢固平稳。

电子天平准备时要用软布或毛刷做好清洁工作；插上电源线并接通电源，天平通电后，应预热不低于 30min，分析天平预热时间不低于 60min。

（1）分析天平通常操作过程包括以下步骤

① 按开关键，显示屏全亮，当天平稳定后显示"0"位。

② 经过预热的天平，在每次使用之前，都应该进行校准。

③ 放上器皿，读取数值并记录，用手按去皮键清零，使天平重新显示为零。

④ 在器皿内加入样品至显示所需重量为止，记录读数，如有打印机可按打印键完成打印。

⑤ 将器皿连同样品一起拿出。

⑥ 按天平去皮键清零，以备再用。

（2）分析天平使用时注意事项

① 经常保持天平室内的环境卫生，更要保持天平称量室的清洁，一旦物品撒落应及时小心清除干净。

② 称量易挥发和具有腐蚀性的物品时，要盛放在密闭的容器内，以免腐蚀和损坏电子天平。

③ 操作天平不可过载使用，以免损坏天平。

④ 放入天平的物体温度不宜太高以免损坏仪器，一般温度应≤70℃。

（3）称量方法

① 直接称量法　对某些在空气中没有吸湿性的试样或试剂，如金属、合金等，可以用直接称量法称样。即用牛角勺取试样放在已知质量的清洁而干燥的表面皿或硫酸纸上一次称取一定量的试样。然后将试样全部转移到接收容器中。

② 减量称量法　减量称量法即称取样品的量是由两次称量之差而求得的。这样称量的结果准确，但不便称取指定重量。教材中标准溶液配制所进行的基准试剂称量皆采用减量称量法。

2.移液管（吸量管）的使用和移液技能

移液管用来准确移取一定体积的溶液。在标明的温度下，先使溶液的弯月面下缘与移液管标线相切，再让溶液按一定方法自由流出，则流出的溶液的体积与管上所标明的体积相同。吸量管一般只用于量取小体积的溶液，其上带有分度，可以用来吸取不同体积的溶液。但用吸量管吸取溶液的准确度不如移液管。上面所指的溶液均以水为溶剂，若为非水溶剂，则体积稍有不同。移液管的容积单位为毫升（mL），其容量为在 20℃时按规定方式排空后所流出纯水的体积。移液管的正确使用方法如下。

（1）清洗　使用前，移液管和吸量管都应该洗净，使整个内壁和下部的外壁不挂水珠，为此，可先用自来水冲洗一次，再用铬酸洗液洗涤。

（2）润洗　移取溶液前，必须用吸水纸将尖端内外的水除去，然后用待吸溶液洗三次。将待吸溶液吸至球部（尽量勿使溶液流回，以免稀释溶液）。以后的操作，按铬酸洗液洗涤移液管的方法进行，但用过的溶液应从下口放出弃去。

（3）移取溶液　移取溶液时，将移液管直接插入待吸溶液液面下 1～2cm 处，不要伸入太浅，以免液面下降后造成吸空；也不要伸入太深，以免移液管外壁附有过多的溶液。移液时将洗耳球紧接在移液管口上，并注意容器液面和移液管尖的位置，应使移液管随液面下降而下降，当液面上升至标线以上时，迅速移去洗耳球，并用右手食指按住管口，左手改拿盛待吸液的容器。将移液管向上提，使其离开液面，并将管下部伸入溶液的部分沿待吸液容器内壁转两圈，以除去管外壁上的溶液。然后使容器倾斜约45°，其内壁与移液管尖紧贴，移液管垂直，此时微微松动右手食指，使液面缓慢下降，直到视线平视时弯月面与标线相切，立即按紧食指。左手改拿接收溶液的容器。将接收容器倾斜，使内壁紧贴移液管尖呈45°倾斜。松开右手食指，使溶液自由地沿壁流下。待液面下降到管尖后，再等 15s 取出移液管。

移液管和吸量管用完后应放在移液管架上。如短时间内不再用它吸取同一溶液，应立即用自来水冲洗，再用蒸馏水清洗，然后放在移液管架上。实际上流出溶液的体积与标明的体积会稍有差别。使用时的温度与标定移液管移液体积时的温度不一定相同，必要时可作校正。

3. 容量瓶的使用及定容操作

（1）容量瓶 容量瓶是细颈梨形平底玻璃瓶，由无色或棕色玻璃制成，带有磨口玻璃塞，颈上有一标线。容量瓶均为"量入"式，颈上应标有"In"字样。容量瓶的容量定义为：在20℃时，充满至刻度线所容纳水的体积，以毫升计。调定弯液面的正确方法是：调节液面使刻度线的上边缘与弯液面的最低点水平相切，视线应在同一水平面。

（2）容量瓶使用要求 容量瓶的主要用途是配制准确浓度的溶液或定量地稀释溶液。它常和移液管配合使用，可把配成溶液的某种物质分成若干等份。容量瓶使用前应先检查：瓶塞是否漏水；标线位置距离瓶口是否太近，如果漏水或标线距离瓶口太近，则不宜使用。洗涤容量瓶时，先用自来水洗几次，倒出水后，内壁如不挂水珠，即可用蒸馏水洗好备用。否则就必须用洗液洗涤。

（3）定容操作 将待溶固体称出置于小烧杯中，加水或其他溶剂将固体溶解，然后将溶液定量转移入容量瓶中。定量转移时，烧杯口应紧靠伸入容量瓶的搅拌棒（其上部不要碰瓶口，下端靠着瓶颈内壁），使溶液沿玻璃棒和内壁流入。溶液全部转移后，将玻璃棒和烧杯稍微向上提起，同时使烧杯直立，再将玻璃棒放回烧杯。注意勿使溶液流至烧杯外壁而受损失。用洗瓶吹洗玻璃棒和烧杯内壁，如前将洗涤液转移至容量瓶中，如此重复多次，完成定量转移。当加水至容量瓶的四分之三左右时，用右手食指和中指夹住瓶塞的扁头，将容量瓶拿起，按水平方向旋转几周，使溶液大体混匀。继续加水至距离标线约1cm处，等1～2min；使附在瓶颈内壁的溶液流下后，再用细而长的滴管加水（注意勿使滴管接触溶液）至弯月面下缘与标线相切（也可用洗瓶加水至标线）。用一只手的食指按住瓶塞上部，其余四指拿住瓶颈标线以上部分。用另一只手的指尖托住瓶底边缘，将容量瓶倒转，使气泡上升到顶部，此时将瓶振荡数次，正立后，再次倒转过来进行振荡。如此反复多次，将溶液混匀。最后放正容量瓶，打开瓶塞，使瓶塞周围的溶液流下，重新塞好塞子后，再倒转振荡1～2次，使溶液全部混匀。

配好的溶液如需保存，应转移至磨口试剂瓶中。试剂瓶要用此溶液润洗三次，以免将溶液稀释。不要将容量瓶当作试剂瓶使用。

（4）容量瓶保养和注意事项 容量瓶用毕后应立即用水冲洗干净。长期不用时，磨口处应洗净擦干，并用纸片将磨口隔开；容量瓶不得在烘箱中烘烤，也不能用其他任何方法进行加热。在一般情况下，当稀释时不慎超过了标线，就应弃去重做。如果仅有的独份试样在稀释时超过标线，可这样处理：在瓶颈上标出液面所在的位置，然后将溶液混匀。当容量瓶用完后，先加水至标线，再从滴定管加水到容量瓶中，使液面上升到标出的位置。根据从滴定管中流出的水的体积和容量瓶原刻度标出的体积即可得到溶液的实际体积。

4. 滴定管的使用及滴定操作

滴定管是可放出不固定量液体的量出式玻璃量器，主要用于滴定分析中对滴定剂体积的测量。

滴定管大致有以下几种类型：普通的具塞和无塞滴定管、三通活塞自动定零位滴定管、侧边活塞自动定零位滴定管、侧边三通活塞自动定零位滴定管等。滴定管的全容量最小的为1mL，最大的为100mL，常用的是10mL、25mL、50mL容量的滴定管。在食品理化分析中广泛使用的是普通滴定管（图1-1）。

（1）酸式滴定管（酸管）的准备 酸管是滴定分析中经常使用的一种滴定管。除了强碱溶液外，其他溶液作为滴定液时一般均采用酸管。

使用前，首先应检查活塞与活塞套是否配合紧密，如不

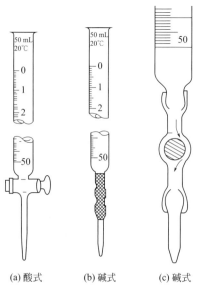

(a)酸式　　(b)碱式　　(c)碱式

图1-1　普通滴定管

密合将会出现漏水现象，则不宜使用。其次，应进行充分的清洗。为了使活塞转动灵活并避免漏水现象，需将活塞涂油（如凡士林油或真空活塞脂）。

（2）碱式滴定管（碱管）的准备　使用前应检查乳胶管和玻璃珠是否完好。若胶管已老化、玻璃珠过大（不易操作）或过小（漏水），应予以更换。碱管的洗涤方法和酸管相同。在需要用洗液洗涤时，可除去乳胶管，用塑料乳头堵住碱管下口进行洗涤。

（3）操作溶液的装入　装入操作溶液前，应将试剂瓶中的溶液摇匀，使凝结在瓶内壁上的水珠混入溶液，这在天气比较热、室温变化较大时更为必要。混匀后将操作溶液直接倒入滴定管中，不得用其他容器（如烧杯、漏斗等）来转移。此时，左手前三指持滴定管上部无刻度处，并可稍微倾斜，右手拿住细口瓶往滴定管中倒溶液。小瓶可以手握瓶身（瓶签朝向手心），大瓶则仍放在桌上，手拿瓶颈使瓶慢慢倾斜，让溶液慢慢沿滴定管内壁流下；用摇匀的操作溶液将滴定管润洗三次；注意检查滴定管的出口管是否充满溶液。

（4）滴定管的操作方法　进行滴定时，应将滴定管垂直地夹在滴定管架上。如使用的是酸管，左手无名指和小手指向手心弯曲，轻轻地贴着出口管，用其余三指控制活塞的转动但应注意不要向外拉活塞以免推出活塞造成漏水；也不要过分往里扣，以免造成活塞转动困难，不能操作自如。

如使用的是碱管，左手无名指及小手指夹住出口管，拇指与食指在玻璃珠所在部位往一旁（左右均可）捏乳胶管，使溶液从玻璃珠旁空隙处流出。注意不要用力捏玻璃珠，也不能使玻璃珠上下移动，不要捏到玻璃珠下部的乳胶管；停止滴定时，应先松开拇指和食指，最后再松开无名指和小指。

无论使用哪种滴定管，都必须掌握下面三种加液方法：逐滴连续滴加；只加一滴；使液滴悬而未落，即加半滴。滴定操作可在锥形瓶和烧杯内进行，并以白瓷板作背景。在锥形瓶中滴定时，用右手前三指拿住锥形瓶瓶颈，使瓶底离瓷板约 $2\sim3cm$。同时调节滴管的高度，使滴定管的下端伸入瓶口约 1cm。左手按前述方法滴加溶液，右手运用腕力摇动锥形瓶，边滴加溶液边摇动。

（5）滴定管的读数　读数时应遵循下列原则。

① 装满或放出溶液后，必须等 $1\sim2min$，使附着在内壁的溶液流下来，再进行读数。如果放出溶液的速度较慢（例如，滴定到最后阶段，每次只加半滴溶液时），等 $0.5\sim1min$ 即可读数。每次读数前要检查一下管壁是否挂水珠，管尖是否有气泡。

② 读数时，滴定管可以夹在滴定管架上，也可以用手拿滴定管上部无刻度处。不管用哪一种方法读数，均应使滴定管保持垂直。

③ 对于无色或浅色溶液，应读取弯月面下缘最低点，读数时，视线在弯月面下缘最低点处，且与液面保持水平 ［图 1-2（a）］；溶液颜色太深时，可读液面两侧的最高点。此时，视线应与该点保持水平 ［图 1-2（b）］。注意初读数与终读数采用同一标准。

④ 必须读到小数点后第二位，即要求估计到 0.01mL。注意，估计读数时，应该考虑到刻度线本身的宽度。

⑤ 为了便于读数，可在滴定管后衬一黑白两色的读数卡。读数时，将读数卡衬在滴定管背后，使黑色部分在弯月面下约 1mm 左右，弯月面的反射层即全部成为黑色（图 1-3）。读此黑色弯月下缘的最低点。但对于深色溶液，需读两侧最高点时，可以用白色卡为背景。

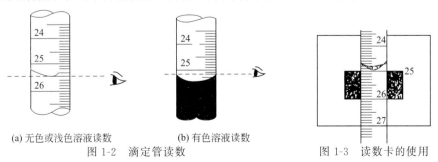

(a) 无色或浅色溶液读数　　(b) 有色溶液读数

图 1-2　滴定管读数　　　　　　　　图 1-3　读数卡的使用

⑥ 若为乳白板蓝线衬背滴定管，应当取蓝线上下两尖端相对点的位置读数。

⑦ 读取初读数前，应将管尖悬挂着的溶液除去。滴定至终点时应立即关闭活塞，并注意不要使滴定管中的溶液有稍许流出，否则终读数便包括流出的半滴溶液。因此，在读取终读数前，应注意检查出口管尖是否悬挂溶液，如有，则此次读数不能取用。

5. 受热器材与加热方法

常用受热器材有烧杯、烧瓶、锥形瓶、蒸发皿、坩埚、试管等。这些器材一般不能骤热骤冷。加热液体时，液体体积不应超过容器的一半，而且加热前外壁要擦干。液体的加热有直接加热和水溶加热。直接加热适用于在较高温度下可分解的溶液或纯液体，一般将装有液体的器皿（烧杯、烧瓶、锥形瓶）放在石棉网上用电炉（坩埚）加热；在水浴上加热适用于在100℃以上易分解或易挥发燃烧的溶液或纯液体。

6. 试剂取用

为了达到准确的实验结果，取用试剂时应遵守以下规则，以保证试剂不受污染。

① 试剂不能与手接触。

② 要用洁净的药勺、量筒或滴管取用试剂，绝对不准用同一种工具同时连续取用多种试剂。取完一种试剂后，应将工具洗净（药匙要擦干）后，方可取用另一种试剂。

③ 试剂取用后一定要将瓶塞盖紧，不可放错瓶盖和滴管，绝不允许张冠李戴，用完后将瓶放回原处。

④ 已取出的试剂不能再放回原试剂瓶内。

另外取用试剂时应本着节约精神，尽可能少用，这样既便于操作和仔细观察现象，又能得到较好的实验结果。

固体粉末试剂可用洁净的牛角勺取用。要取一定量的固体时，可把固体放在纸或表面皿上在台秤上称量。要准确称量时，则用称量瓶在天平上进行称量。

液体试剂常用量筒量取，量筒的容量为：5mL、10mL、50mL、500mL等数种，使用时要把量取的液体注入量筒中，使视线与量筒内液体凹面的最低处保持水平，然后读出量筒上的刻度，即得液体的体积（见图1-4）。

如需少量液体试剂则可用滴管取用，取用时应注意不要将滴管碰到或插入接收容器的壁上或里面（见图1-5、图1-6）。

图1-4 用量筒量取液体药品的操作　　图1-5 用滴管滴加液体药品的正确操作　　图1-6 用滴管滴加液体药品的不正确操作

7. 过滤和洗涤

对于需要灼烧的沉淀，要用定量（无灰）滤纸过滤（若滤纸的灰分过重，则需进行空白校正），而对于过滤后只要烘干即可进行称量的沉淀，则可采用微孔玻璃坩埚过滤。

（1）滤纸的种类及规格　滤纸分为定量滤纸和定性滤纸。其规格见表1-4、表1-5。

表1-4 定量滤纸规格

项目	快速(白带)	中速(蓝带)	慢速(红带)
定量/(g/m²)	75	75	80

项目	快速(白带)	中速(蓝带)	慢速(红带)
过滤示范	氢氧化物	碳酸锌	硫酸钡
孔度	大	中	小
水分/%	≤7	≤7	≤7
灰分/%	≤0.01	≤0.01	≤0.01
含铁量/%	—	—	—
水溶性氯化物/%	—	—	—

表 1-5　定性滤纸规格

项目	快速(白带)	中速(蓝带)	慢速(红带)
定量/(g/m²)	75	75	80
过滤示范	氢氧化物	碳酸锌	硫酸钡
水分/%	≤7	≤7	≤7
灰分/%	≤0.15	≤0.15	≤0.15
含铁量/%	≤0.003	≤0.003	≤0.003
水溶性氯化物/%	≤0.02	≤0.02	≤0.02

(2) 滤纸的选择　滤纸的致密程度要与沉淀的性质相适应。胶状沉淀应选用质松孔大的滤纸，晶形沉淀应选用致密孔小的滤纸。沉淀越细，所选用的滤纸就越致密。

滤纸的大小要与沉淀的多少相适应，过滤后，漏斗中的沉淀一般不要超过滤纸圆锥高度的 1/3，最多不得超过 1/2。

(3) 漏斗的选择　漏斗的大小应与滤纸的大小相适应，滤纸的上缘应低于漏斗上沿 0.5～1cm；

应选用锥体角度为 60°、颈口倾斜角度为 45°的长颈漏斗。颈长一般为 15～20cm，颈的内径不要太粗，以 3～5mm 左右为宜。

(4) 滤纸的折叠和漏斗的准备　所需要的滤纸选好后，先将手洗净擦干，把滤纸对折后再对折。为保证滤纸与漏斗密合，第二次对折时，不要把两角对齐，应将一角向外错开一点，并且不要折死，这时将圆锥体滤纸打开放入洁净干燥的漏斗中。如果滤纸和漏斗的上边缘不是十分密合，可以稍稍改变滤纸的折叠程度，直到与漏斗密合后再用手轻按滤纸，把第二次的折边折死。所得的圆锥体滤纸半边为三层，另半边为一层，为使滤纸贴紧漏斗壁，将三层这半边的外层撕掉一个角（图 1-7），最外层撕得多一点，第二层少撕一点，这样撕成梯形，将折好的滤纸放入漏斗，三层的一边放在漏斗出口短的一边。用食指按住三层的一边，用洗瓶吹水将滤纸湿润，然后轻轻按压滤纸，使滤纸的锥体上部与漏斗之间没有空隙，而下部与漏斗内壁留有缝隙。按好后，在漏斗中加水至滤纸边缘，这时漏斗下部空隙和颈内应全部充满水，当漏斗中的水流尽后，颈内仍能保留水柱且无气泡。若不能形成完整的水柱，可以用手堵住漏斗下口，稍稍掀起滤纸三层的一边，用洗瓶向滤纸和漏斗之间的空隙里加水，直到漏斗颈与锥体的大部分充满水，最后按紧滤纸边，放开堵出口的手指，此时水柱即可形成。若如此操作后水柱仍未形成，可能是漏斗内径太大（内径大于 3～5mm），或者内径不干净有油污而造成的，根据具体情况处理好后，再重新贴滤纸。

漏斗贴好后，再用蒸馏水冲洗一次滤纸，然后将准备好的漏斗放在漏斗架上，下面放一干净的烧杯接滤液，漏斗出口长的一边紧靠杯壁，漏斗和烧杯都要盖好表面皿，备用。

(5) 过滤和洗涤　采用"倾注法"过滤，就是先将上层清液倾入漏斗中，使沉淀尽可能留在烧杯内。操作步骤为：右手拿起烧杯置于漏斗上方，左手轻轻地从烧杯中取出搅拌棒并紧贴烧杯嘴，垂直竖立于滤纸三层部分的上方，尽可能地接近滤纸，但绝不能接触滤纸，慢慢将烧杯倾斜，尽量不要搅起沉淀，把上层清液沿玻璃棒倾入漏斗中（图1-8）。倾入漏斗的溶液，最多到距离滤纸边缘下方5～6mm的地方。当暂停倾注溶液时，将烧杯沿玻璃棒慢慢向上提起一点，同时扶正烧杯，等玻璃棒上的溶液流完后，将玻璃棒放回原烧杯中，切勿放在烧杯嘴处。在整个过滤过程中，玻璃棒应不是放在原烧杯中，就是竖立在漏斗上方，以免溶液损失，漏斗颈的下端不能接触滤液。溶液的倾注操作必须在漏斗的正上方进行。等漏斗内液体流尽前就应继续倾注。

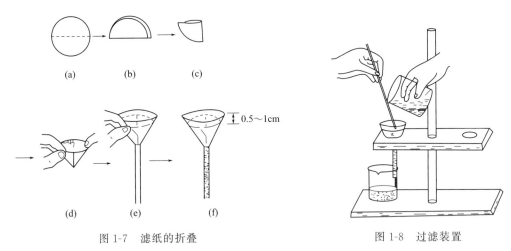

图1-7　滤纸的折叠　　　　　　　　　　图1-8　过滤装置

当上清液倾注完毕，即可进行初步洗涤，每次加入10～20mL洗涤液冲洗杯壁，充分搅拌后，把烧杯放在桌上，待沉淀下沉后再倾注。如此重复洗涤数次。每次待滤纸内洗涤液流尽后再倾注下一次洗涤液。如果所用的洗涤总量相同，那么每次用量较小、多洗几次要比每次用量较多、少洗几次的效果要好。

初步洗涤几次后，再进行沉淀的转移。向盛有沉淀的烧杯中加入少量洗涤液，搅起沉淀，立即将沉淀与洗涤液沿玻璃棒倾入漏斗中，如此反复几次，尽可能地将沉淀都转移到滤纸上（图1-9）。

沉淀全部转移后，继续用洗涤液洗涤沉淀和滤纸。洗涤时，水流从滤纸上缘开始往下作螺旋形移动，将沉淀冲洗到滤纸的底部（图1-10），用少量洗涤液反复多次洗涤。最后再用蒸馏水洗涤烧杯、沉淀及滤纸3～4次。

用一洁净的小试管（表面皿）接漏斗中流出的少量洗涤液，用检测试剂检验沉淀是否洗干净。

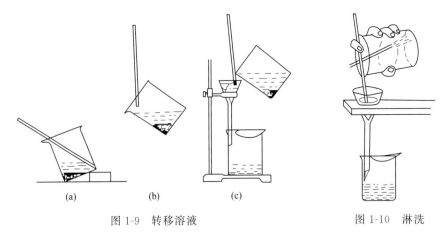

图1-9　转移溶液　　　　　　　　　　　　图1-10　淋洗

8. 干燥和灼烧

（1）干燥器的准备和使用　干燥器的准备和使用见图 1-11。

① 擦净干燥器的内壁及外壁，将多孔瓷板洗净烘干，把干燥剂筛去粉尘后，借助纸筒放入干燥器，再放上多孔瓷板。在干燥器的磨口处涂上一层薄而均匀的凡士林油。

② 开启干燥器时，左手按住干燥器的下部，右手按住盖子上的圆顶，向左前方推开盖子。盖子取下后，将其倒置在安全的地方，也可拿在手中，用左手放入（或取出）坩埚或称量瓶，及时盖上干燥器盖。加盖时也应拿住盖子上的圆顶推着盖好。

③ 将坩埚或称量瓶等放入干燥器时，应放在瓷板圆孔内，当放入热的坩埚时，应稍稍打开干燥器盖 1～2 次。

④ 干燥器内不准存放湿的器皿或沉淀。

⑤ 挪动干燥器时，应双手上下握住干燥器盖，以防滑落打碎。

图 1-11　干燥器的准备和使用

（2）坩埚的使用　坩埚是用来进行高温灼烧的器皿，如图 1-12（a）所示。重量分析中常用 30mL 的瓷坩埚灼烧沉淀。为了便于识别坩埚，可用钴盐（如 $CoCl_2$）或铁盐（如 $FeCl_3$）在干燥的瓷坩埚上编号，烘干灼烧后，即可留下不褪色的字迹。

坩埚钳［图 1-12（b）］常用铁或铜合金制作，表面镀以镍或铬，用来夹持热的坩埚和坩埚盖。用坩埚钳夹持热坩埚时，应将坩埚钳预热，不用时应如图 2-38（b）所示放置，不能将坩埚钳倒放，以免弄脏。

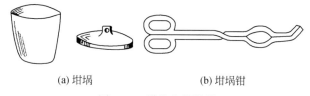

（a）坩埚　　　　　　　　（b）坩埚钳

图 1-12　坩埚和坩埚钳

（3）灼烧　可将编好号、烘干的瓷坩埚，用长坩埚钳缓缓移入 500～550℃ 马弗炉中（坩埚保持直立并盖上坩埚盖，但留有空隙）。

还需指出的是，干燥器内并非绝对干燥，这是因为各种干燥剂均具有一定的蒸气压。灼烧后的坩埚或沉淀若在干燥器内放置过久，则由于吸收了干燥器空气中的水分而重量略有增加，因此应严格控制坩埚在干燥器内的冷却时间。

复习思考题

1. 称量方法包括哪几种？直接称量法、减量称量法分别适合哪种试样称量？
2. 滴定管有哪几种类型？
3. 常用受热器材有哪些？加热时需要注意什么？
4. 玻璃干燥器使用时需要注意什么？

第二章　试样准备及分析结果处理

📖 知识目标

1. 理解并掌握采样原则；熟知样品的分类，理解检样、原始样品和平均样品；
2. 熟知采样要求；掌握固体、液体样品采样方法；
3. 熟知样品制备的目的和要求；熟悉常用样品制备方法；
4. 了解前处理的目的与要求；掌握有机物破坏法、提取法和蒸馏法的原理和用途；
5. 掌握分析结果的误差与数据处理方法；
6. 掌握分析检验报告单的书写格式和要求。

📖 技能目标

1. 能正确标识采集的样品；
2. 能正确运用四分法制备代表性样品；
3. 能独立正确使用冰箱等样品保存设备；
4. 能总结各前处理方法的特点；
5. 能书写分析检验报告单。

📖 思政与职业素养目标

通过采样、制备、贴标签这些严谨工作，培育学生敬业精业、追求卓越的工匠精神，专业扎实、技能过硬的劳动能力，完善自我、奉献社会的劳动信念。把工匠精神作为引领学生成长的新风尚。

📖 国家标准

1. SB/T 10314—1999　采样方法及检验规则
2. GB/T 5009.1—2003　食品卫生检验方法　理化部分　总则

第一节　样品的采集与制备

食品理化分析的对象包括食品原材料、农产品、半成品、辅料及产品。食品种类繁多，成分复杂，来源不一，分析的目的、项目和要求也不尽相同，但无论哪种对象，食品理化分析都要按一个共同程序进行。

食品理化分析的一般程序包括采样、制备、预处理、成分分析和数据记录与处理和分析报告的撰写。

样品的采集与制备的目的是保证样品均匀一致，使样品中任何部分都能代表被测物料的成分。

一、样品的采集

1. 样品采集的要求与原则

样品的采集简称采样（又称检样、取样、抽样等），是为了进行检验而从大量物料中抽取的一定数量具有代表性的样品的过程。

（1）正确采样的重要性　食品检验的首项工作是样品的采集。在实际工作中，要检验的物料常常量都很大，组成有的很均匀，而有的很不均匀，化验时有的需要几克样品，而有的只需几毫克。分析结果必须能代表全部样品，因此必须采取具有足够代表性的"平均样品"，并将其制备成分析样品，如果采集的样品不具有代表性，那么即使分析方法再正确，也得不到正确的结论。因此，正确的采样在分析工作中是十分重要的。

样品的采集是食品检测工作中的重要环节，食品检验人员必须掌握科学的采样技术，从大量的、所含成分不均匀的甚至所含成分不一致的被检样品中采集到能代表被检样品品质的样品。否则，即使此后的样品处理、检测等一系列环节非常精密、准确，其检测结果也毫无价值，得出的结论也是错误的。

（2）采样要求　在检验工作中，需要检验的物料常常是大量的，其组成不一定都是较均匀的。检验分析时所称取的试样一般只有几克或更少，而分析结果又必须能代表全部物料的平均组成。因此，采集具有充分代表性的"平均样品"，就具有极其重要的意义。采样要求有以下两条。

① 采集的样品要均匀，有代表性，能反映全部被检食品的组成、质量和卫生状况。

② 采集样品的过程中，要设法保持原有的理化指标，防止成分逸散或带入杂质。

（3）采样的原则

① **代表性原则**　采集的样品能真正反映被采样本的总体水平，也就是通过对具有代表性样本的监测能客观推测食品的质量。

② **典型性原则**　采集能充分说明达到监测目的的典型样本，包括污染或怀疑污染的食品、掺假或怀疑掺假的食品、中毒或怀疑中毒的食品等。

③ **适时性原则**　因为不少被检物质总是随时间发生变化，所以为了保证得到正确结论应尽快检测。

④ **同一原则**　采集样品时，检测、留样及复检应为同一份样品，即同一单位、同一品牌、同一规格、同一生产日期、同一批号。

⑤ **程序原则**　采样、送检、留样和出具报告均应按规定的程序进行，各阶段均应有完整的手续，交接清楚。

⑥ **不污染原则**　所采集样品应尽可能保持食品原有的品质及包装形态。所采集的样品不得掺入防腐剂、不得被其他物质或致病因素所污染。

⑦ **适量性原则**　样品采集数量应满足检验要求，同时不应造成浪费。

⑧ **无菌原则**　对于需要进行微生物项目检测的样品，采样必须符合无菌操作的要求，一件采样器具只能盛装一个样品，防止交叉污染。并注意样品的冷藏运输与保存。

2. 采样前的检查

（1）了解食品的情况　了解该批食品的原料来源、加工方法、运输和贮存条件及销售中各环节的状况。

（2）现场检查　观察整批食品的外部情况。有包装的食品要注意包装的完整性，即有无破损、变形、污痕等；未包装的食品要进行感官检查，即有无异臭、异味、杂物、霉变、虫害等。发现包装不良或有污染时，需打开外包装进行检查，如果仍有问题，则需打开全部包装进行感官检查。

3. 采样步骤

样品通常可分为检样、原始样品和平均样品。

采集样品的步骤如图 2-1 所示。

① **获得检样**　由分析的整批物料的各个部分采集的少量物料称为检样。

② **原始样品**　许多份检样综合在一起称为原始样品。如果采得的检样互不一致，则不能把它们放在一起做成一份原始样品，而只能把质量相同的检样混在一起，作成若干份原始样品。

图 2-1　采集样品的步骤

③ 平均样品　原始样品经过技术处理后，再抽取其中一部分供分析检验用的样品称为平均样品。

将平均样品平分为三份，分别作为检验样品（供分析检测使用）、复检样品（供复检使用）和保留样品（供备查用）。

④ 填写采样记录　采样记录要求详细填写采样的单位、地址、日期，样品的批号，采样的条件，采样时的包装情况，采样的数量，要求检验的项目以及采样人等资料。

4. 采样工具

① 长柄勺、玻璃或金属采样管，用以采集液体样品。

② 采样铲，用以采集散装特大颗粒样品，如花生。

③ 半圆形金属管，用以采集半固体药品样品。

④ 金属探管、金属探子（图 2-2），用以采集袋装颗粒状或粉状食品。

金属探管为一金属管，长 50～100cm，直径为 1.5～2.5cm，一端为尖头，另一端为长柄，管上有一条开口槽，从尖端通到长柄。采样时，槽口向下插入袋中，再将槽口朝下，粉状样品从槽口进入，然后拔出管子，将样品放入容器内。

⑤ 金属双层套管采样器（图 2-3）：适用于乳粉等样品的采集，防止样品在采集时受外界环境污染。

图 2-2　金属探子　　　　　　　　　　图 2-3　金属双层套管采样器

金属双层套管采样器由内外两根管子组成套筒，每隔一定的距离在两根管子上有相吻合的槽口，转动内管可以开闭各槽口。外管的一端为尖头，以便插入样品中。采样时，先将槽口关闭，插入样品后旋转内管，将槽口打开，样品进入槽内后，再旋转内管，关闭槽口。拔出采样管后，用小匙分别自管的上、中、下部取样，装入容器。

5. 采样方法及采样量

采集的样品应充分代表检测样品的总体情况，一般将采样的方法分为随机抽样和代表性取样两种。

随机抽样是使每个样品的每个部分都有被抽检的可能；代表性取样是根据样品随空间、时间和位置等的变化规律，采集能代表其相应部分的组成和质量的样品，如分层取样、随生产过程的各个环节采样、定期抽取货架上陈列了不同时间的食品的采样等。

随机取样可以避免人为倾向，但是，对不均匀的食品进行采样，仅仅用随机抽样法是不全面的，必须结合代表性取样，要从有代表性的食品的各个部分分别取样。因此，通常采用随机抽样与代表性取样相结合的方式进行采样。

具体的采样方法应根据分析对象的不同而异。下面介绍的采样方法是普遍遵循的方法，具体采样方法还要查看国家标准。

(1) 大型包装食品　如整车、整船、整仓、整堆食品等，可用几何法采样，即将其看成规则几何体，如立方体、圆锥体、圆柱体等，然后把该几何体划分为若干相等的部分，再按下面的方式分别从每个相等的部分取样。

① 有完整包装（如桶、袋、箱、筐等）的食品于各部分按 $\sqrt{总件数/2}$ 取一定件数的样品。如果数量太多，可将样品再按顺序排列，然后仍按此公式取样，重复操作到需要的数量为止。打开包装后，分别从每个包装的上、中、下三层的中心和四角部位抽出更小的包装样品。如果小包装样品的数量较多，可以再进行缩分。若包装内为液体样品，在获取一定件数（桶、缸等）后，打开包装，于每个包装内的上、中、下三层的中心和四角部位移取等量样品，放于同一容器中混

合均匀即可。

②　散装食品，如粮食等，可以采取"四分法"采样（图 2-4）。即先将其划分为上、中、下三层，然后在每层的中心和四角部位取等量样品，放于大塑料布上。提起四角摇荡，使其充分混匀；然后铺成均匀厚度的圆形或方形，划出两个对角线，将样品分为四等份，取其对角两份，再铺平再分，如此反复操作，直至取得需要量的样品为止。

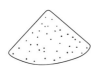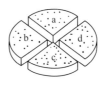

图 2-4　四分法采样示意图

大包装、散装液体或较稠的半固体食品无法混匀，可用采样器分别在上、中、下三层的中心和四角部位采样，然后放在同一容器内搅拌均匀即可。

（2）小包装食品　各种小包装食品（在 500g 以下）按照每生产班次或同一批号的产品连同包装随机抽样。如果小包装外还有大包装（如纸箱），可在堆放的不同部位抽取 $\sqrt{总件数/2}$ 的大包装，打开大包装后，从每箱中随机抽取小包装（瓶、袋等），再缩减到所需数量。

例：袋、听装乳粉。按批号采样，自该批产品堆放的不同部位采集总数的 0.1%，尾数超过500 件时，加抽 1 件。每批每个品种的取样量不得少于 2 件。

（3）肉、鱼、蛋、蔬菜等不均匀食品　如前述方法从完整包装中取完整样品。采集送检样品时，根据分析的目的和要求不同，有时从样品的不同部位取样，混合后代表整个样品的情况；有时从多个同一样品的同一部位取样，混合后代表某一部位的情况。

①　肉类　根据需要从整体的各部位（骨及毛发不包括在内）取样，混合后代表该只动物的情况；有时从多个同一样品的同一部位取样，混合后代表某一部位的情况。

②　鱼类　小鱼可取 2～3 条，大鱼则分别从头、体、尾各部位取适当量。

③　果蔬　如葱、菠菜等可取整棵，莲白、青菜等可从中心剖成 2 或 4 个对称部分，然后取其中 1～2 个对称部分，水果、西红柿等可取一定的个数。

（4）腐败变质、被污染及食物中毒可疑的食品　遇到这类情况，可分别采集外观有明显区别的样品，如色、香、味、包装及存放条件不同的食品。食物中毒的可疑食品应直接采集餐桌或厨房中的剩余食品，同时还应采集接触可疑食品的刀、板、容器的刮拭物及患者的血、尿、粪便，这类样品切忌相混。

食品分析检验结果的准确与否通常取决于两个方面：采样的方法是否正确；采样的数量是否得当。因此，从整批食品中采集样品时，通常按一定的比例进行。确定采样的数量，应考虑分析项目的要求、分析方法的要求和被分析物的均匀程度三个因素。样品应一式三份，分别供检验、复检及备查使用，每份样品的质量一般不少于 0.5kg。检测掺伪物的样品与一般成分分析的样品不同，由于分析的项目事先不明确，属于捕捉性分析，因此，取样量要多一些。

（5）国家标准案例

①　GB/T 8885—2017 食用玉米淀粉抽样

每一批次抽样方案按下式计算：

$$n = \sqrt{N/2} \tag{2-1}$$

式中　n——抽取的包装单位数，单位为袋；

　　　N——批量的总包装单位数，单位为袋。

②　GB/T 23494—2009 豆腐干抽样　随机抽取同一批次不少于 8 个独立包装的样品（不含净含量抽样），样品量总数不少于 2kg，检样一式两份，供检验和复验备用。

③ GB/T 317—2018 白砂糖抽样　每分离一罐糖膏为一个编号，在称量包装时，连续采集样品约 3kg，放在带盖的容器中，混匀后为编号样品。该样品除供编号分析之用外，另取 0.5kg 放在带盖的容器中，集合样品，积累 24h 后为日集合样品。

6.采样的注意事项

所采样品均应保持被检对象原有的性状，不应因任何外来因素使样品在外观、化学检验和细菌检验上受到影响。因此，采样时应特别注意以下操作事项。

① 凡是接触样品的工具、容器必须清洁，必要时需要灭菌处理，不得带入污染物或被检样品需要检测的成分。例如：测定样品的含铅量时，接触食品的器物不得检出含铅。

② 样品包装应严密，以防被检样品中水分和挥发性成分损失，同时避免被检样品吸收水分或有气味物质。为防止改变食品的酶活性、抑制微生物繁殖以及减少食物的成分氧化，样品一般应在避光、低温条件下贮存、运输。

③ 样品采集后，应尽快进行分析，以缩短样品在各阶段的停留时间，防止发生变化。

④ 盛装样品的器具应贴牢标签，注明样品的名称、批号、采样地点、日期、检验项目、采样人及样品编号等。无采样记录的样品，不得接受检验。

⑤ 性质不相同的样品分别注明性质。

二、样品制备

按采样方法采集的样品往往数量过多、颗粒太大、组成不均匀，为了确保分析结果的正确性，必须对样品进行粉碎、混匀、缩分，这项工作即为样品的制备。制备样品的目的在于保证样品的均匀度，即在分析时取任何部分的样品都能得到相同的测定结果。

制备样品时需根据被检样品的性质和检测要求采用不同的方法。

一般固体样品用粉碎法，即用粉碎机将样品粉碎后过 20～40 目筛；含油量大的固体样品（如花生、大豆）需冷冻后立即粉碎，再过 20～40 目筛；含水分高的质地松软的食品（如蔬菜、水果类）多用匀浆法；肉类等用捣碎或磨碎法。

液体、浆体及悬浮液体等样品常采用简便工具将其搅拌均匀。常用的简便工具有玻璃搅拌棒和可以任意调节搅拌速度的电动搅拌器。

水果罐头在捣碎前需清除果核；肉禽罐头应预先剔除骨头；鱼类罐头要将调味品（葱、辣椒等）分出后再捣碎，常用捣碎工具有高速组织捣碎机等。

能溶于水或有机溶剂的样品或样品中成分采用溶解法处理。

三、样品的保存

采集的样品，为了防止其水分或挥发性成分散失以及其他待测成分含量的变化（如光解、高温分解、发酵等），应在短时间内进行分析。如果不能立即分析或是作为复验和备查的样品，则应妥善保存。

制备好的样品应放在密封洁净的容器内，于阴暗处保存；并应根据食品种类选择其物理化学结构变化极小的适宜温度保存。易腐败变质的样品应保存在 0～5℃ 的冰箱里，保存时间也不宜过长。有些成分，如胡萝卜素、黄曲霉毒素 B_1、维生素 B_1 等，容易发生光解，以这些成分为分析项目的样品，必须在避光条件下保存。特殊情况下，样品中可加入适量的不影响分析结果的防腐剂，或将样品置于冷冻干燥器内通过进行升华干燥来保存。

此外，样品保存环境要清洁干燥，存放的样品要按日期、批号、编号摆放，以便查找。

📖 复习思考题

1.采样的原则有哪些？

2.采样有哪几个步骤？

3. 采样方法有哪些？

4. 采样应注意哪些方面？

5. 不同试样应如何制备？

6. 样品的保存需要注意哪些事项？

第二节　样品的前处理技术

食品的化学组成非常复杂，既含有蛋白质、糖类、脂肪、维生素及因污染引入的有机农药等大分子的有机化合物，又含有钾、钠、钙、铁等各种无机元素。这些组分之间往往通过各种作用力以复杂的结合态或络合态形式存在。当应用某种方法对其中某种组分的含量进行测定时，其他组分的存在，常给测定带来干扰。为了保证分析工作的顺利进行，得到准确的分析结果，必须在测定前破坏样品中各组分之间的作用力，使被测组分游离出来，同时排除干扰组分；此外，有些被测微量组分，如污染物、农药、黄曲霉毒素等，由于含量少，很难检测出来，为了准确地测出它们的含量，必须在测定前对样品进行富集或浓缩。以上这些操作过程统称为样品预处理。它是食品成分分析过程中的一个重要环节，直接关系着分析检验的成败。只有少数食品，如饮料、啤酒、白酒等，在测定微量元素的含量时不需要进行预处理，直接用原子吸收分光光度计即可测定。

食品样品的前处理应根据食品的种类、分析对象和被测组分的理化性质及所选用的分析方法决定选用哪种预处理方法。

样品处理的总原则：消除干扰因素；完整保留被测组分；使被测组分尽可能浓缩。以获得可靠的分析结果。常用的方法有以下几种。

一、有机物破坏法

有机物破坏法主要用于食品中无机元素的测定。通常采用高温或高温加强氧化剂的条件，使有机物质分解，呈气态逸散，而使被测的组分保留下来。根据具体操作条件的不同，此法又可分为干法和湿法两大类。

1. 干法灰化法（灼烧法）

（1）原理　将一定量的样品置于坩埚中加热，使其中的有机物脱水、炭化、分解、氧化，再置于高温电炉中（一般为 500～550℃）灼烧灰化，直至残灰为白色或浅灰色为止，所得的残渣即无机成分，可进一步用于测定无机成分。

（2）方法特点　此法基本不加或加入很少的试剂，故空白值低；因多数食品经灼烧后灰分的体积很小，因而能处理较多的样品，可富集被测组分，降低检测下限；有机物分解彻底，操作简单，不需要工作者严密看管。但此法所需灰化时间较长，因温度较高，易造成某些易挥发元素的损失；坩埚对被测组分有吸留作用，会降低测定结果和回收率。

除汞以外的大多数金属元素和部分非金属元素的测定都可用此法处理样品。

（3）提高回收率的措施

① 根据被测组分的性质，采取适宜的灰化温度。灰化食品样品，应在尽可能低的温度下进行。但温度过低会延长灰化时间，通常选用在 500～550℃灰化 2h 或在 600℃灰化 0.5h 的条件，一般不要超过 600℃。

还有一种低温灰化技术，此法是将样品放在低温灰化炉中，先将炉内抽至近真空（10Pa 左右），然后不断通入氧气，流速为 0.3～0.8L/min，再用射频照射使氧气活化，这样在低于150℃的温度下便可使样品完全灰化，从而克服了高温灰化的缺点，但所需仪器的价格较高，不易普及推广。

② 加入灰化固定剂，防止被测组分的挥发损失和坩埚吸留。例如，元素磷可能以含氧酸的

形式挥发散失，若与硫酸盐共存则散失更多，加氯化镁或硝酸镁可使磷元素、硫元素转变为磷酸镁或硫酸镁，防止它们损失；考虑到灰化过程中卤素的散失，样品必须在碱性条件下进行灰化，样品中加入氢氧化钠或氢氧化钙可使卤素转为难挥发的碘化钠或氯化钙；加入氯化镁及硝酸镁可使砷转变为不挥发的焦砷酸镁；氯化镁还起到衬垫坩埚材料的作用，减少样品与坩埚的接触和吸留；在一般的灰化温度下，铅、锡容易挥发损失，加硫酸可使易挥发的氯化铅、氯化锡等转变为难挥发的硫酸盐。

2. 湿法消化法（消化法）

（1）原理 向样品中加入强氧化剂，并加热消煮，使样品中的有机物质完全分解、氧化，呈气态逸散，而待测成分转化为无机物状态存在于消化液中，供测试用。常用的强氧化剂有浓硝酸、浓硫酸、高氯酸、高锰酸钾和过氧化氢等。

（2）方法特点 此法的优点是有机物分解速度快，所需时间短；由于加热温度低于干法灰化法，故可减少金属挥发逸散的损失，容器对其的吸留也少。但在消化过程中，常产生大量有害气体，因此操作过程需在通风橱内进行；消化初期，易产生大量泡沫且外溢，故需操作人员严密看管；试剂用量较大，空白值偏高。

近年来，高压消解消化法得到广泛应用。此法是在聚四氟乙烯内罐中加入样品和氧化剂，放入密封罐后在 $120 \sim 150 ℃$ 的烘箱中消化数小时，取出后自然冷却至室温，得到的消化液可直接用于测定。此法克服了常压湿法消化的一些缺点，但要求的密封程度高，且高压消解罐的使用寿命有限。

（3）常用的消化方法

① 单独使用硫酸的消化方法 此法在样品消化时，仅加入硫酸，在加热的情况下，依靠硫酸的脱水炭化作用，破坏有机物。由于硫酸的氧化能力较弱，消化液炭化变黑后，保持较长的炭化阶段，使消化时间延长。为此常加入硫酸钾或硫酸钠以提高其沸点，加适量的硫酸铜或硫酸汞作催化剂，来缩短消化时间。

② 硝酸-高氯酸消化法 此法可先加硝酸进行消化，待大量的有机物分解后，再加入高氯酸，或者以硝酸-高氯酸混合液先将样品浸泡过夜，或小火加热待大量泡沫消失后，再提高消化温度，直至完全消化为止。此法氧化能力强，反应速度快，炭化过程不明显；消化温度较低，挥发损失少。但由于这两种酸受热都易挥发，故当温度过高、时间过长时，容易烧干，并可能引起残余物燃烧或爆炸。为防止这种情况发生，有时加入少量硫酸。此法对还原性较强的样品，如酒精、甘油、油脂和大量磷酸盐存在时，不宜采用。

③ 硝酸-硫酸消化法 此法是在样品中加入硝酸和硫酸的混合液，或先加入硫酸加热，使有机物分解，在消化过程中不断补加硝酸。这样可缩短炭化过程，并减少消化时间，反应速度适中。由于碱土金属的硫酸盐在硫酸中的溶解度较小，故此法不宜做食品中碱土金属的分析。如果样品含较大量的脂肪和蛋白质时，可在消化的后期加入少量的高氯酸或过氧化氢，以加快消化的速度。

上述几种消化方法各有利弊，在处理不同的样品或做不同的测定项目时，做法上略有差异。关于加热温度、加酸的次序和种类、氧化剂和催化剂的加入与否，可按要求和经验灵活掌握，并同时做空白试验，以消除试剂和操作条件不同所带来的差异。

二、溶剂提取法

同一溶剂中，不同的物质有不同的溶解度，同一物质在不同溶剂中的溶解度也不同。利用样品中各组分在特定溶剂中溶解度的差异，使其完全或部分分离的方法即为溶剂提取法。食品分析中常用此法进行维生素、重金属、农药及黄曲霉毒素的测定。

常用的无机溶剂有水、稀酸、稀碱；有机溶剂有乙醇、乙醚、氯仿、丙酮、石油醚等。溶剂提取法可用于提取固体、液体及半流体，根据提取对象的不同可分为浸提法和萃取法。

1. 浸提法（液-固萃取法）

用适当的溶剂将固体样品中的某种被测组分浸提出来的方法称为浸提法，即液-固萃取法。该法应用广泛，如测定固体食品中的脂肪含量时，用乙醚（或石油醚）反复浸提样品中的脂肪，而杂质不溶于乙醚（或石油醚）。再使乙醚（或石油醚）挥发掉，便可测出脂肪的质量。

（1）提取剂的选择 提取剂应根据被提取物的性质来选择。对被测组分的溶解度应最大，对杂质的溶解度应最小。选择溶剂应遵守以下原则。

① 相似相溶原则。极性弱的成分（如有机氯农药）用极性小的溶剂（如正己烷、石油醚）提取；极性强的成分（如黄曲霉毒素 B_1）用极性大的溶剂（如甲醇与水的混合液）提取。

② 溶剂的沸点应在 45～80℃，沸点太低易挥发不易浓缩，且热稳定性差的被提取成分容易损失。

③ 溶剂要稳定，不能与样品发生作用。

（2）提取方法 包括振荡浸渍法、捣碎法、索氏提取法。

① 振荡浸渍法 将切碎的样品放入选择好的溶剂系统中，浸渍、振荡一定时间，使被测组分被溶剂提取。该法操作简单，但回收率低。

② 捣碎法 将切碎的样品放入捣碎机中，加入溶剂，捣碎一定时间，使被测成分被溶剂提取。该法回收率高，但选择性差，干扰杂质溶出较多。

③ 索氏提取法 将一定量样品放入索氏提取器中，加入溶剂，加热回流一定时间，被测组分被溶剂提取。该法溶剂用量少，提取完全，回收率高。但操作麻烦，需专用索氏提取器。

2. 萃取法

萃取法用于从溶液中提取某一组分，即利用该组分在两种互不相溶的试剂中分配系数的不同，使其从一种溶剂中转移至另一种溶剂中，从而与其他成分分离，达到分离的目的。通常可用分液漏斗多次提取达到目的。若被转移的成分是有色化合物，可用有机相直接进行比色测定，即采取萃取比色法。萃取比色法具有较高的灵敏度和选择性。

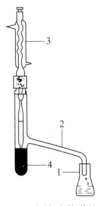

图 2-5 连续液体萃取器
1—烧瓶；2—导管；
3—冷凝器；4—中央套管

（1）萃取剂的选择 萃取所用溶剂应与原溶剂不互溶，且对被测组分有最大的溶解度，而对杂质有最小的溶解度，使得萃取后，被测组分进入萃取溶剂中，同留在原溶剂中的杂质分离开；两种溶剂较容易分层，且不会产生泡沫。

（2）萃取方法 萃取通常在分液漏斗中进行，一般萃取 4～5 次方可分离完全。若萃取剂比水轻，且从水溶液中提取分配系数小或振荡时易乳化的组分时，可采用连续液体萃取器（图 2-5）。

三、蒸馏法

蒸馏法是利用液体混合物中各组分的挥发度不同而进行分离的方法。具有分离和净化的双重效果。此法的缺点是仪器装置和操作都较为复杂。

根据样品中待测定成分的性质不同，可采取常压蒸馏、减压蒸馏、水蒸气蒸馏等蒸馏方式。

1. 常压蒸馏

当被蒸馏的物质受热后不发生分解或沸点不太高时，可在常压下进行蒸馏。常压蒸馏装置如图 2-6 所示。根据被蒸馏物质的沸点和特性，可选择水浴、油浴或直接加热等加热方式。

2. 减压蒸馏

液体的沸点，是指它的饱和蒸气压等于外界压力时的温度，因此液体的沸点是随外界压力的变化而变化的，借助于真空泵降低系统内压力，就可以降低液体的沸点，这便是减压蒸馏操作的理论依据。减压蒸馏是分离和提纯有机化合物的常用方法之一，特别适用于那些在常压蒸馏时未达沸点即已受热分解、氧化或聚合的物质。

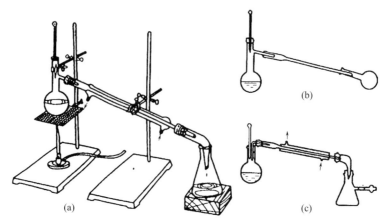

图 2-6　常压蒸馏装置图
（a）常量蒸馏；（b）微量蒸馏；（c）半微量蒸馏

　　减压蒸馏装置主要由蒸馏、抽气（减压）、安全保护和测压四部分组成，如图 2-7 所示。蒸馏部分由蒸馏瓶、克氏蒸馏头、毛细管、温度计及冷凝管、接收器等组成。克氏蒸馏头可减少由于液体暴沸而溅入冷凝管的可能性；而毛细管的作用，则是作为气化中心，使蒸馏平稳，避免液体过热而产生暴沸冲出的现象。抽气部分用减压泵，最常见的减压泵有水泵和油泵两种。安全保护部分一般有安全瓶。测压部分采用测压计。常用测压计为 U 型水银压力计或麦氏真空计。

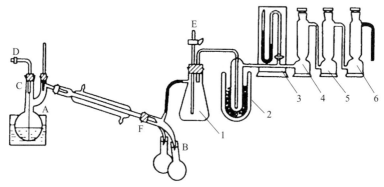

图 2-7　减压蒸馏装置图
1—缓冲瓶装；2—冷却装置；3、4、5、6—净化装置；
A—减压蒸馏瓶；B—接收器；C—毛细管；D—调气夹；E—放气活塞；F—接液管

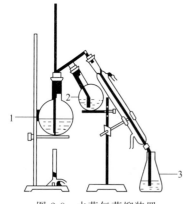

图 2-8　水蒸气蒸馏装置
1—蒸气发生器；2—样品瓶；3—接收瓶

3. 水蒸气蒸馏

　　某些物质的沸点较高，直接加热蒸馏时，因受热不均易引起局部炭化；还有些被测成分被加热到沸点时，能发生分解，这些成分的提取可采用水蒸气蒸馏。水蒸气蒸馏是用水蒸气加热混合液体，使具有一定挥发度的被测组分与水蒸气按分压比例从溶液中一起蒸馏出来。例如在测定总酸含量时就采用水蒸气蒸馏方式。水蒸气蒸馏装置如图 2-8 所示。

　　当需要分离的是两种或两种以上互溶组分而且沸点相差很小时，可用分馏的方法进行分离。分馏是蒸馏的一种，是将液体混合物在一个设备内进行多次部分气化和部分冷凝，将液体混合物分离为各组分的蒸馏过程。

四、化学分离法

1. 磺化法和皂化法

磺化法和皂化法是除去油脂的方法，常用于农药分析中样品的净化。

（1）磺化法 是用浓硫酸处理样品提取液，以有效地除去脂肪、色素等干扰杂质的方法。磺化法的原理是浓硫酸能使脂肪磺化，并与脂肪和色素中的不饱和键起加成作用，形成可溶于硫酸和水的强极性化合物，使之不再被弱极性的有机溶剂溶解，从而达到分离净化的目的。

此法操作简单、迅速、净化效果好，但仅适用于对强酸稳定的被测组分的分离。用于农药分析时，仅限于在强酸介质中稳定的农药提取液的净化，其回收率在80％以上。

（2）皂化法 是用热碱溶液处理样品提取液，以除去脂肪等干扰杂质的方法。皂化法的原理是利用氢氧化钾-乙醇溶液将脂肪等杂质皂化后除去，以达到净化的目的。此法仅适用于对碱稳定的被测组分的分离，如维生素A、维生素D等提取液的净化。

2. 沉淀分离法

沉淀分离法是利用沉淀反应进行分离的方法。沉淀分离法的原理是：在试样中加入适当的沉淀剂，使被测组分沉淀下来，或将干扰组分沉淀下去，经过过滤或离心将沉淀与母液分开，从而达到分离目的。例如：测定冷饮中糖精钠的含量时，可在试剂中加入碱性硫酸铜，将蛋白质等干扰杂质沉淀下去。糖精钠仍留在试液中，经过滤除去沉淀后，取滤液进行分析。

在进行沉淀分离时，应注意溶液中所要加入的沉淀剂的选择。所选沉淀剂应该是不会破坏溶液中所要沉淀析出的物质，否则达不到分离提取的目的。沉淀后，要选择适当的分离方法，如过滤、离心分离或蒸发等。这要根据溶液、沉淀剂、沉淀析出物质的性质和实验要求来决定。沉淀操作中，经常伴随有pH、温度等条件要求，这一点应注意。

3. 掩蔽法

此法是利用掩蔽剂与样液中干扰成分的相互作用，使干扰成分转变为不干扰测定的状态，即被掩蔽起来。运用这种方法，可以不经过分离干扰成分的操作而消除其干扰作用，简化分析步骤，从而在食品分析中应用十分广泛，常用于金属元素的测定。

五、浓缩法

食品样品经提取、净化后，有时净化液的体积较大，在测定前需进行浓缩，以提高被测成分的浓度。常用的浓缩方法有常压浓缩法和减压浓缩法两种。

1. 常压浓缩法

此法主要用于待测组分为非挥发性的样品净化液的浓缩，通常采用蒸发皿直接挥发。若要回收溶剂，则可用一般蒸馏装置或旋转蒸发器。该法操作简便、快速，是常用的浓缩方法。

2. 减压浓缩法

此法主要用于待测组分为热不稳定性或易挥发性的样品净化液的浓缩，通常采用K-D浓缩器。浓缩时，水浴加热并抽气减压。此法浓缩温度低、速度快，被测组分损失少，特别适用于农药残留量分析中样品净化液的浓缩。

六、色谱分离法

色谱分离法是在载体上进行物质分离的一系列方法的总称。根据分离原理的不同，色谱分离法可分为吸附色谱分离法、分配色谱分离法和离子交换色谱分离法等。

1. 吸附色谱分离法

利用聚酰胺、硅胶、硅藻土、氧化铝等吸附剂经活化处理后所具有的适当的吸附能力，对被测成分或干扰组分进行选择性吸附而实现分离的方法称吸附色谱分离法。例如聚酰胺对色素有很强的吸附力，而其他组分则难于被其吸附，在测定食品中色素含量时，常用聚酰胺吸附色素，经过过滤、洗涤，再用适当的溶剂解吸，可以得到较纯净的色素溶液。

2. 分配色谱分离法

此法是以分配作用为主的色谱分离法，是根据不同物质在两相间的分配比不同而进行分离的方法。两相中的一相是流动的（称流动相），另一相是固定的（称固定相），由于不同物质在两相中具有不同的分配比，被分离的组分在与流动相沿着固定相移动的过程中，溶剂渗透在固定相中并向上渗展，这些物质在两相中的分配作用反复进行，从而达到分离的目的。例如多糖类样品的纸色谱。

3. 离子交换色谱分离法

离子交换色谱分离法是利用离子交换剂与溶液中的离子之间所发生的交换反应而进行分离的方法，分为阳离子交换法和阴离子交换法两种。交换作用可用下列反应式表示：

阳离子交换：$R\text{-}H + M^+ X^- \longrightarrow R\text{-}M + HX$

阴离子交换：$R\text{-}OH + M^+ X^- \longrightarrow R\text{-}X + MOH$

式中　　R——离子交换剂的母体；

　　　　MX——溶液中被交换的物质。

将被测离子溶液与离子交换剂一起混合振荡，或将样液缓缓通过用离子交换剂做成的离子交换柱时，被测离子或干扰离子即与离子交换剂中的 H^+ 或 OH^- 发生交换，被测离子或干扰离子留在离子交换剂中，被交换出的 H^+ 或 OH^- 以及不发生交换反应的其他物质留在溶液内，从而达到分离的目的。在食品分析中，离子交换色谱分离法被用于制备无氨水、无铅水。离子交换色谱分离法还常用于分离较为复杂的样品。

七、现代样品前处理技术

样品前处理技术除以上传统的手段外，还有几种比较先进的、实用的处理技术和仪器。现予以简单介绍。

1. 凝胶渗透色谱

凝胶渗透色谱也称作体积排斥色谱，是 1964 年，由 J. C. Moore 首先研究成功的一种新型液相色谱，是色谱中较新的分离技术之一。利用多孔性物质按分子体积大小进行分离，凝胶渗透色谱技术在富含脂肪、色素等大分子的样品分离净化方面，具有明显的效果，随着科学技术的进步，凝胶渗透色谱已发展成为从进样到收集全自动化的净化系统。

凝胶渗透色谱技术主要用于样品净化处理和高聚物的分子量及其分布的测定。凝胶渗透色谱技术适用的样品范围极广，回收率也较高，不仅对油脂净化效果好，而且分析的重现性好，柱子可以重复使用，已经成为食品检测中通用的净化方法。

2. 固相萃取

固相萃取是近年发展起来一种样品预处理技术，由液固萃取和液相色谱技术相结合发展而来，主要用于样品的分离、纯化和浓缩，与传统的液液萃取法相比可以提高分析物的回收率，更有效地将分析物与干扰组分分离，减少样品预处理过程，操作简单、省时、省力。

固相萃取就是利用固体吸附剂将液体样品中的目标化合物吸附，与样品的基体和干扰化合物分离，然后再用洗脱液洗脱或加热解吸附，达到分离和富集目标化合物的目的。

固相萃取实质上是种液相色谱分离技术，其主要分离模式也与液相色谱相同。与液-液萃取相比，固相萃取有很多优点，固相萃取不需要大量互不相溶的溶剂，处理过程中不会产生乳化现象，采用高效、高选择性的吸附剂（固定相），能显著减少溶剂的用量，简化样品的预处理过程，同时所需费用也有所减少。一般来说固相萃取所需时间为液-液萃取的 1/2，而费用为液-液萃取的 1/5。其缺点是目标化合物的回收率和精密度要略低于液-液萃取。固相萃取主要用于复杂样品中微量或痕量目标化合物的分离和富集。在食品检测中通常用于农药残留、兽药残留及其他化学污染物的分析检测。

3. 加速溶剂萃取

加速溶剂萃取是一种全新的处理固体和半固体样品的方法，该法是在较高温度（50～200℃）和压力（10.3～20.6MPa）条件下，利用有机溶剂萃取。它的突出优点是有机溶剂用量少（1g样品仅需 1.5mL 溶剂，一个样品需 15mL 溶剂）、快速（一般为 15min）和回收率高，已成为样品前处理最佳方式之一，并被美国环境保护署选定为推荐的标准方法，已广泛用于环境、药物、食品和高聚物等样品的前处理，特别是农药残留量的分析。

4. 微量化学法

样品处理微量化学法技术（缩写为 MICCM）定义为：该体系是用于残留物分析（或其他化学实验）小样品处理的一种新的工作体系，分析中使用的分析试样量小，使用的设备器具和操作方法均不同于经典的经典常温化学法（MACCM）体系。

微量化学法样品处理技术的发展可以追溯到有机点滴试验，早在 1859 年，Hugo Schiff 报道：将一滴尿酸的水溶液，滴在用硝酸银渗透过的滤纸上可以检定尿酸。Friedrich Schonbein 等使用毛细管方法，将试液用毛细管点于滤纸上，再用试剂显色，这种方法在分析上很有意义。随着有机显色试剂的不断发展，点滴试验应用得越来越广泛。后来与一些微量试验器具（如滴试板、表面皿、微量试管、微量离心管）结合，形成了经典的 MICCM 试验方法。

样品分析全过程大致包括样品采集与制备、样品分解、样品净化、进样方式和样品测定五个环节，广义而言，前四步都属于样品前处理。但对于分析工作者而言，主要涉及的是样品分解和净化两个环节，这就是狭义的样品前处理，即将待分析的原始样品处理成能够进行仪器分析的状态（绝大多数情况下是处理成溶液）。

样品前处理对分析检测来说非常重要，这是因为样品前处理不仅耗费整个分析过程 60％ 以上的时间，而且主要的分析误差也来自样品前处理环节。

复习思考题

1.有机物破坏法包括哪几种？其特点是什么？

2.溶剂提取法包括哪几种？

3.萃取剂选择的原则是什么？

第三节　数据处理与分析报告

在实际工作中，尽管分析人员选择最准确的分析方法，使用最精密的仪器设备，具备丰富的实验经验和熟练的技术，对同一样品进行多次重复分析，也不会获得完全相同的结果，更不可能得到绝对准确的结果。这就表明，误差是客观存在的。如何减少分析过程中的误差，减少分析数据的不确定度，是保证分析数据质量的关键。

食品分析的结果是许多重要决策的基础。如食品企业根据原材料的分析结果决定接受还是拒绝；根据加工过程中各个关键控制点的在线检测结果，了解食品安全控制状态，决定是否需要采取预防或纠偏措施；根据最终产品的分析结果决定某批次产品是否合格，能否放行出厂，进入食品流通渠道。

一、检验结果的表示方法

检验结果的表示方法，常用被测组分的相对量，如质量分数（w_B）、体积分数（ϕ_B）、质量浓度（ρ_B）表示的。质量单位可以用 g，也可以用质量的分数单位，如 mg、μg；体积单位可以用 L，也可以用它的分数单位 mL、μL。

微量或痕量组分的含量可分别表示为 mg/kg 或 mg/L 以及 $\mu g/kg$ 和 $\mu g/L$。

二、数据处理方法

建立有效数字的概念并掌握它的计算规则，应用有效数字的概念在实验中正确做好原始记录，正确处理原始数据，正确表示分析与检验的结果，具有十分重要的意义。以下根据实验室的具体情况，介绍有效数字的记录和计算的一般规则，以及分析结果的正确表示方法。

1. 有效数字

食品理化检验中直接或间接测定的量，一般都用数字表示，但它与数学中的数字不同，而仅仅表示量度的近似值。在测定值中只保留一位可疑数字，如 0.0123 与 1.23 都是三位有效数字。

所有的分析数据，应当根据仪器的测量误差，只保留一位不定数字。

① 在分析化学中，几个重要物理量的测量误差一般为：

质量，$\pm 0.000x$ g；容积，$\pm 0.0x$ mL；pH，$\pm 0.0x$ 单位；电位，$\pm 0.000x$ V；吸光度，$\pm 0.00x$ 单位。

如在一台称量误差为 ± 0.0002g 的分析天平上，称出某物质量为 21.43285 g，则最后一个"5"字是多余的，因为它前面的"8"已是不定数字了。因此，正确的记录应当是 21.4328g。

② 数字"0"及"9"在确定有效数字位数时，应根据具体情况而定。"0"有时仅起定位作用，不是有效数字。如在 0.0060 一数中，前面三个"0"是起定位作用的，后面一个零才是有效数字，因此，该数仅有两位有效数字。9、99 等大数的相对误差与 10、100 十分接近。因此，可以分别视为两位和三位有效数字。

2. 数字的修约规则

运算过程中，弃去多余数字（称为"修约"）的原则是"四舍六入五成双"。即当测量值中被修约的那个数字等于或小于 4 则舍去；等于或大于 6 时，进位；等于 5 时，如进位后，测量值末位数为偶数，则进位，舍去后末位数为偶数，则舍去。

例如：将 0.3742、4.586、13.35 和 0.4765 四个测量值修约为三位有效数字时，结果分别为 0.374、4.59、13.4 和 0.476。

3. 有效数字的运算规则

① 在加减法的运算中，以绝对误差最大的数为准来确定有效数字的位数。

例如：求 0.0121＋25.64＋1.05782＝？

三个数据中，25.64 中的 4 有 0.01 的误差，绝对误差以它最大，因此，所有数据只能保留至小数点后第二位，得到：

$$0.01+25.64+1.06=26.71$$

② 乘除法的运算中，以有效数字位数最少的数，即相对误差最大的数为准，确定有效数字位数。

例如：求 $0.0121 \times 25.64 \times 1.05782 =$？

其中，以 0.0121 的有效数字位数最少，即相对误差最大，因此所有的数据只能保留三位有效数字。得到：

$$0.0121 \times 25.6 \times 1.06 = 0.328$$

③ 对数的有效数字位数取决于尾数部分的位数，例如 $\lg K = 10.34$，为两位有效数字，pH＝2.08，也是两位有效数字。

④ 计算式中的系数（倍数或分数）或常数（如 π、e 等）的有效数字位数，可以认为是无限制的。

⑤ 如果要改换单位，则要注意不能改变有效数字的位数。例如"5.6g"只有两位有效数字，若改用 mg 表示，正确表示应为"5.6×10^3mg"，若写为"5600mg"，则有四位有效数字，就不

合理了。

分析结果通常以平均值 $\bar{x}$ 来表示。在实际测定中，对质量分数大于 10％的分析结果，一般要求有四位有效数字；对 1％～10％的分析结果，则一般要求三位有效数字；对小于 1％的微量组分，一般只要求有两位有效数字。有关化学平衡的计算中，一般保留 2～3 位有效数字，pH 的有效数字一般保留 1～2 位。有关误差的计算，一般也只保留 1～2 位有效数字，通常要使其值变得更大一些，即只进不舍。

4.可疑值的取舍

在一组平行测定值中常常出现某一两个测定值比其余测定值明显的偏大或偏小，称之为可疑值（离群值）。离群值的取舍会影响结果的平均值，尤其当数据少时影响更大，因此在计算前必须对离群值进行合理的取舍，若离群值不是明显的过失造成，就要根据随机误差分布规律决定取舍，取舍方法很多，从统计观点考虑，比较严格而又使用方便的是 Q 检验法。

Q 检验法适合于测定次数为 3～10 的检验，其步骤如下。

① 将所得的数据按递增顺序排列 x_1，x_2，…，x_n。

② 计算统计量。

若 x_1 为可疑值，则 $Q_{计} = \dfrac{x_2 - x_1}{x_n - x_1}$ （2-2）

若 x_n 为可疑值，则 $Q_{计} = \dfrac{x_n - x_{n-1}}{x_n - x_1}$ （2-3）

式中分子为可疑值与相邻的一个数值的差值，分母为整组数据的极差，Q 越大，说明 x_1 或 x_n 离群越远，到一定界限时应舍去，Q 称为"舍弃商"，统计学家已计算出不同置信度的 Q 值。

③ 选定置信度 P，由相应的 n 查出 $Q_{P,n}$，若 $Q_{计} > Q_P$ 时，可疑值应弃去，否则应予以保留。

Q 检验法符合数理统计原理，特别具有直观性和计算方法简便的优点，但 Q 检验法的缺点是极差 $x_n - x_1$ 作分母。数据的离散性越大，可疑数据越不能舍去。使用 Q 检验法的准确性较差，不过在通常实验中，使用 Q 检验法处理可疑值是切实可行的。

三、分析结果的评价

在研究一个结果分析时，通常用精密度、准确度和灵敏度这三项指标评价。

1.精密度

精密度是指多次平行测定结果相互接近的程度。这些测试结果的差异是由偶然误差造成的。它代表着测定方法的稳定性和重现性。

精密度的高低可用偏差来衡量。偏差是指个别测定结果与几次测定结果的平均值之间的差别。偏差有绝对偏差和相对偏差之分。测定结果与测定平均值之差为绝对偏差，绝对偏差占平均值的百分比为相对偏差。

分析结果的精密度，可以用单次测定结果的平均偏差（$\bar{d}$）表示，即，

$$\bar{d} = \dfrac{|d_1| + |d_2| + \cdots + |d_n|}{n}$$ （2-4）

式中，d_1，d_2，…，d_n 表示 1，2，…，n 次测定结果的绝对偏差。

平均偏差没有正负号。用这种方法求得的平均偏差称算术平均偏差。单次测定结果的相对算术平均偏差为：

$$相对平均偏差 = \dfrac{\bar{d}}{\bar{x}} \times 100\%$$ （2-5）

式中，$\bar{x}$ 为单次测定结果的算术平均值。

平均偏差的另一种表示方法为标准偏差（均方根偏差）。单次测定的标准偏差（S）可按下列公式计算：

$$S = \sqrt{\frac{\sum d_i^2}{n-1}}$$
(2-6)

单次测定结果的相对标准偏差称为变异系数：

$$变异系数 = \frac{S}{\bar{x}} \times 100\%$$
(2-7)

标准偏差较平均偏差有更多的统计意义，因为单次测定的偏差平方后，较大的偏差更显著地反映出来，能更好地说明数据的分散程度。因此，在考虑一种分析方法的精密度时，通常用标准偏差和变异系数来表示。

2. 准确度

准确度是指测定值与真实值的接近程度。测定值与真实值越接近，则准确度越高。准确度主要是由系统误差决定的，反映测定结果的可靠性。准确度高的方法精密度必然高，而精密度高的方法准确度不一定高。

准确度高低可用误差来表示。误差越小，准确度越高。误差是分析结果与真实值之差。误差有两种表示方法，即绝对误差和相对误差。绝对误差指测定结果与真实值之差；相对误差是绝对误差占真实值（通常用平均值代表）的百分率。选择分析方法时，为了便于比较，通常用相对误差表示准确度。

$$对单次测定值 \quad 绝对误差 \ E = X - X_T$$
$$相对误差 \ RE = \frac{E}{X_T} \times 100\%$$
(2-8)

式中　　X——测定值，对一组测定值 X 取多次测定值的平均值；

X_T——真实值。

某一分析方法的准确度，可通过测定标准试样的误差，或做回收试验计算回收率，以误差或回收率来判断。

在回收试验中，加入已知量的标准物的样品，称加标样品。未加标准物质的样品称为未知样品。在相同条件下用同种方法对加标样品和未知样品进行预处理和测定，按下列公式计算出加入标准物质的回收率。

$$P = (X_1 - X_0)/m \times 100\%$$
(2-9)

式中　　P——加入标准物质的回收率，%；

m——加入标准物质的质量；

X_1——加标样品的测定值；

X_0——未知样品的测定值。

3. 灵敏度

灵敏度是指分析方法所能检测到的最低限量。不同的分析方法有不同的灵敏度，一般而言，仪器分析法具有较高的灵敏度，而化学分析法（质量分析法和容量分析法）灵敏度相对较低。在选择分析方法时，要根据待测成分的含量范围选择适宜的方法。一般地说，待测成分含量低时，需选用灵敏度高的方法；含量高时宜选用灵敏度低的方法，以减少稀释倍数太大所引起的误差。由此可见，灵敏度的高低并不是评价分析方法好坏的绝对标准。一味追求选用高灵敏度的方法是不合理的。如重量分析法和容量分析法，灵敏度虽不高，但对于高含量的组分（如食品的含糖量）的测定能获得满意的结果，相对误差一般为千分之几。相反，对于低含量组分（如黄曲霉毒素）的测定，质量分析法和容量分析法的灵敏度一般达不到要求，这时应采用灵敏度较高的仪器分析法。而灵敏度较高的方法相对误差较大，但对低含量组分允许有较大的相对误差。

4. 检出限

检出限是指产生一个能可靠地被检出的分析信号所需要的某元素的最小浓度或含量，而测定限则是指定量分析实际可以达到的极限。因为当元素在试样中的含量相当于方法的检出限时，虽然能可靠地检测其分析信号，证明该元素在试样中确实存在，但定量测定的误差可能非常大，测量的结果仅具有定性分析的价值。测定限在数值上应高于检出限。

四、分析误差的来源及控制

1. 误差及其产生原因

误差或测量误差是指测量值结果与真实之间的差异，根据误差的性质，可将其分为系统误差、偶然误差和过失误差三大类。

（1）系统误差 系统误差是由分析过程中某些固定原因造成的，使测定结果系统地偏高或偏低。常见的系统误差根据其性质和产生的原因，可分为方法误差、仪器误差、试剂误差、操作误差（或主观误差）等几种。

（2）偶然误差 偶然误差又称随机误差。它是由某些难以控制、无法避免的偶然因素造成的。其大小与正负值都不固定，又称不定误差。偶然误差的产生难以找到确定的原因，似乎没有规律性。但如果进行很多测量，就会发现其服从正态分布规律。偶然误差在分析操作中是不可避免的。

（3）过失误差 分析工作中除上述两类误差外，还有一类"过失误差"。它是由分析人员粗心大意或未按操作规程办事所造成的误差。在分析工作中，当出现误差值很大时，应分析其原因，如是过失误差引起的，则该结果应舍去。

2. 控制和消除误差的方法

（1）选择合适的分析方法 各种分析方法的准确度和灵敏度是不同的。在实际工作中要根据具体情况和要求选择分析方法。化学分析法中的质量分析法和滴定分析法相对于仪器分析法而言，准确度高，但灵敏度低，适用于质量分数高的组分的测定。而仪器分析法相对而言灵敏度高，准确度低，因此适于质量分数低的组分的测定。例如有一试样，铁的质量分数为 40.10%，若用重铬酸钾滴定铁，其方法的相对误差为 ±0.2% 则铁的质量分数范围是 40.02%～40.18%。若采用分光光度法测定，其方法的相对误差为 ±2%，则铁的质量分数范围是 39.3%～40.9%，很明显，后者的误差大得多。如果试样中铁质量分数为 0.50%，用重铬酸钾法滴定无法进行，也就是说方法的灵敏度达不到。而分光光度法，尽管方法相对误差为 ±2%，但质量分数低，其分析结果绝对误差低，为 0.02×0.5%＝0.01%。测得的范围为 0.49%～0.51%，这样的结果是符合要求的。

（2）减少测定误差 为了保证分析测试结果的准确度，必须尽量减少测量误差。例如，在分析滴定中，用碳酸钠基准物标定 0.2 mol/L HCl 标准溶液，分析步骤中是先用分析天平称取碳酸钠的质量，然后读出滴定管滴出的 HCl 溶液的体积。

分析天平的一次称量误差为 ±0.0001g，采用递减法称量同次，为使称量时相对误差小于 0.1%，称量质量不能太小，至少应为：

$$试样质量＝绝对误差/相对误差＝\frac{2×0.0001g}{0.1\%}=0.2g$$

滴定管的一次读数误差为 ±0.01mL，在一次滴定中，需要读两次。为使稳定时相对误差小于 0.1%，消耗的体积至少应为：

$$滴定体积＝\frac{2×0.01mL}{0.1\%}=20mL$$

所以，为了减少称量和滴定的相对误差，在实际工作中，称取碳酸钠基准物质量为 0.25～0.35g，使滴定体积在 30mL 左右。

应该指出，不同的分析方法准确度要求不同，应根据具体情况来控制各测量步骤的误差，使测量的准确度与分析方法的准确度相适应。例如，用分光光度法测定微量组分，方法的相对误差为±2%。若称取 0.5g 试样时，试样的称量误差小于相对误差就行了，没有必要像滴定分析法那样强调称准至±0.0001g。但是，为了使称量误差可以忽略不计，最好将称量的准确度提高约一个数量级，称准至±0.001g 就足够了。

此外，在比色分析中，样品浓度与吸光度之间往往只在一定范围内呈线性关系，分光光度计读数时也只有在一定吸光度范围内才准确。这就要求测定时的样品浓度在这个线性范围内，并且读数时应尽可能在这一范围内，以提高准确度。可以通过增减取样量或改变稀释倍数等来达到这一目的。

（3）增加平行测定次数，减少随机误差　在消除了系统误差的前提下，平行测定次数越多，平均值越接近真实值。因此，增加平行测定次数可减少随机误差，但测定次数过多，工作量加大，随机误差减少不大，故一般分析测试，平行 3～4 次即可。

（4）消除过程中系统误差　在分析工作中，有时平行测定结果非常接近，分析的精密度很高，但用其他可靠方法检查后，发现分析结果准确度并不高，这可能就是因为分析中产生了系统误差。因此，在分析工作中必须十分重视系统误差的消除。系统误差产生的原因是多方面的，可根据具体情况采用不同的方法来检验和消除系统误差。

一般采用对照试验来检验分析过程中有无系统误差。

对照试验有以下几种类型。

① 选择组成与试样组成相近的标准试样进行分析，将测定结果与标准值比较，用 t 检验法来确定是否存在系统误差。

由于标准试样的数量和品种有限及价格因素，所以一些单位又自制了一些"管理样"，以此代替标准试样进行对照分析。管理样事先经过反复多次分析，其中各组分的含量也是比较可靠的。此外，有时也可以自行配制"人工合成试样"来进行对照分析，是根据试样的大致成分由纯化合物配制而成。配制时，要注意称量准确，混合均匀，以保证被测组分含量的准确性。

② 采用标准方法和所选方法同时测定某一试样。用 F 检验法和 t 检验法来判断是否存在系统误差。这里的标准方法是指国家现有的标准分析方法或公认的经典分析方法。

③ 如果对试样的组成不完全清楚，则可以采用"加入回收法"进行对照试验。即取两份等量的试样，向其中一份加入已知量的被测组分进行平行试验，看看加入的被测组分是否定量地回收，根据回收率的高低可检测分析方法的准确度，并判断分析过程中是否存在系统误差。

④ 采用训练有素的分析人员的分析结果来做对照，找出其他分析人员的习惯性操作失误所产生的系统误差。

若通过以上对照试验，确认有系统误差存在，则应设法找出产生系统误差的原因，根据具体情况，采用下列方法加以消除。

做空白试验消除试剂、去离子水带进杂质所造成的系统误差。即在不加试样的情况下，按照试样分析操作步骤和条件进行试验，所得结果称为空白值。从试样测试结果中扣除此空白值，就得到比较可靠的分析结果。

校准仪器以消除仪器不准确所引起的系统误差。如对砝码、移液管、滴定管、容量瓶等进行校准。

分析中所用的各种标准溶液（尤其是容易变化的试剂）应按规定定期标定。以保证标准溶液的浓度和质量。

测定结果的校正。例如在钢铁分析中用 Fe^{2+} 标准溶液滴定钢铁中铬时，钒也一起被滴定，产生正系统误差，可选用其他适当的方法测定钒，然后以每 1%钒相当 0.34%铬进行校正，得到铬的正确结果。此外，还可以用上面所介绍的加入回收法测定回收率，利用所得的回收率对样品的分析结果加以校正。

3. 标准曲线的回归

在用比色法、荧光双色谱法等进行分析时，常需配置一套具有一定梯度的标准系列，测定其参数（吸光度、荧光强度、峰高等），绘制参数与浓度之间的关系曲线，称为标准曲线。在正常情况下，标准曲线应该是一条穿过原点的直线。但在实际测定中，常出现偏离直线的情况，此时可用最小二乘法求出该直线的方程，就能最合理地代表此标准曲线。

用最小二乘法计算直线回归方程的公式如下：

$$y = bx + a$$

$$b = \frac{\sum(x-\bar{x})(y-\bar{y})}{\sum(x-\bar{x})^2} = \frac{n\sum xy - \sum x \sum y}{n\sum x^2 - (\sum x)^2}$$

$$a = \bar{y} - b\bar{x} = \frac{\sum x^2 \sum y - \sum xy \sum x}{n\sum x^2 - (\sum x)^2}$$

$$r = \frac{\sum(x_i-\bar{x})(y_i-\bar{y})}{\sqrt{\sum(x_i-\bar{x})^2 \sum(y_i-\bar{y})^2}} = \frac{n\sum xy - \sum x \sum y}{\sqrt{[n\sum x^2 - (\sum x)^2][n\sum y^2 - (\sum y)^2]}} \tag{2-10}$$

式中　　n——测定点的次数；

　　　　x——各点在横坐标上的值（自变量）；

　　　　y——各点在纵坐标上的值（因变量）；

　　　　b——直线斜率；

　　　　a——直线在 y 轴上的截距；

　　　　$\bar{x}$——x 的平均值；

　　　　$\bar{y}$——y 的平均值；

　　　　x_i——第 i 次的测定值；

　　　　r——线性相关系数。

其中相关系数 r 要进行显著性检验，以检验分析结果的线性相关性。

利用这种方法不仅可以求出标准曲线的直线方程，还可以检验结果的可靠性。实际上可以直接应用回归方程进行测定结果的计算，而不必根据标准曲线来计算。

五、分析结果报告

1. 检验记录的填写

① 填写内容要真实、完全、正确，记录方式简单明了。

② 内容包括样品来源、名称、编号，采样地点，样品处理方式、包装与保管等情况，检验分析项目，采用的分析方法，检验依据（标准）。

③ 操作记录要记录操作要点，操作条件，试剂名称、纯度、浓度、用量，意外问题及处理。

④ 要求字迹清楚整齐，用钢笔填写，不允许随意涂改，只能修改，但一般不超过 3 处，更正方法是：在需更正部分划两条平行线后，在其上方写上正确的数字和文字（实际岗位要求加盖更改人印章）。

⑤ 数据记录要根据仪器准确度要求记录，如果操作过程错误，得到的数据必须舍去。

2. 检验报告格式

检验报告内容包括样品名称、生产厂家、样品批号、受检单位、样品数量、代表数量、样品包装、收检日期、检验目的、检验起止日期、检验结果、检验员签字、主管负责人签字、检验单位公章等。

附：检验报告单样式。

检验报告单

报告编号：

样品名称			规格型号	
产品批(机)号		样品数量	代表数量	
生产日期		检验日期	报告日期	
检验依据				

检验项目	实测结果	标准要求	本项结论

检验结论	检验专用章：			
技术负责人	复核人		检验人	
备　　注				

🏛️ **复习思考题**

1. 名词解释：精密度、准确度、检出限、误差。
2. 分析误差产生原因。
3. 有哪些控制和消除误差的方法？
4. 检验记录的填写要注意什么？

模块二　物理检测法

　　由于食品物理特性的测定比较便捷，因此常被用于生产中控制产品质量的指标。食品的物理检测法是防止伪劣食品进入市场的监控手段，是食品生产管理和市场管理不可缺少的检测手段。食品的物理检验法分成两类。

　　第一类是检验食品的一些物理常数，如密度、相对密度、折射率等，这些物理常数与食品的组成成分及其含量之间，存在着一定的函数关系，因此，可以通过物理常数的测定来间接地检测食品的组成成分及其含量。

　　第二类是检验与食品的质量指标密切相关的一些物理量。如罐头的真空度；固体饮料的颗粒度；膨松食品的比体积；冰淇淋的膨胀率；液体的透明度、浊度、黏度；碳酸饮料CO_2体积。这一类的物理量可以通过物理检测方法直接测得。

　　本模块对食品检测中经常检测的相对密度、折射率、固体饮料的颗粒度、膨松食品的比体积、冰淇淋的膨胀率检测方法进行介绍。同时简单介绍液体的透明度、浊度、黏度、碳酸饮料CO_2体积的检验方法。

工作实际案例

第三章　食品相对密度和比容（比体积）的测定

第一节　食品相对密度的测定

知识目标

1. 掌握相对密度的含义；
2. 熟悉相对密度测定方法和应用范围。

技能目标

1. 能解读相对密度检测标准；
2. 能独立用密度瓶法测定相对密度并会计算；
3. 能判断并选取合适密度计进行检测并正确读数；
4. 能对比总结测定结果的准确性及分析过程中出现的问题。

思政与职业素养目标

通过实操和填写检测报告，强调真实岗位签字所要承担的法律责任，强化法治意识。

国家标准

GB 5009.2—2016 食品安全国家标准　食品相对密度的测定

必备知识

一、密度与相对密度

1. 密度与相对密度的定义

（1）密度　指物质在一定温度下单位体积的质量，以符号 ρ 表示，其单位为 g/cm^3。

（2）相对密度　旧称比重，指某一温度下物质的质量与同体积某一温度下水的质量之比，以符号 d 表示，为无因次量。

2. 相对密度与温度的关系

首先应明确的是相对密度的测定只针对液态食品。固态食品相应指标称作比容或比体积。

因为物质一般都具有热胀冷缩的性质（水在 4℃ 以下是反常的），所以密度值和相对密度值都随温度的改变而改变，故密度应标出测定时物质的温度，表示为 ρ_t，如 ρ_{20}。相对密度应标出测定时物质的温度及水的温度，以符号 $d_{t_2}^{t_1}$ 表示，如 d_4^{20}。其中 t_1 表示物质的温度，t_2 表示水的温度。密度和相对密度虽有不同的含义，但两者之间有如下关系：

$$d_{t_2}^{t_1} = \frac{t_1 \text{温度下物质的密度}}{t_2 \text{温度下水的密度}} \tag{3-1}$$

用密度计或密度瓶测定溶液的相对密度时，通常测定溶液对同体积同温度的水的质量比较方便（一般为 20℃），以 d_{20}^{20} 表示。对同一溶液来说，$d_{20}^{20} > d_4^{20}$，因为水在 4℃ 时的密度比在 20℃ 时大，d_{20}^{20} 和 d_4^{20} 之间可以用式（3-2）换算：

$$d_4^{20} = d_{20}^{20} \times 0.99823 \tag{3-2}$$

式中，0.99823 为水在 20℃时的密度，g/cm³。

同理，如要将 $d_{t_2}^{t_1}$ 换算为 $d_4^{t_1}$，可按式（3-3）进行：

$$d_4^{t_1} = d_{t_2}^{t_1} \times \rho_{t_2} \tag{3-3}$$

式中，ρ_{t_2} 为温度 t_2℃时水的密度，g/cm³。

表 3-1 为水的密度与温度的关系。

表 3-1 水的密度与温度的关系

$t/℃$	$\rho/(g/cm^3)$	$t/℃$	$\rho/(g/cm^3)$	$t/℃$	$\rho/(g/cm^3)$
0	0.999868	11	0.999623	22	0.997797
1	0.999927	12	0.999525	23	0.997565
2	0.999968	13	0.999404	24	0.997323
3	0.999992	14	0.999271	25	0.997071
4	1.000000	15	0.999126	26	0.996810
5	0.999992	16	0.998970	27	0.996539
6	0.999968	17	0.998801	28	0.996259
7	0.999926	18	0.998622	29	0.995971
8	0.999876	19	0.998432	30	0.995673
9	0.999808	20	0.998230	31	0.995367
10	0.999727	21	0.998019	32	0.995052

二、测定液态食品相对密度的意义

① 各种液态食品都有一定的相对密度，当其组成成分及浓度发生改变时，其相对密度也发生改变。故测定液态食品的相对密度可以检验食品的纯度或浓度及判断食品的质量。

② 蔗糖、酒精等溶液的相对密度随溶液浓度的增加而增高，通过实验已经制定了溶液浓度与相对密度的对照表，只要测得了相对密度就可以在专用的表格上查出其对应的浓度。

③ 当液态食品水分被完全蒸发，干燥至恒重时，所得到的剩余物称为干物质或固形物。液态食品的相对密度与其固形物含量具有一定的数学关系，故测定液态食品相对密度即可求出固形物含量。如果汁、番茄酱等，测定相对密度并通过换算或查专用表格可以确定可溶性固体物或总固形物的含量。

④ 正常的液态食品，其相对密度都在一定范围内。例如全脂牛乳为 1.028～1.032，植物油（压榨法）为 0.9090～0.9295。当因掺杂、变质等原因引起这些液体食品的组成成分发生变化时，均可出现相对密度的变化。

如牛乳的相对密度与其脂肪含量、总脂乳固体含量有关，脱脂相对密度升高，掺水乳相对密度下降。油脂的相对密度与其脂肪酸的组成有关，不饱和脂肪酸含量越高，脂肪酸不饱和程度越高，脂肪的相对密度越高；游离脂肪酸含量越高、相对密度越低；油脂酸败后相对密度升高（各种油脂的相对密度见表 3-2）。

⑤ 测定相对密度可初步判断食品是否正常以及纯净程度。当食品的相对密度异常时，可以肯定食品的质量有问题；当相对密度正常时，并不能肯定食品质量无问题，必须配合其他理化分析，才能确定食品的质量。

总之，相对密度是食品生产过程中常用的工艺控制指标和质量控制指标。

表 3-2 各种油脂的相对密度

油脂名称	相对密度(d_{20}^{20})	油脂名称	相对密度(d_4^{20})
菜籽油	0.910～0.920	亚麻籽油	0.9260～0.9365
油茶籽油	0.912～0.922	芝麻油	0.9126～0.9287
花生油	0.914～0.917	蓖麻籽油	0.9515～0.9675
米糠油	0.914～0.925	食用红花籽油	0.922～0.930
玉米油	0.917～0.925	葵花籽油	0.918～0.924
棉籽油	0.918～0.926	大豆油	0.919～0.925

任务实施

任务一 密度瓶法（第一法）

【原理】

在 20℃时分别测定充满同一密度瓶的水及试样的质量，由水的质量可确定密度瓶的容积即试样的体积，根据试样的质量及体积可计算试样的密度，试样密度与水密度比值为试样相对密度。

【仪器和设备】

① 密度瓶：精密密度瓶，如图 3-1 所示。

② 天平：感量为 0.1mg。

③ 水浴锅。

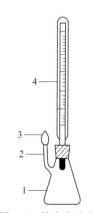

图 3-1 精密密度瓶
1—密度瓶；2—支管标线；
3—支管上小帽；
4—附温度计的瓶盖

【分析步骤】

① 取洁净、干燥、恒重、准确称量的密度瓶（具体操作：先把密度瓶洗干净，再依次用乙醇、乙醚洗涤，烘干并冷却后，精密称重），装满样液，盖上盖，置 20℃水浴内浸放 0.5h。

② 使内容物的温度达到 20℃后保持 20min，并用细滤纸条吸去支管标线上的试样，盖好小帽后取出。

③ 用滤纸把瓶外擦干，置天平室内 0.5h 后称重。

④ 再将试样倾出，洗净密度瓶，装满水，以下按上述自"置 20℃水浴内浸放 0.5h"开始，按③和④步骤完成。

注意：密度瓶内不应有气泡，天平室内温度保持 20℃恒温条件，否则不应使用此方法。

【分析结果表述】

试样在 20℃时的相对密度按式（3-4）进行计算：

$$d = \frac{m_2 - m_0}{m_1 - m_0} \tag{3-4}$$

式中 d——试样在 20℃时的相对密度；

m_0——空密度瓶质量，g；

m_1——密度瓶和水的质量，g；

m_2——密度瓶加液体试样的质量，g。

计算结果表示到称量天平的精度的有效数位（精确到 0.001）。

【精密度】

在重复性条件下获得的两次独立测定结果的绝对差值不得超过算术平均值的 5%。

【说明与注意事项】

①密度瓶法适用于测定各种液体食品的相对密度，特别适合于试样量较少的场合，对挥发性试样也适用，结果准确，但操作较繁琐。

②注意测定环境。如果是低于20℃，可以用水浴锅直接水浴；高于20℃，需要提前在冰箱里冷却试样。

③水及试样必须装满密度瓶，瓶内不得有气泡，注样时要注意缓慢不产生气泡。

④拿取已达恒温的密度瓶时，不得用手直接接触密度瓶底部，以免液体受热流出。应戴隔热手套拿瓶颈或用工具夹取。

⑤天平室温度不得高于20℃，以免液体膨胀流出。

⑥水浴中的水必须清洁无油污，防止瓶外壁被污染。

任务二　天平法（第二法）

【原理】

20℃时，分别测定测锤在水及试样中的浮力，由于测锤所排开的水的体积与排开的试样的体积相同，测锤在水中与试样中的浮力可计算试样的密度，试样密度与水密度比值为试样的相对密度。

【仪器和设备】

①韦氏相对密度天平：如图3-2所示。

②天平：感量为1mg。

③恒温水浴锅。

【分析步骤】

测定时将支架置于平面桌上，横梁架于刀口处，挂钩处挂上钩码，调节升降旋钮至适宜高度，旋转调零旋钮，使两指针吻合。然后取下钩码，挂上测锤，将测璃圆筒内加水至4/5处，使测锤沉于玻璃圆筒内，调节水温至20℃（即测锤内温度计指示温度），试放四种骑码，至横梁上两指针吻合，读数为P_1，然后将测锤取出擦干，加欲测试样于干净圆筒中，使测锤浸入至以前相同的深度，保持试样温度在20℃，试放四种骑码，至横梁上两指针吻合，记录读数为P_2。测锤放入圆筒内时，勿使其碰及圆筒四周及底部。

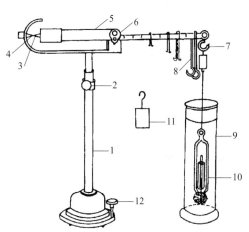

图3-2　韦氏相对密度天平

1—支架；2—升降调节旋钮；3、4—指针；5—横梁；6—刀口；7—挂钩；8—骑码；9—玻璃圆筒；10—测锤；11—钩码；12—调零旋钮

【分析结果表述】

试样在20℃时的相对密度按式（3-5）进行计算：

$$d=\frac{P_2}{P_1}\qquad(3\text{-}5)$$

式中　d——相对密度；

　　　P_1——测锤浸入水中时骑码的读数，g；

　　　P_2——测锤浸入试样中时骑码的读数，g；

计算结果表示到韦氏相对密度天平精度的有效数位（精确到0.001）。

【精密度】

在重复性条件下获得的两次独立测定结果的绝对差值不得超过算术平均值的5%。

【说明与注意事项】

① 韦氏天平备有与测锤等重的金属锤，在安装天平时，可代替测锤调节天平平衡。取下等重金属锤，换上测锤，天平应保持平衡。

② 取用测锤时必须十分小心。测锤放入玻璃筒中不得碰壁，必须悬挂于水和试样中，水和试样浸入同一高度。

③ 天平横梁 V 形槽同一位置若需放两个骑码时，要将小骑码放在大骑码的脚钩上。

④ 韦氏天平调节平衡后，在测定过程中，不得移动位置；不得松动任意螺丝。否则需重新调节平衡后，方可测定。

任务三　密度计法（第三法）

密度计法测定
相对密度

【原理】

密度计利用了阿基米德原理，将待测液体倒入一个较高的容器，再将密度计放入液体中。密度计下沉到一定高度后呈漂浮状态。此时液面的位置在玻璃管上所对应的刻度就是该液体的密度。测得试样密度和水的密度的比值即为相对密度。

【仪器和设备】

密度计：如图 3-3 所示。

【分析步骤】

将密度计洗净，擦干，缓缓放入盛有待测液体试样的适当量筒中，勿使其碰及容器四周及底部，保持试样温度在 20℃，待其静置后，再轻轻按下少许，然后待其自然上升，静置至无气泡冒出后，从水平位置观察与液面相交处的刻度，即为试样的密度。

相对密度读数举例：$d=1.0241$（解析：小数点后共 4 位，1 为估数，没有单位）

【精密度】

在重复性条件下获得的两次独立测定结果的绝对差值不得超过算术平均值的 5%。

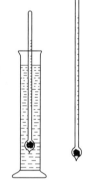

图 3-3　密度计

【说明与注意事项】

① 操作简便迅速，但准确性较差，需要样液量多，且不适用于极易挥发的样液。

② 使用前先检查密度计是否破损，同时估计样液的密度。比如酱油密度肯定超过 1，尝试选用密度计的量程。

③ 测量完成以后，把密度计用酒精清洗干净并存放好，以便下一次测量时使用。

④ 操作时应注意密度计不得接触量筒的壁和底部，待测液中不得有气泡。

⑤ 读数时应以密度计与液体形成的弯月面的下缘为准（如图 3-4 所示）。若液体颜色较深，不易看清弯月面下缘时，则以弯月面上缘为准。

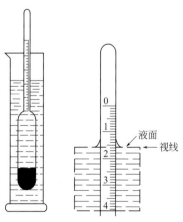

图 3-4　密度计读数示意图

拓展知识

密度计种类

密度计是根据阿基米德原理制成的，其种类很多，但结构和形式基本相同，外壳都是由玻璃制成。它由三部分组成。头部呈球形或圆锥形，里面灌有铅珠、水银或其他重金属，使其能立于溶液中。中部是胖肚空腔，内有空气故能浮起。尾部是一细长管，内附有刻度标记，刻度是利用各种不同密度的液体标示的。食品工业常用的密度计按其标示的方法不同，分为普通密度计、锤度计、乳稠计、波美计和酒精计等。

1. 普通密度计

普通密度计是直接以 20℃ 时的相对密度值为刻度的。一套密度计通常由几支组成，每支的刻度范围不同。刻度值小于 1 的（0.700～1.000）称为轻表，用于测量比水轻的液体；刻度值大于 1 的（1.000～2.000）称为重表，用来测量比水重的液体。

2. 锤度计

锤度计是专用于测定糖液浓度的密度计。它是以蔗糖溶液中蔗糖的质量分数为刻度的，以符号 $°B_X$ 表示。其标示方法是以 20℃ 为标准温度，在蒸馏水中为 $0°B_X$，在 1% 纯蔗糖溶液中为 $1°B_X$（100g 蔗糖溶液中含 1g 蔗糖），以此类推。锤度计的刻度范围有多种，常用的有：$0～6°B_X$，$5～11°B_X$，$10～16°B_X$，$15～21°B_X$ 等。

若测定温度不在标准温度（20℃），应进行温度校正。当测定温度高于 20℃ 时，糖液体积膨胀导致相对密度减小，即锤度降低，故应加上相应的温度校正值（见附表一），反之，则应减去相应的温度校正值。

例如，在 17℃ 时观测锤度为 $22.00°B_X$，查附表一得校正值为 0.18，则标准温度 20℃ 时，糖液锤度为 22.00－0.18＝21.82（$°B_X$）

在 24℃ 时观测锤度为 $16.00°B_X$，查表得校正值为 0.24，则标准温度（20℃）时糖液锤度为 16.00＋0.24＝16.24（$°B_X$）。

3. 乳稠计

乳稠计是专用于测定牛乳相对密度的密度计，测量相对密度的范围为 1.015～1.045。它是将相对密度减去 1.000 后再乘以 1000 作为刻度，以度（符号：数字右上角标 "°"）表示，其刻度范围为 15°～45°。使用时把测得的读数按上述关系可换算为相对密度值（见附表二）。乳稠计按其标度方法不同分为两种：一种是按 20°/4° 标定的，另一种是按 15°/15° 标定的。两者的关系是：后者读数是前者读数加 2，即 $d_{15}^{15}＝d_4^{20}＋0.002$。

使用乳稠计时，若测定温度不是标准温度，应将读数校正为标准温度下的读数。对于 20°/4° 乳稠计，在 10～25℃，温度每升高 1℃，乳稠计读数平均下降 0.2°。故当乳温高于标准温度 20℃ 时，每高 1℃ 应在得出的乳稠计读数上加 0.2°，乳温低于 20℃ 时，每低 1℃ 应减去 0.2°。

4. 波美计

波美计以波美度（以符号 $°Bé$ 表示）来表示液体浓度大小。按标度方法的不同分为多种类型，常用的波美计的刻度方法是以 20℃ 为标准，在蒸馏水中为 $0°Bé$；在 15% 氯化钠溶液中为 $15°Bé$；在纯硫酸（相对密度为 1.8427）中为 $66°Bé$；其余刻度等分。

波美计分为轻表和重表两种，分别用于测定相对密度小于 1 的和相对密度大于 1 的液体。波美度与相对密度之间存在下列关系：

$$轻表：°Bé＝\frac{145}{d_{20}^{20}}-145，或 d_{20}^{20}＝\frac{145}{145＋°Bé}$$

$$重表：°Bé＝145-\frac{145}{d_{20}^{20}}，或 d_{20}^{20}＝\frac{145}{145-°Bé}$$

📖 **复习思考题**

1. 相对密度的测定在食品分析与检验中有什么意义？
2. 用密度瓶测定溶液的相对密度的步骤如何？
3. 密度计有哪些类型？各有什么用途？如何正确使用密度计？
4. 解释以下概念：密度、相对密度。

第二节　固态食品比容、容重、膨胀率的测定

📖 **知识目标**

1. 掌握固态食品比体积的含义；
2. 掌握比体积颗粒度、冰淇淋的膨胀率的单位；
3. 了解比体积与质量的关系。

📖 **技能目标**

1. 能解读比体积和膨胀率检测标准；
2. 能正确检验面包比体积和冰淇淋膨胀率；
3. 能正确计算并对照标准判断样品质量合格与否。

📖 **思政与职业素养目标**

养成认真负责的工作态度，增强责任担当，培养大局意识和核心意识，遵守职业道德和职业规范。

📖 **国家标准**

1. GB/T 20981—2007 面包
2. GB/T 5498—2013 粮油检验　容重测定
3. GB/T 31321—2014 冷冻饮品检验方法

📖 **必备知识**

固态食品的比容

1. 比容的概念

固态食品（固体饮料、麦乳精、豆浆晶、面包、饼干、冰淇淋等）表观的体积与质量有直接关系。

比容（比体积）是指单位质量的固态食品所具有的体积（mL/100g 或 mL/g）。比容是其很重要的一项物理指标，还有与此相关的类似指标，如固体饮料的颗粒度（%）、饼干的块数（块/kg）、冰淇淋的膨胀率（%）等。这些指标都将直接影响产品的感官质量，也是其生产工艺过程中质量控制的重要参数。

2. 比容与质量的关系

麦乳精的比容反映了其颗粒的密度，也影响其溶解度。比容过小，密度大，体积达不到要求；而比容过大，密度小，质量达不到要求，严重影响其外观质量。面包比容过小，内部组织不均匀，风味不好；比容过大，体积膨胀过分，内部组织粗糙、面包质量减少。冰淇淋的膨胀率，是在生产过程中的冷冻阶段形成的。混合物料在强烈搅拌下迅速冷却，水分成为微细的冰结晶，

而大量混入的空气以极微小的气泡均匀分布于物料中，使之体积大增，从而赋予冰淇淋良好的组织状态及口感。

任务实施

任务一　面包比容的测定

【原理】

工作原理为菜籽置换法，即样品室放置面包时，样品所占体积将菜籽排挤到玻璃刻度管中，该体积减去样品室不放样品时测得的体积即为面包体积。

【仪器和设备】

① 天平：感量为 0.1g。

② 面包体积测定仪（图 3-5）：测量范围为 0～1000mL。

③ 容器：容积应完全大于面包样品的体积（可以是烧杯）。

【分析步骤】

方法一

① 将待测面包称量，精确至 0.1g。

② 当待测面包体积不大于 400mL 时，先把底箱盖好，打开顶箱盖子和插板，从顶箱放入填充物，至标尺零线，盖好顶盖后，反复颠倒几次，调整填充物加入量至标尺零线；测量时，先把填充物倒置于顶箱，关闭插板开关，打开底箱盖，放入待测面包，盖好底盖，拉开插板使填充物自然落下，在标尺上读出填充物的刻度，即为面包的实测体积。

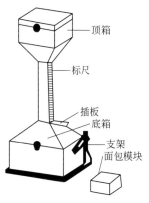

面包比容的测定

图 3-5　面包体积测定仪

③ 当待测面包体积大于 400mL 时，先把底箱打开，放入 400mL 的标准模块，盖好底箱，打开顶箱盖子和插板，从顶箱放入填充物，至标尺零线，盖好顶盖后，反复颠倒几次，消除死角空隙，调整填充物加入量至标尺零线；测量时，先把填充物倒置于顶箱，关闭插板开关，打开底箱盖，取出标准模块，放入待测面包，盖好底盖，拉开插板使填充物自然落下，在标尺上读出填充物的刻度，即为面包的实测体积。

方法二

① 将待测面包称量，精确至 0.1g。

② 取容器（如 1000mL 大烧杯，体积应完全大于面包体积），将小颗粒填充物（小米或油菜籽）加入容器中，摇实填满，用直尺将填充剂刮平。

③ 将填充物倒入大量筒中（注意不能散落），将称重的面包放入容器中，将大量筒中填充物倒入容器，不可压迫面包变形，摇实填满，用直尺将填充物刮平。量筒中剩余的填充物体积就是面包体积。

【分析结果表述】

面包比容 P 按式（3-6）计算：

$$P = \frac{V}{m}$$

(3-6)

式中　P——面包比容，mL/g；

　　　V——面包体积，mL；

　　　m——面包质量，g。

【精密度】

在重复性条件下获得的两次独立测定结果的绝对差值，应不超过 0.1mL/g。

根据 GB/T 20981—2007《面包》，面包比容指标为≤7mL/g。

【说明与注意事项】

① 测定时面包不可被挤压而破坏其原有体积。

② 颗粒填充时注意填满不留空隙。

任务二　固态食品（含麦乳精）比容及颗粒度的测定

1. 比容测定

称取颗粒饮料 100g±0.1g，倒入 250mL 的量筒中，轻轻摇平后记下固体颗粒的体积（mL），即为固体饮料的比容。

一般固体饮料比容指标为：真空法≥195mL/100g，喷雾法≥160mL/100g。麦乳精比容指标为≥200mL/100g。

2. 颗粒度测定

称取颗粒饮料 100g±0.1g 于 40 目标准筛上，圆周运动 50 次，将未过筛的样称量。颗粒度的计算公式为：

$$p = \frac{m_1}{m_0} \times 100\% \tag{3-7}$$

式中　　p——颗粒度，%；

m_1——未过筛被测试样的质量，g；

m_0——被测试样的总质量，g。

任务三　粮食容重的测定

【原理】

用特定的容重器按规定的方法测定固定容器（1L）内可盛入粮食、油料籽粒的质量。

容重：粮食、油料籽粒在单位容积内的质量，以 g/L 表示。

【仪器和设备】

① 天平（感量 0.1g）。

② 筛（小麦绝对筛层孔径 1.5mm，辅助筛层孔径 4.5mm，玉米绝对筛层孔径 3.0mm）。

③ 谷物筒、中间筒、容量筒。

【分析步骤】

分取试样 1000g 分四次筛选取出部分杂质（小麦绝对筛层孔径为 1.5mm，辅助筛层孔径为 4.5mm，玉米绝对筛层孔径为 3.0mm）；把去除杂质的试样倒入谷物筒，通过中间筒再流入容量筒。插上插片，去除多余的粮粒，再抽出插片去掉底座，进行称量（两次实验误差不超过 3g/L）。试样倒入谷物筒时，绝对不能发生震动。

【精密度】

小麦质量容重指标：一等≥790g/L，二等≥770g/L，三等≥750g/L，四等≥730g/L，五等≥710g/L。

玉米质量容重指标：一等≥720g/L，二等≥690g/L，三等≥660g/L，四等≥630g/L，五等≥600g/L。

任务四　冰淇淋的膨胀率的测定

【原理】

利用乙醚的消泡原理，将一定体积的冰淇淋试样解冻后消泡，根据滴加蒸馏水的体积计算出冰淇淋体积增加的百分率。

【仪器和设备】

① 50mL、200mL 量筒。

② 250mL 容量瓶。

③ 玻璃漏斗。

④ 恒温水浴锅。

⑤ 吸量管。

⑥ 滴定管。

冰淇淋膨胀率的测定

【试剂】

乙醚。

【分析步骤】

① 准确量取体积为 50mL 的冰淇淋试样，放入插在 250mL 容量瓶内的玻璃漏斗中。

② 用量筒量取 200mL 的蒸馏水（40～50℃），将冰淇淋全部移入 250mL 容量瓶，在温水中保温，待泡沫消除后冷却。

③ 用吸量管吸取 2mL 乙醚，注入容量瓶中，去除溶液的泡沫（注意水平旋转容量瓶以利于消泡）。

④ 用滴定管滴加蒸馏水于容量瓶中直至刻度静止，记录滴加蒸馏水的体积（mL）。加入的乙醚体积和滴定管滴加的蒸馏水的体积之和，相当于 50mL 冰淇淋中的空气量。

【分析结果表述】

冰淇淋的膨胀率计算公式为：

$$膨胀率 = \frac{V_1 + V_2}{50 - (V_1 + V_2)} \times 100\% \tag{3-8}$$

式中　V_1——加入乙醚的体积，mL；

　　　V_2——滴加蒸馏水的体积，mL。

【精密度】

平均测定的结果用算数平均值表示，所得结果应保持在小数点后一位。

复习思考题

1. 什么是固态食品的比容？如何进行比容及其相关指标的测定？

2. 解释以下概念：面包的比容、冰淇淋的膨胀率。

第四章　食品折射率和比旋光度的测定

📖 **知识目标**

1. 掌握折射仪、旋光仪的构造及工作原理；
2. 掌握折射率、旋光度和比旋光度的概念。

📖 **技能目标**

1. 能正确解读标准；
2. 能参照标准进行样品制备与处理；
3. 能正确使用阿贝折射仪测定样品液折射率；
4. 能正确使用旋光仪测定样品液旋光度；
5. 能进行数据处理和结果报告编写。

📖 **思政与职业素养目标**

通过实训测定结果，强调脂肪、糖与人体健康的关系，引导学生树立"以人民为中心"的职业目标。强调食品科学技术的发展提高了人民生活水平，弘扬国强民富的爱国情感和担当精神。

📖 **国家标准**

1. GB/T 5527—2010 动植物油脂 折射率的测定
2. GB/T 613—2007 化学试剂 比旋光本领（比旋光度）测定通用方法
3. GB/T 20378—2006 原淀粉 淀粉含量的测定 旋光法

第一节　折射法与食品折射率的测定

📖 **必备知识**

一、折射法与食品折射率

1. 折射率的定义

（1）折射法　通过测量物质的折射率来鉴别物质的组成，确定物质的纯度、浓度以及判断物质的品质的方法称为折射法。

（2）折射率　光在真空中的速度 c 和在介质中的速度 V 之比，叫作介质的绝对折射率（简称折射率），以 n 表示，即

$$n=\frac{c}{V} \qquad n_1=\frac{c}{V_1} \qquad n_2=\frac{c}{V_2} \tag{4-1}$$

式中，n_1 和 n_2 分别为第一介质和第二介质的绝对折射率。故折射定律可表示为下式。

$$\frac{\sin\alpha_1}{\sin\alpha_2}=\frac{n_2}{n_1} \tag{4-2}$$

2.温度、光线波长与折射率的关系

折射率是有机化合物最重要的物理常数之一，物质的折射率因温度或光线波长的不同而改变，透光物质的温度升高，折射率变小；光线的波长越短，折射率越大。作为液体物质纯度的标准，折射率比沸点更为可靠。利用折射率可以鉴定未知化合物；也可用于确定液体混合物的组成，因此通过折射率可以测定浓度。

3.液体的组分及浓度与折射率的关系

折射率是物质的一种物理性质。它是食品生产中常用的工艺控制指标，通过测定液态食品的折射率，可以鉴别食品的组成，确定食品的浓度，判断食品的纯净程度及品质。

① 蔗糖溶液的折射率随浓度增大而升高。通过测定折射率可以确定糖液的浓度及饮料、糖水罐头等食品的糖度，还可以测定以糖为主要成分的果汁、蜂蜜等食品的可溶性固形物的含量。

② 各种油脂由一定的脂肪酸构成，每种脂肪酸均有其特定的折射率。含碳原子数目相同时，不饱和脂肪酸的折射率比饱和脂肪酸的折射率大得多；不饱和脂肪酸分子量越大，折射率也越大；酸度高的油脂折射率低。因此测定折射率可以鉴别油脂的组成和品质。

③ 正常情况下，某些液态食品的折射率有一定的范围，如正常牛乳乳清的折射率在正1.3419～1.3428，当这些液态食品因掺杂、浓度改变或品种改变等原因而引起食品的品质发生了变化时，折射率常会发生变化。所以测定折射率可以初步判断某些食品是否正常。如牛乳掺水，其乳清折射率降低，故测定牛乳乳清的折射率即可了解乳糖的含量，判断牛乳是否掺水。

折射法测得的只是可溶性固形物含量，因为固体粒子不能在折射仪上反映出它的折射率。含有不溶性固形物的试样，不能用折射法直接测出总固形物。但对于番茄酱、果酱等个别食品，已通过实验编制了总固形物与可溶性固形物关系表。先用折射法测定可溶性固形物含量，即可查出总固形物的含量。

二、常用的折射仪

折射仪是利用临界角原理测定物质折射率的仪器，大多数的折射仪是直接读取折射率，不必由临界角间接计算。除了表示折射率的刻度尺外，通常还有一个直接表示出折射率相当于可溶性固形物百分数的刻度尺，使用很方便。其种类很多，食品工业中最常用的是阿贝折射仪和手提式折射仪。

1.阿贝折射仪

（1）阿贝折射仪的结构及原理 阿贝折射仪的结构如图 4-1 所示。其光学系统由观测系统和读数系统两部分组成。

① 观测系统 光线由反光镜反射，经进光棱镜、折射棱镜及其间的样液薄层折射后射出。再经色散补偿器消除由折射棱镜及被测试样所产生的色散，然后由物镜将明暗分界线成像于分划板上，经目镜放大后成像于观测者眼中。

② 读数系统 光线由小反光镜反射，经毛玻璃射到圆盘级的刻度板上，经转向棱镜及物镜将刻度成像于分划板上，通过目镜放大后成像于观测者眼中。当旋动旋钮时，使棱镜摆动，视野内明暗分界线通过十字交叉点，表示光线从棱镜入射角达到了临界角。当测定样液浓度不同时，折射率也不同，故临界角的数值亦有不同。在读数镜筒中即可读取折射率 n，或糖液浓度，或固形物的含量。

（2）影响折射率测定的因素

① 光波长的影响 物质的折射率因光的波长而异，波长较长折射率较小，波长较短折射率较大。测定时光源通常为白

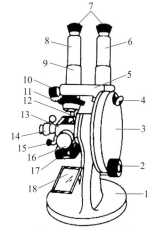

图 4-1 阿贝折射仪

1—底座；2—棱镜转动轮；3—圆盘级（内有刻度板）；4—小反光镜；5—支架；6—读数镜筒；7—目镜；8—观察镜筒；9—分界线调节旋钮；10—色散棱镜手轮；11— 色散刻度尺；12—棱镜锁紧扳手；13—棱镜组；14—温度计插座；15—恒温器接头；16—保护罩；17—主轴；18—反光镜

光，当白光经过棱镜和样液发生折射时，因各色光的波长不同，折射程度也不同，折射后分解成为多种色光，这种现象称为色散。光的色散会使视野明暗分界线不清，产生测定误差。为了消除色散，在阿贝折射仪观测镜筒的下端安装了色散补偿器。

② 温度的影响　溶液的折射率随温度而改变，温度升高折射率减小；温度降低折射率增大。折射仪上的刻度是在标准温度 20℃ 下刻制的，所以最好在 20℃ 下测定折射率。否则，应对测定结果进行温度校正。超过 20℃ 时，加上校正数；低于 20℃ 时，减去校正数。

（3）阿贝折射仪的使用方法

① 折射仪的校正　通常用测定蒸馏水折射率的方法进行校准，在 20℃ 下折射仪应表示出折射率为 1.33299 或可溶性固形物为 0。若校正时温度不是 20℃ 应查出该温度下蒸馏水的折射率再进行核准。对于高刻度值部分，用具有一定折射率的标准玻璃块（仪器附件）校准。方法是打开进光棱镜，在校准玻璃块的抛光面上滴一滴溴化萘，将其粘在折射棱镜表面上，使标准玻璃块抛光的一端向下，以接收光线。测得的折射率应与标准玻璃块的折射率一致。校准时若有偏差，可先使读数指示于蒸馏水或标准玻璃块的折射率值，再调节分界线、调节螺丝。使明暗分界线恰好通过十字线交叉点（图 4-2）。

② 使用方法

a. 以脱脂棉球蘸取乙醇擦净棱镜表面，挥干乙醇。滴加 1～2 滴样液于下面棱镜面的中央处。迅速闭合两块棱镜，调节反光镜，使两镜筒内视野最亮。

b. 由目镜观察，转动棱镜旋钮，使视野出现明暗两部分。

c. 旋转色散补偿器旋钮，使视野中只有黑白两色。

d. 旋转棱镜旋钮，使明暗分界线在十字线交叉点（如图 4-2）。

e. 从读数镜筒中读取折射率或质量百分浓度。

f. 测定样液温度。

g. 打开棱镜，用水、乙醇或乙醚擦净棱镜表面及其他各机件。在测定水溶性试样后，用脱脂棉吸水洗净，若为油类试样，须用乙醇或乙醚、二甲苯等擦拭。

2. 手提式折射仪

打开手提式折射仪（图 4-3）盖板，用干净的纱布或卷纸小心擦干棱镜玻璃面。在棱镜玻璃面上滴 2 滴蒸馏水，盖上盖板。

于水平状态，从目镜处观察，检查视野中明暗交界线是否处在刻度的零线上。若与零线不重合，则旋动刻度调节螺旋，使分界线面刚好落在零线上。

打开盖板，用纱布或卷纸将水擦干，然后如上法在棱镜玻璃面上滴 2 滴果蔬汁，进行观测，读取视野中明暗交界线上的刻度，即为果蔬汁中可溶性固形物含量（糖的大致含量,%）。重复三次。

手提式折射仪的测定范围通常为 0～90%，其刻度标准温度为 20℃，若测量是在非标准温度下，则需进行温度校正。

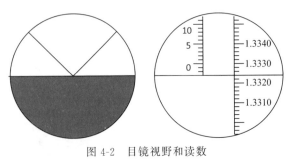

图 4-2　目镜视野和读数

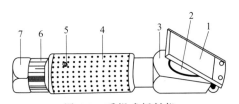

图 4-3　手提式折射仪

1—盖板；2—检测棱镜；3—棱镜座；4—望远镜筒和外套；
5—调节螺丝；6—视度调节圈；7—目镜

 **任务实施**

动植物油脂折射率测定——折射仪法

【原理】

在规定温度下，用折射仪测定液态试样的折射率。

【仪器和设备】

① 折射仪：折射率测定范围为 $n_D = 1.300$ 至 $n_D = 1.700$。

② 光源：钠蒸气灯。

③ 标准玻璃板：已知折射率水浴。

④ 带循环泵和恒温控制装置，控温精度为 $\pm 0.1℃$。

【试剂】

① 已知折射率的十二烷酸乙酯。

② 己烷或石油醚等，用来清洗折射仪棱镜。

【分析步骤】

(1) 仪器校正　按仪器操作说明书的操作步骤，通过测定标准玻璃板的折射率或者测定十二烷酸乙酯的折射率，对折射仪进行校正。

(2) 测定　在下列一种温度条件下测定试样的折射率。

20℃，适用于该温度下完全液态的油脂；40℃，适用于 20℃ 下不能完全熔化，40℃ 下能完全熔化的油脂；50℃，适用于 40℃ 下不能完全熔化，50℃ 下能完全熔化的油脂；60℃，适用于 50℃ 下不能完全熔化，60℃ 下能完全熔化的油脂；80℃ 或 80℃ 以上，用于其他油脂，例如，完全硬化的脂肪或蜡。

① 让水浴中的热水循环通过折射仪，使折射仪棱镜保持在测定要求的恒定温度。

② 用精密温度计测量折射仪流出的水的温度。测定前将棱镜可移动部分下降至水平位置，先用软布，再用已知折射率的十二烷酸乙酯溶剂润湿的棉花球擦净棱镜表面，让其自然干燥。

③ 依照折射仪操作说明书的操作步骤进行测定，读取折射率，精确至 0.0001，并记下折射仪棱镜的温度。

④ 测定结束后，立即用软布，再用己烷或石油醚润湿的脱脂棉擦净棱镜表面，让其自然干燥。

⑤ 测定折射率两次以上，计算三次测定结果的算术平均值，作为测定结果。

【分析结果表述】

如果测定温度 t_1 与参照温度 t 之间差异小于 3℃，则按式（4-3）计算在参照温度 t 下的折射率 n_D^t

$$n_D^t = n_D^{t_1} + (t_1 - t)F \tag{4-3}$$

式中　t_1——测定温度，℃；

　　　t——参照温度（参见测定中的温度），℃；

　　　F——校正系数。

当 $t = 20℃$ 时，F 为 0.00035；当 $t = 40℃$、$t = 50℃$ 和 $t = 60℃$ 时，F 为 0.00036；当 $t = 80℃$ 或 80℃ 以上时，F 为 0.00037。

如果测定温度 t_1 与参照温度 t 之间差异等于或大于 3℃ 时，重新进行测定。测定结果取至小数点后第 4 位。

第二节　旋光法与旋光度的测定

一、旋光法

1. 旋光法

旋光法是利用物质的旋光性质测定溶液浓度的方法。

分子结构中有不对称碳原子，能把偏振光的偏振面旋转一定角度的物质称为光学活性物质。许多食品成分都具有光学活性，如单糖、低聚糖、淀粉以及大多数的氨基酸等。当平面偏振光通过这些物质（液体或溶液）时，偏振光的振动平面向左或向右旋转，这种现象称为旋光。其中能把偏振光的振动平面向右旋转的，称为"具有右旋性"，以（＋）号表示；反之，称为"具有左旋性"，以（－）号表示。

2. 旋光度与比旋光度

偏振光通过光学活性物质的溶液时，其振动平面所旋转的角度叫作该物质溶液的旋光度，以 α 表示。旋光度的大小与光源的波长、温度、旋光性物质的种类、溶液的浓度及液层的厚度有关。对于特定的光学活性物质，在光源波长和温度一定的情况下，其旋光度 α 与溶液的浓度 c 和液层的厚度 L 成正比。即

$$\alpha = KcL \tag{4-4}$$

K 为比例系数，与旋光性物质的性质、光的波长及湿度有关。

当旋光性物质的浓度为 1g/mL，液层厚度为 1dm 时所测得的旋光度称为比旋光度，以 $[\alpha]_\lambda^t$ 表示。由上式可知：

$$[\alpha]_\lambda^t = K \times 1 \times 1 = K \text{ 即} \tag{4-5}$$

$$[\alpha]_\lambda^t = \frac{\alpha}{Lc} \tag{4-6}$$

式中　　$[\alpha]_\lambda^t$——比旋光度；

　　　　t——温度，℃；

　　　　λ——光源波长，nm；

　　　　α——旋光度，度；

　　　　L——液层厚度或旋光管长度，dm；

　　　　c——溶液浓度，g/mL。

比旋光度与光的波长及测定温度有关。通常规定用钠光 D 线（波长 589.3nm）在 20℃时测定，在此条件下，比旋光度用 $[\alpha]_D^{20}$ 表示。主要糖类的比旋光度见表 4-1。

因在一定条件下比旋光度 $[\alpha]_\lambda^t$ 是已知的，L 为定值，故测得了旋光度就可计算出旋光质溶液中的浓度 C。

表 4-1　糖类的比旋光度

糖类	$[\alpha]_D^{20}$	糖类	$[\alpha]_D^{20}$
葡萄糖	＋52.3	乳糖	＋53.3
果糖	－92.5	麦芽糖	＋138.5
转化糖	－20.0	糊精	＋194.8
蔗糖	＋66.5	淀粉	＋196.4

3. 变旋光作用

具有光学活性的还原糖类（如葡萄糖、果糖、乳糖、麦芽糖等）在溶解之后，其旋光度起初

迅速变化，然后渐渐变得较缓慢，最后达到恒定值，这种现象称为变旋光作用。这是由于有的糖存在两种异构体，即 α 型和 β 型，它们的比旋光度不同。这两种环形结构及中间的开链结构在构成一个平衡体系的过程中，即显示出变旋光作用。因此，在用旋光法测定蜂蜜、商品葡萄糖等含有还原糖的试样时，试样配成溶液后，宜放置过夜再测定。若需立即测定，可将中性溶液（pH=7）加热至沸，或加几滴氨水后再稀释定容；若溶液已经稀释定容，则可加入碳酸钠干粉至石蕊试纸刚显碱性。在碱性溶液中，变旋光作用迅速，很快达到平衡。但微碱性溶液不宜放置过久，温度也不可太高，以免破坏果糖。

4. 比旋光度的测定

（1）旋光仪的校准　将旋光管洗净、盛装蒸馏水后恒温，放入旋光仪中。调整检偏镜角度，使三分视野消失（图 4-4），将此读数作为零点。

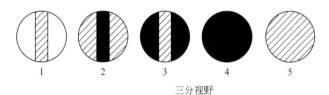

三分视野

1—刚进光未调好；2，3—未调好；4—未进光；5—三分视野恰消失，调好

图 4-4　旋光仪的校准

（2）测定待测液旋光度　旋光管（干燥清洁）装入待测液（应澄清且无气泡）恒温后，装入旋光仪。调整检偏镜使出现的三分视野恰好消失，此角即旋光角，可由刻度盘上读出。往往重复两次，再测比它稀释 1 倍的旋光度，以确定其真实的旋光度。实验过程中应注意温度恒定。

（3）比旋光度的计算和记录　根据记录，用公式计算待测溶液的比旋光度。

$$[\alpha]=\frac{\alpha}{LC} \tag{4-7}$$

二、检糖计

旋光法可用于各种光学活性物质的定量测定或纯度检验。将样品在指定的溶剂中配成一定浓度的溶液，由测得的旋光度算出比旋光度，与标准比较，或以不同浓度溶液制出标准曲线，求出含量。在旋光计的基础上还发展了一种糖量计，专门用于测量蔗糖含量。用白光为光源，以石英楔抵消蔗糖溶液对不同波长光的色散，并将石英楔校正，标以蔗糖的百分含量，即可直接测出浓度，简便迅速，常用于制糖工业。

检糖计专用于糖类的测定。故刻度数值直接表示为蔗糖的含量（kg/L），其测定原理与旋光计相同。结构示意见图 4-5。

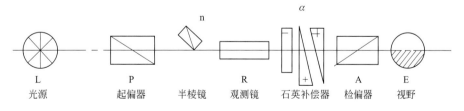

图 4-5　检糖计的基本光学元件

起偏器、半棱镜和检偏器都是固定不动的，三者的光轴之间所呈的角度与半影式旋光计在零点时的情况相同。在检偏器前装有一个石英补偿器，它由一块左旋石英板和两块右旋石英楔组成，两边的石英片固定，中间的可上下移动，且与刻度尺相联系。移动中间的石英楔可调节右

旋石英的总厚度。当右旋石英的厚度与左旋石英的厚度相等时，整个石英补偿器对偏振光无影响，偏振光进行情况与半影式旋光计在零点时的情况完全一样，视野两半圆的明暗程度相同，此为检糖计的零点。在零点的情况下，若在光路中放入左（或右）旋性糖液，则视野两半圆明暗程度不同。这时可移动中间石英楔以增加（或减小）右旋石英的厚度，使整个补偿器为右（或左）旋，便可补偿糖液的旋光度，使视野两半圆明暗程度又变相同。根据中间石英楔移动的距离，在刻度尺上就反映出了糖液的旋光度。

检糖计的另一个特点是以白日光作为光源。这是利用石英和糖液对偏振白光的旋光色散程度相近这一性质。偏振白光通过左（或右）旋性糖液发生旋光色散后，再通过右（或左）旋性石英补偿器时又发生程度相近但方向相反的旋光色散，这样又产生了原来的偏振白光。尚存的轻微色散采用滤光片即可消除，所以检糖计可以采用白日光作光源。

检糖计读数尺的刻度是以糖度表示的。最常用的是国际糖度尺，以°S表示。其标定方法是：在20℃时，把26.000g纯蔗糖配成100mL的糖液，用200mm观测管以波长$\lambda = 589.4400$nm的钠黄光为光源测得的读数定为100°S。1°S相当于100mL糖液中含有0.26g蔗糖。读数为x°S，表示100mL糖液中含有$0.26x$g蔗糖。

检糖计与旋光计的读数之间换算关系为：

$$1°S = 0.34626°；1° = 2.888°S。$$

复习思考题

1.什么是折射率？说明折射法在食品分析中的应用，如何使用折射仪？

2.说明旋光法在食品分析中的应用。

第五章　其他物理检测法的应用

知识目标

1. 掌握二氧化碳气容量、啤酒泡持性、色度、浊度的概念；
2. 明确罐头真空度、二氧化碳气容量，啤酒泡持性、色度、浊度与质量的关系；
3. 掌握相应指标国家标准分析方法。

技能目标

1. 能正确解读标准；
2. 能正确测定罐头真空度、二氧化碳气容量、液体食品的色度及浊度；
3. 能进行数据处理和报告编写。

思政与职业素养目标

通过实训，培养脚踏实地的工作作风。通过国标学习，树立正确的价值观，诚信为本。通过了解行业技术背景，建立"技术强国"思想，激发爱国主义热情。

国家标准

1. GB/T 10792—2008 碳酸饮料（汽水）
2. GB/T 4928—2008 啤酒分析方法

第一节　气体压力的测定

必备知识

在某些瓶装或罐装食品中，容器内气体的分压常常是产品的重要质量指标。如罐头生产中，要求罐头具有一定的真空度，即罐内气体分压与罐外气压差应小于零，为负压。这是罐头产品必须具备的一个质量指标，而且对于不同罐型、不同的内容物、不同的工艺条件，要求达到的真空度不同。瓶装含气饮料，如碳酸饮料、啤酒等，其 CO_2 含量是产品的一个重要的理化指标，啤酒的泡沫是啤酒中 CO_2 含量的一个表现，但它更是啤酒内在质量的客观反映，啤酒的泡沫特性是啤酒的重要质量指标。

这类检测通常都采用简单的测定仪表，如真空计或压力计对容器内的气体分压进行检测。

一、罐头真空度的测定

测定罐头真空度通常用罐头真空表。它是一种下头带有针尖的圆盘状表，表面上刻有真空度数字，静止时指针指向零。表的基部是一带有尖锐针头的空心管，空心管与表身连接部分有金属套保护，下面一段由厚橡皮座包裹。测定时，使针尖刺入盖内，罐内分压与大气压差使表内隔膜移动，从而连带表面针头转动，即可读出真空度。表基部的橡皮座起密封作用，防止外界空气侵入（图5-1）。

二、碳酸饮料中二氧化碳气容量的测定

根据 GB/T 10792—2008《碳酸饮料（汽水）》。将碳酸饮料试样瓶（罐）用测压器上的针头刺入盖内，旋开排气阀，待指针回复零位后，关闭排气阀，将试样瓶（罐）往复剧烈振摇 40s，待压力稳定后，记下压力表读数。旋开排气阀，随即打开瓶盖，用温度计测量容器内饮料的温度（图 5-2）。

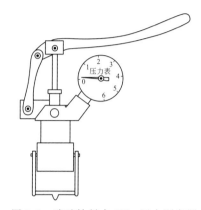

图 5-1　罐头真空度的测定　　　　图 5-2　碳酸饮料中 CO_2 压力测定器

根据测得的压力和温度，查碳酸气吸收系数表，即附表三，即可得到 CO_2 含气量的体积倍数。碳酸饮料中二氧化碳气容量（20℃）/倍≥1.5。

🏛 任务实施

啤酒泡持性的测定

【原理】

泡沫是啤酒的重要特征之一，啤酒也是唯一以泡沫作为主要质量指标的酒类。根据 GB/T 4927—2008《啤酒》，啤酒泡持性/s≥180（瓶）或 150（听）。根据 GB/T 4928—2008《啤酒分析方法》，采用标准中 7.2 的秒表法测定啤酒的泡持性。

在同一温度及固定条件下，使用同一构造的器具，测定啤酒泡沫消失速度，以 s 表示。

【仪器和设备】

① 秒表。

② 泡持杯：无色透明玻璃杯，预先彻底清洗其表面油污，干燥后再使用。试验前，将杯取出置于试验台上放置 10min。

③ 铁架台。

【分析步骤】

1. 实验准备

① 酒样置于 20℃±5℃水浴恒温 30min。

② 彻底清洗泡持杯表面油污，干燥后再使用。

2. 测定

铁环固定于距杯口 3cm 处。将原瓶（罐）啤酒置于 15℃水浴中，保持至等温后起盖，立即置瓶（罐）口于铁环上，沿杯中心线，以均匀流速将啤酒注入杯中，直至泡沫高度与杯口相齐时止。同时按秒表计时，观察泡沫升起的情况，记录泡沫的形态（包括色泽和粗细）。

试验时严禁有空气流动，测定前试样应避免震摇。

3. 泡持性的检验

记录泡沫从满杯至消失的时间（露出 $0.05cm^2$ 酒面）的时间，以 s 表示。观察泡沫挂杯的情况。所得结果取整数。

第二节 液体色度、浊度的测定

任务一 啤酒色度的测定

颜色是对食品品质评价的第一印象，它直接影响人们对食品品质优劣、新鲜程度的判断。溶解状态的物质所产生的颜色称为"真色"；由悬浮物质产生的颜色称为"假色"。测定前必须将溶液中的悬浮物除去。

【原理】

色度是啤酒的一个重要质量指标，通常采用 EBC 比色法测定。

EBC 比色法以有色玻璃系列确定了比色标准，EBC 色标的范围为 2 至 27，比色范围以淡黄色麦芽汁和淡色啤酒为下限；以深色麦芽汁、深色啤酒及焦糖为上限。将试样置一比色器中，在一固定强度光源的反射光照射下，与一组标准有色玻璃相比较，以在 25mm 比色皿装试样时颜色相当的标准有色玻璃确定试样的色度。

【仪器和设备】

比色计由下列几部分组成。

(1) 色标盘 由 4 组 9 块有色玻璃组成，称为 EBC 色标盘。共分 27 个 EBC 单位，从 2～10，每差半个 EBC 单位即有一块有色玻璃；从 10～27，每差一个单位有一块有色玻璃。

(2) 光学比色皿 有 5mm、10mm、25mm、40mm 四种规格。

(3) 比色器 可以放置色标盘和装试样的比色皿。

(4) 光源 光强度 $343～377cd/m^2$。通过反射率大于 95% 的白色反射面反射，用于照明比色器的灯泡在使用 100h 后必须更换。

【分析步骤】

(1) 试样处理

① 方法一：取预先在冰箱中冷至 10～15℃的啤酒 500～700mL 于清洁、干燥的 100mL 搪瓷杯中，再以细流注入同样体积的另一搪瓷杯中，注入时两搪瓷杯之间距离 20～30cm，反复注流50 次（一个反复为一次），以充分除去酒中的二氧化碳，静置。

② 方法二：取预先在冰箱中冷至 10～15℃的啤酒，启盖后经快速滤纸过滤至三角瓶中，稍加振摇，静置，以充分除去酒中的二氧化碳。

(2) 试样保存 除气后的啤酒，用表面皿盖住，其温度应保持在 15～20℃备用。啤酒除气操作时的室温应不超过 25℃。

(3) 色度测定 淡色啤酒或麦芽汁可使用 25mm 或 40mm 比色皿比色，其色度一般在 10～20EBC 单位。深色啤酒或麦芽汁使用 5mm 或 10mm 的比色皿比色，或适当稀释使其色度在20～27EBC 单位，然后比色。其结果均按 25mm 比色皿及稀释倍数换算。

【结果计算】

$$S_1 = \frac{S_2}{H} \times 25 \tag{5-1}$$

式中 S_1——试样的色度，EBC；

S_2——实测色度，EBC；

H——使用比色皿厚度，mm；

25——换算成标准比色皿的厚度，mm。

测定深色啤酒时，需要将酒样稀释至合适的倍数，然后将测定结果乘以稀释倍数。所得结果表示至一位小数。

【说明及注意事项】

① 色标应定期用哈同溶液进行检验。

检验方法：将 0.100g 重铬酸钾（$K_2Cr_2O_7$）和 3.500g 亚硝酰铁氰化钠〔$Na_2[Fe(CN)_5NO]\cdot 2H_2O$〕溶于蒸馏水中（不得含有任何有机物）置于容量瓶中，定容至 1L。使用的玻璃器皿必须经铬酸处理，不得含有任何有机物。此溶液应放置暗处，存放 24h 后才能使用。这样可以保持一个月不变。

此溶液以 40mm 比色，其标准读数为 15EBC 单位。个别结果可能稍高或稍低于此值，其测定值可根据它与标准读数的差别（%）进行调整，本试验应每周进行一次。

② EBC 单位与美国 ASBC 色度单位的换算关系如下：

EBC 色度单位＝2.65ASBC 色度单位－1.21

ASBC 色度单位＝0.375EBC 色度单位＋0.46

任务二　矿泉水色度的测定

【原理】

GB 8538—2016 推荐的首选方法为铂钴比色法。用氯铂酸钾和氯化钴配制成与天然水黄色色调相同的标准色列，用于水样目视比色测定。规定每升水含有 1mg 铂和 0.5mg 钴所具有的颜色作为一个色度单位，称为 1 度。即使轻微的浑浊度也干扰测定，故浑浊水样需先离心使之清澈，然后测定。

【试剂及配制】

铂钴标准溶液：称取 1.2456g 氯铂酸钾（K_2PtCl_6）和 1.0000g 氯化钴（$CoCl_2\cdot 6H_2O$），溶于 100mL 纯水中，加入 100mL 盐酸，用纯水定容至 1000mL。此标准溶液的色度为 500 度。

【仪器和设备】

① 50mL 成套高型具塞比色管。

② 离心机。

【分析步骤】

取 50mL 透明水样于比色管中。如水样浑浊应先进行离心取上清液测定。如水样色度过高，可少取水样，加纯水稀释后比色，将结果乘以稀释倍数。

另取 50mL 比色管 11 支，分别加入铂钴标准溶液 0mL、0.50mL、1.00mL、1.50mL、2.00mL、2.50mL、3.00mL、3.50mL、4.00mL、4.50mL 和 5.00mL，加纯水至刻度，摇匀。即配成色度为 0 度、5 度、10 度、15 度、20 度、25 度、30 度、35 度、40 度、45 度和 50 度的标准色列。此标准色列可长期使用，但应防止此溶液蒸发及被污染。

在光线充足处，将水样与标准色列并列，以白纸为衬底，使光线从底部向上透过比色管，自管口向下垂直观察比色。记录相当标准管色度的读数。

【结果计算】

试样中色度按式（5-2）计算：

$$色度 = \frac{V_1 \times 500}{V}$$

（5-2）

式中　V_1——相当于铂钴标准溶液的用量，mL；

　　　V——水样体积，mL。

任务三　矿泉水浑浊度的测定

【原理】

浑浊度是反映天然水物理性状的一项指标，用以表示水的清澈和浑浊程度，是衡量水质良好程度的重要指标之一。GB 8538—2016 推荐采用散射法测定矿泉水的浑浊度。

在同样条件下用福尔马肼标准混悬液散射光的强度和水样散射光的强度进行比较。散射光的强度越大，表示浑浊度越高。

【试剂】

(1) 水　GB/T 6682 规定的三级水。

(2) 福尔马肼浊度标准混悬液　称取硫酸肼 $[(NH_2)_2 \cdot H_2SO_4]$ 1.0000g 于 100mL 容量瓶内，加水定容。以此溶液为 A 溶液。另外称取六亚甲基四胺 $[(CH_2)_6N_4]$ 10.00g 于 100mL 容量瓶内，加水定容。以此溶液为 B 溶液。分别吸取 A 溶液 5mL、B 溶液 5mL 于 100mL 容量瓶内，混匀，在（25±3）℃放置 24h 后，加水到刻度，混匀。此标准混悬液浑浊度为 40NTU。本溶液可保存约一个月。

(3) 福尔马肼标准工作液　将福尔马肼标准混悬液用水稀释 10 倍，使用时再根据需要适当稀释。

【仪器设备】

散射式浊度仪。

【分析步骤】

按仪器使用说明书进行操作，浊度超过 40NTU 时，可用水稀释后测定。根据仪器测定时所显示的浑浊度读数乘以稀释倍数计算结果。

任务四　啤酒浊度的测定

【原理】

使用浊度计测定啤酒浊度是利用光学原理来测定啤酒由于老化或受冷而引起的浊度变化的一种方法。其测量指示盘均按 EBC Formazin 浊度单位进行测定，可直接测出试样的浑浊度。

【分析步骤】

取已制备好的酒样倒入标准杯中，用 EBC 浊度计进行测定，直接读出试样的浑浊度，所得结果应精确至一位小数。

平行试验测定值之差，不得超过 0.2EBC。

📖 复习思考题

1.什么是色度？如何测定啤酒的色度？

2.矿泉水浑浊度测定原理是什么？如何测定？

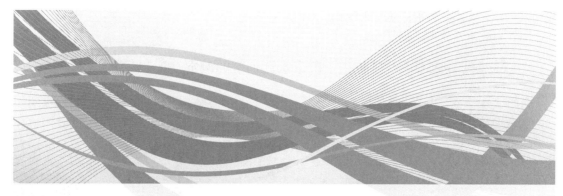

模块三　重量分析法

重量分析法是将被测组分与试样中的其他组分分离后，转化为一定的称量形式，然后用称重方法测定该组分的含量的分析方法。

食品理化分析中检测指标如水分、灰分、粗脂肪、纤维素都是采用重量分析法。小麦粉的含砂量、磁性金属物的测定也都是采用重量分析法。

重量分析法用到的仪器设备主要是烘箱、分析天平、玻璃真空干燥器、称量皿、接收瓶、灰化炉、坩埚等。

本模块主要以水分测定、脂肪测定、灰分的测定来掌握重量分析法。同时掌握常用的仪器设备使用技能。

另外，水分测定中烘干的试样可直接用于脂肪的测定，灰分的测定后的残灰也可用于其他金属元素的测定。

工作实际案例

第六章　水分含量和水分活度的测定

知识目标

1. 了解食品中水分的作用、食品中水分的存在状态；
2. 掌握水分测定的原理、水分干燥的条件；
3. 熟知水分与食品质量的关系；
4. 掌握恒重的概念。

技能目标

1. 掌握直接干燥法测定水分的操作技能；
2. 掌握分析天平、烘箱、称量瓶、真空干燥器的使用技能。

思政与职业素养目标

加深对法治意识和工匠精神的理解；培养良好的职业素养，通过实验配合，培养学生团队精神和创新意识，让学生成为德才兼备、全面发展的人才。

国家标准

1. GB 5009.3—2016 食品安全国家标准　食品中水分的测定
2. GB 5009.238—2016 食品安全国家标准　食品水分活度的测定

第一节　食品中水分的测定

必备知识

一、水分在食品中存在的状态

食品有固体状的、半固体状的，还有液体状的，它们不论是原料，还是半成品以及成品，都含有一定量的水。

食品中的水分总是以两种状态存在。一是自由水，又名游离水，是主要存在于动物细胞外各种毛细血管和腔体以及植物细胞间隙中的水，具有水的一切特性，也就是说 100℃时沸腾，0℃以下结冰，并且易汽化。游离水是食品的主要分散剂，可以溶解糖、酸、无机盐等，可用简单的热力方法除掉。二是结合水，结合水又分两类：束缚水和结晶水。束缚水是以氢键的形式与有机物的活性基团结合在一起，故称束缚水。它存在于植物细胞内，与淀粉、蛋白质等亲水胶体牢固地结合在一起。一般来说，正常存储粮油所含的水基本是结合水，游离水是很少的，此时粮油籽粒的生命活动很微弱，储藏较稳定。束缚水不具有水的特性，所以要除掉这部分水是困难的。束缚水特点是不易结冰（冰点为−40℃），不能作为溶质的溶剂。结晶水是以配价键的形式存在，它们之间结合得很牢固，难以用普通方法除掉这一部分水。在烘干食品时，自由水就容易汽化，而结合水就难于汽化。冷冻食品时，自由水冻结，而结合水在−30℃仍然不冻结。结合水和食品的构成成分结合，稳定食品的活性基，自由水促使有害微生物繁殖，加速非酶褐变或脂肪氧化等化学劣变。

二、水分的作用

① 水是维持动植物和人类生存必不可少的物质之一。除了谷物等的种子类的食品（一般水分在 12%～16%）以外，许多动植物食品一般都含有 60%～90% 水分，有的甚至更高。如蔬菜含水分 85%～97%、水果含水分 80%～90%、鱼类含水分 67%～81%、蛋类含水分 73%～75%、乳类含水分 87%～89%、猪肉含水分 43%～59%。

② 在动植物体内，水分不仅以纯水状态存在，而且常常是溶解那些可溶性物质（例如糖类和许多盐类）而构成溶液以及把淀粉、蛋白质等亲水性高分子分散在水中形成凝胶来保持一定形态的膨胀体的溶剂。另外，即使不溶于水的物质如脂肪和某些蛋白质，也能在适当的条件下分散于水中成为乳浊液或胶体溶液。

③ 水的介电常数很大，能促进电解质的电离。水不但是生物体内化学反应的介质，本身也是生物化学反应的反应物。水还是动物体内各器官、肌肉、骨骼的润滑剂，是体内物质运输的载体，没有水就没有生命。

④ 加工后的食品为了保持其产品特性也含有一定的水分。如面粉 12%～14%、饼干 2.5%～4.5%。

三、测定食品中水分的意义

(1) 水分是食品重要的质量指标之一　食品中水分含量的测定常是食品分析的重要项目之一。不同种类的食品，水分含量差别很大，控制食品的水分含量，关系到食品组织形态的保持、食品中水分与其他组分的平衡关系的维持，以及食品在一定时期内的品质稳定性等各个方面。现列举出一些加工食品中水分含量要求：植物油中水分及挥发物≤0.20%，小麦粉≤14.5%，腐乳≤72%，干豆豉≤20%，南豆腐≤90%，北豆腐≤80%（以上指标均根据国家标准整理），见表 6-1、表 6-2。

表 6-1　部分食品国家标准水分含量指标（根据现行标准）

食品	水分含量/(g/100g)	食品	水分含量/(g/100g)
火腿肉罐头	≤70	乳粉	≤5.0
午餐肉罐头	≤68	玉米淀粉	≤14.0
火腿午餐肉罐头	≤70	黄豆酱	≤65.0
火腿制品	<75	豆瓣酱	≤53
低筋面粉	<14.0	腐乳	≤72.0
高筋面粉	≤14.5	肉松	≤20
发酵乳	≤27.0	饼干	≤6
奶油	≤16.0	油炸方便面	≤10.0
人造奶油	≤16	非油炸方便面	≤14.0
炼乳	≤27.0	普通挂面	≤14.5

表 6-2　部分食品国家标准水分及挥发物含量指标（根据现行标准）

食品	水分及挥发物/(g/100g)	食品	水分及挥发物/(g/100g)
起酥油	≤0.5	压榨成品花生油	≤0.10
大豆原油	≤0.20	浸出成品花生油	≤0.05
大豆油	≤0.05	葵花籽油	≤0.05
花生油	≤0.10	葵花籽原油	≤0.20

一定的水分含量可保持食品品质，延长食品保藏期限。每种食品都有各自的含水量标准，在正常情况下，食品的含水量变化不大。例如，乳粉要求水分为≤5.0%，若水分提高，就造成乳粉结块，其商品价值就会下降，水分提高后乳粉容易变色，保藏期缩短。

食品的含水量高低影响到食品的风味、腐败和发霉。同时，干燥的食品吸潮后还会发生许多物理性质的变化，如面包和饼干类的变硬就不仅是失水干燥，而且也是水分变化造成淀粉结构发生变化的结果。

在肉类加工中，如香肠的口味就与吸水、持水的情况关系十分密切。所以，食品的含水量对食品的鲜度、硬软性、流动性、呈味性、保藏性、加工性等许多方面至关重要。

(2) 水分是食品一项重要的经济指标　食品工厂可按原料中的水分含量进行物料衡算。如鲜乳含水量为87.5%，用这种乳生产乳粉（2.5%含水量）需要多少牛乳才能生产一吨乳粉（7∶1出乳粉率）。像这样类似的物料衡算，均可以用水分测定的依据进行。这也可对生产进行指导管理。又例如生产面包，100斤面需用多少斤水，要先进行物料衡算。面团的韧性好坏与水分有关，加水量多面团软，加水量少面团硬，做出的面包体积不大，影响经济效益。植物油中水分及挥发物根据级别不同，指标要求不同。水分及挥发油含量会影响油脂的质量，并且影响到贮存时间。

(3) 水分的含量高低对微生物的生长及生化反应有密切关系　在一般情况下要控制水分低一点，防止微生物生长，但是并非水分越低越好。通常微生物作用比生化作用更加强烈。

从上面三点就可说明测定水分的重要性，测定水分在食品分析中是十分必要的。

四、食品中水分检测的国家标准与检测方法

2017年开始实施的 GB 5009.3—2016《食品安全国家标准 食品中水分的测定》包括直接干燥法、减压干燥法、蒸馏法和卡尔·费休容量法。该标准规定了食品中水分的测定方法。

标准中第一法（直接干燥法）适用于在101～105℃下，蔬菜、谷物及其制品、水产品、豆制品、乳品、肉制品、卤菜制品、粮食（水分含量低于18%）、油料（水分含量低于13%）、淀粉及茶叶类等食品中水分的测定，不适用于水分含量小于0.5g/100g的样品。

第二法（减压干燥法）适用于高温易分解的样品及水分较多的样品（如糖、味精等食品）中水分的测定，不适用于添加了其他原料的糖果（如奶糖、软糖等食品）中水分的测定，不适用于水分含量小于0.5g/100g的样品（糖和味精除外）。

第三法（蒸馏法）适用于含水较多又有较多挥发性成分的水果、香辛料及调味品、肉与肉制品等食品中水分的测定，不适于水分含量小于1g/100g的样品。

第四法（卡尔·费休法）适用于食品中含微量水分的测定，不适于含有氧化剂、还原剂、碱性氧化物、氢氧化物、碳酸盐、硼酸等食品中水分的测定。卡尔·费休容量法适用于水分含量大于 1.0×10^{-3} g/100g 的样品。

动植物油脂水分及挥发物的测定根据 GB 5009.236—2016《食品安全国家标准　动植物油脂水分及挥发物的测定》。

本单元分别介绍水分的测定的四种检测方法和国家标准动植物油脂水分及挥发物的测定。

🏛 **实验技能**

一、玻璃称量瓶的使用

磨口塞的筒形的玻璃瓶，适用于称量易吸潮的试样和用于差减法（减量法）称量的试样。因有磨口塞，可以防止瓶中的试样吸收空气中的水分和二氧化碳等。

扁型用作测定水分或在烘箱中烘干基准物；高型用于称量基准物、样品。称量瓶不可盖紧磨口塞烘烤，磨口塞要原配。

1. 用途

用于准确称量一定量的固体。

2. 规格

分为扁型、高型两种外形。

3. 使用注意事项

① 称量瓶的盖子是磨口配套的，不得丢失、弄乱。称量瓶使用前应洗净烘干，不用时应洗净，在磨口处垫一小纸，以方便打开盖子。

② 称量瓶平时要洗净，烘干，存放在干燥器内以备随时使用。

③ 称量瓶不能用火直接加热，瓶盖不能互换，称量时不可用手直接拿取，应带指套或垫以洁净纸条。

二、电热恒温干燥箱的使用

电热恒温干燥箱常被我们称为干燥箱、恒温干燥箱。

干燥箱通常由薄钢型板构成，箱体内有一供放置试品的工作室，工作室内有试品隔板，试品可置于其上进行干燥，工作室内与箱体外壳有相当厚度的保温层，其中以硅棉或珍珠岩作保温材料。箱门间有一玻璃门或观察口，以供观察工作室的情况。

鼓风干燥箱内装有鼓风机，工作室内空气借鼓风机形成机械对流。开启排气阀门可使工作室内的空气得以更换，获得干燥效果。用仪表进行自动控温，控温仪、继电器及全部电气控制设备均装于箱侧控制层内，控制层有侧门可以卸下，以备检察或修理线路时用。

箱内工作室左壁与保温层之间有风道，风道内装有鼓风风叶及导向板，开启电机开关可使鼓风机工作。

电热器采用"电源""高温"，并有仪表指示灯指示加热工作，绿灯亮表示电热器工作，箱内在加热，绿灯灭红灯亮表示加热停止，即恒温状态。

1. 用途

供企业、化验室、科研单位等干燥、烘焙、灭菌。

2. 使用注意事项

① 工作室内不宜过挤，以便冷热空气对流，不受阻塞，以保持箱内温度均匀。

② 箱体必须有效接地，以确保安全；通电时切忌打开箱体左侧门，内有电器线路。防止触电，切勿用湿布揩抹，更不能用水冲洗。

③ 打开箱门观察试物时，不能将水点溅在玻璃门上，以防玻璃受冷骤而爆裂。

④ 易燃物品不宜放箱内做高温烘焙试验，如需做高温试验，应事先测得各物品的燃烧温度，以防燃烧。特别是气体性物品更应防止因超温而引起爆炸。

⑤ 烘箱在移动位置时，需切断电源并把箱内的物品取出，防止触电和碰损。

⑥ 经常保持干燥箱及线路清洁，发生故障时应停止使用。

3. 使用方法

① 通电前，先检查干燥箱的电器性能，并应注意是否有断路或漏电现象。

② 准备就绪，可放入试品，关上箱门，旋开排气阀。

③ 若是指针式仪表，缓慢转动调整器，使电表指针在"0"处。把设定钮的白色标记线对准所需要的温度值。合上电源开关至"开"处，仪表绿灯亮，烘箱开始加热，随着箱温上升，温度指示针能及时显示测量温度值。当达到设定值时，仪表红灯亮，烘箱停止加热，温度逐渐下降；当降到设定值时，仪表又转至绿灯亮，箱内升温，周而复始，可使温度保持在设定值附近。

三、真空干燥箱的使用

真空干燥箱为干燥装置，箱内被加热板分成若干层。加热板中通入热水或低压蒸汽作为加热介质，将铺有待干燥药品的料盘放在加热板上，关闭箱门，箱内用真空泵抽成真空。加热板在加热介质的循环流动中将药品加热到指定温度，水分即开始蒸发并随抽真空逐渐被抽走。

1. 用途

真空干燥箱在各类研究应用领域，作粉末干燥、烘焙以及各类玻璃容器的消毒和灭菌用。特别适合于对干燥热敏性、易分解、易氧化物质和复杂成分物品进行快速高效的干燥处理。

2. 使用注意事项

① 真空箱外壳必须有效接地，以保证使用安全。

② 真空箱应在相对湿度≤85%，周围无腐蚀性气体、无强烈震动源及无强电磁场存在的环境中使用。

③ 真空箱工作室无防爆、防腐蚀等处理，不得对易燃、易爆、易产生腐蚀性气体的物品进行干燥。

④ 当真空度达到干燥物品要求时，应先关闭真空阀，再关闭真空泵电源，待真空度小于干燥物品要求时，再打开真空阀及真空泵电源，继续抽真空，这样可延长真空泵使用寿命。

⑤ 干燥的物品如潮湿，则在真空箱与真空泵之间最好加入过滤器（图6-1），防止潮湿气体进入真空泵，造成真空泵故障。

⑥ 真空箱经多次使用后，会产生不能抽真空的现象，此时应更换门封条或调整箱体上的门扣伸出距离来解决。

⑦ 真空箱应经常保持清洁。箱门玻璃切忌用化学溶液擦拭，应用松软棉布擦拭。

3. 操作方法

① 将需干燥处理的物品放入真空干燥箱内，将箱门关上，并关闭放气阀，开启真空阀，接通真空泵电源开始抽气，使箱内真空度达到−0.1MPa时，关闭真空阀，再关闭真空泵电源。

② 把真空干燥箱电源开关拨至"开"处，选择所需的设定温度，箱内温度开始上升，当箱内温度接近设定温度时，加热指示灯忽亮忽熄，反复多次，一般120min以内可进入恒温状态。

③ 当所需工作温度较低时，可采用二次设定方法，如所需温度为60℃，第一次可设定为50℃，等温度过冲开始回落后，再第二次设定为60℃。这样可降低甚至杜绝温度过冲现象，尽快进入恒温状态。

④ 根据不同物品潮湿程度，选择不同的干燥时间，如干燥时间较长，真空度下降，需再次抽气恢复真空度，应先开真空泵电源，再开启真空阀。

⑤ 干燥结束后应先关闭干燥箱电源，开启放气阀，解除箱内真空状态，再打开箱门取出物品。（解除真空后，如密封圈与玻璃门吸紧变形不易立即打开箱门，经过一段时间后，等密封圈恢复原形后，才能方便开启箱门。）

四、玻璃真空干燥器的使用

干燥器是保持试剂干燥的容器（图6-1），由厚质玻璃制成，是通过加热使物料中的湿分（一般指水分或其他可挥发性液体成分）汽化逸出，以获得规定湿含量的固体物料的仪器设备。

1. 用途

玻璃干燥器里的干燥剂又称减湿剂，为能吸附或化学吸收水蒸气的固体材料，用吸附法除去水蒸气的干燥剂有硅胶、氧化铝凝胶、分子筛、活性炭、骨炭、木炭或活性白土等。它的干燥原理就是通过物理方式将水分子吸附在自身的结构中或通过化学方式吸收水分子并改变其化学结构，变成另外一种物质。

2. 规格

干燥器的种类有很多，最常用的是玻璃干燥器和真空干燥器。而常用的干燥器规格有：100mm、150mm、180mm、210mm、240mm、250mm、300mm、

图6-1 干燥器

400mm 等。

3. 使用注意事项

① 干燥剂不可放得太多，以免沾污坩埚底部。

② 搬移干燥器时，要用双手拿着，用大拇指紧紧按住盖子。

③ 打开干燥器时，不能往上掀盖，应用左手按住干燥器，右手小心地把盖子稍微推开，等冷空气徐徐进入后，才能完全推开，盖子必须仰放在桌子上。

④ 不可将太热的物体放入干燥器中。

⑤ 有时将较热的物体放入干燥器中后，空气受热膨胀会把盖子顶起来，为了防止盖子被打翻，应当用手按住，不时把盖子稍微推开。

⑥ 灼烧或烘干后的坩埚和沉淀，在干燥器内不宜放置过久，否则会因吸收一些水分而使质量略有增加。

⑦ 变色硅胶干燥时为蓝色，受潮后变粉红色。可以在120℃烘干受潮的硅胶待其变蓝后反复使用，直至破碎不能用为止。

4. 使用方法

将干燥器洗净擦干，在干燥器底座按照需要放入不同的干燥剂（一般用变色硅胶或无水氯化钙等），然后放上瓷板，将待干燥的物质放在瓷板上（热的物质放入后要不时地移动干燥器盖子，让里面的空气放出，否则会由于空气受热膨胀把盖顶起来）。再在干燥器宽边处涂一层凡士林油脂，将盖子盖好后沿水平方向摩擦几次使油脂均匀，即可进行干燥。在打开干燥器盖子时一手扶住干燥器，另一手将干燥器盖子沿水平方向移动方能打开，否则用力向上拉，一方面用力过大难以打开，另一方面往往由于用力过大将底座带起来，万一脱落造成仪器的损坏。真空干燥器使用前要先在干燥器的宽边及真空活塞处涂一层真空活塞油脂，经摩擦均匀后，再经过抽真空试验。如仪器完好，即可打开盖子将待干燥物质放在瓷板上或挂在真空活塞挂钩上，盖好盖子，然后打开活塞进行抽真空，当真空度达到需要时即停止机械泵关闭活塞，即可起到干燥的作用。要打开真空干燥器，首先要打开真空活塞放入空气，然后按普通干燥方法打开。

变色硅胶在使用过程中因吸附了介质中的水蒸气或其他有机物质，吸附能力下降，可通过再生后重复使用。

硅胶吸附水分后，可通过热脱附方式将水分除去，加热的方式有多种，如电热炉、烟道余热加热及热风干燥等。

脱附加热的温度控制在120～180℃为宜，对于蓝胶指示剂、变色硅胶、DL 型蓝色硅胶则控制在 100～120℃为宜。

再生后的硅胶，其水分一般控制在2％以下即可重新投入使用。

烘干再生时应注意掌握逐渐提高温度，以免剧烈干燥引起胶粒炸裂，降低回收率。

对硅胶焙烧再生时，温度过高会引起硅胶孔结构的变化而明显降低其吸附效果，影响使用价值。对于蓝胶指示剂或变色硅胶，脱附再生的温度应不超过 120℃，否则会因显色剂逐步氧化而失去显色作用。

五、电子天平的使用

1. 仪器安装

（1）工作环境 电子天平为高精度测量仪器，故仪器安装平台应稳定、平坦，避免震动；避免阳光直射和受热，避免在湿度大的环境中；避免在空气直接流通的通道上。

（2）天平安装 严格按照仪器说明书操作。

2. 天平使用步骤

① 调水平：天平开机前，应观察天平后部水平仪内的水泡是否位于圆环的中央，否则通过天平的地脚螺栓调节，左旋升高，右旋下降。

② 预热：天平在初次接通电源或长时间断电后开机时，至少需要 30min 的预热时间。因此，实验室电子天平在通常情况下，不要经常切断电源。

③ 称量：按下"ON/OFF"键，接通显示器，等待仪器自检；当显示器显示零时，自检过程结束，天平可进行称量；放置称量纸或称量皿，按显示屏两侧的"Tare"键去皮，待显示器显示零时，在称量纸上加所要称量的试剂称量；称量完毕，按"ON/OFF"键，关闭显示器。

3. 注意事项

① 天平在安装时已经过严格校准，故不可轻易移动天平，否则校准工作需重新进行。

② 严禁不使用称量纸直接称量。每次称量后，清洁天平，避免对天平造成污染而影响称量精度，以及影响他人的工作。

③ 电子天平使用时应小心操作，安装台面应无明显震动，不要放在空调口。

任务实施

任务一　食品中水分的测定——直接干燥法（第一法）

直接干燥法测定
食品中的水分

【原理】

利用食品中水分的物理性质，在 101.3kPa（一个大气压），温度 101～105℃下采用挥发方法测定样品中干燥减失的重量，包括吸湿水、部分结晶水和该条件下能挥发的物质，再通过干燥前后的称量数值计算出水分的含量。

【仪器和设备】

① 扁形铝制或玻璃制称量瓶。

② 电热恒温干燥箱。

③ 干燥器：内附有效干燥剂。

④ 天平：感量为 0.1mg。

【试剂及配制】

除非另有说明，本方法所用试剂均为分析纯，水为 GB/T 6682 规定的三级水。

1. 试剂

① 氢氧化钠（NaOH）。

② 盐酸（HCl）。

③ 海砂。

2. 试剂配制

① 盐酸溶液（6mol/L）：量取 50mL 盐酸，加水稀释至 100mL。

② 氢氧化钠溶液（6mol/L）：称取 24g 氢氧化钠，加水溶解并稀释至 100mL。

③ 海砂：取用水洗去泥土的海砂、河砂、石英砂或类似物，先用盐酸溶液（6mol/L）煮沸0.5h，用水洗至中性，再用氢氧化钠溶液（6mol/L）煮沸 0.5h，用水洗至中性，经 105℃ 干燥备用。

注：①盐酸溶液（6mol/L）、②氢氧化钠溶液（6mol/L）都是为处理③海砂而准备的，有的检验中并不需要。

【分析步骤】

1. 固体试样

① 取洁净铝制或玻璃制的扁形称量瓶，置于 101～105℃ 干燥箱中，瓶盖斜支于瓶边，加热1.0h，取出盖好，置干燥器内冷却 0.5h，称量，并重复干燥至前后两次质量差不超过 2mg，即

为恒重。

② 将混合均匀的试样迅速磨细至颗粒小于 2mm，不易研磨的样品应尽可能切碎，称取 2～10g 试样（精确至 0.0001g），放入此称量瓶中，试样厚度不超过 5mm，如为疏松试样，厚度不超过 10mm，加盖，精密称量后，置于 101～105℃ 干燥箱中，瓶盖斜支于瓶边，干燥 2～4h 后，盖好取出，放入干燥器内冷却 0.5h 后称量。然后再放入 101～105℃ 干燥箱中干燥 1h 左右，取出，放入干燥器内冷却 0.5h 后再称量。并重复以上操作至前后两次质量差不超过 2mg，即为恒重。

注：两次恒重值在最后计算中，取质量较小的一次称量值。

2.半固体或液体试样

① 取洁净的称量瓶，加 10g 海砂（实验过程中可根据需要适当增加海砂的质量）及一根小玻璃棒，置于 101～105℃ 干燥箱中，干燥 1.0h 后取出，放入干燥器内冷却 0.5h 后称量，并重复干燥至恒重。

② 称取 5～10g 试样（精确至 0.0001g），置于称量瓶中，用小玻璃棒搅匀放在沸水浴上蒸干，并随时搅拌，擦去瓶底的水滴，置于 101～105℃ 干燥箱中干燥 4h 后取出，放入干燥器内冷却 0.5h 后称量。然后再放入 101～105℃ 干燥箱中干燥 1h 左右，取出，放入干燥器内冷却 0.5h 后再称量。并重复以上操作至前后两次质量差不超过 2mg，即为恒重。

【分析结果表述】

试样中的水分含量按式（6-1）进行计算：

$$X = \frac{m_1 - m_2}{m_1 - m_0} \times 100 \tag{6-1}$$

式中　X——试样中水分的含量，g/100g；

　　　m_1——称量瓶（加海砂、玻璃棒）和试样的质量，g；

　　　m_2——称量瓶（加海砂、玻璃棒）和试样干燥后的质量，g；

　　　m_0——称量瓶（加海砂、玻璃棒）的质量，g；

　　　100——单位换算系数。

水分含量≥1g/100g 时，计算结果保留三位有效数字；水分含量＜1g/100 时，计算结果保留两位有效数字。

【精密度】

在重复性条件下获得的两次独立测定结果的绝对差值不得超过算术平均值的 10%。

【操作条件选择】

操作条件选择主要包括：称样数量，称量瓶规格，干燥设备及干燥条件等的选择。

1.称样数量

测定时称样量一般控制在其干燥后的残留物在 1.5～3g 为宜。对于水分含量较低的固态、浓稠态食品，将称样量控制在 3～5g，而对于果汁、牛乳等液态食品，通常每份称样量控制在 15～20g 为宜。

2.称量瓶规格

称量瓶分为玻璃称量瓶和铝质称量瓶两种。前者能耐酸碱，不受试样性质的限制，故常用于干燥法。铝质称量瓶质量轻，导热性强，但对酸性食品不适宜，常用于减压干燥法。称量瓶规格的选择，以试样置于其中平铺开后厚度不超过瓶高的 1/3 为宜。

3.干燥设备

电热烘箱有多种形式，一般使用强力循环通风式，其风量较大，烘干大量试样时效率高，但质轻试样有时会飞散，若仅作测定水分含量用，最好采用风量可调节的烘箱。当风量减小时，烘箱上隔板 1/3～1/2 面积的温度能保持在规定温度±1℃ 的范围内，即符合测定使用要求。温度计通常处于离上隔板 3cm 的中心处，为保证测定温度较恒定，并减少取出过程中因吸湿而产生的误差，一批测定的称量瓶最好为 8～12 个，并排列在隔板较中心的部位。

4. 干燥条件

温度一般控制在 95～105℃，对热稳定的谷物等，可提高到 120～130℃进行干燥；对含还原糖较多的食品，应先用低温（50～60℃）干燥 0.5h，然后再用 100～105℃干燥。干燥时间的确定有两种方法，一种是干燥到恒量，另一种是规定一定的干燥时间。前者基本能保证水分蒸发完全；后者则以测定对象的不同而规定不同的干燥时间。比较而言，后者的准确度不如前者，故一般均采用恒量法，只有那些对水分测定结果准确度要求不高的试样，如各种饲料中水分含量的测定，可采用第二种方法进行。

【说明与注意事项】

① 在测定过程中，称量瓶从烘箱中取出后，应迅速放入干燥器中进行冷却，否则，不易达到恒量。

② 干燥器内一般用硅胶作干燥剂，硅胶吸湿后效能会减低，故当硅胶蓝色减退或变红时，需及时换出，吸湿后的硅胶可置 135℃左右烘 2～3h，使其再生后再用，硅胶若吸附油脂等后，去湿能力也会大大减低。

③ 糖浆、甜炼乳等浓稠液体，一般要加水稀释，稀释液的固形物含量应控制在 20%～30%。

④ 浓稠态试样直接加热干燥，其表面易结硬壳焦化，使内部水分蒸发受阻，故在测定前，需加入精制海砂或无水硫酸钠，搅拌均匀，以防食品结块，同时增大受热与蒸发面积，加速水分蒸发，缩短分析时间。

⑤ 果糖含量较高的试样，如水果制品、蜂蜜等，在高温（>70℃）下长时间加热，其果糖会发生氧化分解作用而导致明显误差。故宜采用减压干燥法测定水分含量。

⑥ 含有较多氨基酸、蛋白质及羰基化合物的试样，长时间加热则会发生羰基反应，析出水分而导致误差。对此类试样宜采用其他方法测定水分含量。

⑦ 在水分测定中，恒量的标准为 2mg。

⑧ 测定水分后的试样，可供测脂肪含量用。

任务二 食品中水分的测定——减压干燥法（第二法）

【原理】

利用食品中水分的物理性质，在达到 40～53kPa 压力后加热至 60℃±5℃，采用减压烘干方法去除试样中的水分，再通过烘干前后的称量数值计算出水分的含量。

【仪器和设备】

① 扁形铝制或玻璃制称量瓶。

② 真空干燥箱。

③ 干燥器：内附有效干燥剂。

④ 天平：感量为 0.1mg。

【分析步骤】

（1）**试样制备** 粉末和结晶试样直接称取；较大块硬糖经研钵粉碎，混匀备用。

（2）**测定** 取已恒重的称量瓶称取 2～10g（精确至 0.0001g）试样，放入真空干燥箱内，将真空干燥箱连接真空泵，抽出真空干燥箱内空气（所需压力一般为 40～53kPa），并同时加热至所需温度（60±5℃）。关闭真空泵上的活塞，停止抽气，使真空干燥箱内保持一定的温度和压力，经 4h 后，打开活塞，使空气经干燥装置缓缓通入至真空干燥箱内，待压力恢复正常后再打开。取出称量瓶，放入干燥器中 0.5h 后称量，并重复以上操作至前后两次质量差不超过 2mg，

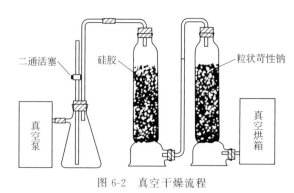

二通活塞　硅胶　　　　粒状苛性钠

真空泵

真空烘箱

图 6-2　真空干燥流程

即为恒重（图 6-2）。

【分析结果表述】

试样中的水分含量按式（6-2）进行计算：

$$X = \frac{m_1 - m_2}{m_1 - m_0} \times 100 \qquad (6-2)$$

式中　X——试样中水分的含量，g/100g；

　　　m_1——称量瓶和试样的质量，g；

　　　m_2——称量瓶和试样干燥后的质量，g；

　　　m_0——称量瓶的质量，g；

　　　100——单位换算系数。

水分含量≥1g/100g 时，计算结果保留三位有效数字；水分含量＜1g/100g 时，计算结果保留两位有效数字。

【精密度】

在重复性条件下获得的两次独立测定结果的绝对差值不得超过算术平均值的 10%。

【说明与注意事项】

① 真空干燥箱内各部位温度要求均匀一致，若干燥时间短，更应严格控制。

② 第一次使用的铝瓶要反复烘干两次，每次置于调节到规定温度的干燥箱内干燥 1~2h，然后移至干燥器内冷却 45min，称重（精确到 0.1mg）。第二次以后使用时，通常可采用前一次的恒量值。试样为谷粒时，如小心使用可重复使用 20~30 次，而其质量值不变。

③ 由于直读天平与被称量物之间的温度差会引起明显的误差，故在操作中应力求被称量物与天平的温度相同后再称重，一般冷却时间在 0.5~1h。

④ 减压干燥时，自干燥箱内部压力降至规定真空度时起计算烘干时间。恒量一般以减量不超过 0.5mg 时为标准，但对受热后易分解的试样则可以不超过 2mg 的减量值为恒量标准。

任务三　食品中水分的测定——蒸馏法（第三法）

【原理】

利用食品中水分的物理化学性质，使用水分测定器将食品中的水分与甲苯或二甲苯共同蒸出，根据接收的水的体积计算出试样中水分的含量。本方法适用于含较多其他挥发性物质的食品，如香辛料等。

此法因测定过程在密闭容器中进行，加热温度比直接干燥法低，故对易氧化、易分解、热敏性以及含有大量挥发性组分的试样的测定准确度明显优于干燥法。本方法适用于高温易分解的样品及水分较多的样品（如糖、味精等食品）中水分的测定，不适用于添加了其他原料的糖果（如奶糖、软糖食品）中水分的测定，不适用于水分含量小于 1g/100g 的样品（糖和味精除外）。该法可用于果蔬、水果、发酵食品、油脂及香辛料等含水较多又有较多挥发性成分的食品的水分测定，特别对于香辛料，此法是唯一公认的水分含量的标准分析法。

【仪器和设备】

① 水分测定器：如图 6-3 所示（带可调电热套）。水分接收管容量 5mL，最小刻度值 0.1mL，容量误差小于 0.1mL。

② 天平：感量为 0.1mg。

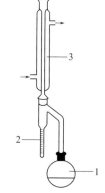

图 6-3　水分测定器
1—250mL 蒸馏瓶；
2—水分接收管，有刻度；
3—冷凝管

【试剂及配制】

1. 试剂

甲苯或二甲苯。

2. 试剂配制

甲苯或二甲苯制备：取甲苯或二甲苯，先以水饱和后，分去水层，进行蒸馏，收集馏出液备用。

【分析步骤】

1. 水分测定器的清洗

水分测定器每次使用前必须用重铬酸钾-硫酸洗涤液充分洗涤，用水反复冲洗干净之后烘干。

2. 装试样

准确称取适量试样（应使最终蒸出的水在 2～5mL，但最多取样量不得超过蒸馏瓶的 2/3），放入 250mL 蒸馏瓶中，加入新蒸馏的甲苯（或二甲苯）75mL，连接冷凝管和水分接收管，从冷凝管顶端注入甲苯，装满水分接收管。（冷凝管上口塞少量脱脂棉或安装盛有氯化钙的试管，防止大气中水分凝结。）同时做甲苯（或二甲苯）的试剂空白。

3. 蒸馏

加热慢慢蒸馏，使每秒钟的馏出液为 2 滴，待大部分水分已蒸出后，加速蒸馏约每秒钟 4 滴（勿使炉温过高，避免蒸汽逸出冷凝管顶端），当水分全部蒸出后，接收管内的水分体积不再增加时，从冷凝管顶端加入甲苯冲洗。如冷凝管壁附有水滴，可用附有小橡皮头的铜丝擦下，再蒸馏片刻至接收管上部及冷凝管壁无水滴附着，接收管水平面保持10min不变，为蒸馏终点，读取接收管水层容积。

【分析结果表述】

试样中的水分含量按式（6-3）进行计算：

$$X = \frac{V - V_0}{m} \times 100 \tag{6-3}$$

式中　X——试样中水分含量，mL/100g（或依据水在 20℃的密度 0.99820g/mL 计算质量）；

　　　V——接收管内水的体积，mL；

　　　V_0——做试剂空白时，接收管内水的体积，mL；

　　　m——试样的质量，g；

　　　100——单位换算系数。

以重复性条件下获得的两次独立测定结果的算术平均值表示，结果保留三位有效数字。

【精密度】

在重复性条件下获得的两次独立测定结果的绝对差值不得超过算术平均值的10%。

【说明与注意事项】

① 试样用量：一般谷类约 20g，鱼、肉、蛋、乳制品为 5～10g，蔬菜、水果约 5g。

② 不同的食品，可以使用不同的有机溶剂进行蒸馏。一般大多数香辛料使用甲苯作蒸馏剂，其沸点为 110.7℃；对于在高温易分解试样，则用苯作为蒸馏剂（纯苯沸点为 80.2℃，水-苯沸点则为 69.25℃），但蒸馏的时间需延长；测定干酪的含水量时用正戊醇-二甲苯（129～134℃）1∶1 混合溶剂；己烷用于测定辣椒类、葱类、大蒜和其他含有大量糖的香辛料的水分含量。

③ 一般加热时要用石棉网，加热温度不宜太高，温度太高时冷凝管上端水汽难以全部回收。如果试样含糖量高，用油浴加热较好。蒸馏时间一般为 2～3h，试样不同蒸馏时间各异。

④ 试样为粉状或半流体时，先将底铺满干净海砂，再加入试样和蒸馏剂。

⑤ 所用甲苯必须无水，可将甲苯经过氯化钙或无水硫酸钠吸水，过滤蒸馏，弃取最初馏液，收集澄清透明溶液即为无水甲苯。

⑥ 为了尽量避免水分接收管和冷凝管壁附着水滴，仪器必须洗涤干净。

任务四　食品中水分的测定——卡尔·费休法（第四法）

【原理】

卡尔·费休（Karl Fischer）法，简称费休法或滴定法，是碘量法在非水滴定中的一种应用，对于测定水分最为专一，也是测定水分最为准确的化学方法，1977 年首次通过为 AOAC 方法。

根据碘能与水和二氧化硫发生化学反应，在有吡啶和甲醇共存时，1mol 碘只与 1mol 水作用，反应式如下：

$$C_5H_5N \cdot I_2 + C_5H_5N \cdot SO_2 + C_5H_5N + H_2O + CH_3OH \longrightarrow 2C_5H_5N \cdot HI + C_5H_6N[SO_4CH_3]$$

卡尔·费休水分测定法又分为库仑法和容量法。其中容量法测定的碘是作为滴定剂加入的，滴定剂中碘的浓度是已知的，根据消耗滴定剂的体积，计算消耗碘的量，从而计算出被测物质水的含量。

费休法广泛地应用于各种液体、固体及一些气体试样中微量水分含量的测定，均能得到满意的结果。在很多场合，此法也常被作为痕量水分（低至 ppm 级，1ppm＝1mg/kg）的标准分析方法。在食品分析中，采用适当的预防措施后，此法能用于含水量从 1mg/kg 到接近 100% 的试样的测定，已应用于面粉、砂糖、人造奶油、可可粉、糖蜜、茶叶、乳粉、炼乳及香料等食品中的水分测定，结果的准确度优于直接干燥法，也是测定脂肪和油品中痕量水分的理想方法。

【仪器和设备】

① 卡尔·费休水分测定仪。

② 天平：感量为 0.1mg。

【试剂及配制】

1. 试剂

① 卡尔·费休试剂。

② 无水甲醇：优级纯。

2. 试剂配制

① 无水甲醇：要求其含水量在 0.05% 以下。量取甲醇约 200mL，置于干燥圆底烧瓶中，加光洁镁条（或镁屑）15g 与碘 0.5g，接上冷凝装置，冷凝管的顶端和接收器支管上要装上无水氯化钙干燥管，以防空气中水的污染。加热回流至金属镁开始转变为白色絮状的甲醇镁，再加入甲醇 800mL，继续回流至镁条溶解。分馏，用干燥的抽滤作接收器，收集 64～65℃ 馏分备用。

② 无水吡啶：要求其含水量在 0.1% 以下，吸取吡啶 200mL，置干燥的蒸馏瓶中，加 40mL 苯，加热蒸馏，收集 110～116℃ 馏分备用。

③ 碘：将固体碘置硫酸干燥器内干燥 48h 以上。

④ 无水硫酸钠。

⑤ 硫酸。

⑥ 二氧化硫：采用钢装的二氧化硫或用硫酸分解亚硫酸钠制得。

⑦ 水-甲醇标准溶液：每毫升含 1mg 水，准确吸取 1mL 水注入预先干燥的 1000mL 容量瓶中，用无水甲醇稀释至刻度，摇匀备用。

⑧ 卡尔·费休试剂：称取 85g 碘于干燥的 1L 具塞的棕色玻璃试剂中，加入 670mL 无水甲醇，盖上塞，摇动至碘全部溶解后，加入 270mL 吡啶混匀，然后置于冰水浴中冷却，通入干燥的二氧化硫气体 60～70g，通气完毕后塞上塞，放置暗处至少 24h 后使用。

【分析步骤】

1.卡尔·费休试剂的标定（容量法）

在反应瓶中加一定体积（浸没铂电极）的甲醇，在搅拌下用卡尔·费休试剂滴定至终点。加入 10mg 水（精确至 0.0001g），滴定至终点并记录卡尔·费休试剂的用量（V）。卡尔·费休试剂的滴定度按下计算：

$$T = \frac{m}{V} \tag{6-4}$$

式中　T——卡尔·费休试剂的滴定度，mg/mL；

　　　m——水的质量，mg；

　　　V——滴定消耗卡尔·费休试剂的体积，mL。

2.试样前处理

可粉碎的固体试样要尽量粉碎，使之均匀。不易粉碎的试样可切碎。

3.试样中水分的测定

于反应瓶中加一定体积的甲醇或卡尔·费休测定仪中规定的溶剂浸没铂电极，在搅拌下用卡尔·费休试剂滴定至终点。迅速将易溶于甲醇或卡尔·费休测定仪中规定的溶剂的试样直接加入滴定杯中；对于不易溶解的试样，应采用对滴定杯进行加热或加入已测定水分的其他溶剂辅助溶解后用卡尔·费休试剂滴定至终点。建议采用容量法测定试样中的含水量应大于 100μg。对于滴定时，平衡时间较长且引起漂移的试样，需要扣除其漂移量。

4.漂移量的测定

在滴定杯中加入与测定样品一致的溶剂，并滴定至终点，放置不少于 10min 后再滴定至终点，两次滴定之间的单位时间内的体积变化即为漂移量（D）。

【分析结果表述】

固体试样中水分的含量按式（6-5）进行计算，液体试样中水分的含量按式（6-6）进行计算：

$$X = \frac{(V_1 - D \times t) \times T}{m} \times 100 \tag{6-5}$$

$$X = \frac{(V_1 - D \times t) \times T}{V_2 \rho} \times 100 \tag{6-6}$$

式中　X——试样中水分含量，g/100g；

　　　V_1——滴定样品时卡尔·费休试剂体积，mL；

　　　D——漂移量，mL/min；

　　　t——滴定时所消耗的时间，min；

　　　T——卡尔·费休试剂的滴定度，g/mL；

　　　m——样品质量，g；

　　　100——单位换算系数；

　　　V_2——液体样品体积，mL；

　　　ρ——液体样品的密度，g/mL。

水分含量≥1g/100g 时，计算结果保留三位有效数字；水分含量＜1g/100g 时，计算结果保留两位有效数字。

【精密度】

在重复性条件下获得的两次独立测定结果的绝对差值不得超过算术平均值的 10%。

【说明与注意事项】

① 本方法为测定食品中微量水分的方法。如果食品中含有氧化剂、还原剂、碱性氧化物、

氢氧化物、碳酸盐、硼酸等，都会与卡尔·费休试剂所含的组分起反应，干扰测定。

② 固体试样细度以 40 目为宜。最好用破碎机处理而不用研磨机，以防水分损失，另外粉碎试样时保证其含水量均匀也是获得准确分析结果的关键。

③ 5A 分子筛供装入干燥塔或干燥管中干燥氮气或空气使用。

④ 无水甲醇及无水吡啶宜加入无水硫酸钠保存。

⑤ 试验表明，卡尔·费休法测定糖果试样的水分等于烘箱干燥法测定的水分加上干燥法烘过的试样再用卡尔·费休法测定的残留水分，由此说明卡尔·费休法不仅可测得试样中的自由水，而且可测出其结合水，即此法所得结果能更客观地反映出试样总水分含量。

任务五　食用植物油水分及挥发物的检验

【原理】

在 103℃±2℃ 的条件下，对测试样品进行加热至水分及挥发物完全散尽，测定样品损失的质量。

【仪器和设备】

① 扁形铝制或玻璃制称量瓶。

② 电热恒温干燥箱：主控温度 103℃±2℃。

③ 干燥器：内含有效干燥剂。

④ 天平：感量为 0.1mg。

【分析步骤】

1. 试样制备

在预先干燥并称量的玻璃容器中，根据试样预计水分及挥发物含量，称取 5g 或 10g 样品，精确至 0.001g。

2. 试样测定

将含有试样的玻璃容器置于 103℃±2℃ 的电热干燥箱中 1h，再移入干燥器中，冷却至室温，称量，准确至 0.001g。重复加热、冷却及称量的步骤，每次复烘时间为 30min，直到连续两次称量的差值根据测试样品质量的不同，分别不超过 2mg（5g 样品时）或 4mg（10g 样品时）。

注：重复加热多次后，若油脂样品发生自动氧化导致质量增加，可取前几次测定的最小值计算结果。

【分析结果表述】

试样中的水分及含量按式（6-7）进行计算：

$$X = \frac{m_1 - m_2}{m_1 - m_0} \times 100\% \tag{6-7}$$

式中　X——水分及挥发物含量，%；

m_1——加热前玻璃容器和测试样品的质量，g；

m_2——加热后玻璃容器和测试样品的质量，g；

m_0——玻璃容器的质量，g。

计算结果保留小数点后两位。

【精密度】

在重复性条件下获得的两次独立测定结果的绝对差值不得超过算术平均值的 10%。

拓展知识

其他测定水分的方法简介

1. 红外线干燥法

红外线干燥法即以红外线灯管作为热源，利用红外线的辐射热加热试样，高效快速地使水分蒸发，根据干燥前后质量差求出试样水分含量的方法。

红外线干燥法是一种水分快速测定方法，但比较起来，其精密度较差，可作为简易法用于测定 2～3 份试样的大致水分，或快速检验在一定允许偏差范围内的试样水分含量。一般测定一份试样需 10～30min（依试样种类不同而异），所以，当试样份数较多时，效率反而降低。

2. 化学干燥法

化学干燥法就是将某种对水蒸气具有强烈吸附作用的化学药品与含水试样一同装入一个干燥容器（如普通玻璃干燥器或真空干燥器）中，通过等温扩散及吸附作用而使试样达到干燥恒量，然后根据干燥前后试样的质量差计算出其水分含量的方法。

化学干燥法一般在室温进行，需要较长的时间，如数天、数周甚至数月。用于干燥（吸收水蒸气）的化学药品叫干燥剂，主要包括五氧化二磷、氧化钡、高氯酸镁、氢氧化钾（熔融）、氧化铝、硅胶、硫酸（100％）、氧化镁、氢氧化钠（熔融）、氧化钙、无水氯化钙、硫酸（95％）等，它们的干燥效率依次降低。鉴于价格等原因，虽然 1975 年 AOAC 已推荐前三种为最实用的干燥剂，但常用的为浓硫酸、固体氢氧化钠、硅胶、活性氧化铝、无水氯化钙等。该法适宜于对热不稳定及含有易挥发组分的试样（如茶叶、香料等）中的水分含量测定。

3. 快速微波干燥法

快速微波干燥法测定水分含量始于 1956 年，最初应用于建材，之后推广至造纸、食品、化肥、煤炭、纤维、石化等行业的各种粉末状、颗粒状、片状及黏稠状的试样中水分含量测定，此法为 AOAC 法，市场上可买到微波水分测定仪直接用于食品的水分分析。

原理：微波是指频率范围为 1×10^3～3×10^5 MHz（波长为 0.1～30cm）的电磁波。当微波通过含水试样时，因微波能把水分从试样中去除而引起试样质量的损耗，在干燥前和干燥后用电子天平读数来测定质量差，并且用数字百分读数的微处理机将质量差换算成水分含量。

4. 红外吸收光谱法

红外线一般指波长为 0.75～1000μm 的光，红外波段范围又可进一步分为三部分：①近红外区，0.75～2.5μm；②中红外区，2.5～25μm；③远红外区，25～1000μm。其中，中红外区是研究、应用最多的区域，水分子对三个区域的光波均具有选择吸收作用。

红外光谱法是根据水分对某一波长的红外光的吸收强度与其在试样中含量存在一定的关系的事实建立起来的一种水分测定方法。

日本、美国和加拿大等国已将近红外吸收光谱法应用于谷物、咖啡、可可、核桃、花生、肉制品（如肉馅、腊肉、火腿等）、巧克力浆、牛乳、马铃薯等试样的水分测定；中红外光谱法则已被用于面粉、脱脂乳粉及面包中的水分测定，其测定结果与卡尔·费休法、近红外光谱法及减压干燥法一致；远红外光谱法可测出试样中约 0.05％ 水分含量。

测定食品中水分的方法还有：气相色谱法、声波和超声波法、直流和交流电导率法、介电容量法、核磁共振波谱法等。

第二节　食品中水分活度的测定

 **必备知识**

一、水分活度

食品中的水分，按其存在状态分为两种：自由水、结合水。不论是自由水或是结合水均以加热至 $100\sim115℃$ 时的减重来定量。实际上，食品中的水分无论是新鲜的或是干燥的都随环境条件的变动而变化。

如果食品周围环境的空气干燥、湿度低，则水分从食品向空气蒸发，水分逐渐少而干燥，反之，如果环境湿度高，则干燥的食品就会吸湿以至水分增多。总之，不管是吸湿或是干燥，最终到两者平衡为止。通常，我们把此时的水分称为平衡水分，也就是说，食品中的水分并不是静止的，应该视为活动的状态。所以，我们从食品保藏的角度出发，食品的含水量不用绝对含量（％）表示，而用活度表示 A_w。

水分活度定义为食品所显示的水蒸气压 P 与在同一湿度下最大水蒸气压 P_0 之比。即

$$A_w = \frac{P}{P_0} = \frac{RH}{100} \tag{6-8}$$

式中　P——食品中水蒸气分压；

　　P_0——纯水的蒸气压；

　　RH——平衡相对湿度。

A_w 反映了食品与水的亲和能力程度，表示了食品中所含的水分作为微生物化学反应和微生物生长的可用价值。食品的水分活度的高低是不能按其水分含量来考虑的。例如，金黄色葡萄球菌生长要求的最低水分活度为 0.86，而相当于这个水分活度的水分含量则随不同的食品而异，如干肉为 23％，乳粉为 16％，干燥肉汁为 63％，所以按水分含量多少难以判断食品的保存性，只有测定和控制水分活度才对于食品保藏性具有重要意义。

二、水分活度值的检测的国家标准与检测方法

食品中水分活度的检验方法很多，如蒸汽压力法、电湿度计法、附感敏器的湿动仪法、溶剂萃取法、扩散法、水分活度测定仪法和近似计算法等。一般常用的是水分活度测定仪法（A_w 测定仪法）、溶剂萃取法和扩散法。水分活度测定仪法操作简便，能在较短时间得到结果。

本节主要根据 GB 5009.238—2016《食品安全国家标准　食品水分活度的测定》介绍水分活度值的测定方法。

 **任务实施**

任务一　A_w 测定仪法

【原理】

在一定温度下主要利用 A_w 测定仪中的传感器，根据食品中水的蒸汽压力的变化，从仪器的表头上读出指针所示的水分活度。

【分析步骤】

1. 仪器校正

取两张滤纸，浸于氯化钡饱和溶液中，用小夹子轻轻地把它放在仪器的试样盒内，然后将传

感器的表头放在试样盒上，轻轻地拧紧，于 20℃ 恒温烘箱加热恒温 3h 后，用校正螺丝校正 A_w 为 9.000。

2. 试样测定

将试样于 15～25℃ 恒温后（果蔬试样迅速捣碎，取汤汁与固形物，按比例取样；肉和鱼等固体试样需适当切细）置于容器试样盒内。将传感器的表头置于试样盒上轻轻地拧紧，于 20℃ 恒温烘箱中加热 2h 后。不断观察表头仪器指针的变化情况，等指针恒定不变时，所指的数值即为此温度下试样的 A_w 值。

任务二　溶剂萃取法

【原理】

食品中的水可用不混溶的溶剂苯来萃取。苯在一定温度下萃取的水量随试样中水分活度而变化，即萃取的水量与水相中的水分活度成比例，其结果与同温度下测定的苯中饱和溶解水值与水相中的水的比值即为该试样的水分活度。

【分析步骤】

称取试样 1.00g 于 250mL 磨口三角烧瓶中，加入 100mL 苯。塞上瓶塞，振摇 1h，静置 10min。吸 50mL 处理液于卡尔·费休水分测定器中，加无水甲醇 70mL 混合。用卡尔·费休试剂滴至微红色，至电流指针不再变化即为终点。记录数值。

求苯中饱和溶解水值。取蒸馏水 10mL 代替试样于 250mL 磨口三角烧瓶中，加入 100mL 苯。塞上瓶塞，振摇 2min，静置 5min。同上试样测定。

【分析结果表述】

$$A_w = [H_2O]_n \times 10 / [H_2O]_0 \tag{6-9}$$

式中　A_w——试样中水分活度值；

　　　$[H_2O]_n$——从食品中萃取的水量，即卡尔·费休试剂滴定度乘以滴定试样消耗的卡尔·费休试剂体积，mL；

　　　$[H_2O]_0$——测定纯水中萃取水量，mL。

📖 复习思考题

1. 说明直接干燥法测定水分的方法分类、原理及适用范围。

2. 说明蒸馏法测定水分的原理、原理及适用范围。

3. 解释恒重的概念，怎样进行水分恒重的操作？

4. 指出下列各种食品水分测定的方法及操作要点：

①谷类食品；②肉类食品；③香料；④果酱；⑤淀粉糖浆；⑥糖果；⑦浓缩果汁；⑧面包；⑨饼干；⑩水果；⑪蔬菜；⑫麦乳精；⑬乳粉。

5. 什么是水分活度？测定水分活度的方法有哪几种？

6. 简述玻璃真空干燥器的使用方法和注意事项。

第七章 食品中脂肪的测定

知识目标

1. 了解脂肪与人体健康的关系；了解脂类的分类、作用及测定的意义；

2. 了解 GB 5009.6《食品安全国家标准 食品中脂肪的测定》修订历程；掌握不同食品中脂肪的测定原理及方法。

技能目标

1. 能够正确解读 GB 5009.6《食品安全国家标准 食品中脂肪的测定》；

2. 能够根据样品选择合适的测定方法；

3. 能够完成索氏抽提法测定脂肪的操作；

4. 能够使用设备回收有机溶剂；

5. 能熟练使用分析天平、烘箱、真空干燥器和恒温水浴锅。

思政与职业素养目标

明确牢固树立法治意识、标准意识的重要性；增强作为食品检测人的职业自豪感和责任感。

国家标准

GB 5009.6—2016 食品安全国家标准 食品中脂肪的测定

必备知识

一、脂肪在食品中存在的状态

自然界中，食用油脂主要有真脂和类脂两种。其中，真脂占食用油脂的 95%，在人体中占 99%，主要是由甘油（丙三醇）和脂肪酸结合而成。其他 5% 的食用油脂为类脂，如磷脂、糖脂、固醇和蜡等。

食用油脂根据来源可分为植物油和动物油。植物油中脂肪酸不饱和程度较高，故其熔点较低，一般常温下多为液态，又被称为"油"，而动物类油脂中脂肪酸饱和程度较高，故其熔点较高，常温下多为固态，又被称为"脂"。脂类在各种食品原料以及在同一食品原料中各个部位含量也不相同。植物食品原料中的黄豆、花生、核桃等均富含脂肪，说明脂肪主要存在于植物的种子、果实、果仁中；动物食品原料的脂肪主要来源于动物的肥肉部位；水果蔬菜中脂肪含量很低。了解脂肪来源对于合理安排膳食具有重要意义。同时，也可以指导食品加工和食品质量检测。

食品中脂肪的存在形式有游离态的，如动物性脂肪及植物性油脂；也有结合态的，如天然存在的磷脂、糖脂、脂蛋白及某些加工食品（如焙烤食品及麦乳精等）中的脂肪，与蛋白质或碳水化合物等成分形成结合态。对大多数食品来说，游离态脂肪是主要的，结合态脂肪含量较少。部分食品中的脂肪含量见表 7-1。

表 7-1　部分食品中的脂肪含量

食品名称	含量/%	食品名称	含量/%	食品名称	含量/%
酸牛乳	≥3.0	重制奶油(黄油)	95.0～99.5	生花生仁	30.5～39.2
牛乳	3.5～4.2	冰鸡蛋	≥10.0	芝麻	50.0～57.0
炼乳	16.0	巴氏消毒冰鸡全蛋	≥10.0	稻米	0.4～3.2
全脂奶粉	26.0～32.0	巴氏消毒冰鸡全蛋粉	≥42.0	小麦粉	0.5～1.5
脱脂奶粉	1.0～1.5	冰鸡蛋黄	≥10.0	小麦胚	10.0
硬质干酪	≥25.0	鸡全蛋粉	≥42.0	蛋糕	2.0～3.0
稀奶油	12.5～50.0	高温复制冰鸡全蛋	≥10.0	果蔬	<1.1
奶油	80.0～82.0	黄豆	12.1～20.2		

二、脂肪的作用

① 脂肪对人体生理调节有重要意义，脂肪是一种富含热能的营养素，是人体热能的主要来源，每克脂肪在体内可提供 9.5kcal 热能，比碳水化合物和蛋白质高一倍以上；维持细胞构造及生理作用；提供必需脂肪酸如亚油酸、亚麻酸、花生四烯酸等，这几种酸在人体内不能合成而且人体又必须通过食物供给；具有饱腹感，脂肪可延长食物在胃肠中停留时间。

② 脂肪是人和动物体内能量贮存的主要形式。大多数动物食品、植物食品都含有天然脂肪或类脂化合物，但含量各不相同。植物性或动物性油脂中脂肪含量最高，而水果蔬菜中脂肪含量很低。下面为 100g 食物中脂肪的含量 (g/100g)：猪肉（肥）90.3、核桃 66.6、花生仁 39.2、青菜 0.2、柠檬 0.9、苹果 0.2、牛乳 3 以上、香蕉 0.8、全脂炼乳 8 以上。

③ 脂肪能供给人体必需脂肪酸和脂溶性维生素。脂溶性维生素是溶于有机溶剂而不溶于水的一类维生素。包括维生素 A、维生素 D、维生素 E 及维生素 K。脂溶性维生素能溶解于脂肪中，随脂肪的摄入而摄入并可贮存于体内，主要贮存于肝脏部位。脂肪是脂溶性维生素的良好溶剂，有助于脂溶性维生素的吸收。

④ 脂肪在体内可以起到润滑、保温及缓冲的作用。

⑤ 富含油脂的食物可以改变食物的质地，赋予其特殊的香气，使人增强食欲，延缓饥饿。烹饪方面，脂肪能给予食品一定的风味，特别是焙烤食品。例如，卵磷脂加入面包中，使面包弹性好、柔软、体积大，形成均匀的蜂窝状。

三、测定食品中脂肪的意义

① 脂肪含量高低可以评价食品的质量好坏，是否掺假，是否脱脂，以质论价。所以在含脂肪的食品中，其含量都有一定的规定，是食品质量管理中的一项重要指标。

② 在含有油脂的食品存放期间，由于存放的条件不适宜或保存不当，易发生脂肪水解、氧化和酸败，产生苦味、臭味等现象，造成营养价值降低。因此，有必要通过进行油脂的检验来评价含油脂食品的品质。

③ 脂肪含量是一项重要的控制指标，部分食品国家标准脂肪含量指标见表 7-2。

表 7-2　部分食品国家标准脂肪含量指标（根据现行标准）

食品	脂肪含量/(g/100g)	食品	脂肪含量/(g/100g)
火腿肉罐头	≤18	巴氏杀菌乳	>3.1
午餐肉罐头	≤24	调制乳	≥2.5
火腿午餐肉罐头	≤20	灭菌乳	≥3.1
火腿制品	<10	发酵乳	≥3.1
肉松	≤10	奶油	≥80.0
玉米淀粉	≤0.15	人造奶油	≥80
炼乳	$7.5 \leq x < 15.0$	乳粉	≥26.0

在食品加工过程中，物料的含脂量对产品的风味、组织结构、品质、外观、口感等都有直接的影响。因此，脂肪含量是食品质量管理中的一项重要指标。测定食品的脂肪含量，可以用来评价食品的品质，衡量食品的营养价值，而且对实行工艺监督，生产过程的质量管理，研究食品的储藏方式是否恰当等方面都有重要的意义。

从上面几点就可说明测定脂肪的重要性，测定脂肪含量在我们食品检验中是十分必要的。

四、食品中脂肪检测的国家标准与检测方法

2017 年开始实施的 GB 5009.6—2016《食品安全国家标准　食品中脂肪的测定》代替了 GB 5413.3、GB/T 14772—2008 等多个标准。标准以食品安全国家标准形式对原来多个针对肉与肉制品、婴幼儿食品和乳品、粮油、食用菌、淀粉、油料饼粕中脂肪测定进行了整合。

标准包括索氏提取法、酸水解法、碱水解法和盖勃氏法等四类方法。

标准第一法（索氏提取法）适用于水果、蔬菜及其制品、粮食及粮食制品、肉及肉制品、蛋及蛋制品、水产及其制品、焙烤食品、糖果等食品中游离态脂肪含量的测定。

标准第二法（酸水解法）适用于水果、蔬菜及其制品、粮食及粮食制品、肉及肉制品、蛋及蛋制品、水产及其制品、焙烤食品、糖果等食品中游离态脂肪及结合态脂肪总量的测定。

标准第三法（碱水解法）和第四法（盖勃氏法）适用于乳及乳制品、婴幼儿配方食品中脂肪含量的测定。

本单元分别介绍这四种检测方法。

 实验技能

一、恒温水浴锅的使用

1. 使用方法

① 设备安装前应将水浴锅放在平整的工作台上，先进行外观的检查：外观应无破损，仪表外观应完整，导线绝缘应良好，插头应完好，电源开关灵活。每台设备的电源线都接有单相三极插头，其中插头的最上方的电极为接地极，用户使用时必须使用单相三极的电源插座，电源插座的接地极上应有可靠的地线。恒温水浴锅见图 7-1。

图 7-1　恒温水浴锅

② 通电前先向水浴锅的水槽中注入清水（有条件请用蒸馏水，可减少水垢），水浴锅加注清水后应不漏水，液面距上口应保持 2~4cm 的距离，以免水溢出到电气箱内，损坏器件。开启电源开关，电源开关指示灯亮，设备的电源已接通，温度控制仪表显示的数值是当前的水温值。

③ 按照所需要的工作温度进行温度的设定，此时温控仪表的绿灯亮，电加热器开始加热，待水温接近设定温度时，温控仪表的红绿灯开始交替亮灭，温控仪表进入了比例控制阶段，加热器开始断续加热以控制热惯性。当水温升至设定温度时，红绿灯按照一定的规律交替亮灭，设备进入恒温阶段。

举例，数字显示双列四孔恒温水浴锅，工作温度为 65℃，其操作程序如下：加注清水→开启电源开关→温度设定：依次按动各位上的拨码开关，使个位显示为 5，十位显示为 6，百位显示为 0→温控仪表的绿灯亮，加热器开始工作→温控仪表的红绿灯开始交替亮灭，进入比例加热阶段→直至恒温。

④ 试验工作结束以后，关闭电源开关，切断设备的电源，并将水槽内的水放净。

2. 注意事项

① 水浴锅使用时，必须先加水后通电，严禁干烧。

② 水浴锅使用时，必须有可靠的接地以确保使用安全。

③ 水位低于电热管时，不准通电使用，以免电热管爆裂损坏。

④ 水位也不可过高，以免水溢入电器箱损坏元件。

⑤ 定期检查各接点螺丝是否松动，如有松动应加以紧固，保持各电气接点接触良好。

⑥ 水浴锅长期不使用时，应将水槽内的水放净并擦拭干净，定期清除水槽内的水垢。

二、索氏提取器的使用

索氏提取器，又称脂肪抽取器，是由提取瓶、提取管、冷凝器三部分组成的，提取管两侧分别有虹吸管和连接管，各部分连接处要严密不能漏气（图 7-2）。

图 7-2　索氏提取器

提取时，将待测样品包在滤纸包内，放入提取管。提取瓶内加入石油醚，接收瓶受热，石油醚气化，由连接管上升进入冷凝器，凝成液体滴入提取管内，浸提样品中的脂类物质。待提取管内石油醚液面达到一定高度，溶有粗脂肪的石油醚经虹吸管流入提取瓶。流入提取瓶内的石油醚继续被加热气化、上升、冷凝，滴入提取管内，如此循环往复，直到抽提完全为止。

三、回收装置——磨砂口管棒类器皿的使用

1. 设备装置：三通、牛角管、冷凝管

三通有与接收瓶（脂肪接收）配合口径的磨砂口，可与接收瓶紧密衔接。另外一通与冷凝管相连。也可多个三通串联连接一个冷凝管。冷凝管下接牛角管，接入回收有机溶剂的瓶里。

2. 操作过程

① 连接仪器设备。

② 加热。用水冷凝管时，先由冷凝管下口缓缓通入冷水，自上口流出引至水槽中，然后开始加热。加热时可以看见接收瓶中的液体逐渐沸腾。

③ 回收。石油醚自牛角管滴入回收瓶内至完。

④ 蒸馏完毕，应先停止加热，然后停止通水，拆下仪器。拆除仪器的顺序和装配的顺序相反，先取下接收器，然后拆下尾接管、冷凝管、蒸馏头和蒸馏瓶等。

四、电热板的使用

电热板广泛用于样品的烘焙、干燥和其他温度试验，是分析室必备的工具。使用要求如下。

① 电源插座要有妥善接地线，以便安全。

② 使用前后请把工作面擦拭干净，其上不允许有水滴、污物、积垢和其他异物残留。

③ 装样试管或其他器皿应在加热前放置在工作面，以防爆裂。

④ 接通电源，合上电源开关，指示灯亮，电热板处于工作状态。

⑤ 电热板处于工作状态时，应有专人照管。不要用手触摸工作台表面，以防烫伤。

⑥ 工作完毕，切断电源。

五、离心机的使用

离心机是利用离心力，分离液体与固体颗粒或液体与液体的混合物中各组分的仪器。离心机主要用于将悬浮液中的固体颗粒与液体分开，或将乳浊液中两种密度不同，又互不相溶的液

体分开（例如从牛乳中分离出奶油）。现在常用的低速离心机进入了实验室，在企业或院校研究机构中，转速在 3000r/min 左右的低速实验离心机已经比较常用。

离心分离机的作用原理有离心过滤和离心沉降两种。离心过滤是使悬浮液在离心力场下产生的离心压力，作用在过滤介质上，使液体通过过滤介质成为滤液，而固体颗粒被截留在过滤介质表面，从而实现液-固分离；离心沉降是利用悬浮液（或乳浊液）密度不同的各组分在离心力场中迅速沉降分层的原理，实现液-固（或液-液）分离。

实验室常用的是电动离心机转动速度快，要注意安全，特别要防止在离心机运转期间，因不平衡或试管垫老化，而使离心机边工作边移动，以致从实验台上掉下来，或因盖子未盖，离心管因振动而破裂后，玻璃碎片旋转飞出，造成事故。因此使用离心机时，必须注意以下操作。

① 离心机套管底部要垫棉花或试管垫。

② 电动离心机如有噪声或机身振动时，应立即切断电源，及时排除故障。

③ 离心管必须对称放入套管中，防止机身振动，若只有一支样品管，另外一支要用等质量的水代替。

④ 启动离心机时，应在盖上离心机顶盖后，方可慢慢启动。

⑤ 分离结束后，先关闭离心机，在离心机停止转动后，方可打开离心机盖，取出样品，不可用外力强制其停止运动。

⑥ 离心时间一般为 1～2min，在此期间，实验者不得离开去做别的事。

任务实施

任务一　索氏提取法（第一法）

【原理】

脂肪易溶于有机溶剂。试样直接用无水乙醚或石油醚等溶剂抽提后，蒸发除去溶剂，干燥，得到游离态脂肪的含量。

一般食品用有机溶剂抽提，蒸去有机溶剂后获得的物质主要是游离脂肪，此外还含有部分磷脂、色素、树脂、蜡状物、挥发油、糖脂等物质。因此，用索氏抽提法获得的脂肪，也称之为粗脂肪。

此法适用于脂类含量较高，结合态的脂类含量较少，能烘干磨细，不易吸湿结块的食品试样，如肉制品、豆制品、坚果制品、谷物、油炸制品和中西式糕点等的粗脂肪含量的分析检测。

此法是经典方法，对大多数试样结果比较可靠，但费时间，溶剂用量大，且需专门的索氏抽提器。

【试剂及配制】

除非另有说明，本方法所用试剂均为分析纯，水为 GB/T 6682 规定的三级水。

1.试剂

① 无水乙醚：分析纯，不含过氧化物。

② 石油醚：沸程为 30～60℃。

2.材料

① 石英砂。

② 脱脂棉。

【仪器和设备】

① 索氏抽提器（图 7-3）。

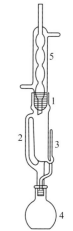

图 7-3　索氏抽提器
1—抽提器；2—连接管；
3—虹吸管；4—接收瓶；
5—冷凝管

索氏提取法测定食品中脂肪

②　恒温水浴锅。

③　分析天平：感量 0.001g 和 0.0001g。

④　电热鼓风干燥箱。

⑤　干燥器：内装有效干燥剂，如硅胶。

⑥　滤纸筒。

⑦　蒸发皿。

【分析步骤】

1. 试样制备

（1）固体试样　称取充分混匀后的试样 2～5g，准确至 0.001g，全部移入滤纸筒内。

（2）液体或半固体试样　称取混匀后的试样 5～10g，准确至 0.001g，置于蒸发皿中，加入约 20g 石英砂，于沸水浴上蒸干后，在电热鼓风干燥箱中于 100℃±5℃ 干燥 30min 后，取出，研细，全部移入滤纸筒内。蒸发皿及粘有试样的玻璃棒，均用沾有乙醚或石油醚的脱脂棉擦净，并将棉花放入滤纸筒内。

实验提示：

①　滤纸筒的准备，个人依经验可做成不同形状滤纸筒。但是要求装入试样后不能泄露试样；用硬铅笔编写顺序号；滤纸筒大小合适，要能轻松放入直径为 8～10cm 的抽提筒底部。

②　试样为烘干的试样，实验中可将水分测定后的试样作为索氏提取法的试样。

2. 抽提

将滤纸筒放入索氏抽提器的抽提筒内，连接已干燥至恒重的接收瓶，由抽提器冷凝管上端加入无水乙醚或石油醚至接收瓶内容积的三分之二处，于水浴上加热，使无水乙醚或石油醚不断回流抽提（每小时 6～8 次），一般抽提 6～10h。提取结束时，用磨砂玻璃棒接取 1 滴提取液，磨砂玻璃棒上无油斑表明提取完毕。

实验提示：

①　滤纸筒用长镊子放入抽提筒中，不能堵塞虹吸管。

②　"由抽提器冷凝管上端加入无水乙醚或石油醚至接收瓶内容积的三分之二处"，实践中一般是虹吸 2 次即可。

③　抽提过程使试样包完全浸没在乙醚中。调节水温使冷凝下滴的乙醚呈连珠状（每分钟 120～150 滴或每小时回流 7 次以上）。

④　抽提完毕后，接收瓶中的乙醚另行回收。

3. 回收溶剂

取出滤纸筒，用回收装置回收石油醚或乙醚，当石油醚或乙醚剩 1～2mL 时，取下接收瓶。

4. 称量

在水浴上蒸干接收瓶内残余溶剂，再于 100℃±5℃ 干燥 2h，放干燥器内冷却 0.5h 后称量。重复以上操作直至恒量（两次称量的差值不超过 2mg）。

【分析结果表述】

试样中的脂肪含量按式（7-1）进行计算：

$$X = \frac{m_1 - m_0}{m_2} \times 100 \tag{7-1}$$

式中　X——试样中脂肪的含量，g/100g；

　　　m_1——恒重后接收瓶和脂肪的含量，g；

　　　m_0——接收瓶的质量，g；

　　　m_2——试样的质量，g；

　　　100——单位换算系数。

计算结果表示到小数点后一位。

【精密度】

在重复性条件下获得的两次独立测定结果的绝对差值不得超过算术平均值的10％。

【说明与注意事项】

① 本法所测得结果为粗脂肪，因为除脂肪外，还含有色素、挥发油、蜡和树脂等物质。

② 抽提用的乙醚或石油醚要求无水、无醇、无过氧化物，挥发残渣含量低。

③ 本法抽提所得的脂肪为粗脂肪，若测定游离及结合脂肪总量可采用酸水解法。

④ 提取时水浴温度不可过高，以每分钟从冷凝管滴下120～150滴左右，每小时回流6～12次为宜，提取过程中应注意防火。

⑤ 乙醚和石油醚都是易燃易爆且挥发性强的物质，因此在挥发乙醚或石油醚时，忌用明火直接加热，应该用电热套、电水浴等。另外乙醚具有麻醉作用，应注意环境空气流通。

⑥ 反复加热会因脂类氧化而增重。重量增加时，以增重前的重量作为恒重。

⑦ 滤纸筒的高度不要超过虹吸管的高度，否则容易造成乙醚没有浸没的部分抽提不完全。

⑧ 若样品份数多，可将索氏提取器串联起来同时使用。

任务二　酸水解法（第二法）

【原理】

食品中的结合态脂肪必须用强酸使其游离出来，游离出的脂肪易溶于有机溶剂。试样经盐酸水解后用无水乙醚或石油醚提取，除去溶剂即得游离态和结合态脂肪的总含量。

本法测定的是总脂肪，包括结合态的和游离态的。适用范围包括水果、蔬菜及其制品、粮食及粮食制品、肉及肉制品、蛋及蛋制品、水产及其制品、焙烤食品、糖果等食品中游离态脂肪及结合合态脂肪总量的测定。对固体、半固体、黏稠液体或液体食品，特别是加工后的混合食品，容易吸湿、结块，不易烘干的食品，不能采用索氏提取法时，用此法效果较好。但鱼类、贝类和蛋品中含有较多的磷脂，在盐酸溶液中加热时，磷脂几乎完全分解为脂肪酸和碱，因为仅定量前者，测定值偏低。故本法不宜用于测定含有大量磷脂的食品，此法也不适于含糖高的食品，糖类遇强酸易碳化而影响测定结果。

【试剂及配制】

除非另有说明，本方法所用试剂均为分析纯，水为GB/T 6682规定的三级水。

1. 试剂

① 盐酸。

② 乙醇。

③ 无水乙醚。

④ 石油醚：沸程为30～60℃。

⑤ 碘。

⑥ 碘化钾。

2. 试剂的配制

① 盐酸溶液（2mol/L）：量取50mL盐酸，加入250mL水中，混匀。

② 碘液（0.05mol/L）：称取6.5g碘和25g碘化钾于少量水中溶解，稀释至1L。

3. 材料

① 蓝色石蕊试纸。

② 脱脂棉。

③ 滤纸：中速。

【仪器和设备】

① 恒温水浴锅。

② 电热板：满足 200℃高温。

③ 分析天平：感量为 0.1g 和 0.001g。

④ 电热鼓风干燥箱。

⑤ 锥形瓶。

【分析步骤】

1. 试样酸水解

（1）肉制品　称取混匀后的试样 3～5g，准确至 0.001g，置于锥形瓶（250mL）中，加入 2mol/L 盐酸溶液 50mL 和数粒玻璃细珠，盖上表面皿，于电热板上加热至微沸，保持 1h，每 10min 旋转摇动 1 次。取下锥形瓶，加入 150mL 热水，混匀，过滤。锥形瓶和表面皿用热水洗净，热水一并过滤。沉淀用热水洗至中性（用蓝色石蕊试纸检验，中性时试纸不变色）。将沉淀和滤纸置于大表面皿上，于 100℃±5℃ 干燥箱内干燥 1h，冷却。

（2）淀粉　根据总脂肪含量的估计值，称取混匀后的试样 25～50g，准确至 0.1g，倒入烧杯并加入 100mL 水。将 100mL 盐酸缓慢加到 200mL 水中，并将该溶液在电热板上煮沸后加入样品液中，加热此混合液至沸腾并维持 5min，停止加热后，取几滴混合液于试管中，待冷却后加入 1 滴碘液，若无蓝色出现，可进行下一步操作。若出现蓝色，应继续煮沸混合液，并用上述方法不断地进行检查，直至确定混合液中不含淀粉为止，再进行下一步操作。

将盛有混合液的烧杯置于水浴锅（70～80℃）中 30min，不停地搅拌，以确保温度均匀，使脂肪析出。用滤纸过滤冷却后的混合液，并用干滤纸片取出黏附于烧杯内壁的脂肪。为确保定量的准确性，应将冲洗烧杯的水进行过滤。在室温下用水冲洗沉淀和干滤纸片，直至滤液用蓝色石蕊试纸检验不变色。将含有沉淀的滤纸和干滤纸片折叠后，放置于大表面皿上，在 100℃±5℃ 的电热恒温干燥箱内干燥 1h。

（3）其他食品

固体试样：称取约 2～5g，准确至 0.001g，置于 50mL 试管内，加入 8mL 水，混匀后再加 10mL 盐酸。将试管放入 70～80℃ 水浴中，每隔 5～10min 用玻璃棒搅拌 1 次，至试样消化完全为止，约 40～50min。

液体试样：称取约 10g，准确至 0.001g，置于 50mL 试管内，加 10mL 盐酸。将试管放入 70～80℃ 水浴中，每隔 5～10min 用玻璃棒搅拌 1 次，至试样消化完全为止，约 40～50min。

2. 抽提

（1）肉制品、淀粉　将干燥后的试样装入滤纸筒内，其余抽提步骤同（第一法：抽提）。

（2）其他食品　取出试管，加入 10mL 乙醇，混合。冷却后将混合物移入 100mL 具塞量筒中，以 25mL 无水乙醚分数次洗试管，一并倒入量筒中。待无水乙醚全部倒入量筒后，加塞振摇 1min，小心开塞，放出气体，再塞好，静置 12min，小心开塞，并用乙醚冲洗塞及量筒口附着的脂肪。静置 10～20min，待上部液体清晰，吸出上清液于已恒重的锥形瓶内，再加 5mL 无水乙醚于具塞量筒内，振摇，静置后，仍将上层乙醚吸出，放入原锥形瓶内。

3. 称量

取下接收瓶，回收乙醚或石油醚，待接收瓶内乙醚剩 1～2mL 时在水浴上蒸干，再于 100℃±5℃ 干燥 2h，放干燥器内冷却 0.5h 后称量。重复以上操作直至恒量（两次称量的差值不超过 2mg）。

【分析结果表述】

试样中的脂肪含量按式（7-2）进行计算：

$$X = \frac{m_1 - m_0}{m_2} \times 100 \qquad\qquad (7\text{-}2)$$

式中 X——试样中脂肪的含量，g/100g；

m_1——恒重后接收瓶和脂肪的含量，g；

m_0——接收瓶的质量，g；

m_2——试样的质量，g；

100——单位换算系数。

计算结果表示到小数点后一位。

【精密度】

在重复性条件下获得的两次独立测定结果的绝对差值不得超过算术平均值的10％。

【说明及注意事项】

① 测定的试样须充分磨细，液体试样需充分混合均匀，以便消化完全至无块状碳粒，否则结合态脂肪不能完全游离，致使结果偏低。

② 水解时应防止大量水分损失，使酸浓度升高。

③ 水解后加入乙醇可使蛋白质沉淀，降低表面张力，促进脂肪球聚合，同时溶解一些碳水化合物、有机酸等。后面用乙醚提取脂肪时，因乙醇可溶于乙醚，故需加入石油醚，降低乙醇在醚中的溶解度，使乙醇溶解物残留在水层，并使分层清晰。

④ 挥干溶剂后，残留物中若有黑色焦油状杂质，是分解物与水一同混入所致，会使测定值增大造成误差，可用等量的乙醚及石油醚溶解后过滤，再次进行挥干溶剂的操作。

任务三 碱水解法（第三法）

【原理】

用无水乙醚和石油醚抽提样品的碱（氨水）水解液，通过蒸馏或蒸发去除溶剂，测定溶于溶剂中的抽提物的质量。

碱水解法适用于乳及乳制品、婴幼儿配方食品中脂肪的测定。

【试剂及配制】

除非另有说明，本方法所用试剂均为分析纯，水为 GB/T 6682 规定的三级水。

1. 试剂

① 淀粉酶：酶活力≥1.5U/mg。

② 氨水：质量分数约25％（注：可使用比此浓度更高的氨水）。

③ 乙醇：体积分数至少为95％。

④ 无水乙醚。

⑤ 石油醚：沸点为30～60℃。

⑥ 刚果红。

⑦ 盐酸。

⑧ 碘。

2. 试剂配制

① 混合溶剂：等体积混合乙醚和石油醚，现用现配。

② 碘溶液（0.1mol/L）：称取碘12.7g和碘化钾25g，于水中溶解并定容至1L。

③ 刚果红溶液：将1g刚果红溶于水中，稀释至100mL。（注：可选择性地使用。刚果红溶液可使溶剂和水相界面清晰，也可使用其他能使水相染色而不影响测定结果的溶液。）

④ 盐酸溶液（6mol/L）：量取50mL盐酸缓慢倒入40mL水中，定容至100mL，混匀。

【仪器和设备】

① 离心机：可用于放置抽脂瓶或管，转速为 $500\sim600$r/min，可在抽脂瓶外端产生 $80\sim90g$ 的重力场。

② 恒温水浴锅。

③ 分析天平：感量为 $0.001g$。

④ 电热鼓风干燥箱。

⑤ 干燥器：内附有效干燥剂，如硅胶。

⑥ 抽脂瓶：抽脂瓶应带有软木塞或其他不影响溶剂使用的瓶塞（如硅胶或聚四氟乙烯）。软木塞应先浸泡于乙醚中，后放入 60℃或 60℃以上的水中保持至少 15min，冷却后使用。不用时需浸泡在水中，浸泡用水每天更换 1 次。（注：也可使用带虹吸管或洗瓶的抽脂管或烧瓶，但操作步骤有所不同。接头的内部长支管下端可成匀状。）

【分析步骤】

1. 试样碱水解

(1) 巴氏杀菌乳、灭菌乳、生乳、发酵乳、调制乳　称取充分混匀试样 $10g$（精确至 $0.0001g$）于抽脂瓶中。加入 2.0mL 氨水，充分混合后立即将抽脂瓶放入 65℃ ±5℃的水浴中，加热 $15\sim20$min，不时取出振荡。取出后，冷却至室温。静置 30s。

(2) 乳粉和婴幼儿食品　称取混匀后的试样，高脂乳粉、全脂乳粉、全脂加糖乳粉和婴幼儿食品约 $1g$（精确至 $0.0001g$），脱脂乳粉、乳清粉、酪乳粉约 $1.5g$（精确至 $0.0001g$），其余操作同 (1) 中"加入 2.0mL 氨水"到"静置 30s。"

① 不含淀粉样品　加入 10mL 65℃ ±5℃的水，将试样洗入抽脂瓶中，充分混合，直到试样完全分散，放入流动水中冷却。

② 含淀粉样品　将试样放入抽脂瓶中，加入约 $0.1g$ 的淀粉酶，混合均匀后，加入 $8\sim10$mL 45℃的水，注意液面不要太高。盖上瓶塞于搅拌状态下，置 65℃ ±5℃水浴中 2h，每隔 10min 摇混 1 次。为检验淀粉是否水解完全可加入 2 滴约 0.1mol/L 的碘溶液，如无蓝色出现说明水解完全，否则将抽脂瓶重新置于水浴中，直至无蓝色产生。抽脂瓶冷却至室温。其余操作同 (1)。

(3) 炼乳　脱脂炼乳、全脂炼乳和部分脱脂炼乳称约 $3\sim5g$、高脂炼乳称取约 $1.5g$（精确至 $0.0001g$），用 10mL 水，分次洗入抽脂瓶小球中，充分混合均匀。其余操作同 (1)。

(4) 奶油、稀奶油　先将奶油试样放入温水浴中溶解并混合均匀后，称取试样约 $0.5\ g$（精确至 $0.0001g$），稀奶油称取约 $1g$ 于抽脂瓶中，加入 $8\sim10$mL 约 45℃的水。再加 2mL 氨水充分混匀。其余操作同 (1)。

(5) 干酪　称取约 $2g$ 研碎的试样（精确至 $0.0001g$）于抽脂瓶中，加 10mL 6mol/L 盐酸，混匀，盖上瓶塞，于沸水中加热 $20\sim30$min，取出冷却至室温，静置 30s。

2. 抽提

① 加入 10mL 乙醇，缓和但彻底地进行混合，避免液体太接近瓶颈。如果需要，可加入 2 滴刚果红溶液。

② 加入 25mL 乙醚，塞上瓶塞，将抽脂瓶（图 7-4）保持在水平位置，小球的延伸部分朝上夹到摇混器上，按每分钟约 100 次振荡 1min，也可采用手动振摇方式。但均应注意避免形成持久乳化液。抽脂瓶冷却后小心地打开塞子，用少量的混合溶剂冲洗塞子和瓶颈，使冲洗液流入抽脂瓶。

③ 加入 25mL 石油醚，塞上重新润湿的塞子，按②所述，轻轻振荡 30s。

④ 将加塞的抽脂瓶放入离心机中，在 $500\sim600$r/min 下离心 5min，否则将抽脂瓶静置至少 30min，直到上层液澄清，并明显与水相分离。

⑤ 小心地打开瓶塞，用少量的混合溶剂冲洗塞子和瓶颈内壁，使冲洗液流

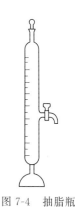

图 7-4　抽脂瓶

入抽脂瓶。如果两相界面低于小球与瓶身相接处，则沿瓶壁边缘慢慢地加入水，使液面高于小球和瓶身相接处［图 7-5（a）］，以便于倾倒。

⑥ 将上层液尽可能地倒入已准备好的加入沸石的脂肪收集瓶中，避免倒出水层［图 7-5（b）］。

⑦ 用少量混合溶剂冲洗瓶颈外部，冲洗液收集在脂肪收集瓶中。应防止溶剂溅到抽脂瓶的外面。

⑧ 向抽脂瓶中加入 5mL 乙醇，用乙醇冲洗瓶颈内壁，加入 10mL 乙醇，缓和但彻底地进行混合，避免液体太接近瓶颈。如果需要，可加入 2 滴刚果红溶液。重复②～⑦过程。用 15mL 无水乙醚和 15mL 石油醚，进行第 2 次抽提。

⑨ 重复②～⑦过程。用 15mL 无水乙醚和 15mL 石油醚，进行第 3 次抽提。

⑩ 空白试验与样品检验同时进行，采用 10mL 水代替试样，使用相同步骤和相同试剂。

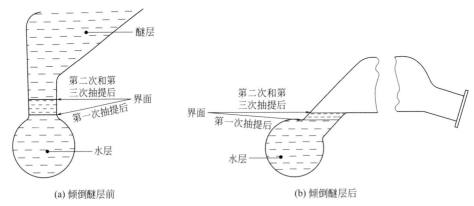

图 7-5　操作示意

3. 称量

合并所有提取液，既可采用蒸馏的方法除去脂肪收集瓶中的溶剂，也可于沸水浴上蒸发至干来除掉溶剂。蒸馏前用少量混合溶剂冲洗瓶颈内部。将脂肪收集瓶放入 $100℃±5℃$ 的烘箱中干燥 1h，取出后置于干燥器内冷却 0.5h 后称量。重复以上操作直至恒重（直至两次称量的差不超过 2mg）。

【分析结果的表述】

试样中的脂肪含量按式（7-3）进行计算：

$$X = \frac{(m_1 - m_2) - (m_3 - m_4)}{m} \times 100 \tag{7-3}$$

式中　X——试样中脂肪的含量，g/100g；

　　　m_1——恒重后脂肪收集瓶和脂肪的质量，g；

　　　m_2——脂肪收集瓶的质量，g；

　　　m_3——空白试验中，恒重后脂肪收集瓶和抽提物的质量，g；

　　　m_4——空白试验中脂肪收集瓶的质量，g；

　　　m——样品的质量，g；

　　　100——单位换算系数。

计算结果保留 3 位有效数字。

【精密度】

当样品中脂肪含量≥15％时，两次独立测定结果之差≤0.3g/100g；当样品中脂肪含量在 5％～15％时，两次独立测定结果之差≤0.2g/100g；当样品中脂肪含量≤5％时，两次独立测定结果之差≤0.1g/100g。

任务四　盖勃法（第四法）

【原理】

在乳中加入硫酸破坏乳胶质性和覆盖在脂肪球上的蛋白质外膜，离心分离脂肪后测量其体积。第四法（盖勃氏法）适用于乳及乳制品、婴幼儿配方食品中脂肪的测定。

【试剂及配制】

除非另有说明，本方法所用试剂均为分析纯，水为 GB/T 6682 规定的三级水。

① 硫酸　密度 1.820～1.825。

② 异戊醇　沸程 128～132℃。

【仪器和设备】

① 乳脂离心机。

② 盖勃氏乳脂计，颈部刻度为 0.0%～8.0%，最小刻度值为 0.1%。见图 7-6。

③ 10.75mL 单标乳吸管。

【分析步骤】

于盖勃氏乳脂计中先加入 10mL 硫酸，再沿着管壁小心准确加入 10.75mL 试样，不要使试样与硫酸混合，然后加 1mL 异戊醇，塞上橡皮塞，使瓶口向下，同时用布包裹以防冲出，用力振摇使呈均匀棕色液体，静置数分钟（瓶口向下），置 65～70℃水浴中 5min，取出后置于乳脂离心机中以 1100r/min 的转速离心 5min，再置于 65～70℃水浴中保温 5min（注意水浴水面应高于乳脂计脂肪层），取出，立即读数，即为脂肪的百分数。

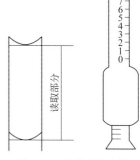

图 7-6　盖勃氏乳脂计

【精密度】

在重复性条件下获得的两次独立测定结果的绝对差值不得超过算术平均值的 5%。

【说明及注意事项】

① 硫酸的浓度要严格遵守规定的要求，如过浓会使乳炭化成黑色溶液而影响读数；过稀则不能使酪蛋白完全溶解，会使测定值偏低或使脂肪层浑浊。

② 硫酸除可破坏球膜，使脂肪游离出来外，还可增加液体相对密度，使脂肪容易浮出。

③ 盖勃法中所用异戊醇的作用是促使脂肪析出，并降低脂肪球的表面张力，以利于形成连续的脂肪层。

④ 1mL 异戊醇应能完全溶于酸中，但由于质量不纯，可能有部分析出掺入油层，使结果偏高。因此在使用未知规格的异戊醇之前，应先做试验，其方法如下。

将硫酸、水（代替牛乳）及异戊醇按测定试样时的数量注入乳脂计中，振摇后静置 24h 澄清，如在乳脂计的上部狭长部分无油层析出，认为适用，否则表明异戊醇质量不佳，不能使用。

⑤ 加热（65～70℃水浴）和离心的目的是促使脂肪离析。

⑥ 盖勃法所用移乳管为 11mL，实际注入的试样为 10.75mL，试样的重量为 11.25g，乳脂计刻度部分（0～8%）的容积为 1mL，当充满脂肪时，脂肪的重量为 0.9g，11.25g 试样中含有 0.9g 脂肪，故全部刻度表示为脂肪含量等于 0.9/11.25×100%＝8%，刻度数即为脂肪百分含量。

复习思考题

1.脂肪的生理功能有哪些？为什么要测定脂肪的含量？

2.食品中脂肪的存在形式有哪些？应采用何种提取测定的方法？

3.测定脂肪的方法有哪些？各自的适用范围如何？

4.常用测定脂肪的溶剂有哪些？各自有何优缺点？

5.使用石油醚时应选用的沸程是多少？

6.测定脂肪时，试样如何预处理？

7.索氏提取装置由哪几部分组成？提取的原理是什么？适用于哪些试样？

8.乳制品中脂肪的测定可采用哪些方法？请简述原理。

第八章 食品中灰分的测定

知识目标

1.了解灰分与食品质量的关系；了解灰分测定的内容和意义；

2.掌握总灰分、水溶性灰分、水不溶性灰分和酸不溶性灰分的概念；掌握不同灰分的测定原理及方法；

3.掌握 GB 5009.4 食品中灰分的测定原理。

技能目标

1.能够正确解读 GB 5009.4《食品安全国家标准 食品中灰分的测定》；

2.能够完成总灰分测定的操作；

3.学会炭化、灰化的操作方法；

4.熟练掌握坩埚、坩埚钳使用技能。

思政与职业素养目标

明确食品安全标准是行政处罚的依据，培养学生法治意识、标准意识。

国家标准

GB 5009.4—2016 食品安全国家标准 食品中灰分的测定

必备知识

一、灰分的概念及其分类

食品中除含有大量的有机物外，还含有丰富的无机成分，这些无机成分在维持人体的正常生理功能，构成人体组织方面有着十分重要的作用。食品在高温灼烧时会发生一系列的变化，其中的有机成分经灼烧、分解而挥发散失，无机成分则留在残灰中。

食品经灼烧后的残留物就叫灰分。所以，灰分是食品中无机成分总量的标志。

从数量和组成上看，食品的灰分与食品中原来存在的无机成分并不完全相同。食品在灰化时，某些易挥发元素，如氯、碘、铅等，会挥发散失，磷、硫等也能以含氧酸的形式挥发散失，使这些无机成分减少；另一方面，某些金属氧化物会吸收有机物分解产生的二氧化碳而形成碳酸盐，又使无机成分增多。因此，灰分并不能准确地表示食品中原来的无机成分的总量。

通常把食品经高温灼烧后的残留物称为粗灰分（总灰分）。

食品的灰分除总灰分外，按其溶解性还可分为水溶性灰分、水不溶性灰分和酸不溶性灰分。其中水溶性灰分反映的是可溶性的钾、钠、钙、镁等的氧化物和盐类的含量。水不溶性灰分反映的是污染的泥沙和铁、铝等氧化物及碱土金属的碱式磷酸盐的含量。酸不溶性灰分反映的是污染的泥沙和食品中原来存在的微量氧化硅的含量。因此灰分测定内容包括总灰分、水溶性灰分、水不溶性灰分、酸不溶性灰分等。

二、食品中灰分测定的意义

（1）灰分是某些食品重要的质量控制指标，也是食品常规检验的项目之一 例如，生产面粉时，其加工精度可由灰分含量来表示，面粉后加工精度越高，灰分含量越低，这是由于小麦麸皮的灰分含量比胚乳的高 20 倍，富强粉灰分含量为 0.3%～0.5%；标准粉为 0.6%～0.9%；全麦粉为 1.2%～2.0%。生产果胶、明胶等胶质品时，灰分是这些制品胶冻性能的标志。

食品中的灰分常常在比较稳定的范围内，如谷物和豆类为 1%～4%，蔬菜为 0.5%～2%，水果为 0.5%～1%，鲜鱼、贝类为 1%～5%。如果灰分含量超过了正常范围，说明食品生产中可能使用了不符合卫生标准要求的原料或食品添加剂；或在食品的加工、储运过程中受到了污染。因此，测定灰分可以判断食品受污染的程度。

此外，灰分还可以评价食品的品质，如水溶性灰分含量可反映果酱、果冻等制品中果汁的含量。

（2）灰化是食品前处理的重要手段 灰化法是利用高温除去样品中的有机质，剩余的灰分用酸溶解，作为样品待测溶液。大多数金属元素含量分析适用于灰化，但在高温条件下，汞、铅、镉、锡、硒等易挥发损失，不适用。

三、食品中灰分检测的国家标准与检测方法

2017 年开始实施的 GB 5009.4—2016《食品安全国家标准　食品中灰分的测定》代替了 GB/T 5505—2008、GB/T 22427.1—2008、GB/T 9695.18、GB/T 12532、GB/T 9824、GB/T 9825 等多个标准。从以前各类食品测定灰分的标准中也反映出粮食、淀粉、肉与肉制品、食用菌、油料饼粕、香辛料和调味品、动植物油脂、谷物、豆类及副产品、茶、果汁等食品及农产品都要进行灰分的检测。

GB 5009.4—2016《食品安全国家标准　食品中灰分的测定》第一法适用于食品中灰分的测定（淀粉类灰分的方法适用于灰分质量分数不大于 2% 的淀粉和变性淀粉）；第二法适用于食品中水溶性灰分和水不溶性灰分的测定；第三法适用于食品中酸不溶性灰分的测定。

本单元分别介绍这三种检测方法。

 实验技能

一、灰分测定条件的选择

1. 灰化容器

测定灰分通常以坩埚作为灰化的容器。坩埚分为素瓷坩埚、铂坩埚、石英坩埚等几种，其中以素瓷坩埚最常用。素瓷坩埚具有耐高温、耐酸、价格低廉等优点，但耐碱性差，当灰化碱性食品（如水果、蔬菜、豆类等）时，瓷坩埚内壁的釉层会部分溶解，反复多次使用后，往往难以得到恒重，在这种情况下宜使用新的瓷坩埚，或使用铂坩埚等其他灰化容器。石英坩埚与瓷坩埚的物理和化学性质相近，但其价格较瓷坩埚昂贵，较少使用。铂坩埚具有耐高温、耐碱、导热性好、吸湿性小等优点，但其价格昂贵，所以使用时应特别注意其性能和使用规则。

另外，也有用铝箔杯作为灰化容器的，比较起来，它具有自身质量轻、在 525～600℃ 能稳定地使用、冷却效果好、吸湿性小等优点。如果将杯子上缘折叠封口，密封较好，冷却时可不放入干燥器中，几分钟可降到室温，缩短了冷却时间。

灰化容器的大小应根据试样的性状来选择。液态试样、加热易膨胀的试样及灰分含量低、取样量大的试样，需选用容量大些的坩埚，但灰化容器过大会增大称量误差。

2. 取样量

正常食品的灰分含量都是相对稳定的，测定灰分时，取样量的多少应根据试样的种类、性状及灰分含量的高低来确定。食品的灰分与其他成分相比，含量较少，例如，谷物及豆类为 1%～4%，蔬菜为 0.5%～2%，水果为 0.5%～1%，鲜鱼、鲜贝为 1%～5%，而糖精只有 0.01%。为了减少称量误差，以灼烧后得到的灰分量为 10～100mg 来确定取样量。通常乳粉、麦乳精、大豆粉、调味料、鱼类及海产品等取 1～2g；谷类及其制品、肉及其制品、糕点、牛乳等取 3～

5g；蔬菜及其制品、砂糖及其制品、淀粉及其制品、蜂蜜、奶油等取 5～10g；水果及其制品取 20g；油脂取 50g。

3. 灰化温度

灰化温度一般在 500～550℃。由于各种食品的无机成分组成、性质及含量各不相同，灰化温度也应有所不同。例如，鱼类及海产品、乳制品（奶油除外）、酒类低于 550℃；奶油低于 500℃；果蔬及其制品，肉及其制品、糖及其制品低于 525℃；个别试样（如谷类饲料）可以达到 600℃。灰化温度过高，易引起钾、钠、氯等元素的挥发损失，而且磷酸盐、硅酸盐类也会熔融，将碳粒包裹起来，使碳粒无法氧化；灰化温度过低，则会使灰化速度慢、时间长，不易灰化完全，也不利于除去过剩的碱（碱性食品）所吸收的二氧化碳。因此，必须根据食品的种类和性状、测定精度要求等因素，选择合适的灰化温度，在保证灰化完全的前提下，尽可能减少无机成分的挥发损失和缩短灰化时间。此外，加热的速度也不可太快，以防急剧加热造成灼热物局部产生大量气体而使微粒飞失——爆燃。

4. 灰化时间

灰化时间因试样的不同而差异较大。一般以灼烧至残灰呈白色或浅灰色并达到恒重为止。灰化至达到恒量的时间因试样不同而异，灰化至恒重一般需 2～5h。通常是根据经验在灰化一定时间后，观察一次残灰的颜色，以确定第一次取出的时间，取出冷却、称重后，再放入炉中灼烧，直至达到恒重。需要指出的是，有些试样，即使灰化完全，残灰也不一定呈白色或浅灰色，如铁含量高的食品，残灰呈褐色；锰、铜含量高的食品，残灰呈蓝绿色。有时即使残灰的表面呈白色，内部仍残留有碳粒。所以应该根据试样的组成、残灰的颜色正确判断灰化程度，确定灰化时间。但也有例外，如对谷物饲料和茎秆饲料，则有灰化时间的规定，即在 600℃ 灰化 2h。

5. 加速灰化的方法

对于含磷较多的谷物及其制品，磷酸过剩于阳离子，随灰化的进行，磷酸将以磷酸二氢钾、磷酸二氢钠等形式存在，在比较低的温度下会熔融而包住炭粒，难以完全灰化，即使灰化相当长时间也达不到恒量。

对于难灰化的试样，可采取下述方法来加速灰化。

① 改变操作方法，试样经初步灼烧后，取出坩埚，冷却，沿坩埚边缘慢慢加入少量去离子水，使水溶性盐类溶解，被包住的碳粒暴露出来；然后在水浴上蒸干，置于 120～130℃烘箱中充分干燥（充分去除水分，以防再灰化时，因加热使残灰飞散，造成损失），再灼烧到恒量。

② 加入硝酸、过氧化氢、碳酸铵等。例如，试样经初步灼烧后，冷却，滴加硝酸（1∶1）或过氧化氢，约 4～6 滴，利用它们的氧化作用来加速碳粒的灰化；也可以加入 10%碳酸铵等疏松剂，使灰分呈松散状态，促进未灰化的碳粒灰化。这些物质在灼烧后完全消失，不增加残灰的质量。

③ 加入乙酸镁、硝酸镁等灰化助剂，这类镁盐随着灰化的进行而分解，与过剩的磷酸结合，残灰不会发生熔融而呈松散状态，避免碳粒被包裹，可大大缩短灰化时间。此法应做空白试验，以校正加入的镁盐灼烧后分解产生氧化镁（MgO）的量。

二、灰分测定的注意事项

① 试样炭化时要注意热源强度，防止产生大量泡沫溢出坩埚。

② 把坩埚放入马弗炉或从炉中取出时，要放在炉口停留片刻，使坩埚预热或冷却，防止因温度剧变而使坩埚破裂。

③ 灼烧后的坩埚应冷却到 200℃ 以下后，再移入干燥器中，否则热的对流作用易造成残灰飞散，且冷却速度慢，冷却后干燥器内形成较大真空，盖子不易打开。

④ 从干燥器内取出坩埚时，因内部形成真空，开盖恢复常压时，应注意空气缓缓流入，以防残灰飞散。

⑤ 灰化后所得残渣可留作钙、铁、磷等成分的分析。

⑥ 用过的坩埚经初步洗刷后，可用粗盐酸或废盐酸浸泡 10～20min，再用水冲刷洗净。

⑦ 如液体试样量过多，可分次在同一坩埚中蒸干，在测定蔬菜、水果这一类含水量高的试样时，应预先测定这些试样的水分，再将其干燥物继续加热灼烧，测定其灰分含量。

⑧ 加速灰化时，一定要沿坩埚壁加去离子水，不可直接将水洒在残灰上，以防残灰飞扬，造成损失和测定误差。

三、高温炉的使用

马弗炉（muffle furnace），muffle 是包裹的意思，furnace 是炉子、熔炉的意思。马弗炉通用叫法有以下几种：灰化炉、马福炉。马弗炉是一种通用的加热设备，用于测定灰分、灰熔点分析、灰成分分析、元素分析，也可以作为通用灰化炉使用。

1. 马弗炉构件

（1）炉体 炉体包含发热元件。发热元件一般采用镍铬丝（1200℃）、铜丝（1800℃）、钨及钨铼和石墨等，根据不同的使用温度进行选择。近年来发展了使用石墨作发热元件的热等静压机，其发热元件工作温度可达 2000℃ 以上。

（2）隔热层 多层隔热就是将隔热层分成若干单层间隔，在层间充填隔热性能良好的耐热氧化物纤维，从炉内算起，第一层热度决定最高使用温度。

2. 高温炉的使用注意事项

当马弗炉第一次使用或长期停用后再次使用时，必须进行烘炉干燥：在 20～200℃ 打开炉门烘 2～3h，200～600℃ 关门烘 2～3h。实验前，温控器应避免震动，放置位置与电炉不宜太近，防止过热使电子元件不能正常工作。搬动温控器时应将电源开关设置为关闭状态。使用前，将温控器调至所需工作温度，打开启动编码将马弗炉通电，此时电流表有读数产生，温控表实测温度值逐渐上升，表示马弗炉、温控器均在正常工作。

① 工作环境要求无易燃易爆物品和腐蚀性气体，禁止向炉膛内直接灌注各种液体及熔解金属，经常保持炉膛内的清洁。

② 使用时炉膛温度不得超过最高炉温，也不得在额定温度下长时间工作。实验过程中，使用人不得离开，随时注意温度的变化，如发现异常情况，应立即断电，并由专业维修人员检修。

③ 使用时炉门要轻关轻开，以防损坏机件。坩埚钳放取样品时要轻拿轻放，以保证安全和避免损坏炉膛。

④ 温度超过 600℃ 后不要打开炉门。等炉膛内温度自然冷却后再打开炉门。

⑤ 实验完毕后，样品停止加热并关掉电源，在炉膛内放取样品时，应先微开炉门，待样品稍冷却后再小心夹取样品，防止烫伤。

⑥ 加热后的坩埚宜转移到干燥器中冷却，放置于缓冲耐火材料上，防止吸潮炸裂，后称量。

⑦ 搬运马弗炉时，注意避免严重共振，放置时远离易燃易爆、水等物品。严禁抬炉门，避免炉门损坏。

四、坩埚的使用

1. 坩埚种类

坩埚（图 8-1）是熔化和精炼金属液体以及固液加热、反应的容器。坩埚可分为石英坩埚、瓷坩埚和石墨坩埚三大类。

（1）石英坩埚 可在 1650℃ 以下使用。石英坩埚适用 $K_2S_2O_7$，$KHSO_4$ 作熔剂熔融样品和用 $Na_2S_2O_7$（先在 212℃ 烘干）作熔剂处理样品。石英质脆，易破，使用时要注意。

（2）瓷坩埚 主要成分：氧化铝（45%～55%）、二氧化硅。可耐热 1200℃ 左右。一般不能用于以 $NaOH$、Na_2O_2、Na_2CO_3 等碱性物质作熔剂熔融，以免腐蚀瓷坩埚。瓷坩埚不能和氢氟酸接触。瓷坩埚一般可用稀盐酸煮沸洗涤。

（3）石墨坩埚 石墨坩埚的主体原料，是结晶形天然石墨，故它保持着天然石墨原有的各种理化特性。石墨坩埚具有良好的导热性和耐高温性，在高温使用过程中，热膨胀系数小，对急热、急冷具有一定抗应变性能。对酸、碱性溶液的抗腐蚀性较强，具有优良的化学稳定性。

除此之外，还有碳化硅坩埚、白金坩埚、镍坩埚。

2. 坩埚用途和注意事项

坩埚主要用于灼烧固体物质、溶液的蒸发、浓缩或结晶。使用时应注意，可直接受热，加热后不能骤冷，用坩埚钳取下；坩埚受热时放在泥三角或石棉网上。

五、坩埚钳的使用

坩埚钳（图8-2）是一种常见的化学仪器。坩埚钳多用耐火材料制作，由不锈钢或不可燃、难氧化的硬质材料制成。

图 8-1 坩埚 　　　　　 图 8-2 坩埚钳

1. 主要用途

坩埚钳是用以夹持坩埚和坩埚盖的钳子。坩埚钳也可用来夹取蒸发皿，夹持坩埚加热或从电炉、马弗炉中取、放坩埚。当夹持热的瓷坩埚和坩埚盖时，应把坩埚钳的夹持部位先预热，避免瓷制坩埚和坩埚盖温度急剧下降而炸裂。

2. 注意事项

① 必须使用干净的坩埚钳。

② 用坩埚钳夹取灼热的坩埚时，必须将钳尖先预热，以免坩埚因局部冷却而破裂，用后钳尖应向上放在桌面或石棉网上。

③ 实验完毕后，应将坩埚钳擦干净，放入实验器材柜中，干燥放置。

④ 夹持坩埚时使用弯曲部分，其他用途时使用尖头部分。

⑤ 坩埚钳不一定与坩埚配合使用。

⑥ 坩埚钳夹取坩埚和坩埚盖时要轻夹，避免用力使质脆的瓷坩埚等被夹碎。

 任务实施

任务一　食品中总灰分的测定（第一法）

【原理】

把一定量的试样经炭化后放入高温炉内灼烧，使有机物被氧化分解，以二氧化碳、氮的氧化物及水等形式逸出，无机物则以硫酸盐、磷酸盐、碳酸盐、氯化物等无机盐和金属氧化物的形式残留下来，这些残留物即为灰分。称量残留物的质量即可计算出试样中总灰分的含量。灰分数值系用灼烧、称重后计算得出。

【试剂及配制】

1. 试剂

① 乙酸镁。

② 浓盐酸。

2. 试剂配制

① 乙酸镁溶液（80g/L）：称取 8.0g 乙酸镁加水溶解并定容至 100mL，混匀。

② 乙酸镁溶液（240g/L）：称取 24.0g 乙酸镁加水溶解并定容至 100mL，混匀。

③ 10%盐酸溶液：量取 24mL 分析纯浓盐酸用蒸馏水稀释至 100mL。

【仪器和设备】

① 高温炉（马弗炉）：最高使用温度≥950℃。

② 分析天平：感量分别为 0.1mg、1mg、0.1g。

③ 石英坩埚或瓷坩埚。

④ 干燥器（内有干燥剂）。

⑤ 电热板。

⑥ 恒温水浴锅：控温精度±2℃。

【分析步骤】

1. 坩埚预处理

（1）含磷量较高的食品和其他食品 取大小适宜的石英坩埚或瓷坩埚置于高温炉中，在 550℃±25℃下灼烧 30min，冷却至 200℃左右，取出，放入干燥器中冷却 30min，准确称量。重复灼烧至前后两次称量相差不超过 0.5mg 为恒重。

（2）淀粉类食品 先用沸腾的稀盐酸洗涤，再用大量自来水洗涤，最后用蒸馏水冲洗。将洗净的坩埚置于高温炉内，在 900℃±25℃下灼烧 30min，并在干燥器内冷却至室温，称重，精确至 0.0001g。

2. 试样预处理及称样

含磷量较高的食品和其他食品：灰分大于或等于 10g/100g 的试样称取 2～3g（精确至 0.0001g）；灰分小于或等于 10g/100g 的试样称取 3～10g（精确至 0.0001g），对于灰分含量更低的样品可适当增加称样量。

淀粉类食品：迅速称取样品 2～10g（马铃薯淀粉、小麦淀粉以及大米淀粉至少称 5g，玉米淀粉和木薯淀粉称 10g），精确至 0.0001g，将样品均匀分布在坩埚内，不要压紧。

3. 炭化

试样经预处理后，在放入高温炉灼烧前要先进行炭化处理。炭化处理可防止在灼烧时，试样中的水分因温度高急剧蒸发使试样飞扬，还可防止糖、蛋白质、淀粉等易发泡膨胀的物质在高温下发泡膨胀而溢出坩埚；不经炭化而直接灰化，碳粒易被包住，使灰化不完全。

炭化操作一般在电炉或煤气灯上进行。把坩埚置于电炉上，半盖坩埚盖，小心加热使试样在通气的情况下逐渐炭化，直至无黑烟产生为止。对易膨胀的试样（如含糖多的食品），可在试样上加数滴辛醇或纯植物油，再进行炭化。不同样品操作如下。

（1）含磷量较高的豆类及其制品、肉禽及其制品、蛋及其制品、水产及其制品、乳及乳制品 称取试样后，加入 1.00mL 乙酸镁溶液（240g/L）或 3.00mL 乙酸镁溶液（80g/L），使试样完全润湿。放置 10min 后，在水浴上将水分蒸干，在电热板上以小火加热使试样充分炭化至无烟。

（2）淀粉类食品 将坩埚置于高温炉口或电热板上，半盖坩埚盖，小心加热使样品在通气情况下完全炭化至无烟，即刻将坩埚放入高温炉内灰化。

食品中总灰分的测定

（3）其他食品 液体和半固体试样应先在沸水浴上蒸干。固体或蒸干后的试样，先在电热板上以小火加热使试样充分炭化至无烟。

4. 灰化

炭化后，把坩埚移入已达规定温度（500～550℃）的马弗炉炉口处，稍停留片刻，再慢慢移入炉膛内，将坩埚盖斜倚在坩埚口，关闭炉门，灼烧一定时间（通常4h左右，视试样种类、性状而异），至灰中无炭粒存在。打开炉门，将坩埚移至炉口处冷却至200℃左右，再移入干燥器中冷却至室温，准确称重。重复灼烧、冷却、称重，直至达到恒重（前后两次称量相差不超过0.5mg）。具体样品操作细节如下。

含磷量较高的豆类及其制品、肉禽及其制品、蛋及其制品、水产及其制品、乳及乳制品炭化至无烟，然后置于高温炉中，在550℃±25℃灼烧4h。

淀粉类食品炭化至无烟的样品，即刻将坩埚放入高温炉内，将温度升高至900℃±25℃，保持此温度直至剩余的碳全部消失为止。

其他食品，样品炭化后置于高温炉中，在550℃±25℃灼烧4h。

注：称量前如发现灼烧残渣有炭粒，应向试样中滴入少许水湿润，使结块松散，蒸干水分再次灼烧至无炭粒即表示灰化完全，方可称量。重复灼烧至前后两次称量相差不超过0.5mg为恒重。

【分析结果表述】

1. 以试样质量计

① 试样中灰分的含量，加了乙酸镁溶液的试样，按式（8-1）计算：

$$X_1 = \frac{m_1 - m_2 - m_0}{m_3 - m_2} \times 100 \tag{8-1}$$

式中 X_1——加了乙酸镁溶液的试样中灰分的含量，g/100g；

m_1——坩埚和灰分的质量，g；

m_2——坩埚的质量，g；

m_3——坩埚和试样的质量，g；

m_0——氧化镁（乙酸镁灼烧后生成物）的质量，g；

100——单位换算系数。

② 试样中灰分的含量，未加乙酸镁溶液的试样，按式（8-2）计算：

$$X_2 = \frac{m_1 - m_2}{m_3 - m_2} \times 100 \tag{8-2}$$

式中 X_2——未加乙酸镁溶液的试样中灰分的含量，g/100g；

m_1——坩埚和灰分的质量，g；

m_2——坩埚的质量，g；

m_3——坩埚和试样的质量，g；

100——单位换算系数。

2. 以干物质计

① 加了乙酸镁溶液的试样中灰分的含量，按式（8-3）计算：

$$X_1 = \frac{m_1 - m_2 - m_0}{(m_3 - m_2) \times w} \times 100 \tag{8-3}$$

式中 X_1——加了乙酸镁溶液的试样中灰分的含量，g/100g；

m_1——坩埚和灰分的质量，g；

m_2——坩埚的质量，g；

m_3——坩埚和试样的质量，g；

m_0——氧化镁（乙酸镁灼烧后生成物）的质量，g；

w——试样干物质含量（质量分数），%；

100——单位换算系数。

② 未加乙酸镁溶液的试样中灰分的含量，按式（8-4）计算：

$$X_2 = \frac{m_1 - m_2}{(m_3 - m_2) \times w} \times 100 \tag{8-4}$$

式中　X_2——未加乙酸镁溶液的试样中灰分的含量，g/100g；

m_1——坩埚和灰分的质量，g；

m_2——坩埚的质量，g；

m_3——坩埚和试样的质量，g；

w——试样干物质含量（质量分数），%；

100——单位换算系数。

试样中灰分含量≥10g/100g 时，保留三位有效数字；试样中灰分含量＜10g/100g 时，保留两位有效数字。

【精密度】

在重复性条件下获得的两次独立测定结果的绝对差值不得超过算术平均值的 5％。

任务二　食品中水溶性灰分和水不溶性灰分的测定（第二法）

【原理】

用热水提取总灰分，经无灰滤纸过滤、灼烧、称量残留物，测得水不溶性灰分，由总灰分和水不溶性灰分的质量之差计算水溶性灰分。

【试剂及配制】

除非另有说明，本方法所用水为 GB/T 6682 规定的三级水。

【仪器和设备】

① 高温炉（马弗炉）：最高使用温度≥950℃。

② 分析天平：感量分别为 0.1mg、1mg、0.1g。

③ 石英坩埚或瓷坩埚。

④ 干燥器（内有干燥剂）。

⑤ 恒温水浴锅：控温精度±2℃。

⑥ 无灰滤纸。

⑦ 漏斗。

⑧ 表面皿：直径 6cm。

⑨ 烧杯（高型）：容量 100mL。

【分析步骤】

1. 坩埚预处理

同第一法。

2. 称样

同第一法。

3. 总灰分的制备

同第一法中"测定"步骤。

4. 测定

用约 25mL 热蒸馏水分次将总灰分从坩埚中洗入 100mL 烧杯中，盖上表面皿，用小火加热至微沸，防止溶液溅出。趁热用无灰滤纸过滤，并用热蒸馏水分次洗涤杯中残渣，直至滤液和洗涤体积约达 150mL 为止，将滤纸连同残渣移入原坩埚内，放在沸水浴锅上小心地蒸去水分，然后将坩埚烘干并移入高温炉内，以 550℃±25℃ 灼烧至无炭粒（一般需 1h）。待炉温降至 200℃ 时，放入干燥器内，冷却至室温，称重（准确至 0.0001g）。再放入高温炉内，以 550℃±25℃ 灼烧 30min，如前冷却并称重。如此重复操作，直至连续两次称重之差不超过 0.5mg 为止，记下最低质量。

【分析结果的表述】

1. 以试样质量计

① 水不溶性灰分的含量，按式（8-5）计算：

$$X_1 = \frac{m_1 - m_2}{m_3 - m_2} \times 100 \tag{8-5}$$

式中　X_1——水不溶性灰分的含量，g/100g；

　　　m_1——坩埚和水不溶性灰分的质量，g；

　　　m_2——坩埚的质量，g；

　　　m_3——坩埚和试样的质量，g；

　　　100——单位换算系数。

② 水溶性灰分的含量，按式（8-6）计算：

$$X_2 = \frac{m_4 - m_5}{m_0} \times 100 \tag{8-6}$$

式中　X_2——水溶性灰分的质量，g/100g；

　　　m_0——试样的质量，g；

　　　m_4——总灰分的质量，g；

　　　m_5——水不溶性灰分的质量，g；

　　　100——单位换算系数。

2. 以干物质计

① 水不溶性灰分的含量，按式（8-7）计算：

$$X_1 = \frac{m_1 - m_2}{(m_3 - m_2) \times w} \times 100 \tag{8-7}$$

式中　X_1——水溶性灰分的质量，g/100g；

　　　m_1——坩埚和水不溶性灰分的质量，g；

　　　m_2——坩埚的质量，g；

　　　m_3——坩埚和试样的质量，g；

　　　w——试样干物质含量（质量分数），%；

　　　100——单位换算系数。

② 水溶性灰分的含量，按式（8-8）计算：

$$X_2 = \frac{m_4 - m_5}{m_0 \times w} \times 100 \tag{8-8}$$

式中　X_2——水溶性灰分的含量，g/100g；

　　　m_0——试样的质量，g；

　　　m_4——总灰分的质量，g；

　　　m_5——水不溶性灰分坩埚的质量，g；

　　　w——试样干物质含量（质量分数），%；

　　　100——单位换算系数。

试样中灰分含量≥10g/100g 时，保留三位有效数字；试样中灰分含量＜10g/100g 时，保留两位有效数字。

【精密度】

在重复性条件下获得的两次独立测定结果的绝对差值不得超过算术平均值的 5％。

任务三 食品中酸不溶性灰分的测定（第三法）

【原理】

用盐酸溶液处理总灰分，过滤、灼烧、称量残留物。

【试剂及配制】

除非另有说明，本方法所用水为 GB/T 6682—2008 规定的三级水。

1. 试剂

浓盐酸。

2. 试剂配制

10％盐酸溶液：24mL 分析纯浓盐酸用蒸馏水稀释至 100mL。

【仪器和设备】

① 高温炉（马弗炉）：最高使用温度≥950℃。

② 分析天平：感量分别为 0.1mg、1mg、0.1g。

③ 石英坩埚或瓷坩埚。

④ 干燥器（内有干燥剂）。

⑤ 恒温水浴锅：控温精度±2℃。

⑥ 无灰滤纸。

⑦ 漏斗。

⑧ 表面皿：直径 6cm。

⑨ 烧杯（高型）：容量 100mL。

【分析步骤】

1. 坩埚预处理

同第一法。

2. 称样

同第一法。

3. 总灰分的制备

同第一法中"测定"步骤。

4. 测定

用约 25mL10％盐酸溶液分次将总灰分从坩埚中洗入 100mL 烧杯中，盖上表面皿，在沸水浴上小心加热，至溶液由浑浊变为透明时，继续加热 5min，趁热用无灰滤纸过滤，用沸蒸馏水少量反复洗涤烧杯和滤纸上的残留物，直至中性（约 150mL）。将滤纸连同残渣移入原坩埚内，在沸水浴上小心蒸去水分，移入高温炉内，以 550℃±25℃灼烧至无炭粒（一般需 1h）。待炉温降至 200℃时，取出坩埚，放入干燥器内，冷却至室温，称重（准确至 0.0001g）。再放入高温炉内，以 550℃±25℃灼烧 30min，如前冷却并称重。如此重复操作，直至连续两次称重之差不超过 0.5mg 为止，记下最低质量。

【分析结果的表述】

1. 以试样质量计

以试样质量计，酸不溶性灰分的含量，按式（8-9）计算：

$$X_1 = \frac{m_1 - m_2}{m_3 - m_2} \times 100 \tag{8-9}$$

式中　X_1——酸不溶性灰分的含量，g/100g；

　　　m_1——坩埚和酸不溶性灰分的质量，g；

　　　m_2——坩埚的质量，g；

　　　m_3——坩埚和试样的质量，g；

　　　100——单位换算系数。

2. 以干物质计

以干物质计，酸不溶性灰分的含量，按式（8-10）计算：

$$X_1 = \frac{m_1 - m_2}{(m_3 - m_2) \times w} \times 100 \tag{8-10}$$

式中　X_1——酸溶性灰分的质量，g/100g；

　　　m_1——坩埚和酸不溶性灰分的质量，g；

　　　m_2——坩埚的质量，g；

　　　m_3——坩埚和试样的质量，g；

　　　w——试样干物质含量（质量分数），％；

　　　100——单位换算系数。

试样中灰分含量≥10g/100g 时，保留三位有效数字；试样中灰分含量＜10g/100g 时，保留两位有效数字。

【精密度】

在重复性条件下获得的两次独立测定结果的绝对差值不得超过算术平均值的 5％。

复习思考题

1.简述总灰分测定的原理及操作要点。

2.试样在灰化前为什么要进行炭化？

3.简述加速灰化的方法。

4.灰分测定主要用到哪些仪器设备？

5.灰化炉的构造包括哪几部分？

模块四　滴定分析法

以物质的化学反应为基础的分析方法称为化学分析法。化学分析历史悠久，是分析化学的基础，所以又称为经典化学分析法。

化学分析法主要包括质量分析法和容量（滴定）分析法。

质量分析法是通过称量食品某种成分的质量，来确定食品的组成和含量的，例如模块三中水分、灰分、脂肪的测定适用的就是质量分析法。

滴定分析法是将一种已知其准确浓度的试剂溶液（称为标准溶被）滴加到被测物质的溶液中，直到化学反应完全时为止，然后根据所用试剂溶液的浓度和体积可以求得被测组分的含量，这种方法称为滴定分析法（或称容量分析法），包括酸碱滴定法、氧化还原滴定法、配位滴定法和沉淀滴定法。滴定方式包括直接滴定、返滴定、置换滴定、间接滴定。

本模块把这些滴定方式和方法应用于食品中某些成分的检测。如食品中酸度、蛋白质、酸价、过氧化值、氯化物、钙、还原糖等。

此外，所有食品分析与检验样品的预处理方法都是采用化学方法来完成的。化学分析是食品分析的基础，即使在仪器分析高度发展的今天，许多样品的预处理和检测都是采用化学方法，而仪器分析的原理大多数也是建立在化学分析的基础上的。因此，化学分析法仍然是食品理化检验中最基本的、最重要的分析方法。

工作实际案例

第九章 食品酸度和酸价（酸值）的分析测定

知识目标

1. 掌握酸度和酸价的概念；
2. 了解食品中酸度和酸价的测定意义；
3. 掌握酸碱滴定的原理；掌握酸碱滴定的实际应用；
4. 掌握酸度计的测定原理。

技能目标

1. 能正确解读 GB 12456—2021、GB 5009.239—2016、GB 5009.229—2016；
2. 能参照标准完成食品总酸度及有效酸度的测定；
3. 具备数据处理、结果报告编写能力；
4. 掌握酸度计、电位滴定仪、磁力搅拌器的操作技能；
5. 掌握标准缓冲溶液的种类及配制方法。

思政与职业素养目标

通过实训，强化作为检验人员培养工匠精神、严谨认真态度的重要性。

国家标准

1. GB 5009.239—2016 食品安全国家标准 食品酸度的测定
2. GB 5009.229—2016 食品安全国家标准 食品中酸价的测定
3. GB 12456—2021 食品安全国家标准 食品中总酸的测定

第一节 食品酸度的测定

必备知识

一、酸度的概念和表示方法

食品中酸的量用酸度表示。酸度又可分为总酸度（滴定酸度）、有效酸度（pH）。

1. 总酸度

总酸度是指食品中所有酸性成分的总量，包括已离解的酸浓度和未离解的酸浓度，其大小可用标准碱液滴定来测定，故总酸度又称"滴定酸度"。在 GB 5009.239—2016《食品安全国家标准 食品酸度的测定》中定义酸度，以 100g 样品所消耗的 0.1mol/L 氢氧化钠毫升数计。

2. 有效酸度

有效酸度是指被测溶液中 H^+ 的浓度，严格地说应该是溶液中 H^+ 的活度，所反映的是已离解那部分酸的浓度，常用酸度计（pH 计）进行测定，常用 pH 表示。

二、食品酸度测定的意义

食品中的酸性物质主要是溶于水的一些有机酸、无机酸。但主要是有机酸，而无机酸含量很少。通常食品中的有机酸以游离状态和结合状态存在于食品中，而无机酸以中性盐的形式存在于食品中。食品中的酸不仅作为酸味成分，而且在食品的加工、贮运及质量管理等方面起很重要的作用，所以测定食品中的酸度具有重要的意义。

1. 食品中存在的酸性物质影响食品的色、香、味及稳定性

果蔬中所含色素与其酸度密切相关，在一些变色反应中，酸是起很重要作用的成分。如叶绿素在酸性下会变成黄褐色的脱镁叶绿素；花色素在不同酸度下，颜色亦不相同。果实及其制品的口味取决于糖、酸的种类、含量及其比例，酸降低则甜味增加，各种水果及其制品是其适宜的糖酸比使之具有各自独特的风味。同时水果中适量的挥发酸也会带给其特定的香气，它能刺激食欲，促进消化，在维持人体酸碱平衡方面起重要的作用。另外，食品中有机酸含量高，则其 pH 低，而 pH 的高低，对食品的稳定性有一定的影响。例如降低食品的 pH，能减弱微生物的抗热性和抑制其生长，所以 pH 是控制果蔬罐头杀菌条件的主要依据。当食品的 pH<2.5 时，一般除霉菌外，会抑制大部分微生物的生长；若将醋酸的浓度控制在 6%时，可有效地抑制腐败菌的生长；在水果加工中，控制介质 pH 还可抑制水果褐变；有机酸能与 Fe、Sn 等金属反应，加快设备和容器的腐蚀作用，影响制品的风味和色泽；有机酸可以提高维生素 C 的稳定性，防止其氧化。

2. 测定酸度可判断食品的新鲜程度及质量的好坏

挥发酸的种类是判断某些制品腐败的标准，如某些发酵制品中有甲酸积累，则说明已发生细菌性腐败；挥发酸含量的高低是衡量水果发酵制品（酒）质量好坏的一项重要指标。当水果制品中醋酸含量超过 0.1%，就说明制品已腐败；牛乳及制品、番茄制品、啤酒等乳酸含量过高时，亦说明这些制品已因乳酸菌产生腐败。有效酸度也是判断食品质量的指标，如新鲜肉的 pH 为 5.7~6.2。如 pH>6.7，说明肉已变质。

3. 测定酸度可判断果蔬的成熟度

有机酸在果蔬中的相对含量，因其成熟度及生长条件不同而异。一般随成熟度的提高，有机酸含量下降，而糖含量增加，糖酸比大。如番茄在成熟过程中，总酸度从绿熟期的 0.94%下降到完熟期的 0.64%，同时糖的含量增加，糖酸比增大，具有良好的口感。另外，有机酸在果蔬中的种类与成熟度有一定关系。如葡萄在未成熟期以苹果酸为主，随着果实的成熟，苹果酸的含量减少，而酒石酸含量增加。故测定酸度可判断某些果蔬的成熟度，对于确定果蔬的收获及加工工艺条件很有意义。

4. 通过检测牛乳酸度确定牛乳的新鲜度

牛乳总酸度由外表酸度（固有酸度）和真实酸度（发酵酸度）两部分组成。外表酸度为新鲜牛乳本身所具有的酸度，又称固有酸度。主要来源于鲜牛乳中的酪蛋白、白蛋白、柠檬酸盐、磷酸盐等酸性物质。外表酸度约占牛乳的 0.15%~0.18%（以乳酸计）。真实酸度为牛乳在放置过程中，在乳酸菌作用下，乳糖发酵产生了乳酸而升高的那部分酸度，又称发酵酸度。习惯上把含酸量在 0.20%以下的牛乳列为新鲜牛乳，而 0.20%以上的牛乳列为不新鲜的牛乳。

外表酸度和真实酸度之和即为牛乳总酸度。但新鲜牛乳总酸度即为外表酸度。

三、食品中酸度的种类及分布

1. 食品中常见的有机酸

食品中常见的有机酸有柠檬酸、苹果酸、酒石酸、草酸、琥珀酸、乳酸及醋酸等。果蔬中主要含有柠檬酸、苹果酸、酒石酸，通常称为果酸。

食品中的酸有些是来自原料本身，如水果蔬菜及其制品中的有机酸；有些是加工过程中人为添加进去的，如清凉饮料中的柠檬酸；有些则是在生产、加工、贮存过程中产生的，如酸乳中的乳酸、食醋中的有机酸。

有机酸在食品中的分布是极不均衡的，水果中含有大量有机酸，其次是蔬菜，但有机酸的种

类和含量不均衡。动物性食品原料中可以检出的有机酸比较少。但是，大多数的新鲜肉及其制品中，均可以发现游离存在的乳酸。果蔬中有机酸的种类见表9-1。

表 9-1　果蔬中主要有机酸种类

果蔬	有机酸的种类	果蔬	有机酸的种类
苹果	苹果酸、少量柠檬酸	桃	苹果酸、柠檬酸、奎宁酸
梨	苹果酸、柠檬酸	葡萄	酒石酸、苹果酸
樱桃	苹果酸	杏	柠檬酸、苹果酸
梅	柠檬酸、苹果酸、草酸	温州蜜橘	柠檬酸、苹果酸
柠檬	柠檬酸、苹果酸	菠萝	柠檬酸、苹果酸、酒石酸
甜瓜	柠檬酸	番茄	柠檬酸、苹果酸
菠菜	草酸、柠檬酸、苹果酸	甘蓝	柠檬酸、苹果酸、草酸
笋	草酸、酒石酸、乳酸、柠檬酸	芦笋	柠檬酸、苹果酸
莴苣	苹果酸、柠檬酸、草酸	甘薯	草酸

注：此表引自朱克永主编，《食品检测技术》，科学出版社。

2. 食品中常见有机酸的含量

果蔬中有机酸的含量取决于品种、成熟度以及产地气候条件等因素，而其他食品中有机酸的含量主要取决于原料种类、产品配方等因素。一种食品中可同时含有一种或多种有机酸，计算其总酸度时，以主要代表酸的含量或质量分数表示。

部分果蔬中的苹果酸及柠檬酸含量见表9-2，部分水果中的总酸含量见表9-3。

表 9-2　部分果蔬中苹果酸和柠檬酸大致含量

水果名称	苹果酸/%	柠檬酸/%	蔬菜名称	苹果酸/%	柠檬酸/%
苹果	0.27～1.02	0.03	芦笋	0.10	0.11
杏	0.33	1.06	甜菜		0.11
香蕉	0.50	0.15	白菜	0.10	0.14
樱桃	1.45		胡萝卜	0.24	0.09
橙子	0.18	0.92	芹菜	0.17	0.01
梨	0.16	0.42	黄瓜	0.24	0.01
桃	0.69	0.05	菠菜	0.09	0.08
菠萝	0.12	0.77	番茄	0.05	0.47
红梅	0.49	1.59	茄子	0.17	
柚子	0.08	1.33	莴苣	0.17	0.02
葡萄	0.31	0.02	洋葱	0.17	0.22
柠檬	0.29	6.08	豌豆	0.08	0.11
李	0.92	0.03	土豆		0.15
梅	1.44		南瓜	0.32	0.04
草莓	0.16	1.08	白萝卜	0.23	

注：此表引自无锡轻工业大学、天津轻工业大学合编，《食品分析》，中国轻工业出版社。

表 9-3　部分水果的总酸含量

名称	总酸含量/%	名称	总酸含量/%
葡萄柚	4.80	李子	0.90
柠檬	3.46	樱桃	0.64
红醋栗	2.35	苹果	0.64
草莓	1.84	梨	0.26
橙	0.96	香蕉	0.26

注：此表引自赵宝玉主编，《最新食品安全质量鉴别与国家检验标准全书》，中国致公出版社。

四、食品中总酸检测的国家标准与检测方法

2017 年开始实施的 GB 5009.239—2016《食品安全国家标准　食品酸度的测定》整合并代替了 GB 5413.34、GB/T 22427.9、GB/T 5517 等中规定的乳和乳制品、淀粉及其衍生物、粮油检验中相关酸度的测定标准。

标准包括酚酞指示剂法、pH 计法、电位滴定仪法等三法。

酚酞指示剂法（第一法）适用于生乳及乳制品、淀粉及其衍生物、粮食及制品酸度的测定；pH 计法（第二法）适用乳粉酸度的测定；电位滴定仪法（第三法）适用于乳及其他乳制品中酸度的测定。

 实验技能

一、0.1mol/L 氢氧化钠标准滴定溶液的配制

1. 原理

氢氧化钠容易吸收空气中的二氧化碳而使配得的溶液中含有少量碳酸钠，经过标定的含碳酸盐的标准碱溶液用来测定酸含量时，若使用与标定时相同的指示剂，则对测定结果无影响；若标定与测定不是用相同的指示剂，则将产生一定的误差。因此，应配制不含碳酸盐的标准碱溶液进行滴定。

配制不含碳酸钠的标准氢氧化钠溶液的方法很多，最常见的是用氢氧化钠饱和水溶液（120∶100）配制。碳酸钠在饱和氢氧化钠溶液中不溶解，待碳酸钠沉淀后，量取上层澄清液，再稀释至所需浓度，即得到不含碳酸钠的氢氧化钠溶液。这也是国家标准中的方法。

饱和氢氧化钠溶液含量约为 52%（w/w），密度约 1.56。用来配制氢氧化钠溶液的水应加热煮沸，放冷，除去其中的二氧化碳。

标定碱溶液的基准物质很多，如草酸（$H_2C_2O_4 \cdot 2H_2O$）、苯甲酸（C_6H_5COOH）、氨基磺酸（NH_2SO_3H）、邻苯二甲酸氢钾（$HOOCC_6H_4COOK$）等，目前常用的是邻苯二甲酸氢钾，其滴定反应如下：

$$\text{邻苯二甲酸氢钾} + NaOH \longrightarrow \text{邻苯二甲酸钠钾} + H_2O$$

计量点时由于弱酸盐的水解，溶液呈微碱性，应采用酚酞为指示剂。

2. 试剂及配制

① 氢氧化钠（AR 或 CP）。

② 邻苯二甲酸氢钾（基准试剂，于 105～110℃ 干燥至恒重）。

③ 酚酞指示液：乙醇溶液（10g/L）。

3. 仪器和设备

① 移液管：25mL（或 50mL、100mL）。

② 锥形瓶。

③ 洗瓶。

④ 电炉。

⑤ 碱式滴定管：50mL。

⑥ 烧杯、洗耳球。

4. 分析步骤

（1）配制（粗配）

① 第一方法　称取 110g 氢氧化钠，溶于 100mL 无二氧化碳的水中，摇匀，注入聚乙烯容

器中，密闭放置至溶液清亮。按表 9-4 的规定。用塑料管量取上层清液，用无二氧化碳的水稀释至 1000mL，摇匀。

表 9-4　配制不同氢氧化钠标准滴定溶液取氢氧化钠溶液的体积

氢氧化钠标准滴定溶液的浓度 c/(mol/L)	氢氧化钠溶液的体积 V/mL
1	54
0.5	27
0.1	5.4

② 第二方法　用台秤称 5.5g 氢氧化钠，粗配成 1000mL 溶液，待标定。

（2）标定　按表 9-5 的规定称取在 105～110℃ 电烘箱中干燥至恒重的工作基准试剂邻苯二甲酸氢钾，加无二氧化碳的水溶解，加 2 滴酚酞指示液（10g/L），用配制好的氢氧化钠溶液滴定至溶液呈粉红色，并保持 30s。同时做空白试验。

表 9-5　标定同氢氧化钠标准滴定溶液用邻苯二甲酸氢钾的质量

氢氧化钠标准滴定溶液的浓度 c/(mol/L)	工作基准试剂 邻苯二甲酸氢钾的质量 m/g	无二氧化碳水的体积 V/mL
1	7.5	80
0.5	3.6	80
0.1	0.75	50

① 将装在称量瓶中的经 105～110℃ 干燥至恒重的邻苯二甲酸氢钾置于玻璃真空干燥器中备用。

② 准备 3 只 250mL 锥形瓶（不用干燥），利用差量法精确称取 0.75g 邻苯二甲酸氢钾置于 250mL 锥形瓶中，加无二氧化碳水 80mL，酚酞指示液 2 滴，用粗配的 0.1mol/L 的氢氧化钠溶液滴定至溶液呈淡粉红色保持 30s 不褪即为终点。记录所耗用的氢氧化钠溶液的体积，做三次平行测定。

氢氧化钠标准滴定溶液的浓度按式（9-1）计算：

$$c = \frac{m}{(V_1 - V_2) \times 0.2042} \tag{9-1}$$

式中　c——氢氧化钠标准滴定溶液的实际浓度，mol/L；

　　　m——基准邻苯二甲酸氢钾的质量，g；

　　　V_1——样品消耗氢氧化钠（或氢氧化钾）标准滴定溶液的体积，mL；

　　　V_2——空白试验消耗氢氧化钠（或氢氧化钾）标准滴定溶液的体积，mL；

0.2042 ——$KHC_8H_4O_4$ 的毫摩尔质量，g/mmol。

5. 实验技巧

① 不能根据 NaOH 的分子量而计算得出 NaOH 的质量进行配制。如果将 4g 的 NaOH 溶解到 1000mL 水里，其实际浓度不能达到 0.1mol/L。如果没有氢氧化钠储备液，可粗略计算相当于 NaOH 0.1mol/L 的质量，用新煮沸过的冷蒸馏水进行粗配。

② 实验中进行粗配溶液时，不必采用精密的吸量管、万分之一天平、容量瓶等设备，这是技能训练中不必要的步骤。

③ 基准邻苯二甲酸氢钾需要在 105℃ 干燥至恒量且需要准确称取。

④ 蒸馏水要求新煮沸并冷却。

⑤ 实验室中 NaOH 的储备液，使用时可以进行重新标定，确定其准确浓度。

⑥ 标定后及时贴上准确浓度的标签。

⑦ 临用前取氢氧化钠标准溶液 $[c(NaOH)=0.1mol/L]$，加新煮沸过的冷水稀释制成。必要时用盐酸标准滴定溶液 $[c(HCl)=0.02mol/L、c(HCl)=0.01mol/L]$ 标定浓度。

二、pH 计的使用

酸度计在日常生活中简称为 pH 计，主要由电极和电计两部分组成。pH 计在使用中一定要能够合理维护电极、按要求配制标准缓冲液和正确操作电计，这样做的话就可大大减小 pH 示值误差，从而提高化学实验、医学检验数据的可靠性。所以 pH 计作为一种精密仪器，它的使用方法非常的重要，以及日常的维护一定要精心准备。

1. pH 计使用的方法

（1）安装

① 电源的电压与频率必须符合仪器铭牌上所指明的数据，同时必须接地良好，否则在测量时可能指针不稳。

② 仪器配有玻璃电极和甘汞电极。将玻璃电极的胶木帽夹在电极夹的小夹子上。将甘汞电极的金属帽夹在电极夹的大夹子上。可利用电极夹上的支头螺丝调节两个电极的高度。

③ 玻璃电极在初次使用前，必须在蒸馏水中浸泡 24h 以上。平常不用时也应浸泡在蒸馏水中。

④ 甘汞电极在初次使用前，应浸泡在饱和氯化钾溶液内，不要与玻璃电极同时泡在蒸馏水中。不使用时也应浸泡在饱和氯化钾溶液中或用橡胶帽套住甘汞电极的下端毛细孔。

（2）校正

① 将开关拨到 pH 位置。

② 打开电源开头指示灯亮，预热 30min。

③ 取下放蒸馏水的小烧杯，并用滤纸轻轻吸去玻璃电极上的多余水珠。在小烧杯内放入选择好的、已知 pH 的标准缓冲溶液。将电极浸入。注意使玻璃电极端部小球和甘汞电极的毛细孔浸在溶液中。轻轻摇动小烧杯使电极所接触的溶液均匀。

④ 根据标准缓冲液的 pH，将量程开关拧到 0～7 或 7～14 处。

⑤ 调节控温旋钮，使旋钮指示的温度与室温相同。

⑥ 调节零点，使指针指在 pH7 处。

⑦ 轻轻按下或稍许转动读数开关使开关卡住。调节定位旋钮，使指针恰好指在标准缓冲液的 pH 数值处。放开读数开关，重复操作，直至数值稳定为止。

⑧ 校正后，切勿再旋动定位旋钮，否则需重新校正。取下标准液小烧杯，用蒸馏水冲洗电极。

（3）测量

① 将电极上多余的水珠吸干或用被测溶液冲洗两次，然后将电极浸入被测溶液中，并轻轻转动或摇动小烧杯，使溶液均匀接触电极。

② 被测溶液的温度应与标准缓冲溶液的温度相同。

③ 校正零位，按下读数开关，指针所指的数值即是待测液的 pH。若在量程 pH0～7 范围内测量时指针读数超过刻度，则应将量程开关置于 pH7～14 处再测量。

④ 测量完毕，放开读数开关后，指针必须指在 pH7 处，否则重新调整。

⑤ 关闭电源，冲洗电极，并按照前述方法浸泡。

2. pH 计的保养与简单维护

① 复合电极不用时，可充分浸泡在 3mol/L 氯化钾溶液中。切忌用洗涤液或其他吸水性试剂浸洗。

② 使用前，检查玻璃电极前端的球泡。正常情况下，电极应该透明而无裂纹；球泡内要充满溶液，不能有气泡存在。

三、磁力搅拌器的使用

磁力搅拌器是用于液体混合的实验室仪器，主要用于搅拌或同时加热搅拌低黏稠度的液体或固液混合物。其基本原理是利用磁场的同性相斥、异性相吸的原理，使用磁场推动放置在容器中带磁性的搅拌子进行圆周运转，从而达到搅拌液体的目的。

磁力搅拌器的作用是使反应物混合均匀，使温度均匀；加快反应速度，或者蒸发速度，缩短时间。

 任务实施

任务一 酚酞指示剂法（第一法）

【原理】

试样经过处理后，以酚酞作为指示剂，用 0.1000mol/L 氢氧化钠标准溶液滴定至中性，消耗氢氧化钠溶液的体积数，经计算确定试样的酸度。

【试剂及配制】

除非另有说明，本方法所用试剂均为分析纯，水为 GB/T 6682 规定的三级水。

1. 试剂

① 氢氧化钠（NaOH）。

② 七水硫酸钴（$CoSO_4 \cdot 7H_2O$）。

③ 酚酞。

④ 95%乙醇。

⑤ 乙醚。

⑥ 氮气：纯度为 98%。

⑦ 三氯甲烷（$CHCl_3$）。

2. 试剂配制

（1）氢氧化钠标准溶液（0.1000mol/L） 称取 0.75g 于 105～110℃电烘箱中干燥至恒重的工作基准试剂邻苯二甲酸氢钾，加 50mL 无二氧化碳的水溶解，加 2 滴酚酞指示液（10g/L），用配制好的氢氧化钠溶液滴定至溶液呈粉红色，并保持 30s。同时做空白试验。

注：把 CO_2 限制在洗涤瓶或者干燥管，避免滴管中 NaOH 因吸收 CO_2 而影响其浓度。可通过盛有 10%氢氧化钠溶液洗涤瓶连接的装有氢氧化钠溶液的滴定管，或者通过连接装有新鲜氢氧化钠或氧化钙的滴定管末尾而形成一个封闭的体系，避免此溶液吸收 CO_2。

（2）参比溶液硫酸钴 将 3g 七水硫酸钴溶解于水中，并定容至 100mL。

（3）酚酞指示液 称取 0.5g 酚酞溶于 75mL 体积分数为 95% 的乙醇中，并加入 20mL 水，然后滴加氢氧化钠溶液（0.1mol/L）至微粉色，再加入水定容至 100mL。

（4）中性乙醇-乙醚混合液 取等体积的乙醇、乙醚混合后加 3 滴酚酞指示液，以氢氧化钠溶液（0.1mol/L）滴至微红色。

（5）不含二氧化碳的蒸馏水 将水煮沸 15min，排出二氧化碳，冷却，密闭。

【仪器和设备】

① 分析天平：感量为 0.001g。

② 碱式滴定管：容量 10mL，最小刻度 0.05mL。

③ 碱式滴定管：容量 25mL，最小刻度 0.1mL。

④ 水浴锅。

⑤ 锥形瓶：100mL、150mL、250mL。

⑥ 具塞磨口锥形瓶：250mL。

⑦ 粉碎机：可使粉碎的样品95%以上通过 CQ16 筛［相当于孔径 0.425mm（40 目）］，粉碎样品时磨膛不应发热。

⑧ 振荡器：往返式，振荡频率为 100 次/min。

⑨ 中速定性滤纸。

⑩ 移液管：10mL、20mL。

⑪ 量筒：50mL、250mL。

⑫ 玻璃漏斗和漏斗架。

【分析步骤】（以三种试样为例）

1. 乳粉

（1）试样制备 将样品全部移入到约两倍于样品体积的洁净干燥容器中（带密封盖），立即盖紧容器，反复旋转振荡，使样品彻底混合。在此操作过程中，应尽量避免样品暴露在空气中。

（2）测定 称取 4g 样品（精确到 0.01g）于 250mL 锥形瓶中。用量筒量取 96mL 约 20℃ 的水，使样品复溶，搅拌，然后静置 20min。向一只装有 96mL 约 20℃ 的水的锥形瓶中加入 2.0mL 参比溶液，轻轻转动，使之混合，得到标准参比颜色。如果要测定多个相似的产品，则此参比溶液可用于整个测定过程，但时间不得超过 2h。

向另一只装有样品溶液的锥形瓶中加入 2.0mL 酚酞指示液，轻轻转动，使之混合。用 25mL 碱式滴定管向该锥形瓶中滴加氢氧化钠溶液，边滴加边转动烧瓶，直到颜色与参比溶液的颜色相似，且 5s 内不消退，整个滴定过程应在 45s 内完成。滴定过程中，向锥形瓶中吹氮气，防止溶液吸收空气中的二氧化碳。记录所用氢氧化钠溶液的毫升数（V_1），精确至 0.05mL，代入式（9-1）计算。

（3）空白滴定 用 96mL 水做空白实验，读取所消耗氢氧化钠标准溶液的毫升数（V_0）。空白所消耗的氢氧化钠的体积应不小于零，否则应重新制备和使用符合要求的蒸馏水。

（4）计算 乳粉试样中的酸度数值以 °T 表示，按式（9-2）计算：

$$X_1 = \frac{c_1 \times (V_1 - V_0) \times 12}{m_1 \times (1-w) \times 0.1} \tag{9-2}$$

式中 X_1——试样的酸度，°T（以 100g 干物质为 12% 的复原乳所消耗的 0.1mol/L 氢氧化钠毫升数计，mL/100g）；

c_1——氢氧化钠标准溶液的浓度，mol/L；

V_1——滴定时所消耗氢氧化钠标准溶液的体积，mL；

V_0——空白实验所消耗氢氧化钠标准溶液的体积，mL；

12——12g 乳粉相当 100mL 复原乳（脱脂乳粉应为 9，脱脂乳清粉应为 7）；

m_1——称取样品的质量，g；

w——试样中水分的质量分数，%；

$1-w$——试样中乳粉的质量分数，%；

0.1——酸度理论定义氢氧化钠的摩尔浓度，mol/L。

以重复性条件下获得的两次独立测定结果的算术平均值表示，结果保留三位有效数字。

注：若以乳酸含量表示样品的酸度，那么样品的乳酸含量（g/100g）= $T \times 0.009$。T 为样品的滴定酸度；0.009 为乳酸的换算系数，即 1mL 0.1mol/L 的氢氧化钠标准溶液相当于 0.009g 乳酸。

（5）精密度 在重复条件下获得的两次独立测定结果的绝对差值不得超过算术平均值的 10%。

2. 液态乳（巴氏杀菌乳、灭菌乳、生乳、发酵乳）

（1）制备参比溶液 向装有等体积相应溶液的锥形瓶中加入 2.0mL 参比溶液，轻轻转动，使之混合，得到标准参比颜色。如果要测定多个相似的产品，则此参比溶液可用于整个测定过程，但时间不得超过2h。

（2）试样滴定　称取10g（精确到0.001g）已混匀的试样，置于150mL锥形瓶中，加20mL新煮沸冷却至室温的水，混匀，加入2.0mL酚酞指示液，混匀后用氢氧化钠标准溶液滴定，边滴加边转动烧瓶，直到颜色与参比溶液的颜色相似，且5s内不消退，整个滴定过程应在45s内完成。滴定过程中，向锥形瓶中吹氮气，防止溶液吸收空气中的二氧化碳。记录消耗的氢氧化钠标准滴定溶液毫升数（V_2），代入式（9-3）中进行计算。

（3）计算　巴氏杀菌乳、灭菌乳、生乳、发酵乳、奶油和炼乳试样中的酸度数值以°T表示，按式（9-3）计算：

$$X_2 = \frac{c_2 \times (V_2 - V_0) \times 100}{m_2 \times 0.1} \tag{9-3}$$

式中　X_2——试样的酸度，°T（以100g样品所消耗的0.1mol/L氢氧化钠毫升数计，mL/100g）；

$\qquad c_2$——氢氧化钠标准溶液的摩尔浓度，mol/L；

$\qquad V_2$——滴定时所消耗氢氧化钠标准溶液的体积，mL；

$\qquad V_0$——空白实验所消耗氢氧化钠标准溶液的体积，mL；

$\qquad 100$——100g试样；

$\qquad m_2$——试样的质量，g；

$\qquad 0.1$——酸度理论定义氢氧化钠的摩尔浓度，mol/L。

以重复性条件下获得的两次独立测定结果的算术平均值表示，结果保留三位有效数字。

（4）精密度　在重复性条件下获得的两次独立测定结果的绝对差值不得超过算术平均值的10%。

3. 粮食及制品

（1）试样制备　取混合均匀的样品80～100g，用粉碎机粉碎，粉碎细度要求95%以上通过CQ16筛［孔径0.425mm（40目）］，粉碎后的全部筛分样品充分混合，装入磨口瓶中，制备好的样品应立即测定。

（2）测定　称取试样15g，置入250mL具塞磨口锥形瓶，加水150mL（V_{51}）（先加少量水与试样混成稀糊状，再全部加入），滴入三氯甲烷5滴，加塞后摇匀，在室温下放置提取2h，每隔15min摇动1次（或置于振荡器上振荡70min），浸提完毕后静置数分钟用中速定性滤纸过滤，用移液管吸取滤液10mL（V_{52}），注入100mL锥形瓶中，再加水20mL和酚酞指示剂3滴，混匀后用氢氧化钠标准溶液滴定，边滴加边转动烧瓶，直到颜色与参比溶液的颜色相似，且5s内不消退，整个滴定过程应在45s内完成。滴定过程中，向锥形瓶中吹氮气，防止溶液吸收空气中的二氧化碳。记下所消耗的氢氧化钠标准溶液毫升数（V_5）。

（3）空白滴定　用30mL水做空白试验，记下所消耗的氢氧化钠标准溶液毫升数（V_0）。

注：三氯甲烷有毒，操作时应在通风良好的通风橱内进行。

（4）分析结果的表述　粮食及制品试样中的酸度数值以°T表示，按式（9-4）计算：

$$X_5 = (V_5 - V_0) \times \frac{V_{51}}{V_{52}} \times \frac{c_5}{0.1000} \times \frac{10}{m_5} \tag{9-4}$$

式中　X_5——试样的酸度，°T（以10g样品所消耗的0.1mol/L氢氧化钠毫升数计，mL/10g）；

$\qquad V_5$——试样滤液消耗的氢氧化钾标准溶液体积，mL；

$\qquad V_0$——空白试验消耗的氢氧化钾标准溶液体积，mL；

$\qquad V_{51}$——浸提试样的水体积，mL；

$\qquad V_{52}$——用于滴定的试样滤液体积，mL；

$\qquad c_5$——氢氧化钾标准溶液的浓度，mol/L；

$\qquad 0.1000$——酸度理论定义氢氧化钠的摩尔浓度，mol/L；

$\qquad 10$——10g试样；

m_5——试样的质量，g。

以重复性条件下获得的两次独立测定结果的算术平均值表示，结果保留三位有效数字。

（5）精密度 在重复性条件下获得的两次独立测定结果的绝对差值不得超过算术平均值的 10%。

任务二　pH 计法（第二法）

【原理】

中和试样溶液至 pH 为 8.30 所消耗的 0.1000mol/L 氢氧化钠体积，经计算确定其酸度。本方法适用乳粉酸度的测定。

【试剂及配制】

除非另有说明，本方法所用试剂均为分析纯，水为 GB/T 6682 规定的三级水。

1. 试剂

① 氢氧化钠（NaOH）。

② 氮气：纯度为 98%。

2. 试剂配制

（1）氢氧化钠标准溶液（0.1000mol/L） 同第一法。

（2）不含二氧化碳的蒸馏水 将水煮沸 15min，排出二氧化碳，冷却，密闭。

【仪器和设备】

注：不同试样测定不是所有仪器和设备都可用。

① 分析天平：感量为 0.001g。

② 碱式滴定管：分刻度 0.1mL，可准确至 0.05mL。或者采用自动滴定管，满足同样的使用要求。

③ pH 计：带玻璃电极和适当的参比电极。

④ 磁力搅拌器。

⑤ 高速搅拌器，如均质器。

⑥ 恒温水浴锅。

【分析步骤】

1. 试样制备

将样品全部移入到约两倍于样品体积的洁净干燥容器中（带密封盖），立即盖紧容器，反复旋转振荡，使样品彻底混合。在此操作过程中，应尽量避免样品暴露在空气中。

2. 测定

称取 4g 样品（精确到 0.01g）于 250mL 锥形瓶中。用量筒量取 96mL 约 20℃ 的水，使样品复溶，搅拌，然后静置 20min。用滴定管向锥形瓶中滴加氢氧化钠标准溶液，直到 pH 稳定在 8.30±0.01 处 4～5s。滴定过程中，始终用磁力搅拌器进行搅拌，同时向锥形瓶中吹氮气，防止溶液吸收空气中的二氧化碳。整个滴定过程应在 1min 内完成。记录所用氢氧化钠溶液的毫升数（V_6），精确至 0.05mL，代入式中计算。

3. 空白滴定

用 100mL 蒸馏水做空白实验，读取所消耗氢氧化钠标准溶液的毫升数（V_0）。

注：空白所消耗的氢氧化钠的体积应不小于零，否则应重新制备和使用符合要求的蒸馏水。

【分析结果的表述】

乳粉试样中的酸度数值以 °T 表示，按式（9-5）计算：

$$X_6 = \frac{c_6 \times (V_6 - V_0) \times 12}{m_6 \times (1 - w) \times 0.1} \tag{9-5}$$

式中 X_6——试样的酸度，°T；

c_6——氢氧化钠标准溶液的浓度，mol/L；

V_6——滴定时所消耗氢氧化钠标准溶液的体积，mL；

V_0——空白实验所消耗氢氧化钠标准溶液的体积，mL；

12——12g乳粉相当100mL复原乳（脱脂乳粉应为9，脱脂乳清粉应为7）；

m_6——称取样品的质量，g；

w——试样中水分的质量分数，%；

$1-w$——试样中乳粉质量分数，%；

0.1——酸度理论定义氢氧化钠的摩尔浓度，mol/L。

以重复性条件下获得的两次独立测定结果的算术平均值表示，结果保留三位有效数字。

注：若以乳酸含量表示样品的酸度，那么样品的乳酸含量（g/100g）＝T×0.009。T为样品的滴定酸度；0.009为乳酸的换算系数，即1mL 0.1mol/L的氢氧化钠标准溶液相当于0.009g乳酸。

【精密度】

在重复性条件下获得的两次独立测定结果的绝对差值不得超过算术平均值的10%。

任务三 电位滴定仪法（第三法）

【原理】

中和100g试样至pH为8.30所消耗的0.1000mol/L氢氧化钠体积，经计算确定其酸度。本方法适用于乳及其他乳制品中酸度的测定。

【试剂及配制】

除非另有说明，本方法所用试剂均为分析纯，水为GB/T 6682规定的三级水。

1. 试剂

① 氢氧化钠（NaOH）。

② 氮气：纯度为98%。

③ 95%乙醇。

④ 乙醚。

2. 试剂配制

（1）氢氧化钠标准溶液（0.1000mol/L） 同第一法。

（2）不含二氧化碳的蒸馏水 将水煮沸15min，排出二氧化碳，冷却，密闭。

（3）中性乙醇-乙醚混合液 取等体积的乙醇、乙醚混合后加3滴酚酞指示液，以氢氧化钠溶液（0.1mol/L）滴至微红色。

【仪器和设备】

① 分析天平：感量为0.001g。

② 碱式滴定管：分刻度0.1mL，可准确至0.05mL。或者采用自动滴定管，满足同样的使用要求。

③ 电位滴定仪

④ 恒温水浴锅。

注：不同试样测定不是所有仪器和设备都可用。

【分析步骤】

1. 巴氏杀菌乳、灭菌乳、生乳、发酵乳

称取10g（精确到0.001g）已混匀的试样，置于150mL锥形瓶中，加20mL新煮沸冷却至室温的水，混匀，用氢氧化钠标准溶液电位滴定至pH8.3为终点。滴定过程中，向锥形瓶中吹

氮气，防止溶液吸收空气中的二氧化碳。记录消耗的氢氧化钠标准滴定溶液毫升数（V_7）代入式（9-6）中进行计算。

2. 奶油

称取 10g（精确到 0.001g）已混匀的试样，置于 250mL 锥形瓶中，加 30mL 中性乙醇-乙醚混合液，混匀，用氢氧化钠标准溶液电位滴定至 pH8.3 为终点。滴定过程中，向锥形瓶中吹氮气，防止溶液吸收空气中的二氧化碳。记录消耗的氢氧化钠标准滴定溶液毫升数（V_7），代入式（9-6）中进行计算。

3. 炼乳

称取 10g（精确到 0.001g）已混匀的试样，置于 250mL 锥形瓶中，加 60mL 新煮沸冷却至室温的水溶解，混匀，用氢氧化钠标准溶液电位滴定至 pH8.3 为终点。滴定过程中，向锥形瓶中吹氮气，防止溶液吸收空气中的二氧化碳。记录消耗的氢氧化钠标准滴定溶液毫升数（V_7），代入式（9-6）中进行计算。

4. 干酪素

称取 5g（精确到 0.001g）经研磨混匀的试样于锥形瓶中，加入 50mL 水，于室温下（18～20℃）放置 4～5h，或在水浴锅中加热到 45℃并在此温度下保持 30min，再加 50mL 水，混匀后，通过干燥的滤纸过滤。吸取滤液 50mL 于锥形瓶中，用氢氧化钠标准溶液电位滴定至 pH8.3 为终点。滴定过程中，向锥形瓶中吹氮气，防止溶液吸收空气中的二氧化碳。记录消耗的氢氧化钠标准滴定溶液毫升数（V_8），代入式（9-7）进行计算。

5. 空白滴定

用相应体积的蒸馏水做空白实验，读取耗用氢氧化钠标准溶液的毫升数（V_0）。用 30mL 中性乙醇-乙醚混合液做空白实验，读取耗用氢氧化钠标准溶液的毫升数（V_0）。

注：空白所消耗的氢氧化钠的体积应不小于零，否则应重新制备和使用符合要求的蒸馏水或中性乙醇-乙醚混合液。

【分析结果的表述】

巴氏杀菌乳、灭菌乳、生乳、发酵乳、奶油和炼乳试样中的酸度数值以°T 表示，按下式计算：

$$X_7 = \frac{c_7 \times (V_7 - V_0) \times 100}{m_7 \times 0.1} \tag{9-6}$$

式中　X_7——试样的酸度，°T；

　　　c_7——氢氧化钠标准溶液的浓度，mol/L；

　　　V_7——滴定时所消耗氢氧化钠标准溶液的体积，mL；

　　　V_0——空白实验所消耗氢氧化钠标准溶液的体积，mL；

　　　100——100g 试样；

　　　m_7——称取样品的质量，g；

　　　0.1——酸度理论定义氢氧化钠的摩尔浓度，mol/L。

以重复性条件下获得的两次独立测定结果的算术平均值表示，结果保留三位有效数字。

干酪素试样中的酸度数值以°T 表示，按下式计算：

$$X_8 = \frac{c_8 \times (V_8 - V_0) \times 100 \times 2}{m_8 \times 0.1} \tag{9-7}$$

式中　X_8——试样的酸度，°T；

　　　c_8——氢氧化钠标准溶液的浓度，mol/L；

　　　V_8——滴定时所消耗氢氧化钠标准溶液的体积，mL；

　　　V_0——空白实验所消耗氢氧化钠标准溶液的体积，mL；

　　　2——试样的稀释倍数；

100——100g试样；

m_8——称取样品的质量，g；

0.1——酸度理论定义氢氧化钠的摩尔浓度，mol/L。

以重复性条件下获得的两次独立测定结果的算术平均值表示，结果保留三位有效数字。

【精密度】

在重复性条件下获得的两次独立测定结果的绝对差值不得超过算术平均值的10％。

第二节　食品中酸价的测定

 必备知识

一、酸价的定义

酸价，又称酸值，是指中和1g油脂中游离脂肪酸所需的氢氧化钾（KOH）的毫克数。它是对化合物（例如脂肪酸）或混合物中游离羧酸基团数量的一个计量标准。酸价的单位：mg/g。新鲜的油脂常是中性的，不含游离脂肪酸。但油脂在存放过程中，本身含的解脂酶会分解油脂而产生游离脂肪酸，使油脂酸败，故测定油脂酸度（以酸价表示）可判断其新鲜程度。

油脂中的游离脂肪酸与氢氧化钾发生中和反应，从氢氧化钾标准溶液消耗量可计算出游离脂肪酸的量，反应式如下：RCOOH＋KOH───→RCOOK＋H_2O。用正常原料得到的新鲜纯洁油脂，酸价很低，不超过2～3，食用油脂的酸价不得高于5。

二、酸价测定的意义

GB 5009.229—2016《食品中酸价的测定》描述食用植物油、食用动物油、食用氢化油、起酥油、人造奶油、植脂奶油、植物油料、油炸小食品、膨化食品、烘炒食品、坚果食品、糕点、面包、饼干、油炸方便面、坚果与籽类的酱、动物性水产干制品、腌腊肉制品都需要检测酸价。

① 酸价是脂肪中游离脂肪酸含量的标志。脂肪在长期保藏过程中，由于微生物、酶和热的作用发生缓慢水解，产生游离脂肪酸。而脂肪的质量与其中游离脂肪酸的含量有关。一般常用酸价作为衡量标准之一。

② 酸价可作为酸败程度的指标。植物油在其保藏的条件下，酸价可作为酸败的指标。酸价越小，说明油脂质量越好，新鲜度和精炼程度越好。

③ 酸价的高低不仅是衡量毛油和精油品质的一项重要指标，而且也是计算酸价炼耗比这项主要技术经济指标的依据。而毛油酸价则是炼油车间在碱炼操作过程中计算加碱量、碱液浓度的依据。

④ 酸价过高，则会导致人体肠胃不适、腹泻并损害肝脏。

三、酸价的影响因素

油脂酸价的大小与制取油脂的原料、油脂制取与加工的工艺、油脂的贮运方法与贮运条件等有关。成熟油料种子较不成熟或正发芽生霉的种子制取油脂的酸价要小。甘油三酸酯在制油过程中受热或经过解脂酶的作用而分解产生游离脂肪酸，从而使油中酸价增加。油脂在贮藏期间，由于水分、温度、光线、脂肪酶等因素的作用，被分解为游离脂肪酸，其存于油中而使酸价增大，油贮藏稳定性降低。

四、食品中酸价检测的国家标准与检测方法

中国现行的产品标准中酸价含量要求见表9-6。

表 9-6　中国现行的产品标准中酸价要求　　　　　　　　　　　单位：mg/g

食品名称	酸价	食品名称	酸价	食品名称	酸价
花生油	≤1.0	葵花籽油	≤0.2	人造奶油	≤1
压榨成品花生油	≤1.0	葵花籽原油	≤4.00	油炸方便面	≤1.8
浸出成品花生油	≤0.2	大豆原油	≤4.0	饼干	≤5
火腿制品	≤4.0	大豆油	≤0.2	起酥油	≤0.8

2017 年开始实施的 GB 5009.229—2016《食品中酸价的测定》整合并代替了 GB/T 5009.37、GB/T 5009.44、GB/T 5009.77 等多个测定标准。

GB 5009.229—2016 标准包括冷溶剂指示剂滴定法（第一法）、冷溶剂自动电位滴定法（第二法）和热乙醇指示剂滴定法（第三法）等三法。

第一法适用于常温下能够被冷溶剂完全溶解成澄清溶液的食用油脂样品，适用范围包括食用植物油（辣椒油除外）、食用动物油等共计 7 类。

第二法适用于常温下能够被冷溶剂完全溶解成澄清溶液的食用油脂样品和含油食品中提取的油脂样品，适用范围包括食用植物油（包括辣椒油）、油炸小食品、膨化食品、动物性水产干制品、腌腊肉制品等共计 19 类。

第三法适用于常温下不能被冷溶剂完全溶解成澄清溶液的食用油脂样品，适用范围包括食用植物油、食用动物油、食用氢化油、植脂奶油等共计 6 类。

 任务实施

冷溶剂指示剂滴定法（第一法）

【原理】

用有机溶剂将油脂试样溶解成样品溶液，再用氢氧化钾或氢氧化钠标准滴定溶液中和滴定样品溶液中的游离脂肪酸，以指示剂相应的颜色变化来判定滴定终点，最后通过滴定终点消耗的标准滴定溶液的体积计算油脂试样的酸价。

【试剂及配制】

除非另有说明，本方法所用试剂均为分析纯，水为 GB/T 6682 规定的三级水。

1. 试剂

① 异丙醇（C_3H_8O）。

② 乙醚（$C_4H_{10}O$）。

③ 甲基叔丁基醚（$C_5H_{12}O$）。

④ 95％乙醇（C_2H_6O）。

⑤ 酚酞（$C_{20}H_{14}O_4$）。

⑥ 邻苯二甲酸氢钾。

⑦ 无水乙醚（$C_4H_{10}O$）。

⑧ 百里香酚酞（$C_{28}H_{30}O_4$）。

⑨ 碱性蓝 6B（$C_{37}H_{31}N_3O_4$）。

⑩ 石油醚。

2. 试剂配制

① 氢氧化钾或氢氧化钠标准滴定水溶液，浓度为 0.1mol/L 或 0.5mol/L，按照 GB/T 601 标准要求配制和标定，也可购买市售商品化试剂。

② 乙醚-异丙醇混合液（1＋1），500mL 的乙醚与 500mL 的异丙醇充分互溶混合，用时

现配。

③ 酚酞指示剂：称取 1g 的酚酞，加入 100mL 的 95％乙醇并搅拌至完全溶解。

④ 百里香酚酞指示剂：称取 2g 的百里香酚酞，加入 100mL 的 95％乙醇并搅拌至完全溶解。

⑤ 碱性蓝 6B 指示剂：称取 2g 的碱性蓝 6B，加入 100mL 的 95％乙醇并搅拌至完全溶解。

【仪器和设备】

① 10mL 微量滴定管：最小刻度为 0.05mL。

② 天平：感量 0.001g。

③ 锥形瓶。

④ 恒温水浴锅。

⑤ 恒温干燥箱。

⑥ 离心机：最高转速不低于 8000r/min。

⑦ 旋转蒸发仪。

⑧ 索氏脂肪提取装置。

⑨ 植物油料粉碎机或研磨机。

【分析步骤】

1. 试样制备

(1) 食用油脂试样的制备 若食用油脂样品常温下呈液态，且为澄清液体，则充分混匀后直接取样。若食用油脂样品常温下为固态或经乳化加工的食用油脂需要按照标准中附录要求进行制备。

(2) 植物油料试样的制备 先用粉碎机或研磨机把植物油料粉碎成均匀的细颗粒，脆性较高的植物油料（如大豆、葵花籽、棉籽、油菜籽等）应粉碎至粒径为 $0.8 \sim 3mm$ 甚至更小的细颗粒，而脆性较低的植物油料（如椰干、棕榈仁等）应粉碎至粒径不大于 6mm 的颗粒。其间若发热明显，应按照标准中附录进行粉碎。

取粉碎的植物油料细颗粒装入索氏脂肪提取装置中，再加入适量的提取溶剂（无水乙醚或石油醚），加热并回流提取 4h。最后收集并合并所有的提取液于一个烧瓶中，置于水浴温度不高于 45℃的旋转蒸发仪内，$0.08 \sim 0.1MPa$ 负压条件下，将其中的溶剂彻底旋转蒸干，取残留的液体油脂作为试样进行酸价测定。

2. 试样称量

根据制备试样的颜色和估计的酸价，按照表 9-7 规定称量试样。

表 9-7 试样称量表

估计的酸价/(mg/g)	试样的最小称样量/g	使用滴定液的浓度/(mol/L)	试样称重的精确度/g
0～1	20	0.1	0.05
1～4	10	0.1	0.02
4～15	2.5	0.1	0.01
15～75	0.5～3.0	0.1 或 0.5	0.001
＞75	0.2～1.0	0.5	0.001

试样称样量和滴定液浓度应使滴定液用量在 $0.2 \sim 10mL$（扣除空白后）。若检测后，发现样品的实际称样量与该样品酸价所对应的应有称样量不符，应按照表 9-7 要求，调整称样量后重新检测。

3. 试样测定

取一个干净的 250mL 的锥形瓶，按照表 9-7 的要求用天平称取制备的油脂试样，其质量 m

单位为克。加入乙醚-异丙醇混合液 50～100mL 和 3～4 滴的酚酞指示剂，充分振摇溶解试样。再用装有标准滴定溶液的刻度滴定管对试样溶液进行手工滴定，当试样溶液初现微红色，且 15s 内无明显褪色时，为滴定的终点。立刻停止滴定，记录下此滴定所消耗的标准滴定溶液的毫升数，此数值为 V。

对于深色泽的油脂样品，可用百里香酚酞指示剂或碱性蓝 6B 指示剂取代酚酞指示剂，滴定时，当颜色变为蓝色时为百里香酚酞的滴定终点，碱性蓝 6B 指示剂的滴定终点为由蓝色变红色。米糠油（稻米油）的冷溶剂指示剂法测定酸价只能用碱性蓝 6B 指示剂。

4. 空白试验

另取一个干净的 250mL 的锥形瓶，准确加入与试样测定时相同体积、相同种类的有机溶剂混合液和指示剂，振摇混匀。然后再用装有标准滴定溶液的刻度滴定管进行手工滴定，当溶液初现微红色，且 15s 内无明显褪色时，为滴定的终点。立刻停止滴定，记录下此滴定所消耗的标准滴定溶液的毫升数，此数值为 V_0。

【分析结果的表述】

酸价按照式（9-8）进行计算：

$$X_{AV} = \frac{(V-V_0) \times c \times 56.1(\text{或} 40)}{m} \tag{9-8}$$

式中　X_{AV}——酸价，mg/g；

　　　V——试样测定所消耗的标准滴定溶液的体积，mL；

　　　V_0——相应的空白测定所消耗的标准滴定溶液的体积，mL；

　　　c——标准滴定溶液的摩尔浓度，mol/L；

56.1（或 40）——氢氧化钾（或氢氧化钠）的摩尔质量，g/mol；

　　　m——油脂样品的称样量，g。

酸价≤1mg/g，计算结果保留 2 位小数；1mg/g＜酸价≤100mg/g，计算结果保留 1 位小数；酸价＞100mg/g，计算结果保留至整数位。

【精密度】

当酸价＜1mg/g 时，在重复条件下获得的两次独立测定结果的绝对差值不得超过算术平均值 15%；当酸价≥1mg/g 时，在重复条件下获得的两次独立测定结果的绝对差值不得超过算术平均值 12%。

复习思考题

1. 直接滴定法测定食品总酸度，为何要选酚酞作指示剂？
2. 对于颜色较深的试样，测定总酸度时，应如何克服终点不易观察的现象？
3. 标准缓冲溶液在常温（15～25℃）下能保存多长时间？
4. 酸度计的测定原理是什么？
5. 适用于滴定分析法的化学反应必须具备哪些条件？
6. 滴定分析法的特点是什么？
7. 滴定方式有几种？
8. 酸度测定有几种方法？牛乳、炼乳、粮食酸度测定用哪几种方法？

第十章　食品中蛋白质的测定

📖 **知识目标**

1. 了解蛋白质与人体健康的关系，理解蛋白质测定的意义；
2. 了解 GB 5009.5《食品安全国家标准 食品中蛋白质的测定》修订历程；
3. 掌握 GB 5009.5 食品中蛋白质的测定原理；
4. 掌握蛋白质系数的含义。

📖 **技能目标**

1. 能够正确解读 GB 5009.5《食品安全国家标准 食品中蛋白质的测定》；
2. 能够利用凯氏定氮法测定蛋白质含量；
3. 学会微量凯氏定氮装置的准确无损安装以及清洗、蒸馏吸收方法；
4. 学会使用消化炉进行多个试样的消化，利用通风橱排放有毒气体。

📖 **思政与职业素养目标**

通过对三鹿奶粉事件与凯氏定氮法的剖析，培养学生诚实守信，遵守职业道德，牢固树立法治观念。

📖 **国家标准**

GB 5009.5—2016 食品安全国家标准　食品中蛋白质的测定

📖 **必备知识**

一、食品中蛋白质的组成及含量

蛋白质是生命的物质基础，可以说没有蛋白质就没有生命。

蛋白质是复杂的含氮有机物。它主要由碳、氢、氧、氮四种元素组成，蛋白质组成的最大特点是含有氮元素，这是蛋白质与其他有机化合物的最大区别。有些蛋白质还含有微量的硫、磷、铁等元素。上述这些元素按一定结构组成氨基酸。氨基酸是蛋白质的基本组成单位。

构成蛋白质的氨基酸有 20 多种，氨基酸组成的数量和排列顺序不同使人体中蛋白质多达 10 万种以上。它们的结构、功能千差万别，形成了生命的多样性和复杂性。人及动物只能从食品中得到蛋白质及其分解产物，来构成自身的蛋白质，故蛋白质是人体重要的营养物质，也是食品中重要的营养指标。

食品种类很多，蛋白质在各类食品中的种类与含量分布是不均匀的。表 10-1 中列出了一些食品中的蛋白质含量。从中我们可以看出，一般动物性食品蛋白质含量高于植物性食品，而且动物组织里肌肉内脏含量较多于其他部分，植物蛋白主要分布在植物种子中，豆类食品含蛋白质最高。

表 10-1　部分食物中蛋白质含量　　　　　　　　单位：g/100g

食物名称	蛋白质含量	食物名称	蛋白质含量	食物名称	蛋白质含量
猪肉(肥瘦)	9.5	牛肉(肥瘦)	20.1	羊肉(肥瘦)	11.1

食物名称	蛋白质含量	食物名称	蛋白质含量	食物名称	蛋白质含量
马肉	19.6	黄鱼（小）	16.7	油菜（秋）	1.2
驴肉	18.6	带鱼	18.1	油菜（春）	2.6
兔肉	21.2	鲌鱼	21.4	菠菜	2.4
牛乳	3.3	鲤鱼	17.3	黄瓜	0.8
乳粉（全脂）	26.2	稻米	8.3	苹果	0.4
鸡肉	21.5	小麦粉（标准）	9.9	桃	0.8
鸭肉	16.5	小米	9.7	柑橘	0.9
鸡蛋	14.7	大豆	36.5	鸭梨	0.1
黄鱼（大）	17.6	大白菜	1.1	玉米	8.5

二、蛋白质测定的意义

蛋白质是食品的重要组成之一，也是重要的营养物质，可衡量一种食品的营养高低，蛋白质含量也是一项重要指标。蛋白质除了保证食品的营养价值外，在决定食品的色、香、味及结构等特征上也起着重要的作用。蛋白质在食品中的含量是相对固定的。测定食品中的蛋白质含量，对于评价食品的营养价值，合理利用食品资源，优化食品配方，评价食品质量均有重要意义。

三、蛋白质系数

蛋白质是复杂的含氮有机化合物，分子量很大，在蛋白质测定中，利用蛋白质含有氮元素而区别于其他有机化合物的特点，通过测定食品中的总含氮量来计算食品中的蛋白质含量。一般情况下，大多数食品中蛋白质含氮量为 16%，即 1 份氮素相当于 6.25 份（100/16 而得）蛋白质，此数值（6.25）称为蛋白质系数。不同的蛋白质其氨基酸构成比例及方式不同，故不同的蛋白质其含氮量也不同。因此，不同种类食品的蛋白质系数也会有差异，不能都采用 6.25 为蛋白质系数。经过分析测定，各种食品的含氮量相对固定，蛋白质系数也相对固定。表 10-2 就是 GB 5009.5—2016 给出的蛋白质系数。一般在写测定报告时要注明采用的换算系数以何物代替。

表 10-2　蛋白质折算系数

食品类别		折算系数	食品类别		折算系数
小麦	全小麦粉	5.83	大米及米粉		5.95
	麦糠麸皮	6.31	鸡蛋	鸡蛋（全）	6.25
	麦胚芽	5.80		蛋黄	6.12
	麦胚粉、黑麦、普通小麦、面粉	5.70		蛋白	6.32
燕麦、大麦、黑麦粉		5.83	肉与肉制品		6.25
小米、裸麦		5.83	动物明胶		5.55
玉米、黑小麦、饲料小麦、高粱		6.25	纯乳与纯乳制品		6.38
油料	芝麻、棉籽、葵花籽、蓖麻、红花籽	5.30	复合配方食品		6.25
	其他油料	6.25	酪蛋白		6.40
	菜籽	5.53	胶原蛋白		5.79
坚果、种子类	巴西果	5.46	豆类	大豆及其粗加工制品	5.71
	花生	5.46			
	杏仁	5.18		大豆蛋白制品	6.25
	核桃、榛子、椰果等	5.30	其他食品		6.25

四、食品中蛋白质检测的国家标准与检测方法

2017 年开始实施的 GB 5009.5—2016《食品安全国家标准 食品中蛋白质的测定》整合并代替了国家标准中粮油、食用菌、谷物和豆类、肉与肉制品、粮油检验中相关的蛋白质检测方法。

GB 5009.5—2016 包括三种方法，分别是凯氏定氮法、分光光度法和燃烧法。

测定蛋白质的方法可分为两大类：一类是利用蛋白质的共性，即含氮量、肽键和折射率等测定蛋白质含量；另一类是利用蛋白质中特定氨基酸残基、酸性或碱性基团以及芳香基团等测定蛋白质含量。但因食品种类繁多，食品中蛋白质含量各异，特别是其他成分，如碳水化合物、脂肪和维生素等干扰成分很多，因此蛋白质含量测定最常用的方法是凯氏定氮法。它是测定总有机氮的最准确和操作较简便的方法之一，在国内外普遍应用，也是蛋白质测定的国家标准分析方法。

凯氏定氮法是通过测出试样中的总氮量再乘以相应的蛋白质系数而求出蛋白质含量的，由于试样中含有少量非蛋白质含氮化合物，故此法的结果称为粗蛋白质含量。

在评价蛋白质的营养价值时，除了测定蛋白质的含量，还需要对各种氨基酸进行分离鉴定，尤其对 8 种人体必需氨基酸进行定量定性分析。蛋白质经水解或酶解可由大分子变成小的氨基酸成分，如水解后的产物经胨、肽等最后成为氨基酸，氨基酸是构成蛋白质最基本的物质。

 任务实施

凯氏定氮法（第一法）

凯氏定氮法是 Kieldahl 于 1833 年首先提出，经长期改进已演变成常量法、微量法、改良凯氏定氮法、自动定氮仪法等多种方法。因为测定试样中常含有核酸、生物碱、含氮类脂、卟啉以及含氮色素等含氮化合物，测定结果中的氮不能完全代表蛋白质中的氮，故测定结果为粗蛋白质含量。

【原理】

将试样、浓硫酸和催化剂一同加热消化，使蛋白质分解，其中碳和氢被氧化为二氧化碳和水逸出，而试样中的有机氮转化为氨，并与硫酸结合成硫酸铵。然后加碱蒸馏，使氨逸出，用硼酸溶液吸收后，再以标准盐酸溶液滴定。根据消耗的标准盐酸液的体积可计算蛋白质的含量。

根据试样测试步骤，包括以下几个方面。

(1) 消化 将试样与浓硫酸和催化剂一同加热消化，使蛋白质分解，其中碳和氢被氧化为二氧化碳和水逸出，而试样中的有机氮转化为氨，并与硫酸结合成硫酸铵，此过程称为消化。

在消化过程中，利用浓硫酸的脱水性，使有机物脱水并炭化为碳、氢、氮。反应式为：

$$NH_2CH_2COOH + 3H_2SO_4 \longrightarrow 2CO_2 + 3SO_2 + 4H_2O + NH_3$$

同时浓硫酸又具有氧化性，使炭化后的碳进一步氧化为二氧化碳，硫酸同时被还原成二氧化硫，反应式为：

$$2H_2SO_4 + C \longrightarrow CO_2 + 2SO_2 + 2H_2O$$

最后二氧化硫使氮还原为氨，本身则被氧化为三氧化硫，氨随之与硫酸作用生成硫酸铵留在酸性溶液中：

$$2NH_3 + H_2SO_4 \longrightarrow (NH_4)_2SO_4$$

(2) 蒸馏 在消化完的试样消化液中加入碱液（浓氢氧化钠）使之碱化，消化液中的氨被游离出来，通过加热蒸馏释放出氨气，反应方程式如下：

$$(NH_4)_2SO_4 + 2NaOH \longrightarrow 2H_2O + Na_2SO_4 + 2NH_3$$

(3) 吸收与滴定 蒸馏所释放出来的氨，用弱酸溶液（如硼酸）进行吸收，与氨形成强碱弱酸盐，待吸收完全后，再用盐酸标准溶液滴定。吸收及滴定反应方程式如下：

$$2NH_3 + 4H_3BO_3 \longrightarrow (NH_4)_2B_4O_7 + 5H_2O$$

$$(NH_4)_2B_4O_7 + 2HCl + 5H_2O \longrightarrow 2NH_4Cl + 4H_3BO_3$$

本测定中滴定指示剂是用按一定比例配成的甲基红-溴甲酚绿混合指示剂。甲基红在 pH4.2～6.3 变色，由红变为黄，终点为橙色，溴甲酚绿在 pH3.8～5.4 变色，由黄变蓝，终点为绿色。当两种指示剂按适当比例混合时，在 pH5 以上呈绿色，在 pH5 以下为橙红色，在 pH5 时因互补色关系呈紫灰色，因此滴定终点十分明显，易于掌握。

凯氏定氮法可适用于所有动物性、植物性食品的蛋白质含量测定。

【试剂及配制】

除非另有说明，本方法所用试剂均为分析纯，水为 GB/T 6682 规定的三级水。

1. 试剂

① 硫酸铜（$CuSO_4 \cdot 5H_2O$）。

② 硫酸钾（K_2SO_4）。

③ 硫酸（H_2SO_4）。

④ 硼酸（H_3BO_3）。

⑤ 甲基红指示剂（$C_{15}H_{15}N_3O_2$）。

⑥ 溴甲酚绿指示剂（$C_{21}H_{14}Br_4O_5S$）。

⑦ 亚甲基蓝指示剂（$C_{16}H_{18}ClN_3S \cdot 3H_2O$）。

⑧ 氢氧化钠（NaOH）。

⑨ 95%乙醇（C_2H_5OH）。

2. 试剂配制

注：试剂配制要根据试剂的用量确定体积，可根据下面试剂配制进行增减。

① 硼酸溶液（20g/L）：称取 20g 硼酸，加水溶解后并稀释至 1000mL。

② 氢氧化钠溶液（400g/L）：称取 40g 氢氧化钠加水溶解后，放冷，并稀释至 100mL。

③ 0.0500mol 硫酸标准滴定溶液或 0.0500mol/L 盐酸标准滴定溶液。

④ 甲基红-乙醇溶液（1g/L）：称取 0.1g 甲基红，溶于 95%乙醇，用 95%乙醇稀释至 100mL。

⑤ 亚甲基蓝-乙醇溶液（1g/L）：称取 0.1g 亚甲基蓝，溶于 95%乙醇，用 95%乙醇稀释至 100mL。

⑥ 溴甲酚绿-乙醇溶液（1g/L）：称取 0.1g 溴甲酚绿，溶于 95%乙醇，用 95%乙醇稀释至 100mL。

⑦ A 混合指示液：2 份甲基红乙醇溶液与 1 份亚甲基蓝乙醇溶液临用时混合。

⑧ B 混合指示液：1 份甲基红乙醇溶液与 5 份溴甲酚绿乙醇溶液临用时混合。

【仪器和设备】

① 天平：感量为 1mg。

② 定氮蒸馏装置：如图 10-1 所示，或自动凯氏定氮仪。

③ 消化炉（配套消化管）如图 10-2 所示，或定氮瓶。

【分析步骤】

1. 试样制备

① 称取充分混匀的固体试样 0.2～2g、半固体试样 2～5g 或液体试样 10～25g（约等于 30～40mg 氮），精确至 0.001g，移入干燥的消化管中。

② 在消化管中加入 0.4g 硫酸铜、6g 硫酸钾及 20mL 硫酸，轻摇后放在消化炉中进行消化，待内容物全部碳化，泡沫完全停止后，加强火力，并保持瓶内液体微沸，至液体呈蓝绿色并澄清透明后，再继续加热 0.5～1h。同时做试剂空白试验。

③ 取下消化管放冷，小心加入 20mL 水，放冷后，移入 100mL 容量瓶中，并用少量水洗消化管，洗液并入容量瓶中，再加水至刻度，混匀备用。

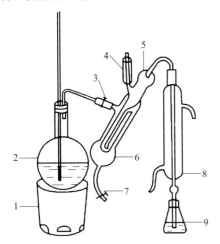

图 10-1　定氮蒸馏装置

1—电炉；2—水蒸气发生器（2L 烧瓶）；3—螺旋夹；
4—小玻杯及棒状玻塞；5—反应室；6—反应室外层；
7—橡胶管及螺旋夹；8—冷凝管；9—蒸馏液接收瓶

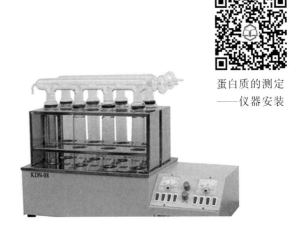

蛋白质的测定
——仪器安装

图 10-2　消化炉（配套消化管）

2. 安装定氮蒸馏装置

按图 10-1 装好定氮蒸馏装置，向水蒸气发生器（烧瓶）内装水至 2/3 处，加入数粒玻璃珠，加甲基红乙醇溶液数滴及数毫升硫酸，以保持水呈酸性，加热煮沸水蒸气发生器内的水并保持沸腾。

注：仪器安装前，各部件需经一般方法洗涤干净，所用橡皮管、塞须浸在 10％ NaOH 溶液中煮约 10min，水洗、水煮 10min，再水洗数次。

3. 仪器管道洗涤

仪器使用前，全部管道都须经水蒸气洗涤，以除去管道内可能残留的氨。正在使用的仪器，每次测样前，水蒸气洗涤 5min 即可。较长时间未使用的仪器，重复水蒸气洗涤不得少于 3 次，并检查仪器是否正常。仔细检查各个连接处，保证不漏气。洗涤方法如下。

① 沿漏斗加入蒸馏水约 10mL 进入反应室，盖紧小漏斗玻璃管。

② 立即用螺旋夹夹紧废液排出口橡皮管，即关闭废液排放管上的开关，使水蒸气进入反应室，反应室内的水由于受热迅速沸腾，水蒸气进入冷凝管冷却，在冷凝管下端放置一个烧杯接收冷凝水。冷凝水连续蒸煮 5min，停止加热。冲洗完毕，夹紧蒸气发生器与收集器之间的连接橡胶管，由于气体冷却压力降低，反应室内废液自动抽到汽水反应室中，此时方可打开废液排出口夹子放出废液。按上述方法清洗 2～3 次，仪器即可供测试样使用。

4. 试样消化液的蒸馏和吸收

（1）试样接收瓶的准备　取洁净的试样接收瓶，向接收瓶内加入 10.0mL 硼酸溶液及 1～2 滴 A 混合指示剂或 B 混合指示剂，并使冷凝管的下端插入液面下。

（2）吸收　根据试样中氮含量，准确吸取 2.0～10.0mL 试样处理液由小玻杯注入反应室；

以 10mL 水洗涤小玻杯并使之流入反应室内，随后塞紧棒状玻塞；

将 10.0mL 氢氧化钠溶液倒入小玻杯，提起玻塞使其缓缓流入反应室，立即将玻塞盖紧，并水封；

夹紧螺旋夹，开始蒸馏。蒸馏 10min 后移动蒸馏液接收瓶，液面离开冷凝管下端，再蒸馏 1min。然后用少量水冲洗冷凝管下端外部，取下蒸馏液接收瓶。

尽快以硫酸或盐酸标准滴定溶液滴定至终点，如用 A 混合指示液，终点颜色为灰蓝色；如用 B 混合指示液，终点颜色为浅灰红色。同时做试剂空白。

自动凯氏定氮仪法：称取充分混匀的固体试样 0.2～2g、半固体试样 2～5g 或液体试样 10～25g（约当于 30～40mg 氮），精确至 0.001g，加至消化管中，再加入 0.4g 硫酸铜、6g 硫酸钾及 20mL 硫酸于消化炉进行消化。当消化炉温度达到 420℃ 之后，继续消化 1h，此时消化管中的液体呈绿色透明状，取出冷却后加入 50mL 水，于自动凯氏定氮仪（使用前加入氢氧化钠溶液，盐酸或硫酸标准溶液以及含有混合指示剂 A 或 B 的硼酸溶液）上实现自动加液、蒸馏、滴定和记录滴定数据的过程。

【分析结果表述】

试样中的蛋白质含量按式（10-1）进行计算：

$$X = \frac{(V_1 - V_2) \times c \times 0.014}{m \times V_3 / 100} \times F \times 100 \tag{10-1}$$

式中　　X——样品中蛋白质的含量，g/100g；

$\quad\quad V_1$——样品消耗硫酸或盐酸标准液的体积，mL；

$\quad\quad V_2$——试剂空白消耗硫酸或盐酸标准溶液的体积，mL；

$\quad\quad c$——硫酸或盐酸标准溶液的摩尔浓度，mol/L；

　0.014——1.0mL 硫酸或盐酸标准滴定溶液相当的氮的质量，g；

$\quad\quad m$——试样的质量，g；

$\quad\quad V_3$——吸取消化液的体积，mL；

$\quad\quad F$——蛋白质换算系数；

　100——换算系数。

蛋白质含量≥1g/100g 时，结果保留三位有效数字；蛋白质含量＜1g/100g 时，结果保留两位有效数字。

注：当只检测氮含量时，不需要乘蛋白质换算系数 F。

【精密度】

在重复性条件下获得的两次独立测定结果的绝对差值不得超过算术平均值的 10%。

【说明与注意事项】

① 确保所用试剂溶液用无氨蒸馏水配制。

② 在消化过程中硫酸钾和硫酸铜的作用。

a. 硫酸钾：在消化过程中添加硫酸钾可以提高温度，加快有机物分解，它与硫酸反应生成硫酸氢钾，可提高反应温度，一般纯硫酸加热沸点为 330℃，而添加硫酸钾后，温度可达 400℃，加速了整个反应过程。另一方面随着消化过程的进行，硫酸不断地被分解，水分逸出而使硫酸钾的浓度增大，沸点增加，加速了有机物的分解。因此应该注意硫酸钾加入量不能太大，否则温度太高，生成的硫酸氢铵也会分解，放出氨而造成损失。

实验中除使用硫酸钾外，也可以用硫酸钠、氯化钾等盐类来提高沸点，但使用效果不如硫酸钾。

b. 硫酸铜：硫酸铜起催化剂的作用。凯氏定氮法中除使用硫酸铜外，还可以用氧化汞、汞、硒粉等作为催化剂，但考虑到效果、实验成本及环境污染等多种因素，实验中应用最广泛的是硫酸铜，使用时常加入少量过氧化氢、次氯酸钾等作为氧化剂以加速有机物的氧化分解。

实验过程中待有机物全部被消化完后，不再有硫酸亚铜生成时，溶液就呈现清澈的二价铜的蓝绿色。故硫酸铜除起催化剂的作用外，还可指示消化终点的到达，以及在消化液蒸馏时作为碱性反应的指示剂。

③ 试样中含脂肪或糖较多时，消化过程中易产生大量泡沫，为防止泡沫溢出瓶外，在开始消化时应用小火加热，并不断摇动；或者加入少量辛醇或液体石蜡或硅油消泡剂，并同时注意控制热源强度。

④ 当试样消化液不易澄清透明时，可将凯氏烧瓶冷却，加入30%过氧化氢2～3mL后再继续加热消化。

⑤ 若取样量较大，如干试样超过5g，可按每克试样5mL的比例增加硫酸用量，试样中脂肪含量过高时，要增加硫酸用量。

⑥ 一般消化至消化液呈透明后，继续消化30min即可。但对于含有特别难以氨化的氮化合物的试样，如含有赖氨酸、组氨酸、色氨酸、酪氨酸或脯氨酸等的试样，需适当延长消化时间。有机物如分解完全，消化液呈蓝色或浅绿色，但含铁量多时，消化液呈较深绿色。

⑦ 在蒸馏过程的装置不能漏气，否则造成氨的泄漏，进而造成误差。

⑧ 蒸馏前若加碱量不足，消化液呈蓝色不生成氢氧化铜沉淀，此时需再增加氢氧化钠用量。蒸馏时加50%氢氧化钠，如果NaOH量加的不够会产生H_2S，使指示剂颜色变红。

⑨ 硼酸吸收液的温度不应超过40℃，否则对氨的吸收作用减弱而造成损失，此时可置于冷水浴中使用。

⑩ 注意不能断电，否则容易倒吸，造成检验失败。

【拓展知识】

蛋白质测定的其他国家标准方法简介

1. 分光光度法（第二法）

食品中的蛋白质在催化加热条件下被分解，分解产生的氨与硫酸结合生成硫酸铵，在pH 4.8的乙酸钠-乙酸缓冲溶液中与乙酰丙酮和甲醛反应生成黄色的3,5-二乙酰-2,6-二甲基-1,4-二氢化吡啶化合物。在波长400nm下测定吸光度值，与标准系列比较定量，结果乘以换算系数，即为蛋白质含量。

2. 燃烧法（第三法）

试样在900～1200℃高温下燃烧，燃烧过程中产生混合气体，其中的碳、硫等干扰气体和盐类被吸收管吸收，氮氧化物被全部还原成氮气，形成的氮气气流通过热导检测器（TCD）进行检测。

仪器和设备是氮/蛋白质分析仪。

按照仪器说明书要求称取0.1～1.0g充分混匀的试样（精确至0.0001g），用锡箔包裹后置于样品盘上。试样进入燃烧反应炉（900～1200℃）后，在高纯氧（≥99.99%）中充分燃烧。燃烧炉中的产物（NO_x）被载气二氧化碳或氦气运送至还原炉（800℃）中，经还原生成氮气后检测其含量。

📖 **复习思考题**

1. 为什么说用凯氏定氮法测定出食品中的蛋白质含量为粗蛋白含量？

2. 在消化过程中加入的硫酸铜、硫酸钾试剂有哪些作用？

3. 试述蛋白质测定中，试样消化过程所必须注意的事项，消化过程中试样颜色发生什么变化？为什么？

4. 试样经消化进行蒸馏之前为什么要加入氢氧化钠，这时溶液的颜色会发生什么变化？

5. 蛋白质蒸馏装置的水蒸气发生器中的水为何要用硫酸调成酸性？

6. 什么是蛋白质系数？

第十一章　糖类的分析测定

1.了解碳水化合物与人体健康的关系，理解碳水化合物测定的意义；

2.了解 GB 5009.7《食品安全国家标准 食品中还原糖的测定》修订历程；

3.掌握 GB 5009.7 食品中还原糖的测定原理。

📖 技能目标

1.能够正确解读 GB 5009.7《食品安全国家标准 食品中还原糖的测定》；

2.能够根据样品特点、任务要求选择合适的测定方法；

3.能够依据标准进行还原糖的测定。

📖 思政与职业素养目标

牢固树立法治意识、标准意识，增强职业责任感和自豪感。

📖 国家标准

1.GB 5009.7—2016 食品安全国家标准　食品中还原糖的测定

2.GB 5009.8—2016 食品安全国家标准　食品中果糖、葡萄糖、蔗糖、麦芽糖、乳糖的测定

3.GB 5009.9—2016 食品安全国家标准　食品中淀粉的测定

📖 必备知识

一、自然界中糖类的种类及分布

糖类是由碳、氢、氧三种元素组成的一大类化合物。它提供人体生命活动所需热能的 $55\%\sim65\%$，同时也是构成机体的一种重要物质，并参与细胞的许多生命过程。

糖类是食品工业的主要原料和辅助材料，是大多数食品的主要成分之一。在不同食品中，糖类的存在形式和含量各不相同。从化学结构看，糖类是多羟基醛和多羟基酮的环状半缩醛及其缩合产物。

单糖是糖的最基本组成单位，是指用水解方法不能将其分解的碳水化合物。食品中的单糖主要有葡萄糖、果糖和半乳糖，都是含有 6 个碳原子的多羟基醛或多羟基酮，分别称为己醛糖（葡萄糖、半乳糖）和己酮糖（果糖），此外还有核糖、阿拉伯糖、木糖等戊醛糖。

双糖是由 2 个分子的单糖缩合而成的糖，主要有蔗糖、乳糖和麦芽糖。蔗糖由 1 分子葡萄糖和 1 分子果糖缩合而成，普遍存在于具有光合作用的植物中，是食品工业中最重要的甜味物质。乳糖由 1 分子葡萄糖和 1 分子半乳糖缩合而成，存在于哺乳动物的乳汁中。麦芽糖由 2 分子葡萄糖缩合而成，游离的麦芽糖在自然界中并不存在，通常由淀粉水解产生。常见的糖醇有山梨醇、甘露醇、木糖醇等。

寡糖是由 3～9 个聚合度的单糖组成的。主要有异麦芽糖、低聚寡糖、棉子糖、水苏糖和低聚果糖等寡糖。

多糖是由 10 个以上聚合度的单糖缩合而成的高分子化合物，分为淀粉和非淀粉多糖两大类。

淀粉广泛存在于谷类、豆类及薯类中，包括直链淀粉、支链淀粉和变性淀粉等。非淀粉多糖包括纤维素、半纤维素、果胶、亲水胶物质（如黄原胶、阿拉伯胶等）和活性多糖（如香菇多糖、枸杞多糖等）。纤维素集中分布于谷类的谷糠和果蔬的表皮中；果胶存在于各类植物的果实中。而活性多糖是一大类具有降血脂、抗氧化、提高机体免疫功能的活性物质。

二、糖类测定的意义

果糖、葡萄糖、蔗糖、麦芽糖、乳糖在不同食品中都有添加。而国家标准中对于谷物、乳制品、果蔬制品、蜂蜜、糖浆、饮料等食品中糖类的含量都有一定要求。在食品工业中，分析检测食品中糖类的含量，具有十分重要的意义。

① 在食品加工工艺中，糖类对改变食品的形态、组织结构、物化性质以及色、香、味等感官指标起着十分重要的作用。如食品加工中常需要控制一定量的糖酸比；糖果中糖的组成及比例直接关系到其风味和质量；糖的焦糖化作用及羰氨反应既可使食品获得诱人的色泽与风味，又能引起食品的褐变，必须根据工艺需要加以控制。

② 食品中糖类含量也标志着它的营养价值的高低，是某些食品的主要质量指标。因此，糖类的测定是食品分析的主要项目之一。例如国家标准中规定发酵乳、炼乳含蔗糖的量低于45.0g/100g，蜜饯总糖含量低于85.0g/100g，肉松总糖含量低于35.0g/100g。

③ 某些食品为了风味和口感的要求，需要添加淀粉。但是淀粉含量过高又会影响质量。因此产品标准对淀粉含量做出相应规定。

三、食品中糖类检测的国家标准与检测方法

糖类的测定方法主要有化学法、比色法、酶法和 HPLC 法等。在分析检测过程中，常根据糖的含量、组成及分析检测的目的选用不同的检测方法。目前国家颁布的国家标准中涉及糖的检验方法有以下标准。

① GB 5009.7—2016《食品安全国家标准　食品中还原糖的测定》。

② GB 5009.8—2016《食品安全国家标准　食品中果糖、葡萄糖、蔗糖、麦芽糖、乳糖的测定》。

③ GB 5009.9—2016《食品安全国家标准　食品中淀粉的测定》。

还原糖是指具有还原性的糖类。在糖类中，葡萄糖、果糖、乳糖和麦芽糖都是还原糖。其他双糖（如蔗糖）、三糖乃至多糖（如糊精、淀粉等），其本身不具还原性，属于非还原性糖，但都可以通过水解而生成相应的还原性单糖，测定水解液的还原糖含量就可以求得试样中相应糖类的含量。因此，还原糖的测定是一般糖类定量的基础。

🏛 **任务实施**

蔗糖是由一分子葡萄糖和一分子果糖缩合而成的，易溶于水，微溶于乙醇，不溶于乙醚。没有还原性，但在一定条件下，蔗糖可水解为具有还原性的葡萄糖和果糖。因此，可以用测定还原糖的方法测定食品中蔗糖的含量。

淀粉是由多个葡萄糖分子缩合而成的，分为直链淀粉和支链淀粉两种。直链淀粉是由葡萄糖残基以 α-1,4 糖苷键结合而成的，分子呈直链状，不溶于冷水，能溶于热水，与碘能生成稳定的深蓝色络合物。支链淀粉是由葡萄糖残基以 α-1,4 糖苷键结合构成直链主干，支链则通过第六个碳原子以 β-1,6 糖苷键与主链相连，形成枝状结构。支链淀粉在常压下不溶于水，只有在加热加压条件下才溶于水，与碘不能生成稳定的络合物，故只呈现浅的蓝紫色。两种淀粉均不溶于30％以上的乙醇溶液，均可在酸或酶的作用下生成葡萄糖。淀粉含量常作为某些食品的主要质量指标，是食品生产管理过程中常分析的检测项目之一。

GB 5009.9—2016《食品安全国家标准　食品中淀粉的测定》中主要有三种方法。第一法

（酶水解法）和第二法（酸水解法）适用于食品（肉制品除外）中淀粉的测定；第三法（肉制品中淀粉含量测定）适用于肉制品中淀粉的测定，但不适用于同时含有经水解也能产生还原糖的其他添加物的淀粉的测定。

酸水解法适用于淀粉含量高，半纤维素等其他多糖含量较少的试样。其优点是操作简单，应用范围广；缺点是选择性和准确性没有酶水解法高。酶水解法选择性强，不受试样中半纤维素、果胶质等多糖的干扰，适用于各种食品中淀粉含量的测定，分析结果准确，缺点是测定时间太长。

中国现行的产品标准中部分食物中淀粉含量见表 11-1。

表 11-1　中国现行的产品标准中部分食物中淀粉含量

食品种类	淀粉含量/(g/100g)
火腿肉罐头	≤3.5
午餐肉罐头	≤6
火腿午餐肉罐头	≤6
肉松	≤2
火腿制品	≤2

任务一　还原糖的测定——直接滴定法（第一法）

【原理】

在加热条件下，以亚甲蓝作为指示剂，用除去蛋白质后的试样溶液进行滴定，试样溶液中的还原糖与酒石酸铜反应，生成红色的氧化亚铜沉淀，待二价铜全部被还原后，稍过量的还原糖立即把亚甲蓝还原，溶液由蓝色变为无色，即为滴定终点。根据试样溶液消耗量，计算出还原糖含量。

本方法是国家标准分析方法，试剂用量少，操作和计算都比较简便、快速，滴定终点明显，适用于食品中还原糖含量的测定。但在分析测定酱油、深色果汁等试样时，因色素干扰，滴定终点常常模糊不清，影响准确性。

【试剂及配制】

除非另有说明，本方法所用试剂均为分析纯，水为 GB/T 6682 规定的三级水。

1. 试剂

① 盐酸（HCl）。

② 硫酸铜（$CuSO_4 \cdot 5H_2O$）。

③ 亚甲蓝（$C_{16}H_{18}ClN_3S \cdot 3H_2O$）。

④ 酒石酸钾钠（$KNaC_4H_4O_6 \cdot 4H_2O$）。

⑤ 氢氧化钠（NaOH）。

⑥ 乙酸锌 $[Zn(CH_3COO)_2 \cdot 2H_2O]$。

⑦ 冰乙酸（$C_2H_4O_2$）。

⑧ 亚铁氰化钾 $[K_4Fe(CN)_6 \cdot 3H_2O]$。

2. 试剂配制

(1) 盐酸溶液（1+1，体积比）　量取盐酸 50mL，加水 50mL 混匀。

(2) 碱性酒石酸铜甲液　称取 15g 硫酸铜及 0.05g 亚甲蓝，溶于水中并稀释到 1000mL。

(3) 碱性酒石酸铜乙液　称取 50g 酒石酸钾钠、75g 氢氧化钠，溶于水中，再加入 4g 亚铁氰化钾，完全溶解后，用水定容至 1000mL，贮存于橡皮塞玻璃瓶中。

(4) 乙酸锌溶液　称取 21.9g 乙酸锌，加 3mL 冰乙酸，加水溶解并定容到 100mL。

(5) 亚铁氰化钾溶液（106g/L）　称取 10.6g 亚铁氰化钾，溶于水中，定容至 100mL。

(6) 氢氧化钠溶液（40g/L）　称取氢氧化钠 4g，加水溶解后，放冷，并定容至 100mL。

3. 标准品

① 葡萄糖（$C_6H_{12}O_6$），CAS：50-99-7，纯度≥99%。

② 果糖（$C_6H_{12}O_6$），CAS：57-48-7，纯度≥99%。

③ 乳糖（含水）（$C_6H_{12}O_6 \cdot H_2O$），CAS：5989-81-1，纯度≥99%。

④ 蔗糖（$C_{12}H_{22}O_{11}$），CAS：57-50-1，纯度≥99%。

注：CAS 介绍，美国化学会的下设组织化学文摘社（Chemical Abstracts Service，简称 CAS）。该社负责为每一种出现在文献中的物质分配一个 CAS 编号，这是为了避免化学物质有多种名称的麻烦，使数据库的检索更为方便。

其缩写 CAS 在生物化学上便成为物质唯一识别码的代称，相当于每一种化学物质都拥有了自己的"学号"。如今的化学数据库普遍都可以用 CAS 编号检索。

CAS 编号（CAS Registry Number 或称 CASNumber，CASRn，CAS♯），又称 CAS 登录号或 CAS 登记号码，是某种物质［化合物、高分子材料、生物序列、混合物或合金］的唯一的数字识别号码。

一个 CAS 编号以连字符"-"分为三部分，第一部分有 2 到 6 位数字，第二部分有 2 位数字，第三部分有 1 位数字作为校验码。CAS 编号以升序排列且没有任何内在含义。校验码的计算方法如下：CAS 顺序号（第一、二部分数字）的最后一位乘以 1，最后第二位乘以 2，依此类推，然后再把所有的乘积相加，再把和除以 10，其余数就是第三部分的校验码。举例来说，葡萄糖（$C_6H_{12}O_6$）CAS：50-99。CAS 编号前两部分是 50-99，则其校验码=（9×1+9×2+0×3+5×4）mod10＝47mod10＝7（mod 为求余运算符），所以葡萄糖（$C_6H_{12}O_6$）的 CAS 为 CAS：50-99-7。

4. 标准溶液配制

注：根据检测试样不同，选取其中一种标准溶液。

（1）葡萄糖标准溶液（1.0mg/mL） 准确称取经过 98～100℃烘箱中干燥 2h 后的葡萄糖 1g，加水溶解后加入盐酸溶液 5mL（防止微生物生长），并用水定容至 1000mL。此溶液每毫升相当于 1.0mg 葡萄糖。

（2）果糖标准溶液（1.0mg/mL） 准确称取经过 98～100℃烘箱中干燥 2h 后的果糖 1g，加水溶解后加入盐酸溶液 5mL（防止微生物生长），并用水定容至 1000mL。此溶液每毫升相当于 1.0mg 果糖。

（3）乳糖标准溶液（1.0mg/mL） 准确称取经过 98～100℃烘箱中干燥 2h 后的乳糖（含水）1g，加水溶解后加入盐酸溶液 5mL（防止微生物生长），并用水定容至 1000mL。此溶液每毫升相当于 1.0mg 乳糖（含水）。

（4）转化糖标准溶液（1.0mg/mL） 准确称取 1.0526g 蔗糖，用 100mL 水溶解，置具塞锥形瓶中，加盐酸溶液 5mL，在 68～70℃水浴中加热 15min，放置至室温，转移至 1000mL 容量瓶中并加水定容至 1000mL，每毫升标准溶液相当于 1.0mg 转化糖。

【仪器和设备】

① 天平：感量为 0.1mg。

② 水浴锅。

③ 可调温电炉。

④ 酸式滴定管：25mL。

【分析步骤】

1. 试样制备

（1）含淀粉的食品 称取粉碎或混匀后的试样 10～20g（精确至 0.001g），置于 250mL 容量瓶中，加 200mL 水，在 45℃水浴中加热 1h，并时时振摇。冷却后加水至刻度，混匀，静置，沉淀。吸取 200mL 上清液于另一 250mL 容量瓶中，慢慢加入 5mL 乙酸锌溶液和 5mL 亚铁氰化钾溶液，加水至刻度，混匀，沉淀，静置 30min，用干燥滤纸过滤，弃去初滤液，取后续滤液备用。

（2）酒精饮料 称取混匀后的试样 100g（精确至 0.01g），置于蒸发皿中，用氢氧化钠溶液中和至中性，在水浴上蒸发至原体积的 1/4 后，移入 250mL 容量瓶中，缓慢加入乙酸锌溶液 5mL 和亚铁氰化钾溶液 5mL，加水至刻度，混匀，静置 30min，用干燥滤纸过滤，弃去初滤液，取后续滤液备用。

（3）碳酸饮料 称取混匀后的试样 100g（精确至 0.01g）于蒸发皿中，在水浴上微热搅拌除去二氧化碳后，移入 250mL 容量瓶中，用水洗涤蒸发皿，洗液并入容量瓶，加水至刻度，混匀后备用。

（4）其他食品 称取粉碎后的固体试样 2.5～5g（精确至 0.001g）或混匀后的液体试样 5～25g（精确至 0.001g），置 250mL 容量瓶中，加 50mL 水，缓慢加入乙酸锌溶液 5mL 和亚铁氰化钾溶液 5mL，加水至刻度，混匀，静置 30min，用干燥滤纸过滤，弃去初滤液，取后续滤液备用。

2. 碱性酒石酸铜溶液的标定

准确吸取碱性酒石酸铜甲液和乙液各 5.0mL，置于 150mL 锥形瓶中，加水 10mL，加玻璃珠 2～4 粒，从滴定管加约 9mL 葡萄糖标准溶液，控制在 2min 内加热至沸腾，趁沸以每 2 秒 1 滴的速度继续滴加葡萄糖标准溶液，直至溶液蓝色刚好褪去为终点。记录消耗葡萄糖标准溶液的总体积。同时平行操作 3 份，取其平均值，计算每 10mL（碱性酒石酸甲、乙液各 5mL）碱性酒石酸铜溶液相当于葡萄糖（或其他还原糖）的质量（mg）。

3. 试样溶液预测

吸取碱性酒石酸铜甲液、乙液各 5.0mL，置于 150mL 锥形瓶中，加水 10mL，加 2～4 粒玻璃珠，在 2min 内加热至沸腾状态，趁热以先快后慢的速度从滴定管中滴加试样溶液，滴定时要始终保持溶液呈沸腾状态。待溶液蓝色变淡时，以每 2 秒 1 滴的速度滴定，直至溶液蓝色刚好褪去为终点。记录试样溶液消耗的体积。[注：当样液中还原糖浓度过高时，应适当稀释后再进行正式测定，使每次滴定消耗样液的体积控制在与标定碱性酒石酸铜溶液时所消耗的还原糖标准溶液的体积相近，约 10mL 左右，结果按式（11-1）计算；当浓度过低时则采取直接加入 10mL 样品液，免去加水 10mL，再用还原糖标准溶液滴定至终点，记录消耗的体积与标定时消耗的还原糖标准溶液体积之差相当于 10mL 样液中所含还原糖的量，结果按式（11-2）计算。]

4. 试样溶液测定

吸取碱性酒石酸铜甲液及乙液各 5.0mL，置于 150mL 锥形瓶中，加水 10mL，加玻璃珠 2～4 粒，从滴定管中加入比预测时试样溶液消耗总体积少 1mL 的试样溶液至锥形瓶中，加热使其在 2min 内达到沸腾状态，趁沸以每 2 秒 1 滴的速度继续滴加试样溶液，直至蓝色刚好褪去即为终点。记录消耗试样溶液的总体积。同法平行操作 3 份，取其平均值，即平均消耗体积。

【分析结果表述】

试样中还原糖的含量（以某种还原糖计）按式（11-1）计算：

$$X = \frac{m_1}{m \times F \times V/250 \times 1000} \times 100 \tag{11-1}$$

式中　X——试样中还原糖的含量（以某种还原糖计），g/100g；

　　　m_1——碱性酒石酸铜溶液（甲、乙液各半）相当于某种还原糖的质量，mg；

　　　m——试样质量，g；

　　　F——系数，对含淀粉的食品、碳酸饮料、其他食品为 1；酒精饮料为 0.80；

　　　V——测定时平均消耗试样溶液体积，mL；

　　　250——定容体积，mL；

1000——换算系数。

当浓度过低时，试样中还原糖的含量（以某种还原糖计）按式（11-2）计算：

$$X=\frac{m_2}{m\times F\times 10/250\times 1000}\times 100 \tag{11-2}$$

式中 X——试样中还原糖的含量（以某种还原糖计），g/100g；

m_2——标定时体积与加入样品后消耗的还原糖标准溶液体积之差相当于某种还原糖的质量，mg；

m——试样质量，g；

F——系数，对含淀粉的食品、碳酸饮料、其他食品为1；酒精饮料为0.80；

10——样液体积，mL；

250——定容体积，mL；

1000——换算系数。

还原糖含量大于10g/100g时，计算结果保留三位有效数字；还原糖含量小于10g/100g时，计算结果保留两位有效数字。

【精密度】

在重复性条件下获得的两次独立测定结果的绝对差值不得超过算术平均值的5%。

【其他】

当称样量为5g时，定量限为0.25g/100g。

【说明与注意事项】

① 此法所用的氧化剂碱性酒石酸铜的氧化能力较强，醛糖和酮糖都能被氧化，所以测得的是总还原糖量。

② 本法是根据经过标定的一定量的碱性酒石酸铜溶液（Cu^{2+}量一定）消耗的试样溶液量来计算试样溶液中还原糖的含量，反应体系中Cu^{2+}的含量是定量的基础，所以在试样处理时，不能使用铜盐作为澄清剂，以免试样溶液中引入Cu^{2+}，得到错误的结果。

③ 碱性酒石酸铜甲液的配制，一定是选择硫酸铜（$CuSO_4 \cdot 5H_2O$），不能误选无水硫酸铜（$CuSO_4$）。

④ 为消除氧化亚铜沉淀对滴定终点观察的干扰，在碱性酒石酸铜乙液中加入少量亚铁氰化钾，使之与Cu_2O生成可溶性的无色配合物，而不再析出红色沉淀。

⑤ 碱性酒石酸铜甲液和乙液应分别贮存，用时才混合，否则酒石酸钾钠铜配合物长期在碱性条件下会慢慢分解析出氧化亚铜沉淀，使试剂有效浓度降低。

⑥ 实验中碱性酒石酸铜甲液和乙液各5.0mL可以改变，新的标准中可以选择4~20mL碱性酒石酸铜溶液（甲、乙液各半）来适应试样中还原糖的浓度变化。

⑦ 150mL锥形瓶的选择。由于氧化还原滴定中容器的体积会影响实验误差，故锥形瓶要选择相同体积的，即150mL锥形瓶。

⑧ 亚甲蓝本身也是一种氧化剂，其氧化型为蓝色，还原型为无色；但在测定条件下，它的氧化能力比Cu^{2+}弱，故还原糖先与Cu^{2+}反应，Cu^{2+}完全反应后，稍微过量一点的还原糖则将亚甲蓝指示剂还原，使之由蓝色变为无色，指示滴定终点。

⑨ 实验中要保持沸腾状态，保持每2秒1滴的速度连续滴加糖标准溶液或试样，如果中断加热沸腾或间断滴加，会造成看不到终点的蓝色刚好褪去这一结果。滴定时要保持沸腾状态，使上升蒸汽阻止空气侵入滴定反应体系中。一方面，加热可以加快还原糖与Cu^{2+}的反应速度；另一方面，亚甲蓝的变色反应是可逆的，还原型亚甲蓝遇到空气中的氧时又会被氧化为其氧化型，再变为蓝色。此外，氧化亚铜也极不稳定，容易与空气中的氧结合而被氧化，从而增加还原糖的

消耗量。

⑩ 试样溶液预测之前，可以先用移液管试探加入沸腾的碱性酒石酸铜甲液、乙液中，取得试样大致的含糖量，然后再考虑试样的稀释或碱性酒石酸铜甲液、乙液的体积选择。

⑪ 试样溶液预测的目的：一是本法对试样溶液中还原糖浓度有一定要求（0.1%左右），测定时试样溶液的消耗体积应与标定葡萄糖标准溶液时消耗的体积相近，通过预测可了解试样溶液浓度是否合适，浓度过大或过小均应加以调整，使预测时消耗试样溶液量在 10mL 左右；二是通过预测可知试样溶液的大概消耗量，以便在正式测定时，预先加入比实际用量少 1mL 左右的试样溶液，只留下 1mL 左右试样溶液继续滴定滴入，以保证在短时间内完成续滴定工作，提高测定的准确度。

⑫ 此法中影响测定结果的主要操作因素是反应液碱度、热源强度、煮沸时间和滴定速度。反应液的碱度直接影响 Cu^{2+} 与还原糖反应的速度、反应进行的程度及测定结果。在一定范围内，溶液碱度越高 Cu^{2+} 的还原越快。因此，必须严格控制反应液的体积，标定和测定时消耗的体积应接近，使反应体系碱度一致。热源温度应控制在使反应液在 2min 内达到沸腾状态，且所有测定均应保持一致。否则加热至沸腾所需时间不同，引起蒸发量不同，使反应液碱度发生变化，从而引入误差。沸腾时间和滴定速度对结果影响也较大，一般沸腾时间短，消耗还原糖液多，反之，消耗还原糖液少；滴定速度过快，消耗还原糖量多，反之，消耗还原糖量少。因此，测定时应严格控制上述滴定操作条件，应力求一致。平行试验试样溶液的消耗量相差不应超过 0.1mL。滴定时，先将所需体积的绝大部分加入碱性酒石酸铜试剂中，使其充分反应，仅留 1mL 左右用滴定方式加入，而不是全部由滴定方式加入，其目的是使绝大多数试样溶液与碱性酒石酸铜在完全相同的条件下反应，减少因滴定操作带来的误差，提高测定精度。

任务二　还原糖的测定——高锰酸钾滴定法（第二法）

【原理】

试样经除去蛋白质后，其中还原糖把铜盐还原为氧化亚铜，加硫酸铁后，氧化亚铜被氧化为铜盐，经高锰酸钾溶液滴定氧化作用后生成的亚铁盐，根据高锰酸钾消耗量，计算氧化亚铜含量，再查表得还原糖量。

本法为国家标准分析方法，适用于包括有色试样溶液在内的各类食品中还原糖的测定。优点是重现性好，准确度高；缺点是操作复杂，耗时太长，计算结果时，需使用特制的高锰酸钾法糖类检索表。

【试剂及配制】

除非另有说明，本方法所用试剂均为分析纯，水为 GB/T 6682 规定的三级水。

1. 试剂

① 盐酸（HCl）。

② 氢氧化钠（NaOH）。

③ 硫酸铜（$CuSO_4 \cdot 5H_2O$）。

④ 硫酸（H_2SO_4）。

⑤ 硫酸铁 [$Fe_2(SO_4)_3$]。

⑥ 酒石酸钾钠（$KNaC_4H_4O_6 \cdot 4H_2O$）。

2. 试剂配制

（1）盐酸溶液（3mol/L） 量取盐酸 30mL，加水稀释至 120mL。

（2）碱性酒石酸铜甲液 称取 34.639g 硫酸铜（$CuSO_4 \cdot 5H_2O$），加适量水溶解，加入 0.5mL 硫酸，再加水稀释至 500mL，用精制石棉过滤。

（3）碱性酒石酸铜乙液 称取 173g 酒石酸钾钠和 50g 氢氧化钠，加适量水溶解并稀释到

500mL，用精制石棉过滤，贮存于橡胶塞玻璃瓶中。

（4）氢氧化钠溶液（40g/L） 称取 4g 氢氧化钠，加水溶解并稀释至 100mL。

（5）硫酸铁溶液（50g/L） 称取 50g 硫酸铁，加入 200mL 水溶解后，慢慢加入 100mL 硫酸，冷却后加水稀释至 1000mL。

（6）精制石棉 取石棉，先用盐酸（3mol/L）浸泡 2～3d，用水洗净，再用 200g/L 氢氧化钠浸泡 2～3d，倾去溶液，再用热碱性酒石酸铜乙液浸泡数小时，用水洗净。再以 3mol/L 盐酸浸泡数小时，用水洗至不呈酸性。加水振荡，使之成微细的浆状软纤维，用水浸泡并贮存于玻璃瓶中，可用于填充古氏坩埚。

3. 标准品

高锰酸钾（$KMnO_4$），CAS：7722-64-7，优级纯或以上等级。

4. 标准溶液配制

（1）葡萄糖标准溶液（1.0mg/mL） 准确称取经过 98～100℃ 烘箱中干燥 2h 后的葡萄糖 1g，加水溶解后加入盐酸溶液 5mL（防止微生物生长），并用水定容至 1000mL。此溶液每毫升相当于 1.0mg 葡萄糖。

（2）高锰酸钾标准溶液（0.1mol/L） 称取 3.3g 高锰酸钾溶于 1000mL 水中，缓缓煮沸 15～20min，冷却后于暗处密闭保存数日，用垂融漏斗过滤，保存于棕色瓶中。

高锰酸钾标准滴定溶液 $[c(1/5KMnO_4) = 0.1000moL/L]$ 按 GB/T 601 配制与标定：精确称取 110～150℃ 干燥恒重的基准草酸钠约 0.2g，溶于 250mL 新煮沸过的冷水中，加 10mL 硫酸，加入约 25mL 配制的高锰酸钾溶液，加热至 65℃，用高锰酸钾溶液滴定至溶液呈微红色，保持 30s 不褪色为止。在滴定结束时溶液温度应不低于 55℃。同时做空白试验。

【仪器和设备】

① 天平：感量为 0.1mg。

② 水浴锅。

③ 可调温电炉。

④ 酸式滴定管：25mL。

⑤ 25mL 古氏坩埚或 G4 垂融坩埚。

⑥ 真空泵。

【分析步骤】

1. 试样制备

（1）含淀粉的食品 称取粉碎或混匀后的试样 10～20g（精确至 0.001g），置于 250mL 容量瓶中，加 200mL 水，在 45℃ 水浴中加热 1h，并时时振摇。冷却后加水至刻度，混匀，静置，沉淀。吸取 200mL 上清液于另一 250mL 容量瓶中，慢慢加入 5mL 乙酸锌溶液和 5mL 亚铁氰化钾溶液，加水至刻度，混匀，沉淀，静置 30min，用干燥滤纸过滤，弃去初滤液，取后续滤液备用。

（2）酒精饮料 称取混匀后的试样 100g（精确至 0.01g），置于蒸发皿中，用氢氧化钠溶液中和至中性，在水浴上蒸发至原体积的 1/4 后，移入 250mL 容量瓶中，缓慢加入乙酸锌溶液 5mL 和亚铁氰化钾溶液 5mL，加水至刻度，混匀，静置 30min，用干燥滤纸过滤，弃去初滤液，取后续滤液备用。

（3）碳酸饮料 称取混匀后的试样 100g（精确至 0.01g）于蒸发皿中，在水浴上微热搅拌除去二氧化碳后，移入 250mL 容量瓶中，用水洗涤蒸发皿，洗液并入容量瓶，加水至刻度，混匀后备用。

（4）其他食品 称取粉碎后的固体试样 2.5～5g（精确至 0.001g）或混匀后的液体试样 5～25g（精确至 0.001g），置 250mL 容量瓶中，加 50mL 水，缓慢加入乙酸锌溶液 5mL 和亚铁氰化钾溶液 5mL，加水至刻度，混匀，静置 30min，用干燥滤纸过滤，弃去初滤液，取后续滤液备用。

2. 试样溶液测定

吸取 50.00mL 处理后的试样溶液于 500mL 烧杯中，加碱性酒石酸铜甲液、乙液各 25mL，于烧杯上盖一表面皿，加热，控制在 4min 内沸腾，再准确沸腾 2min，趁热用铺好精制石棉的古氏坩埚（或 G4 垂融坩埚）抽滤，并用 60℃ 热水洗涤烧杯及沉淀，至洗液不呈碱性为止。

将古氏坩埚或 G4 垂融坩埚放回原 500mL 烧杯中，加入硫酸铁溶液 25mL 和水 25mL，用玻璃棒搅拌使氧化亚铜完全溶解，以高锰酸钾标准溶液滴定至微红色为终点。记录高锰酸钾标准溶液的消耗量。

同时吸取水 50mL 代替试样溶液，加入与测定试样时相同量的碱性酒石酸铜甲液、乙液、硫酸铁溶液及水，按同一方法做空白试验。

【分析结果表述】

试样中还原糖的质量相当于氧化亚铜的质量，按式（11-3）进行计算：

$$X_0 = (V - V_0) \times c \times 71.54 \tag{11-3}$$

式中　X_0——试样中还原糖质量相当于氧化亚铜的质量，mg；

　　　V——测定用试样溶液消耗高锰酸钾标准溶液的体积，mL；

　　　V_0——试剂空白消耗高锰酸钾标准溶液的体积，mL；

　　　c——高锰酸钾标准溶液的浓度，mol/L；

　71.54——1mL 高锰酸钾标准溶液 $[c(1/5KMnO_4) = 1.000mol/L]$ 相当于氧化亚铜的质量，mg。

根据式（11-3）中计算所得的氧化亚铜质量，查附表四氧化亚铜质量相当于葡萄糖、果糖、乳糖、转化糖的质量表，再按式（11-4）计算试样中还原糖的含量。

$$X = \frac{m_3}{m_4 \times V/250 \times 1000} \times 100 \tag{11-4}$$

式中　X——试样中还原糖的含量，g/100g；

　　　m_3——查表得的还原糖质量，mg；

　　　m_4——试样质量（或体积），g 或 mL；

　　　V——测定用试样溶液的体积，mL；

　　　250——试样处理后的总体积，mL。

还原糖含量大于等于 10g/100g 时，计算结果保留三位有效数字；还原糖含量小于 10g/100g 时，计算结果保留两位有效数字。

【精密度】

在重复性条件下获得的两次独立测定结果的绝对差值不得超过算术平均值的 10%。

【其他】

当称样量为 5g 时，定量限为 0.5g/100g。

【说明与注意事项】

① 此法又称贝尔德蓝（Bertrand）法。还原糖能在碱性溶液中将二价铜离子还原为棕红色的氧化亚铜沉淀，而糖本身被氧化为相应的羧酸。这是还原糖定量分析和检测的基础。

② 此法以高锰酸钾滴定反应过程中产生的定量的硫酸亚铁为计算结果的依据，因此，在试样处理时，不能用乙酸锌和亚铁氰化钾作为糖液的澄清剂，以免引入 Fe^{2+}，造成误差。

③ 测定必须严格按规定的操作条件进行，必须使加热至沸腾时间及保持沸腾时间严格保持一致。即必须控制好热源强度，保证在 4min 内加热至沸腾，并使每次测定的沸腾时间保持一致，

否则误差较大。实验时可先取 50mL 水，碱性酒石酸铜甲液、乙液各 25mL，调整热源强度，使其在 4min 内加热至沸腾，维持热源强度不变，再正式测定。

④ 此法所用碱性酒石酸铜溶液是过量的，即保证把所有的还原糖全部氧化后，还有过剩的 Cu^{2+} 存在，所以，煮沸后的反应液应呈蓝色。如不呈蓝色，说明试样溶液含糖浓度过高，应调整试样溶液浓度。

⑤ 此法测定食品中的还原糖测定结果准确性较好，但操作烦琐费时，并且在过滤及洗涤氧化亚铜沉淀的整个过程中，应使沉淀始终在液面以下，避免氧化亚铜暴露于空气中而被氧化，同时严格掌握操作条件。

任务三　蔗糖的测定——酸水解-莱因-埃农氏法（第二法）

【原理】

国家标准分析方法第二法是酸水解-莱因-埃农氏法。此法的优点是蔗糖可完全水解，而其他双糖和淀粉等的水解作用很小。但水解条件必须严格控制，为防止果糖分解，试样溶液体积，酸的浓度及用量、水解温度和水解时间都不能随意改动，到达规定时间后应迅速冷却。

本法适用于各类食品中蔗糖的测定：试样经除去蛋白质后，其中蔗糖经盐酸水解转化为还原糖，按还原糖测定。水解前后的差值乘以相应的系数即为蔗糖含量。

【试剂及配制】

除非另有说明，本方法所用试剂均为分析纯，水为 GB/T 6682 规定的三级水。

1. 试剂

① 乙酸锌 [$Zn(CH_3COO)_2 \cdot 2H_2O$]。

② 亚铁氰化钾 {$K_4[Fe(CN)_6] \cdot 3H_2O$}。

③ 盐酸（HCl）。

④ 氢氧化钠（NaOH）。

⑤ 甲基红（$C_{15}H_{15}N_3O_2$）：指示剂。

⑥ 亚甲蓝（$C_{16}H_{18}ClN_3S \cdot 3H_2O$）：指示剂。

⑦ 硫酸铜（$CuSO_4 \cdot 5H_2O$）。

⑧ 酒石酸钾钠（$KNaC_4H_4O_6 \cdot 4H_2O$）。

2. 试剂配制

注：试剂配制要根据检测样品的多少，确定配制体积，然后根据下面方法增减配制。

(1) 乙酸锌溶液　称取 21.9g 乙酸锌，加 3mL 冰乙酸，加水溶解并定容到 100mL。

(2) 亚铁氰化钾溶液　称取 10.6g 亚铁氰化钾，溶于水中，定容至 100mL。

(3) 盐酸溶液（1+1）　量取盐酸 50mL，缓慢加入 50mL 水中，冷却后混匀。

(4) 氢氧化钠溶液（40g/L）　称取氢氧化钠 4g，加水溶解后，放冷，并定容至 100mL。

(5) 甲基红指示液（1g/L）　称取甲基红 0.1g，用 95% 乙醇溶解并定容至 100mL。

(6) 氢氧化钠溶液（200g/L）　称取氢氧化钠 20g，加水溶解后，放冷，加水并定容至 100mL。

(7) 碱性酒石酸铜甲液　称取 15g 硫酸铜（$CuSO_4 \cdot 5H_2O$）及 0.05g 亚甲蓝，溶于水中并稀释到 1000mL。

(8) 碱性酒石酸铜乙液　称取 50g 酒石酸钾钠、75g 氢氧化钠，溶于水中，再加入 4g 亚铁氰化钾，完全溶解后，用水定容至 1000mL，贮存于橡皮塞玻璃瓶中。

3. 标准品

葡萄糖（$C_6H_{12}O_6$，CAS 号：50-99-7）标准品：纯度大于等于 99%，或经国家认证并授予标准物质证书的标准物质。

4. 标准溶液配制

葡萄糖标准溶液（1.0mg/mL）：称取经过 98～100℃ 烘箱中干燥 2h 后的葡萄糖 1g（精确到 0.001g），加水溶解后加入盐酸 5mL，并用水定容至 1000mL。此溶液每毫升相当于 1.0mg 葡萄糖。

【仪器和设备】

① 天平：感量为 0.1mg。

② 水浴锅。

③ 可调温电炉。

④ 酸式滴定管：25mL。

【分析步骤】

1. 试样制备

(1) 固体样品 取有代表性样品至少 200g，用粉碎机粉碎，混匀，装入洁净容器，密封，标明标记。

(2) 半固体和液体样品 取有代表性样品至少 200g（mL），充分混匀，装入洁净容器，密封，标明标记。

2. 保存

蜂蜜等易变质试样于 0～4℃ 保存。

3. 试样处理

(1) 含蛋白质食品 称取粉碎或混匀后的固体试样 2.5～5g（精确到 0.001g）或液体试样 5～25g（精确到 0.001g），置于 250mL 容量瓶中，加水 50mL，缓慢加入乙酸锌溶液 5mL 和亚铁氰化钾溶液 5mL，加水至刻度，混匀，静置 30min，用干燥滤纸过滤，弃去初滤液，取后续滤液备用。

(2) 含大量淀粉的食品 称取粉碎或混匀后的试样 10～20g（精确到 0.001g），置于 250mL 容量瓶中，加 200mL 水，在 45℃ 水浴中加热 1h，并时时振摇。冷却后加水至刻度，混匀，静置，沉淀。吸取 200mL 上清液于另一 250mL 容量瓶中，慢慢加入 5mL 乙酸锌溶液和 5mL 亚铁氰化钾溶液，加水至刻度，混匀，沉淀，静置 30min，用干燥滤纸过滤，弃去初滤液，取后续滤液备用。

(3) 酒精饮料 称取混匀后的试样 100g（精确至 0.01g），置于蒸发皿中，用氢氧化钠溶液（40g/L）中和至中性，在水浴上蒸发至原体积的 1/4 后，移入 250mL 容量瓶中，缓慢加入乙酸锌溶液 5mL 和亚铁氰化钾溶液 5mL，加水至刻度，混匀，静置 30min，用干燥滤纸过滤，弃去初滤液，取后续滤液备用。

(4) 碳酸饮料 称取混匀后的试样 100g（精确至 0.01g）于蒸发皿中，在水浴上微热搅拌除去二氧化碳后，移入 250mL 容量瓶中，用水洗涤蒸发皿，洗液并入容量瓶，加水至刻度，混匀后备用。

4. 酸水解

① 吸取 2 份试样各 50.0mL，分别置于 100mL 容量瓶中。

② 转化前：一份用水稀释至 100mL。

③ 转化后：另一份加 5mL 盐酸溶液（1+1），在 68～70℃ 水浴中加热 15min，取出冷却至室温，加 2 滴甲基红指示剂，用 200g/L 氢氧化钠溶液中和至中性，加水至刻度。

5. 标定碱性酒石酸铜溶液

准确吸取碱性酒石酸铜甲液和乙液各 5.0mL，置于 150mL 锥形瓶中，加水 10mL，加玻璃珠 2～4 粒，从滴定管中滴加约 9mL 葡萄糖标准溶液，控制在 2min 内加热至沸腾，趁热以每 2

秒1滴的速度继续滴加葡萄糖标准溶液，直至溶液蓝色刚好褪去为终点。记录消耗葡萄糖标准溶液的总体积。同时平行操作3份，取其平均值，计算每10mL（碱性酒石酸甲、乙液各5mL）碱性酒石酸铜溶液相当于葡萄糖（或其他还原糖）的质量（mg）。

注：也可以按上述方法标定4～20mL碱性酒石酸铜溶液（甲、乙液各半）来适应试样中还原糖的浓度变化。做果糖、乳糖（含水）、蔗糖时可以不同标准代替葡萄糖。

6. 试样溶液的测定

（1）预测滴定 吸取碱性酒石酸铜甲液5.0mL和碱性酒石酸铜乙液5.0mL于同一150mL锥形瓶中，加入蒸馏水10mL，放入2～4粒玻璃珠，置于电炉上加热，使其在2min内沸腾，保持沸腾状态15s，滴入样液至溶液蓝色完全褪尽为止，读取所用样液的体积。

（2）精确滴定 吸取碱性酒石酸铜甲液5.0mL和碱性酒石酸铜乙液5.0mL于同一150mL锥形瓶中，加入蒸馏水10mL，放入2～4粒玻璃珠，从滴定管中放出的转化前样液或转化后样液（比预测滴定预测的体积少1mL）置于电炉上加热，使其在2min内沸腾，保持沸腾状态2min，以每两秒一滴的速度徐徐滴入样液，溶液蓝色完全褪尽即为终点，分别记录转化前样液或转化后样液消耗的体积（V）。

【分析结果表述】

1. 转化糖的含量

试样中转化糖的含量（以葡萄糖计）按式（11-5）进行计算：

$$R = \frac{A}{m \times \dfrac{50}{250} \times \dfrac{V}{100} \times 1000} \times 100 \tag{11-5}$$

式中　R——试样中转化糖的质量分数，g/100g；

　　　A——碱性酒石酸铜溶液（甲、乙液各半）相当于某种还原糖的质量，mg；

　　　m——试样质量，g；

　　　50——酸水解中吸取样液体积，mL；

　　　250——试样处理中样品定容体积，mL；

　　　V——滴定时平均消耗试样溶液体积，mL；

　　　100——酸水解中定容体积，mL；

　　　1000——换算系数；

　　　100——换算系数。

2. 蔗糖的含量

试样中蔗糖的含量 X 按式（11-6）计算：

$$X = (R_2 - R_1) \times 0.95 \tag{11-6}$$

式中　X——试样中蔗糖的含量，g/100g（g/100mL）；

　　　R_2——转化后转化糖的质量分数，g/100g（g/100mL）；

　　　R_1——转化前转化糖的质量分数，g/100g（g/100mL）；

　　　0.95——还原糖（以葡萄糖计）换算为蔗糖的系数。

蔗糖含量大于10g/100g时，结果保留三位有效数字，蔗糖含量小于10g/100g时，结果保留两位有效数字。

【精密度】

在重复性条件下获得的两次独立测定结果的绝对差值不得超过算术平均值的10%。

【其他】

当称样量为5g时，定量限为0.24g/100g。

【说明与注意事项】

① 在此法规定的水解条件下，蔗糖可完全水解，而对其他双糖和淀粉等的水解作用很小，可忽略不计。

② 在此法中，水解条件必须严格控制。为防止果糖分解，试样溶液体积、酸的浓度及用量、水解温度和水解时间都不能随意改动，到达规定时间后应迅速冷却。

③ 用还原糖法测定蔗糖时，为减少误差，测得的还原糖含量应以转化糖表示。因此，选用直接滴定法时，应采用0.1%标准转化糖溶液标定碱性酒石酸铜溶液。选用高锰酸钾滴定法时，查附表四时应查转化糖项。

任务四　淀粉的测定——酸水解法（第二法）

【原理】

试样经除去脂肪及可溶性糖类后，其中淀粉用酸水解成具有还原性的单糖，然后按还原糖测定，并折算成淀粉。

【试剂及配制】

除非另有说明，本方法所用试剂均为分析纯，水为GB/T 6682规定的三级水。

1. 试剂

① 盐酸（HCl）。

② 氢氧化钠（NaOH）。

③ 乙酸铅（$PbC_4H_6O_4 \cdot 3H_2O$）。

④ 硫酸钠（Na_2SO_4）。

⑤ 石油醚：沸点范围为60～90℃。

⑥ 乙醚（$C_4H_{10}O$）。

⑦ 无水乙醇（C_2H_5OH）或95%乙醇。

⑧ 甲基红（$C_{15}H_{15}N_3O_2$）：指示剂。

⑨ 精密pH试纸：6.8～7.2。

2. 试剂配制

(1) 甲基红指示液（2g/L）　称取甲基红0.20g，用少量乙醇溶解后，加水定容至100mL。

(2) 氢氧化钠溶液（400g/L）　称取氢氧化钠40g，加水溶解后，放冷，并定容至100mL。

(3) 乙酸铅溶液（200g/L）　称取20g乙酸铅，加水溶解并稀释至100mL。

(4) 硫酸钠（100g/L）　称取10g硫酸钠，加水溶解并稀释至100mL。

(5) 盐酸溶液（1+1）　量取盐酸50mL，与50mL水混合。

(6) 乙醇（85%）　取85mL无水乙醇，加水定容至100mL混匀。也可用95%乙醇配制。

3. 标准品

D-无水葡萄糖（$C_6H_{12}O_6$）：纯度大于等于98%（HPLC）。

4. 标准溶液配制

葡萄糖标准溶液（1.0mg/mL）：称取经过98～100℃烘箱干燥2h的D-无水葡萄糖1g（精确到0.001g），加水溶解后加入盐酸5mL，并用水定容至1000mL。此溶液每毫升相当于1.0mg葡萄糖。

【仪器和设备】

① 天平：感量为1mg和0.1mg。

② 恒温水浴锅，可加热到100℃。

③ 回流装置，并附250mL锥形瓶。

④ 高速组织捣碎机。

⑤ 电炉。

【分析步骤】

1. 试样制备

(1) 易于粉碎的试样　磨碎过 0.425mm 筛（相当于 40 目），称取 2.0～5.0g（精确到 0.001g）试样，置于放有慢速滤纸的漏斗中，用 50mL 石油醚或乙醚分五次洗去试样中的脂肪，弃去石油醚或乙醚。用 150mL 乙醇（85％，体积比）分数次洗涤残渣，以除去可溶性糖类物质。根据样品的实际情况，可适当增加洗涤液的用量和洗涤次数，以保证干扰检测的可溶性糖类物质洗涤完全。滤干乙醇溶液，以 100mL 水洗涤漏斗中残渣并转移至 250mL 锥形瓶中。加入 30mL 盐酸（1＋1），接冷凝管，置沸水浴中回流 2h，回流完毕，立即用流动水冷却。

待试样水解液冷却后，加入两滴甲基红指示液，先用氢氧化钠（400g/L）调到黄色，再用盐酸（1＋1）校正至试样水解液刚变成红色。若试样水解液颜色较深，可用精密 pH 试纸测试，使试样水解液的 pH 约为 7。然后加入 20mL 乙酸铅溶液（200g/L），摇匀，放置 10min，以沉淀蛋白质、果胶等杂质。再加入 20mL 硫酸钠溶液（100g/L），以除去过多的铅，摇匀后用水转移至 500mL 容量瓶中，用水洗涤锥形瓶，洗液合并入容量瓶中，加水稀释至刻度。沉淀静置后，过滤，弃去初滤液 20mL，收集滤液供测定用。

(2) 其他样品　称取一定量样品，准确加入适量水在组织捣碎机中捣成匀浆（蔬菜、水果需先洗净晾干取可食部分）。称取相当于原样质量 2.5～5g（精确到 0.001g）的匀浆于 250mL 锥形瓶中，用 50mL 石油醚或乙醚分五次洗去试样中脂肪，弃去石油醚或乙醚。以下按上述"用 150mL 乙醇（85％，体积比）分数次洗涤残渣，以除去可溶性糖类"起依法操作。

2. 测定

(1) 标定碱性酒石酸铜溶液　准确吸取碱性酒石酸铜甲液和乙液各 5.0mL，置于 150mL 锥形瓶中，加水 10mL，加玻璃珠 2～4 粒，从滴定管滴加约 9mL 葡萄糖标准溶液，控制在 2min 内加热至沸腾，趁沸腾以每 2 秒 1 滴的速度继续滴加葡萄糖标准溶液，直至溶液蓝色刚好褪去为终点。记录消耗葡萄糖标准溶液的总体积。同时平行操作三份，取其平均值，计算每 10mL（碱性酒石酸甲、乙液各 5mL）碱性酒石酸铜溶液相当于葡萄糖（或其他还原糖）的质量 m_1(mg)。

注：也可以按上述方法标定 4～20mL 碱性酒石酸铜溶液（甲、乙液各半）来适应试样中还原糖的浓度变化。

(2) 试样溶液预测　准确吸取碱性酒石酸铜甲液和乙液各 5.0mL，置于 150mL 锥形瓶中，加水 10mL，加玻璃珠 2～4 粒，控制在 2min 内加热至沸腾，保持沸腾以先快后慢的速度，从滴定管中滴加试样溶液，并保持溶液沸腾状态，待溶液颜色变浅时，以每两秒一滴的速度滴定，直至溶液蓝色刚好褪去为终点。记录试样溶液的消耗体积。当样液中葡萄糖浓度过高时，应适当稀释后再进行正式测定，使每次滴定消耗试样溶液的体积与标定碱性酒石酸铜溶液时所消耗的葡萄糖标准溶液的体积相近，在 10mL 左右。

(3) 试样溶液测定　准确吸取碱性酒石酸铜甲液和乙液各 5.0mL，置于 150mL 锥形瓶中，加水 10mL，加玻璃珠 2～4 粒，从滴定管滴加比预测体积少 1mL 的试样溶液至锥形瓶中，使溶液在 2min 内加热至沸腾，保持沸腾状态继续以每两秒一滴的速度滴定，直至蓝色刚好褪去为终点，记录样液消耗体积。同法平行操作三份，得出平均消耗体积。

当浓度过低时，则直接加入 10.00mL 样品液，免去加水 10mL，再用葡萄糖标准溶液滴定至终点，记录消耗的体积与标定时消耗的葡萄糖标准溶液体积之差相当于 10mL 样液中所含葡萄糖的量（mg）。

(4) 试剂空白测定　取 100mL 水和 30mL 盐酸（1＋1）于 250mL 锥形瓶中，按上述方法操作，得试剂空白液。

【分析结果表述】

试样中淀粉的含量按式（11-7）进行计算：

$$X = \frac{(A_1 - A_2) \times 0.9}{m \times \dfrac{V}{500} \times 1000} \times 100 \tag{11-7}$$

式中　X——试样中淀粉含量，g/100g；

A_1——测定用试样中水解液葡萄糖质量，mg；

A_2——试剂空白中水解液葡萄糖质量，mg；

0.9——还原糖换算为淀粉的系数；

m——试样质量，g；

V——测定用试样水解液的体积单位为毫升，mL；

500——试样水解液总体积，mL。

结果保留三位有效数字。

【精密度】

在重复性条件下获得的两次独立测定结果的绝对差值不得超过算术平均值的10％。

任务五　淀粉的测定——酶水解法（第一法）

【原理】

试样经乙醚除去脂类、乙醇和可溶性糖后，其中的淀粉用淀粉酶水解成双糖，再用盐酸将双糖水解成具有还原性的单糖，按还原糖的测定方法测定还原糖的含量，并折算为淀粉含量。

【试剂及配制】

除非另有说明，本方法所用试剂均为分析纯，水为 GB/T 6682 规定的三级水。

1. 试剂

① 碘（I_2）。

② 碘化钾（KI）。

③ 高峰氏淀粉酶：酶活力≥1.6U/mg。

④ 95％乙醇。

⑤ 石油醚：沸程为 60～90℃。

⑥ 乙醚（$C_4H_{10}O$）。

⑦ 甲苯（C_7H_8）。

⑧ 三氯甲烷（$CHCl_3$）。

⑨ 盐酸（HCl）。

⑩ 氢氧化钠（NaOH）。

⑪ 硫酸铜（$CuSO_4 \cdot 5H_2O$）。

⑫ 酒石酸钾钠（$KNaC_4H_4O_6 \cdot 4H_2O$）。

⑬ 亚铁氰化钾 $[K_4Fe(CN)_6 \cdot 3H_2O]$。

⑭ 亚甲蓝（$C_{16}H_{18}ClN_3S \cdot 3H_2O$）：指示剂。

⑮ 甲基红（$C_{15}H_{15}N_3O_2$）：指示剂。

⑯ 葡萄糖（$C_6H_{12}O_6$）。

2. 试剂配制

（1）甲基红指示液（2g/L）　称取甲基红 0.20g，用少量乙醇溶解后，加水定容至 100mL。

（2）盐酸溶液（1＋1）　量取 50mL 盐酸与 50mL 水混合。

（3）氢氧化钠溶液（200g/L）　称取 20g 氢氧化钠，加水溶解并定容至 100mL。

（4）碱性酒石酸铜甲液　称取 15g 硫酸铜及 0.050g 亚甲蓝，溶于水中并定容至 1000mL。

（5）碱性酒石酸铜乙液　称取 50g 酒石酸钾钠、75g 氢氧化钠，溶于水中，再加入 4g 亚铁氰化钾，完全溶解后，用水定容至 1000mL，贮存于橡胶塞玻璃瓶内。

（6）淀粉酶溶液（5g/L）　称取高峰氏淀粉酶 0.5g，加 100mL 水溶解，临用时配制；也可加入数滴甲苯或三氯甲烷防止长霉，置于 4℃ 冰箱中。

（7）碘溶液　称取 3.6g 碘化钾溶于 20mL 水中，加入 1.3g 碘，溶解后加水定容至 100mL。

（8）乙醇溶液（85%）　取 85mL 无水乙醇，加水定容至 100mL 混匀。也可用 95% 乙醇配制。

3. 标准品

D-无水葡萄糖（$C_6H_{12}O_6$）：纯度≥98%（HPLC）。

4. 标准溶液配制

葡萄糖标准溶液（1.0mg/mL）：称取经过 98～100℃ 烘箱干燥 2h 后的葡萄糖 1g（精确到 0.001g），加水溶解后加入盐酸 5mL，并用水定容至 1000mL。此溶液每毫升相当于 1.0mg 葡萄糖。

【仪器和设备】

① 天平：感量为 0.1mg。

② 水浴锅。

③ 可调温电炉。

④ 酸式滴定管：25mL。

⑤ 组织捣碎机。

【分析步骤】

1. 试样制备

（1）易于粉碎的试样　磨碎过 0.425mm 筛（相当于 40 目），称取 2.0～5.0g（精确到 0.001g）试样，置于放有慢速滤纸的漏斗中，用 50mL 石油醚或乙醚分 5 次洗去试样中的脂肪，弃去石油醚或乙醚。

用 150mL 乙醇（85%）分数次洗涤残渣以除去可溶性糖类。根据样品的实际情况，可适当增加洗涤液的用量和洗涤次数，以保证干扰检测的可溶性糖类物质洗涤完全。

滤干乙醇，将残留物移入 250mL 烧杯内，并用 50mL 水洗净滤纸，洗液并入烧杯内，将烧杯置沸水浴上加热 15min，使淀粉糊化，放冷至 60℃ 以下，加 20mL 淀粉酶溶液，在 55～60℃ 保温 1h，并时时搅拌。

然后取 1 滴此液加 1 滴碘溶液，应不显现蓝色。若显蓝色，再加热糊化并加 20mL 淀粉酶溶液，继续保温，直至加碘溶液不显蓝色为止。加热至沸，冷后移入 250mL 容量瓶中，并加水至刻度，混匀，过滤，并弃去初滤液。

取 50.00mL 滤液，置于 250mL 锥形瓶中，加 5mL 盐酸（1+1），装上回流冷凝器，在沸水浴中回流 1h，冷却后加 2 滴甲基红指示液，用氢氧化钠溶液（200g/L）中和至中性，溶液转入 100mL 容量瓶中，洗涤锥形瓶，洗液并入 100mL 容量瓶中，加水至刻度，混匀备用。

（2）其他样品　称取一定量样品，准确加入适量水在组织捣碎机中捣成匀浆（蔬菜、水果需先洗净晾干取可食部分）。称取相当于原样质量 2.5～5g（精确到 0.001g）的匀浆，以下按（1）"置于放有折叠慢速滤纸的漏斗内"起依法操作。

2. 测定（同还原糖测定）

（1）标定碱性酒石酸铜溶液

（2）试样溶液预测

（3）试样溶液测定

（4）试剂空白测定

【分析结果表述】

1. 试样中葡萄糖含量按式（11-8）计算

$$X_1 = \frac{m_1}{\frac{50}{250} \times \frac{V_1}{100}} \tag{11-8}$$

式中　X_1——所称试样中葡萄糖的量，mg；

　　　m_1——10mL 碱性酒石酸铜溶液（甲、乙液各半）相当于葡萄糖的质量，mg；

　　　50——测定用样品溶液体积，mL；

　　　250——样品定容体积，mL；

　　　V_1——测定时平均消耗试样溶液体积，mL；

　　　100——测定用样品的定容体积，mL。

2. 当试样中淀粉浓度过低时，葡萄糖含量按式（11-9）、式（11-10）进行计算

$$X_2 = \frac{m_2}{\frac{50}{250} \times \frac{10}{100}} \tag{11-9}$$

$$m_2 = m_1\left(1 - \frac{V_2}{V_s}\right) \tag{11-10}$$

式中　X_2——所称试样中葡萄糖的量，mg；

　　　m_2——标定 10mL 碱性酒石酸铜溶液（甲、乙液各半）时消耗的葡萄糖标准溶液的体积与加入试样后消耗的葡萄糖标准溶液体积之差相当于葡萄糖的质量，mg。

　　　50——测定用样品溶液体积，mL；

　　　250——样品定容体积，mL；

　　　10——直接加入的试样体积，mL；

　　　100——测定用样品的定容体积，mL；

　　　m_1——10mL 碱性酒石酸铜溶液（甲、乙液各半）相当于葡萄糖的质量，mg；

　　　V_2——加入试样后消耗的葡萄糖标准溶液体积，mL；

　　　V_s——标定 10mL 碱性酒石酸铜溶液（甲、乙液各半）时消耗的葡萄糖标准溶液的体积，mL。

3. 试剂空白值按式（11-11）、式（11-12）计算

$$X_0 = \frac{m_0}{\frac{50}{250} \times \frac{10}{100}} \tag{11-11}$$

$$m_0 = m_1\left(1 - \frac{V_0}{V_s}\right) \tag{11-12}$$

式中　X_0——试剂空白值，mg；

　　　m_0——标定 10mL 碱性酒石酸铜溶液（甲、乙液各半）时消耗的葡萄糖标准溶液的体积与加入空白后消耗的葡萄糖标准溶液体积之差相当于葡萄糖的质量，mg；

　　　50——测定用样品溶液体积，mL；

　　　250——样品定容体积，mL；

　　　10——直接加入的试样体积，mL；

　　　100——测定用样品的定容体积，mL；

m_1——10mL 碱性酒石酸铜溶液（甲、乙液各半）相当于葡萄糖的质量，mg；

V_0——加入空白试样后消耗的葡萄糖标准溶液体积，mL；

V_s——标定 10mL 碱性酒石酸铜溶液（甲、乙液各半）时消耗的葡萄糖标准溶液的体积，mL。

4. 试样中淀粉的含量按式（11-13）计算：

$$X = \frac{(X_1 - X_0) \times 0.9}{m \times 1000} \times 100 \text{ 或 } X = \frac{(X_2 - X_0) \times 0.9}{m \times 1000} \times 100 \tag{11-13}$$

式中　X——试样中淀粉的含量，g/100g；

　　0.9——还原糖（以葡萄糖计）换算成淀粉的换算系数；

　　m——试样质量，g。

结果<1g/100g，保留两位有效数字；结果≥1g/100g，保留三位有效数字。

【精密度】

在重复性条件下获得的两次独立测定结果的绝对差值不得超过算术平均值的10%。

复习思考题

1.名词解释：可溶性糖、还原糖、总糖。

2.直接滴定法测定食品还原糖含量时，对样品液进行预滴定的目的是什么？

3.影响直接滴定法测定结果的主要操作因素有哪些？为什么要严格控制这些实验条件？

4.直接滴定法测定食品中还原糖含量为什么必须在沸腾条件下进行滴定，且不能随意摇动三角瓶？

5.测定食品中的蔗糖时，为什么要严格控制水解条件？

第十二章　食品中钙的测定

1. 了解矿质元素的种分类及其测定意义；
2. 重点掌握容积法进行食品中钙检测的方法；
3. 掌握络合滴定在食品理化分析中的应用。

📖 **技能目标**

1. 掌握钙标准储备液配制与标定技能；
2. 掌握钙测定技能。

📖 **思政与职业素养目标**

通过缺钙造成的疾病等案例，引导学生职业认同，勇担食品检测重任，保护人民健康，进一步树立标准意识和法治意识。

📖 **国家标准**

GB 5009.92—2016 食品安全国家标准　食品中钙的测定

📖 **必备知识**

一、矿质元素的种类及分布

人体中含有的各种元素，除了碳、氧、氢、氮等主要以有机物的形式存在以外，其余的60多种元素统称为矿物质（也叫无机盐），其中25种为人体营养所必需的。钙、镁、钾、钠、磷、硫、氯7种元素含量较多，约占矿物质总量的60%～80%，称为常量元素，其含量占人体0.01%以上或膳食摄入量大于100mg/d。微量元素是指其含量占人体0.01%以下或膳食摄入量小于100mg/d的矿物质，而铁、锌、铜、钴、钼、硒、碘、铬8种为必需的微量元素，锰、硅、镍、硼和钒5种是人体可能必需的微量元素；还有一些微量元素有潜在毒性，一旦摄入过量可能使人体发生病变或对人体造成损伤，但在低剂量下对人体又是可能的必需微量元素，这些微量元素主要有：氟、铅、汞、铝、砷、锡、锂和镉等。但无论哪种元素，和人体所需的三大营养素：碳水化合物、脂类和蛋白质相比，都是非常少量的。

虽然矿物质在人体内的总量不及体重的5%，也不能提供能量，可是它们在体内不能自行合成，必须由外界环境供给，并且在人体组织的生理作用中发挥重要的功能。矿物质是构成机体组织的重要原料，如钙、磷、镁是构成骨骼、牙齿的主要原料。矿物质也是维持机体酸碱平衡和正常渗透压的必要条件。人体内有些特殊的生理物质如血液中的血红蛋白、甲状腺素等需要铁、碘的参与才能合成。

在人体的新陈代谢过程中，每天都有一定数量的矿物质通过粪便、尿液、汗液、头发等途径排出体外，因此必须通过饮食予以补充。根据无机盐在食物中的分布以及吸收情况，在我国人群中比较容易缺乏的矿物质有钙、铁、锌。如果在特殊的地理环境和特殊生理条件下，也存在碘、氟、硒、铬等缺乏的可能。

食品中除了含有大量的有机物外，还含有比较丰富的矿质元素（灰分），食品中的矿质元素大约有 80 种左右，根据其含量多少分为常量元素和微量元素两类。

常量元素是指含量＞0.01％的元素：主要有钙、镁、钾、钠、磷、硫、氯等。常量元素基本都是人体必需的矿物质。

微量元素是指含量＜0.01％的元素：主要有铁、钴、镍、锌、硒、碘、铜、锰、铬、钼、锡、铝、硅、氟、硼、铅、汞等。

二、矿质元素测定的意义

（1）评价食品的营养价值　由于矿质元素有许多是人类生理所必要的元素，这些元素对人体具有十分重要的生理功能，其含量是某些食品营养价值的重要指标。

（2）开发生产强化食品、营养食品　从营养学的观点，矿质元素钙、铁、锌、碘、铜等都与人体健康密切相关，有些还是容易缺乏的。

食品中矿质元素的测定方法有火焰原子吸收光谱法、电感耦合等离子体发射光谱法、电感耦合等离子体质谱法和比色法等多种方法，都是采用分析仪器检测。也有些常量元素如钙的测定方法之一为滴定法。

 任务实施

EDTA 滴定法（第二法）

【原理】

在适当的 pH 范围内，钙与 EDTA（乙二胺四乙酸二钠）形成金属络合物。以 EDTA 滴定，在达到当量点时，溶液呈现游离指示剂的颜色。根据 EDTA 用量，计算钙的含量。

【试剂及配制】

除非另有说明，本方法所用试剂均为分析纯，水为 GB/T 6682 规定的三级水。

1. 试剂

① 氢氧化钾（KOH）。

② 硫化钠（Na_2S）。

③ 柠檬酸钠（$Na_3C_6H_5O_7 \cdot 2H_2O$）。

④ 乙二胺四乙酸二钠（EDTA，$C_{10}H_{14}N_2O_8Na_2 \cdot 2H_2O$）。

⑤ 盐酸（HCl）：优级纯。

⑥ 钙红指示剂（$C_{21}O_7N_2SH_{14}$）。

⑦ 硝酸（HNO_3）：优级纯。

⑧ 高氯酸（$HClO_4$）：优级纯。

2. 试剂配制

（1）氢氧化钾溶液（1.25mol/L）　称取 70.13g 氢氧化钾，用水稀释至 1000mL，混匀。

（2）硫化钠溶液（10g/L）　称取 1g 硫化钠，用水稀释至 100mL，混匀。

（3）柠檬酸钠溶液（0.05mol/L）　称取 14.7g 柠檬酸钠，用水稀释至 1000mL，混匀。

（4）EDTA 溶液　称取 4.5gEDTA，用水稀释至 1000mL，混匀，贮存于聚乙烯瓶中，4℃保存。使用时稀释 10 倍即可。

（5）钙红指示剂　称取 0.1g 钙红指示剂，用水稀释至 100mL，混匀。

（6）盐酸溶液（1+1）　量取 500mL 盐酸，与 500mL 水混合均匀。

3. 标准品

碳酸钙（$CaCO_3$，CAS 号 471-34-1）：纯度＞99.99％，或经国家认证并授予标准物质证书的

一定浓度的钙标准溶液。

4. 标准溶液配制

钙标准储备液（100.0mg/L）：准确称取 0.2496g（精确至 0.0001g）碳酸钙，加盐酸溶液（1+1）溶解，移入 1000mL 容量瓶中，加水定容至刻度，混匀。

【仪器和设备】

注：所有玻璃器皿均需硝酸溶液（1+5）浸泡过夜，用自来水反复冲洗，最后用水冲洗干净。

① 分析天平：感量为 1mg 和 0.1mg。

② 可调式电热炉。

③ 可调式电热板。

④ 马弗炉。

【分析步骤】

1. 试样制备

注：在采样和试样制备过程中，应避免试样污染。

(1) 粮食、豆类样品 样品去除杂物后，粉碎，储于塑料瓶中。

(2) 蔬菜、水果、鱼类、肉类等样品 样品用水洗净，晾干，取可食部分，制成匀浆，储于塑料瓶中。

(3) 饮料、酒、醋、酱油、食用植物油、液态乳等液体样品

将样品摇匀。

2. 试样消解

(1) 湿法消解 准确称取固体试样 0.2～3g（精确至 0.001g）或准确移取液体试样 0.500～5.00mL 于带刻度消化管中，加 10mL 硝酸、0.5mL 高氯酸，在可调式电热炉上消解（参考条件：120℃/0.5～1h，升至 180℃/2～4h，升至 200～220℃）。若消化液呈棕褐色，再加硝酸，消解至冒白烟，消化液呈无色透明或略带黄色。取出消化管，冷却后用水定容至 25mL，再根据实际测定需要稀释，并在稀释液中加入一定体积的镧溶液（20g/L），使其在最终稀释液中的浓度为 1g/L，混匀备用，此为试样待测液。同时做试剂空白试验。亦可采用锥形瓶，于可调式电热板上，按上述操作方法进行湿法消解。

(2) 干法灰化 准确称取固体试样 0.5～5g（精确至 0.001g）或准确移取液体试样 0.500～10.000mL 于坩埚中，小火加热，炭化至无烟，转移至马弗炉中，于 550℃灰化 3～4h。冷却，取出。对于灰化不彻底的试样，加数滴硝酸，小火加热，小心蒸干，再转入 550℃马弗炉中，继续灰化 1～2h，至试样呈白灰状，冷却，取出，用适量硝酸溶液（1+1）溶解转移至刻度管中，用水定容至 25mL。根据实际测定需要稀释，并在稀释液中加入一定体积的镧溶液，使其在最终稀释液中的浓度为 1g/L，混匀备用，此为试样待测液。同时做试剂空白试验。

3. 滴定度（T）的测定

吸取 0.500mL 钙标准储备液（100.0mg/L）于试管中，加 1 滴硫化钠溶液（10g/L）和 0.1mL 柠檬酸钠溶液（0.05mol/L），加 1.5mL 氢氧化钾溶液（1.25mol/L），加 3 滴钙红指示剂，立即以稀释 10 倍的 EDTA 溶液滴定，至指示剂由紫红色变蓝色为止，记录所消耗的稀释 10 倍的 EDTA 溶液的体积。

根据滴定结果计算出每毫升稀释 10 倍的 EDTA 溶液相当于钙的毫克数，即滴定度（T）。

4. 试样及空白滴定

分别吸取 0.100～1.00mL（根据钙的含量而定）试样消化液及空白液于试管中，加 1 滴硫化钠溶液（10g/L）和 0.1mL 柠檬酸钠溶液（0.05mol/L），加 1.5mL 氢氧化钾溶液（1.25mol/L），加 3 滴钙红指示剂，立即以稀释 10 倍的 EDTA 溶液滴定，至指示剂由紫红色变蓝色为止，记录所消耗的稀释 10 倍的 EDTA 溶液的体积。

【分析结果表述】

试样中钙的含量按式（12-1）计算：

$$X = T \times (V_1 - V_0) \times V_2 \times \frac{1000}{m} \times V_3 \tag{12-1}$$

式中　X——试样中钙的含量，mg/kg 或 mg/L；

T——EDTA 滴定度，mg/mL；

V_1——滴定试样溶液时所消耗的稀释 10 倍的 EDTA 溶液的体积，mL；

V_0——滴定空白溶液时所消耗的稀释 10 倍的 EDTA 溶液的体积，mL；

V_2——试样消化液的定容体积，mL；

1000——换算系数；

m——试样质量或移取体积，g 或 mL；

V_3——滴定用试样待测液的体积，mL。

计算结果保留三位有效数字。

【精密度】

在重复性条件下获得的两次独立测定结果的绝对差值不得超过算术平均值的 10%。

【其他】

以称样量 4g（或 4mL），定容至 25mL，吸取 1.00mL 试样消化液测定时，方法的定量限为 100mg/kg（或 100mg/L）。

复习思考题

1. 为什么食品要检测钙？国家标准有几种方法？EDTA 滴定检测原理是什么？

2. EDTA 滴定检测所用基准试剂是什么？有什么要求？

3. 人体中有哪些矿质元素？哪些是常量的？哪些是微量的？

第十三章　食品中氯化物的测定

1. 了解含有氯化物的食品种类；
2. 重点掌握食品中氯化物的分析检测方法；
3. 掌握沉淀滴定在食品理化分析中的应用。

📖 技能目标

1. 掌握硝酸银和硫氰酸钾标准滴定溶液的配制与标定技能；
2. 掌握氯化钠（物）测定技能；
3. 掌握实验操作中的过滤技能。

📖 思政与职业素养目标

明确食品检验责任重大，培养公正、法治，爱国、敬业、诚信等品质。

📖 国家标准

GB 5009.44—2016 食品安全国家标准 食品中氯化物的测定

📖 必备知识

一、食品中的氯化物

氯化物在无机化学领域里是指带负电的氯离子和其他元素带正电的阳离子结合而形成的盐类化合物。食品中最常见的氯化物比如氯化钠（俗称食盐），是食盐的主要成分，化学式为 $NaCl$。氯化钠的用途广泛，蔬菜制品、淀粉制品、腌制品、鲜（冻）肉类、灌肠类、酱卤肉类、肴肉类、烧烤肉和火腿类肉禽及水产制品、调味品加工中都离不开食盐。婴幼儿食品、乳品中氯化物的含量是有限制的。

二、测定氯化物的意义

在食品加工工艺中，食盐对改变食品的形态，组织结构，色、香、味等感官指标起着十分重要的作用。如食品加工中的肉类加工离开盐就没有口感，盐的比例直接关系到其风味和质量。

① 食盐是易溶于水的无色结晶体，具有吸湿性，通过食盐腌渍，可以提高一些肉制品的保水性和黏结性，并可以提高产品的风味。

② 食盐的保鲜、增鲜作用是因为食盐可以提高肉品的渗透压。当食盐溶液的浓度为 1％时，可以产生 61kPa 的渗透压，而多数微生物细胞的渗透压只有 300～600kPa。在食盐渗透压的作用下，微生物的生长活动就受到了抑制。食盐在肉制品中的作用有提供风味、抽取收缩性蛋白质、阻止细菌繁殖等。

③ 许多酱油常因盐分过高而形成苦味并影响鲜味。按照国家标准 GB 18186—2000 规定，酱油可溶性无盐固形物食盐含量≥15（g/100mL，以氯化钠计）。有不少酱油固形物不低、全氮很低，但盐分却很高，造成酱油不鲜或咸苦。

④ 食品行业标准规定氯化钠含量标准，香肠小于 4％，培根小于 3.5％，酱卤制品也是小于

4%。可根据规定检测出肉制品中的氯化钠含量进行比对。

目前国家颁布的有关食品中的氯化物的测定的国家标准是 GB 5009.44—2016《食品安全国家标准 食品中氯化物的测定》。根据氯化物测定原理，检测方法有三个：电位滴定法、佛尔哈德法（间接沉淀滴定法）、银量法（摩尔法或直接滴定法）。

 **实验技能**

0.1mol/L 硝酸银和硫氰酸钾标准滴定溶液的配制

1. 试剂及配制

除非另有说明，本方法所用试剂均为分析纯，水为 GB/T 6682 规定的三级水。

（1）试剂

① 硫酸铁铵 [$NH_4Fe(SO_4)_2 \cdot 12H_2O$]。

② 硫氰酸钾（KSCN）。

③ 硝酸（HNO_3）。

④ 硝酸银（$AgNO_3$）。

⑤ 乙醇（CH_3CH_2OH）：纯度≥95%。

（2）试剂配制

① 硫酸铁铵饱和溶液：称取 50g 硫酸铁铵，溶于 100mL 水中，如有沉淀物，用滤纸过滤。

② 硝酸溶液（1+3）：将 1 体积的硝酸加入 3 体积水中，混匀。

③ 乙醇溶液（80%）：84mL 95% 乙醇与 15mL 水混匀。

（3）标准品 基准氯化钠（NaCl），纯度≥99.8%。

2. 标准溶液配制

（1）硝酸银标准滴定溶液（0.1mol/L） 称取 17g 硝酸银，溶于少量硝酸溶液中，转移到 1000mL 棕色容量瓶中，用水稀释至刻度，摇匀，转移到棕色试剂瓶中储存。

（2）硫氰酸钾标准滴定溶液（0.1mol/L） 称取 9.7g 硫氰酸钾，溶于水中，转移到 1000mL 容量瓶中，用水稀释至刻度，摇匀。或购买经国家认证并授予标准物质证书的硫氰酸钾标准滴定溶液。

3. 标准溶液标定

（1）硝酸银标准滴定溶液与硫氰酸钾标准滴定溶液体积比的确定 移取 0.1mol/L 硝酸银标准滴定溶液 20.00mL（V_4）于 250mL 锥形瓶中，加入 30mL 水、5mL 硝酸溶液和 2mL 硫酸铁铵饱和溶液，边摇动边滴加硫氰酸钾标准滴定溶液，滴定至出现淡棕红色，保持 1min 不褪色，记录消耗硫氰酸钾标准滴定溶液的体积（V_5）。

（2）硝酸银标准滴定溶液（0.1 mol/L）和硫氰酸钾标准滴定溶液（0.1 mol/L）的标定

① 氯化物的沉淀 称取经 500～600℃ 灼烧至恒重的氯化钠 0.10g（精确至 0.1mg），于烧杯中，用约 40mL 水溶解，并转移到 100mL 容量瓶中。加入 5mL 硝酸溶液，边剧烈摇动边加入 25.00mL（V_6）0.1mol/L 硝酸银标准滴定溶液，用水稀释至刻度，摇匀。在避光处放置 5min，用快速滤纸过滤，弃去最初滤液 10mL。

② 过量硝酸银的滴定 准确移取滤液 50.00mL 于 250mL 锥形瓶中，加入 2mL 硫酸铁铵饱和溶液，边摇动边滴加硫氰酸钾标准滴定溶液，滴定至出现淡棕红色，保持 1min 不褪色。记录消耗硫氰酸钾标准滴定溶液的体积（V_7）。

按式（13-1）、式（13-2）、式（13-3）分别计算硝酸银标准滴定溶液与硫氰酸标准滴定溶液的体积比（F）、硫氰酸钾标准滴定溶液的准确浓度（c_2）和硝酸银标准滴定溶液的准确浓度（c_3）。

$$F = \frac{V_4}{V_5} = \frac{c_2}{c_3} \tag{13-1}$$

式中　F——硝酸银标准滴定溶液与硫氰酸钾标准滴定溶液的体积比；

V_4——确定体积比（F）时，硝酸银标准滴定溶液的体积，mL；

V_5——确定体积比（F）时，硫氰酸钾标准滴定溶液的体积，mL；

c_2——硫氰酸钾标准滴定溶液浓度，mol/L；

c_3——硝酸银标准滴定溶液浓度，mol/L。

$$c_3 = \frac{\dfrac{m_0}{0.05844}}{V_6 - 2 \times V_7 \times F} \tag{13-2}$$

式中　c_3——硝酸银标准滴定溶液浓度，mol/L；

m_0——氯化钠的质量，g；

V_6——沉淀氯化物时加入的硝酸银标准滴定溶液体积，mL；

V_7——滴定过量的硝酸银消耗硫氰酸钾标准滴定溶液的体积，mL；

F——硝酸银标准滴定溶液与硫氰酸钾标准滴定溶液的体积比；

0.05844——与1.00mL硝酸银标准滴定溶液 $[c(AgNO_3)=1.000mol/L]$ 相当的氯化钠的质量，g。

$$c_2 = c_3 \times F \tag{13-3}$$

式中　c_2——硫氰酸钾标准滴定溶液浓度，mol/L；

c_3——硝酸银标准滴定溶液浓度，mol/L；

F——硝酸银标准滴定溶液与硫氰酸钾标准滴定溶液的体积比。

 任务实施

任务一　佛尔哈德法（间接沉淀滴定法　第二法）

【原理】

样品经水或热水溶解、沉淀蛋白质、酸化处理后，加入过量的硝酸银溶液，以硫酸铁铵为指示剂，用硫氰酸钾标准滴定溶液滴定过量的硝酸银。根据硫氰酸钾标准滴定溶液的消耗量，计算食品中氯化物的含量。

本方法是国家标准分析方法，佛尔哈德法的最大优点是在酸性溶液中进行滴定，许多弱酸根离子都不干扰滴定，因而方法的选择性高，应用广泛。

采用返滴定法可以测定氯离子，溴离子，碘离子，硫氢酸根离子、PO_4^{3-}、AsO_4^{3-}、CrO_4^{2-} 等离子。

【试剂及配制】

除非另有说明，本方法所用试剂均为分析纯，水为 GB/T 6682 规定的三级水。

1. 试剂

① 硫酸铁铵 $[NH_4Fe(SO_4)_2 \cdot 12H_2O]$。

② 硫氰酸钾（KSCN）。

③ 硝酸（HNO_3）。

④ 硝酸银（$AgNO_3$）。

⑤ 乙醇（CH_3CH_2OH）：纯度≥95%。

⑥ 亚铁氰化钾 $[K_4Fe(CN)_6 \cdot 3H_2O]$。

⑦ 乙酸锌 $[Zn(CH_3CO_2)_2]$。

⑧ 冰乙酸（CH_3COOH）。

2. 试剂配制

（1）硫酸铁铵饱和溶液　称取 50g 硫酸铁铵，溶于 100mL 水中，如有沉淀物，用滤纸过滤。

（2）**硝酸溶液（1＋3）**　将 1 体积的硝酸加入 3 体积水中，混匀。

（3）**乙醇溶液（80％）**　84mL 95％乙醇与 15mL 水混匀。

（4）**沉淀剂Ⅰ**　称取 106g 亚铁氰化钾，加水溶解并定容到 1L，混匀。

（5）**沉淀剂Ⅱ**　称取 220g 乙酸锌，溶于少量水中，加入 30mL 冰乙酸，加水定容到 1L，混匀。

3. **标准品**

标准氯化钠（NaCl），纯度≥99.8％。

4. **标准溶液配制**

详见［实验技能］。

【**仪器和设备**】

① 组织捣碎机。

② 粉碎机。

③ 研钵。

④ 涡旋振荡器。

⑤ 超声波清洗器。

⑥ 恒温水浴锅。

⑦ 离心机：转速≥3000r/min。

⑧ 天平：感量 0.1mg 和 1mg。

【**分析步骤**】

1. **试样制备**

（1）**粉末状、糊状或液体样品**　取有代表性的样品至少 200g，充分混匀，置于密闭的玻璃容器内。

（2）**块状或颗粒状等固体样品**　取有代表性的样品至少 200g，用粉碎机粉碎或用研钵研细，置于密闭的玻璃容器内。

（3）**半固体或半液体样品**　取有代表性的样品至少 200g，用组织捣碎机捣碎，置于密闭的玻璃容器内。

2. **试样溶液制备**

（1）**婴幼儿食品、乳品**　称取混合均匀的试样 10g（精确至 1mg）于 100mL 具塞比色管中，加入 50mL 约 70℃热水，振荡分散样品，水浴中沸腾 15min，并不时摇动，取出，超声处理 20min，冷却至室温，依次加入 2mL 沉淀剂Ⅰ和 2mL 沉淀剂Ⅱ，每次加后摇匀。用水稀释至刻度，摇匀，在室温静置 30min。用滤纸过滤，弃去最初滤液，取部分滤液测定。必要时也可用离心机于 5000r/min 离心 10min，取部分滤液测定。

（2）**蛋白质、淀粉含量较高的蔬菜制品、淀粉制品**　称取约 5g 试样（精确至 1mg）于 100mL 具塞比色管中，加适量水分散，振摇 5min（或用涡旋振荡器振荡 5min），超声处理 20min，依次加入 2mL 沉淀剂Ⅰ和 2mL 沉淀剂Ⅱ，每次加后摇匀。用水稀释至刻度，摇匀，在室温静置 30min。用滤纸过滤，弃去最初滤液，取部分滤液测定。蛋白质、淀粉含量较高的蔬菜制品改为用乙醇溶液提取。

（3）**一般蔬菜制品、腌制品**　称取约 10g 试样（精确至 1mg）于 100mL 具塞比色管中，加入 50mL70℃热水，振摇 5min（或用涡旋振荡器振荡 5min），超声处理 20min，冷却至室温，用水稀释至刻度，摇匀，用滤纸过滤，弃去最初滤液，取部分滤液测定。

（4）**调味品**　称取约 5g 试样（精确至 1mg）于 100mL 具塞比色管中，加入 50mL 水，必要时，70℃热水浴中加热溶解 10min，振摇分散，超声处理 20min，冷却至室温，用水稀释至刻度，摇匀，用滤纸过滤，弃去最初滤液，取部分滤液测定。

（5）肉禽及水产制品 称取约 10g 试样（精确至 1mg）于 100mL 具塞比色管中，加入 50mL70℃ 热水，振荡分散样品，水浴中煮沸 15min，并不断摇动，取出，超声处理 20min，冷却至室温，依次加入 2mL 沉淀剂Ⅰ和 2mL 沉淀剂Ⅱ。每次加入沉淀剂充分摇匀，用水稀释至刻度，摇匀，在室温静置 30min。用滤纸过滤，弃去最初滤液，取部分滤液测定。

（6）鲜（冻）肉类、灌肠类、酱卤肉类、肴肉类、烧烤肉和火腿类

① 炭化浸出法：称取 5g 试样（精确至 1mg）于瓷坩埚中，小火炭化完全，炭化成分用玻璃棒轻轻研碎，然后加 25～30mL 水，小火煮沸，冷却，过滤于 100mL 容量瓶中，并用热水少量多次洗涤残渣及滤器，洗液并入容量瓶中，冷至室温，加水至刻度，取部分滤液测定。

② 灰化浸出法：称取 5g 试样（精确至 1mg）于瓷坩埚中，先小火炭化，再移入高温炉中，于 500～550℃ 灰化，冷却，取出，残渣用 50mL 热水分数次浸渍溶解，每次浸渍后过滤于 100mL 容量瓶中，冷至室温，加水至刻度，取部分滤液测定。

3. 测定

（1）试样氯化物的沉淀 移取 50.00mL 试液（V_8）于 100mL 比色管中（氯化物含量较高的样品可减少取样体积），加入 5mL 硝酸溶液。在剧烈摇动下，用酸式滴定管滴加 20.00～40.00mL 硝酸银标准滴定溶液，用水稀释至刻度，在避光处静置 5min。用快速滤纸过滤，弃去 10mL 最初滤液。加入硝酸银标准滴定溶液后，如不出现氯化银凝聚沉淀，而呈现胶体溶液时，应在定容、摇匀后，置沸水浴中加热数分钟，直至出现氯化银凝聚沉淀。取出，在冷水中迅速冷却至室温，用快速滤纸过滤，弃去 10mL 最初滤液。

（2）过量硝酸银的滴定 移取 50.00mL 上述滤液于 250mL 锥形瓶中，加入 2mL 硫酸铁铵饱和溶液。边剧烈摇动边用 0.1mol/L 硫氰酸钾标准滴定溶液滴定，淡黄色溶液出现乳白色沉淀，终点时变为淡棕红色，保持 1min 不褪色。记录消耗硫氰酸钾标准滴定溶液的体积（V_9）。

（3）空白试验 用 50mL 水（与滤液用实验室用水一致）代替 50.00mL 滤液于 250mL 锥形瓶中，加入 5mL 硝酸溶液，边猛烈摇动边加入滴定试样时消耗 0.1mol/L 硝酸银标准滴定溶液体积的二分之一，再加 2mL 硫酸铁铵饱和溶液，边猛烈摇动边用 0.1mol/L 硫氰酸钾标准滴定溶液滴定至出现淡棕红色，保持 1min 不褪色。记录空白试验消耗 0.1mol/L 硫氰酸钾标准滴定溶液的毫升数（V_0）。

【分析结果表述】

食品中氯化物的含量以质量分数 X_2 表示，按式（13-4）计算：

$$X_2 = \frac{0.0355 \times c_2 \times (V_0 - V_9) \times V}{m \times V_8} \times 100\% \tag{13-4}$$

式中 X_2——试样中氯化物的含量（以氯计），%；

0.0355——与 1.00mL 硝酸银标准滴定溶液 $[c(AgNO_3) = 1.000mol/L]$ 相当的氯的质量，g；

c_2——硫氰酸钾标准滴定溶液浓度，mol/L；

V_0——空白试验消耗的硫氰酸钾标准滴定溶液体积，mL；

V_8——用于滴定的试样体积，mL；

V_9——滴定试样时消耗 0.1mol/L 硫氰酸钾标准滴定溶液的体积，mL；

V——样品定容体积，mL；

m——试样质量，g。

当氯化物含量≥1% 时，结果保留三位有效数字；当氯化物含量<1% 时，结果保留两位有效数字。

【精密度】

在重复性条件下获得的两次独立测试结果的绝对差值不得超过算术平均值的 5%。

【其他】

以称样量 10g，定容至 100mL 计算，方法定量限（LOQ）为 0.008％（以 Cl^- 计）。

【实验注意事项】

① 酱油等液体样品需要称量。

② 试样氯化物的沉淀中要用到 100mL 比色管，注意切勿与样品制备中用到的 100mL 比色管混淆。比色管可以用同规格容量瓶替代。

③ 试样量的选取会直接影响实验能否完成。由于是间接滴定法，空白消耗的硫氰酸钾标准滴定溶液的毫升数（V_0）是可以根据实验设计预测的。如果水中的 Cl^- 很少，根据加入硝酸银的体积数可以初步判断硫氰酸钾标准滴定溶液的毫升数。如果试样量中 Cl^- 的全部沉淀了硝酸银且有过量，实验中会出现第一滴硫氰酸钾标准滴定溶液到终点的异常现象，表明试样取多了。

任务二 银量法（摩尔法或直接滴定法 第三法）

【原理】

样品经处理后，以铬酸钾为指示剂，用硝酸银标准滴定溶液滴定试液中的氯化物。根据硝酸银标准滴定溶液的消耗量，计算食品中氯的含量。

【试剂及配制】

除非另有说明，本方法所用试剂均为分析纯，水为 GB/T 6682 规定的三级水。

1. 试剂

① 铬酸钾（K_2CrO_4）。

② 氢氧化钠（NaOH）。

③ 硝酸（HNO_3）。

④ 硝酸银（$AgNO_3$）。

⑤ 乙醇（CH_3CH_2OH）：纯度≥95％。

⑥ 酚酞（$C_{20}H_{14}O_4$）。

2. 试剂配制

（1）铬酸钾溶液（5％） 称取 5g 铬酸钾，加水溶解，并定容到 100mL。

（2）铬酸钾溶液（10％） 称取 10g 铬酸钾，加水溶解，并定容到 100mL。

（3）氢氧化钠溶液（0.1％） 称取 1g 氢氧化钠，加水溶解，并定容到 100mL。

（4）硝酸溶液（1+3） 将 1 体积的硝酸加入 3 体积水中，混匀。

（5）酚酞-乙醇溶液（1％） 称取 1g 酚酞，溶于 60mL 乙醇中，用水稀释至 100mL。

（6）乙醇溶液（80％） 84mL 95％乙醇与 15mL 水混匀。

3. 标准品

基准氯化钠（NaCl），纯度≥99.8％。

4. 标准溶液配制

（1）硝酸银标准滴定溶液（0.1mol/L） 称取 17g 硝酸银，溶于少量硝酸溶液中，转移到 1000mL 棕色容量瓶中，用水稀释至刻度，摇匀，转移到棕色试剂瓶中储存。或购买有证书的硝酸银标准滴定溶液。

（2）硝酸银标准滴定溶液的标定（0.1mol/L） 称取经 500～600℃灼烧至恒重的基准试剂氯化钠 0.05～0.10g（精确至 0.1mg），于 250mL 锥形瓶中。用约 70mL 水溶解，加入 1mL 5％铬酸钾溶液，边摇动边用硝酸银标准滴定溶液滴定，颜色由黄色变为橙黄色（保持 1min 不褪色）。记录消耗硝酸银标准滴定溶液的体积（V_{10}）。

硝酸银标准滴定溶液的浓度按式（13-5）计算：

$$c_4 = \frac{m_0}{0.0585 \times V_{10}} \qquad (13\text{-}5)$$

式中　c_4——硝酸银标准滴定溶液的浓度，mol/L；

0.0585——与 1.00mL 硝酸银标准滴定溶液 $[c(\text{AgNO}_3)=1.000\text{mol/L}]$ 相当的氯化钠的质量，g；

V_{10}——滴定试液时消耗硝酸银标准滴定溶液的体积，mL；

m_0——氯化钠的质量，g。

【仪器和设备】

① 组织捣碎机。

② 粉碎机。

③ 研钵。

④ 涡旋振荡器。

⑤ 超声波清洗器。

⑥ 恒温水浴锅。

⑦ 离心机：转速≥3000r/min。

⑧ 天平：感量 0.1mg 和 1mg。

【分析步骤】

1. 试样制备

同第二法。

2. 试样溶液制备

同第二法。

3. 测定

（1）pH6.5～10.5 的试液　移取 50.00mL 试液（V_{11}），于 250mL 锥形瓶中，加入 50mL 水和 1mL 铬酸钾溶液（5%）。滴加 1～2 滴硝酸银标准滴定溶液，此时，滴定液应变为棕红色，如不出现这一现象，应补加 1mL 铬酸钾溶液（10%），再边摇动边滴加硝酸银标准滴定溶液，颜色由黄色变为橙黄色（保持 1min 不褪色）。记录消耗硝酸银标准滴定溶液的体积（V_{12}）。

（2）pH 小于 6.5 的试液　移取 50.00mL 试液（V_{11}），于 250mL 锥形瓶中，加 50mL 水和 0.2mL 酚酞-乙醇溶液，用氢氧化钠溶液滴定至微红色，加 1mL 铬酸钾溶液（10%），再边摇动边滴加硝酸银标准滴定溶液，颜色由黄色变为橙黄色（保持 1min 不褪色），记录消耗硝酸银标准滴定溶液的体积（V_{12}）。同时做空白试验，记录消耗硝酸银标准滴定溶液的体积（V_0）。

【分析结果表述】

食品中氯化物含量以质量分数 X_3 表示，按式（13-6）计算：

$$X_3 = \frac{0.0355 \times c_4(V_{12}-V_0'') \times V}{m \times V_{11}} \times 100\% \qquad (13\text{-}6)$$

式中　X_3——食品中氯化物的含量（以氯计），%；

0.0355——与 1.00mL 硝酸银标准滴定溶液 $[c(\text{AgNO}_3)=1.000\text{mol/L}]$ 相当的氯的质量，g；

c_4——硝酸银标准滴定溶液的浓度，mol/L；

V_{11}——用于滴定的试样体积，mL；

V_{12}——滴定试液时消耗的硝酸银标准滴定溶液体积，mL；

V_0''——空白试验消耗的硝酸银标准滴定溶液体积，mL；

V——样品定容体积，mL；

m——试样质量，g。

当氯化物含量≥1%时，结果保留三位有效数字；当氯化物含量<1%时，结果保留两位有效数字。

【精密度】

在重复性条件下获得的两次独立测试结果的绝对差值不得超过算术平均值的 5%。

【其他】

以称样量 10g，定容至 100mL 计算，方法定量限为 0.008%（以 Cl^- 计）。

📖 复习思考题

1. 为什么食品要检测氯化钠？国家标准有几种方法？间接滴定检测原理是什么？

2. 哪些食品需要检测氯化钠？

3. 用流程图说明氯化物检测步骤。

4. 反滴定检测方法中，为什么试样中硝酸银加 20mL，空白就加一半？

5. 氯化物测定所用基准试剂是什么？有什么要求？

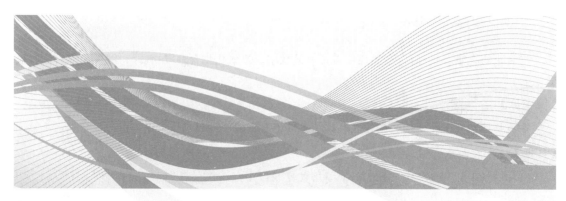

模块五　仪器分析法

随着科学技术的不断发展，对分析的要求越来越高，不仅要求分析的准确度和灵敏度高，而且对于分析工作完成速度方面提出了更高的要求。

重量分析和容量分析准确度较高，能满足科研和生产需要。但由于分析时间太长，有时不能达到及时指导生产的作用，同时在灵敏度方面亦达不到要求。如有些含量低的组分在百万分之几的范围内，无论用重量分析或容量分析都达不到这个要求，仪器分析则解决了上述分析方法之不足。

仪器分析，实质上是物理和物理化学分析。根据被测物质的某些物理特性（如光学、热量、电化、色谱、放射等）与组分之间的关系，不经化学反应直接进行鉴定或测定的分析方法，叫物理分析法。根据被测物质在化学变化中的某种物理性质和组分之间的关系进行鉴定或测定的分析方法，叫做物理化学分析方法。进行物理或物理化学分析时，大都需要精密仪器进行测试，故此类分析方法又叫仪器分析法。

仪器分析法可分为光学分析法、电化学分析法、色谱分析法、质谱分析法四种。

光学分析法是基于物质对光的吸收或激发后光的发射所建立起来的一类方法，比如紫外-可见分光光度法、红外及拉曼光谱法、原子发射与原子吸收光谱法、原子和分子荧光光谱法、核磁共振波谱法等。

电化学分析法是应用电化学原理和技术，利用化学电池内被分析溶液的组成及含量与其电化学性质的关系而建立起来的一类分析方法。其特点是灵敏度高、选择性好、设备简单、操作方便、应用范围广。既能分析有机物，又能分析无机物，并且许多方法便于自动化。其中的电位分析法是通过测量电极电动势以求得待测物质含量的分析方法。

色谱分析法常见的有：柱色谱法、薄层色谱法、气相色谱法、高效液相色谱法等。

利用运动离子在电场和磁场中偏转原理设计的仪器称为质谱计或质谱仪。常用的有机质谱计有单聚焦质谱计、双聚焦质谱计和四极矩质谱计。质谱分析法多与气相色谱仪和电子计算机联用。GC-MS（气相色谱串联质谱检测器）方法可以同时检测多种类型的农药，而且对检测对象可进行准确定性、定量。

仪器分析是在化学分析的基础上进行的。如试样的溶解、物质的分离等，都是化学分析的基本步骤；同时，仪器分析大都需要化学纯品作标准，而这些化学纯品的成分，多需要化学分析方法来确定。因此，化学分析法和仪器分析法是相辅相成的。

工作实际案例

第十四章 维生素的分析测定

知识目标

1. 了解维生素的作用和分类；
2. 掌握维生素的性质、生理功能和测定意义；
3. 掌握各类维生素的检验方法。

技能目标

掌握维生素 A、E、胡萝卜素、维生素 B_1、抗坏血酸的检测技能。

思政与职业素养目标

中国饮食文化博大精深，孙思邈在千金方中就用猪肝治疗"雀目"，东晋医学家葛洪在《肘后备急方》中载昆布疗瘿，通过查阅文献增强文化自信，增强文化自觉，提高学生的民族自豪感；同时培养学生实事求是、团队合作的专业素养。

国家标准

1. GB 5009.82—2016 食品安全国家标准　食品中维生素 A、D、E 的测定
2. GB 5009.83—2016 食品安全国家标准　食品中胡萝卜素的测定
3. GB 5009.84—2016 食品安全国家标准　食品中维生素 B_1 的测定
4. GB 5009.86—2016 食品安全国家标准　食品中抗坏血酸的测定

必备知识

一、食品中的维生素及分类

1. 维生素的作用

维生素是一类人体不能合成，但又是人体正常生理代谢所必需的，且功能各异的微量低分子有机化合物，具有下列共同的特点：

① 以本体或前体化合物存在于天然食物中；

② 在体内不能合成，必须由食物供给；

③ 在机体内不提供能量，不参与机体组织的构成，但在调节物质代谢的过程中却起着十分重要的作用；

④ 机体缺乏维生素时，物质代谢将发生障碍，表现出不同的缺乏症。

2. 维生素的分类

维生素有三种命名系统。一是按发现的历史顺序，以英文字母顺次命名，如维生素 A、维生素 B、维生素 C、维生素 D、维生素 E 等；二是按其特有的功能命名，如抗干眼病维生素、抗皮炎病维生素、抗坏血酸等；三是按其化学结构命名，如视黄醇、硫胺素、核黄素。三种命名系统互相通用。

维生素的种类很多，化学结构与生理功能差异性很大，因此无法按照结构或功能分类。一般按其溶解性，可分为脂溶性维生素及水溶性维生素两大类。

脂溶性维生素包括维生素 A、维生素 D、维生素 E、维生素 K。脂溶性维生素均不溶于水，溶于脂肪及有机溶剂（如乙醇、乙醚、苯及氯仿等），故称为脂溶性维生素。在食物中，它们常和脂类同时存在，因此它们在肠道被吸收时也与脂类的吸收密切相关。当脂类吸收不良时，脂溶性维生素的吸收大为减少，甚至会引起缺乏症。吸收后的脂溶性维生素可以在体内，尤其是在肝脏内贮存。脂溶性维生素在机体内的吸收与机体对脂肪的吸收有关，且排泄效率不高，摄入过多可在体内蓄积，以至产生有害影响。

水溶性维生素包括 B 族维生素和维生素 C。水溶性维生素排泄率高，一般不在体内蓄积，毒性较低，但超过生理需要量过多时，可能出现维生素和其他营养素代谢不正常等不良作用。

许多因素可致人体维生素不足或缺乏。人类维生素的缺乏包括原发性缺乏和继发性缺乏。原发性缺乏主要是由于食物中供给量不足，继发性缺乏是维生素在体内吸收障碍、破坏、分解增强和生理需要量增加等因素造成的。维生素缺乏在体内是一个渐进过程，初始储备量降低，继则有关生化代谢异常、生理功能改变，然后才是组织病理变化并出现临床症状和体征。

二、测定维生素的意义

食品中各种维生素的含量主要取决于食品的品种，此外，还与食品的工艺及储存等条件有关，许多维生素对光、热、氧、pH 敏感，因而加工条件不合理或储存不当都会造成维生素的损失。测定食品中维生素的含量，在评价食品的营养价值；开发和利用富含维生素的食品资源；指导人们合理调整膳食结构；防止维生素缺乏；研究维生素在食品加工、储存等过程中的稳定性；指导人们制定合理的工艺条件及储存条件、最大限度地保留各种维生素；防止因摄入过多而引起维生素中毒等方面具有十分重要的意义和作用。

三、脂溶性维生素的测定

脂溶性维生素是指与类脂物一起存在于食物中的维生素 A、维生素 D 和维生素 E。脂溶性维生素具有以下理化性质：

① 脂溶性维生素不溶于水，易溶于脂肪、乙醇、丙酮、氯仿、乙醚、苯等有机溶剂；

② 维生素 A、维生素 D 对酸不稳定，维生素 E 对酸稳定。维生素 A、维生素 D 对碱稳定，维生素 E 对碱不稳定；但在抗氧化剂存在或有惰性气体保护的条件下，也能经受碱的煮沸；

③ 维生素 A、维生素 D、维生素 E 耐热性好，能经受煮沸；维生素 A 因分子中有双链，易被氧化，光、热促进其氧化；维生素 D 性质稳定，不易被氧化；维生素 E 在空气中能慢慢被氧化，光、热、碱能促进其氧化作用。

由于脂溶性维生素具有上述特性，实际工作中就要依据这些性质进行分析测定。脂溶性维生素溶于脂肪，故测定脂溶性维生素时通常先用皂化法处理试样，水洗去除类脂物。又因为脂溶性维生素易溶于乙醇、丙酮、氯仿、乙醚、苯等有机溶剂，可以利用有机溶剂提取脂溶性维生素（不皂化物），浓缩后溶于适当的溶剂再测定。在皂化和浓缩时，为防止维生素的氧化分解，常加大抗氧化剂（如焦性没食子酸、维生素 C 等）用量。对于某些液体试样或脂肪含量低的试样，可以先用有机溶剂抽出脂类，然后再进行皂化处理；对于维生素 A、维生素 D、维生素 E 共存的试样，或杂质含量高的试样，在皂化提取后，还需进行色谱分离。分析操作一般要在避光条件下进行。

四、水溶性维生素的测定

水溶性维生素 B_1、维生素 B_2 和维生素 C，广泛存在于动植物组织中，在食物中常以辅酶的多种形式存在，除满足人体生理、生化作用外，多余的量都能从有机体排出。

水溶性维生素都易溶于水，而不溶于苯、乙醚、氯仿等大多数有机溶剂。在酸性介质中很稳定，即使加热也不会被破坏；但在碱性介质中不稳定，易于分解，特别在碱性条件下加热时，可大部分或全部被破坏，它们易受空气、光、热、酶、金属离子等的影响，维生素 B_2 对光特别是紫外线敏感，易被光线破坏；维生素C对氧、铜离子敏感，易被氧化。

由于水溶性维生素具有上述特性，我们就要依据这些性质进行分析测定。测定水溶性维生素时，一般都在酸性溶液中进行前处理。维生素 B_1、维生素 B_2 通常采用盐酸水解，或再经淀粉酶、木瓜蛋白酶等酶解作用，使结合态维生素游离出来，再进行提取。为进一步去除杂质，还可用活性人造浮石、硅镁吸附剂等进行纯化处理。

测定水溶性维生素常用高效液相色谱法、荧光光度法、荧光法、高效液相色谱-荧光检测法、液相色谱-串联质谱法等方法。

 任务实施

任务一　食品中维生素 A 和维生素 E 的测定——反相高效液相色谱法（第一法）

【原理】

试样中的维生素 A 及维生素 E 经皂化（含淀粉先用淀粉酶酶解）、提取、净化、浓缩后，C_{30} 或 PFP 反相液相色谱柱分离，紫外检测器或荧光检测器检测，外标法定量。

【试剂及配制】

除非另有说明，本方法所用试剂均为分析纯。水为 GB/T 6682 规定的一级水。

1. 试剂

① 无水乙醇：经检查不含醛类物质。

② 抗坏血酸。

③ 氢氧化钾。

④ 乙醚：经检查不含过氧化物。

⑤ 石油醚：沸程为 30～60℃。

⑥ 无水硫酸钠。

⑦ pH 试纸（pH 范围 1～14）。

⑧ 甲醇：色谱纯。

⑨ 淀粉酶：活力单位≥100U/mg。

⑩ 2,6-二叔丁基对甲酚（$C_{15}H_{24}O$）：简称 BHT。

2. 试剂配制

（1）氢氧化钾溶液（50g/100g）　称取 50g 氢氧化钾，加入 50mL 水溶解，冷却后，储存于聚乙烯瓶中。

（2）石油醚-乙醚溶液（1+1）　量取 200mL 石油醚，加入 200mL 乙醚，混匀。

（3）有机系过滤头（孔径为 0.22μm）。

3. 标准品

（1）维生素 A 标准品：视黄醇（$C_{20}H_{30}O$，CAS 号：68-26-8）　纯度≥95%，或经国家认证并授予标准物质证书的标准物质。

（2）维生素 E 标准品　α-生育酚（$C_{29}H_{50}O_2$，CAS 号：10191-41-0）：纯度≥95%，或经国家认证并授予标准物质证书的标准物质；

β-生育酚（$C_{28}H_{48}O_2$，CAS 号：148-03-8）：纯度≥95%，或经国家认证并授予标准物质证书的标准物质；

γ-生育酚（$C_{28}H_{48}O_2$，CAS 号：54-28-4）：纯度≥95%，或经国家认证并授予标准物质证书的标准物质；

δ-生育酚（$C_{27}H_{46}O_2$，CAS 号：119-13-1）：纯度≥95%，或经国家认证并授予标准物质证

书的标准物质。

4. 标准溶液配制

（1）维生素 A 标准储备溶液（0.500mg/mL） 准确称取 25.0mg 维生素 A 标准品，用无水乙醇溶解后，转移入 50mL 容量瓶中，定容至刻度，此溶液浓度约为 0.500mg/mL。将溶液转移至棕色试剂瓶中，密封后，在 −20℃ 下避光保存，有效期 1 个月。临用前将溶液回温至 20℃，并进行浓度校正（校正方法参见 GB 5009.82—2016 附录 B）。

（2）维生素 E 标准储备溶液（1.00mg/mL） 分别准确称取 α-生育酚、β-生育酚、γ-生育酚和 δ-生育酚各 50.0mg，用无水乙醇溶解后，转移入 50mL 容量瓶中，定容至刻度，此溶液浓度约为 1.00mg/mL。将溶液转移至棕色试剂瓶中，密封后，在 −20℃ 下避光保存，有效期 6 个月。临用前将溶液回温至 20℃，并进行浓度校正（校正方法参见 GB 5009.82—2016 附录 B）。

（3）维生素 A 和维生素 E 混合标准溶液中间液 准确吸取维生素 A 标准储备溶液 1.00mL 和维生素 E 标准储备溶液各 5.00mL 于同一 50mL 容量瓶中，用甲醇定容至刻度，此溶液中维生素 A 浓度为 10.0μg/mL，维生素 E 各生育酚浓度为 100μg/mL。在 −20℃ 下避光保存，有效期半个月。

（4）维生素 A 和维生素 E 标准系列工作溶液 分别准确吸取维生素 A 和维生素 E 混合标准溶液中间液 0.20mL、0.50mL、1.00mL、2.00mL、4.00mL、6.00mL 于 10mL 棕色容量瓶中，用甲醇定容至刻度，该标准系列中维生素 A 浓度为 0.20μg/mL、0.50μg/mL、1.00μg/mL、2.00μg/mL、4.00μg/mL、6.00μg/mL，维生素 E 浓度为 2.00μg/mL、5.00μg/mL、10.0μg/mL、20.0μg/mL、40.0μg/mL、60.0μg/mL。临用前配制。

【仪器和设备】

① 分析天平：感量为 0.01mg。
② 恒温水浴振荡器。
③ 旋转蒸发仪。
④ 氮吹仪。
⑤ 紫外分光光度计。
⑥ 分液漏斗萃取净化振荡器。
⑦ 高效液相色谱仪：带紫外检测器或二极管阵列检测器或荧光检测器。

【分析步骤】

1. 试样制备

将一定数量的样品按要求经过缩分、粉碎均质后，储存于样品瓶中，避光冷藏，尽快测定。

2. 试样处理

警示：使用的所有器皿不得含有氧化性物质；分液漏斗活塞玻璃表面不得涂油；处理过程中应避免紫外光照，尽可能避光操作；提取过程应在通风柜中操作。

（1）皂化 不含淀粉样品：称取 2～5g（精确至 0.01g）经均质处理的固体试样或 50g（精确至 0.01g）液体试样于 150mL 平底烧瓶中，固体试样需加入约 20mL 温水，混匀，再加入 1.0g 抗坏血酸和 0.1g BHT，混匀，加入 30mL 无水乙醇，加入 10～20mL 氢氧化钾溶液，边加边振摇，混匀后于 80℃ 恒温水浴震荡皂化 30min，皂化后立即用冷水冷却至室温。

注：皂化时间一般为 30min，如皂化液冷却后，液面有浮油，需要加入适量氢氧化钾溶液，并适当延长皂化时间。

含淀粉样品：称取 2～5g（精确至 0.01g）经均质处理的固体试样或 50g（精确至 0.01g）液体样品于 150mL 平底烧瓶中，固体试样需用约 20mL 温水混匀，加入 0.5～1g 淀粉酶，放入 60℃ 水浴避光恒温振荡 30min 后，取出，向酶解液中加入 1.0g 抗坏血酸和 0.1g BHT，混匀，加入 30mL 无水乙醇，10～20mL 氢氧化钾溶液，边加边振摇，混匀后于 80℃ 恒温水浴振荡皂化 30min，皂化后立即用冷水冷却至室温。

（2）提取 将皂化液用 30mL 水转入 250mL 的分液漏斗中，加入 50mL 石油醚-乙醚混合液，振荡萃取 5min，将下层溶液转移至另一 250mL 的分液漏斗中，加入 50mL 的混合醚液再次萃取，合并醚层。注：如只测维生素 A 与 α-生育酚，可用石油醚作提取剂。

（3）洗涤 用约 100mL 水洗涤醚层，约需重复 3 次，直至将醚层洗至中性（可用 pH 试纸检测下层溶液 pH），去除下层水相。

（4）浓缩 将洗涤后的醚层经无水硫酸钠（约 3g）滤入 250mL 旋转蒸发瓶或氮气浓缩管中，用约 15mL 石油醚冲洗分液漏斗及无水硫酸钠 2 次，并入蒸发瓶内，并将其接在旋转蒸发仪或气体浓缩仪上，于 40℃ 水浴中减压蒸馏或气流浓缩，待瓶中醚液剩下约 2mL 时，取下蒸发瓶，立即用氮气吹至近干。用甲醇分次将蒸发瓶中残留物溶解并转移至 10mL 容量瓶中，定容至刻度。溶液过 0.22μm 有机系滤膜后供高效液相色谱测定。

3. 色谱条件

① 色谱柱：C_{30} 柱（柱长 250mm，内径 4.6mm，粒径 3μm），或相当者；

② 柱温：20℃；

③ 流动相 A：水；流动相 B，甲醇，洗脱梯度见表 14-1；

表 14-1　C_{30} 色谱柱-反相高效液相色谱法洗脱梯度参考条件

时间/min	流动相 A/%	流动相 B/%	流速/(mL/min)
0.0	4	96	0.8
13.0	4	96	0.8
20.0	0	100	0.8
24.0	0	100	0.8
24.5	4	96	0.8
30.0	4	96	0.8

④ 流速：0.8mL/min；

⑤ 紫外检测波长：维生素 A 为 325nm；维生素 E 为 294nm；

⑥ 进样量：10μL；

⑦ 标准色谱图和样品色谱图见（GB 5009.82—2016 附录 C）。

注 1：如难以将柱温控制在 20℃±2℃，可改用 PFP 柱分离异构体，流动相为水和甲醇梯度洗脱。

注 2：如样品中只含 α-生育酚，不需分离 β-生育酚和 γ-生育酚，可选用 C_{18} 柱，流动相为甲醇。

注 3：如有荧光检测器，可选用荧光检测器检测，对生育酚的检测有更高的灵敏度和选择性，可按以下检测波长检测：维生素 A 激发波长 328nm，发射波长 440nm；维生素 E 激发波长 294nm，发射波长 328nm。

4. 标准曲线的制作

采用外标法定量。将维生素 A 和维生素 E 标准系列工作溶液分别注入高效液相色谱仪中，测定相应的峰面积，以峰面积为纵坐标，以标准测定液浓度为横坐标绘制标准曲线，计算直线回归方程。

5. 样品测定

试样液经高效液相色谱仪分析，测得峰面积，采用外标法通过上述标准曲线计算其浓度。在测定过程中，每测定 10 个样品用同一份标准溶液或标准物质检查仪器的稳定性。

【分析结果表述】

试样中维生素 A 或维生素 E 的含量按式（14-1）计算：

$$X = \frac{\rho \times V \times f \times 100}{m} \qquad (14\text{-}1)$$

式中　X——试样中维生素 A 或维生素 E 的含量，维生素 A，$\mu g/100g$，维生素 E，$mg/100g$；

ρ——根据标准曲线计算得到的试样中维生素 A 或维生素 E 的浓度，$\mu g/mL$；

V——定容体积，mL；

f——换算因子（维生素 A：$f=1$；维生素 E：$f=0.001$）；

100——试样中量以每 100 克计算的换算系数；

m——试样的称样量，g。

计算结果保留三位有效数字。

注：如维生素 E 的测定结果要用 α-生育酚当量（α-TE）表示，可按下式计算：维生素 E（α-TEmg/100g）$=\alpha$-生育酚（mg/100g）$+\beta$-生育酚（mg/100g）$\times 0.5+\gamma-$生育酚（mg/100g）$\times 0.1+\delta-$生育酚（mg/100g）$\times 0.01$。

【精密度】

在重复性条件下获得的两次独立测定结果的绝对差值不得超过算术平均值的 10%。

【其他】

当取样量为 5g，定容 10mL 时，维生素 A 的紫外检出限为 $10\mu g/100g$，定量限为 $30\mu g/100g$；生育酚的紫外检出限为 $40\mu g/100g$，定量限为 $120\mu g/100g$。

任务二　食品中胡萝卜素的测定

【原理】

试样经皂化使胡萝卜素释放为游离态，用石油醚萃取二氯甲烷定容后，采用反相色谱法分离，外标法定量。

【试剂及配制】

除非另有说明，本方法所用试剂均为分析纯。水为 GB/T 6682 规定的一级水。

1. 试剂

① α-淀粉酶：酶活力 $\geqslant 1.5U/mg$。

② 木瓜蛋白酶：酶活力 $\geqslant 5U/mg$。

③ 氢氧化钾。

④ 无水硫酸钠。

⑤ 抗坏血酸。

⑥ 石油醚：沸程 $30\sim 60℃$。

⑦ 甲醇：色谱纯。

⑧ 乙腈：色谱纯。

⑨ 三氯甲烷：色谱纯。

⑩ 甲基叔丁基醚：色谱纯。

⑪ 二氯甲烷：色谱纯。

⑫ 无水乙醇：优级纯。

⑬ 正己烷：色谱纯。

2. 试剂配制

氢氧化钾溶液：称固体氢氧化钾 500g，加入 500mL 水溶解。临用前配制。

3. 标准品

（1）α-胡萝卜素（$C_{40}H_{56}$，CAS 号：7488-99-5）　纯度 $\geqslant 95\%$，或经国家认证并授予标准物质证书的标准物质。

（2）**β-胡萝卜素**（$C_{40}H_{56}$，**CAS 号：7235-40-7**） 纯度≥95％，或经国家认证并授予标准物质证书的标准物质。

4. 标准溶液配制

（1）α-胡萝卜素标准储备液（500μg/mL） 准确称取 α-胡萝卜素标准品 50mg（精确到0.1mg），加入 0.25g BHT，用二氯甲烷溶解，转移至 100mL 棕色容量瓶中定容至刻度。于−20℃以下避光储存，使用期限不超过 3 个月。标准储备液用前需进行标定。

（2）α-胡萝卜素标准中间液（100μg/mL） 由 α-胡萝卜素标准储备液中准确移取 10.0mL 溶液于 50mL 棕色容量瓶中，用二氯甲烷定容至刻度。

（3）β-胡萝卜素标准储备液（500μg/mL） 准确称取 β-胡萝卜素标准品 50mg（精确到0.1mg），加入 0.25g BHT，用二氯甲烷溶解，转移至 100mL 棕色容量瓶中定容至刻度。于−20℃以下避光储存，使用期限不超过 3 个月。标准储备液用前需进行标定。

（4）β-胡萝卜素标准中间液（100μg/mL） 从 β-胡萝卜素标准储备液中准确移取 10.0mL 溶液于 50mL 棕色容量瓶中，用二氯甲烷定容至刻度。

（5）α-胡萝卜素、β-胡萝卜素混合标准工作液 准确移取 α-胡萝卜素标准中间液 0.50mL、1.00mL、2.00mL、3.00mL、4.00mL、10.00mL 溶液至 6 个 100mL 棕色容量瓶，分别加入3.00mL β-胡萝卜素中间液，用二氯甲烷定容至刻度，得到 α-胡萝卜素浓度分别为 0.5μg/mL、1.0μg/mL、2.0μg/mL、3.0μg/mL、4.0μg/mL、10.00μg/mL，β-胡萝卜素浓度均为 3.0μg/mL的系列混合标准工作液。

【仪器和设备】

① 匀浆机。

② 高速粉碎机。

③ 恒温振荡水浴箱：控温精度±1℃。

④ 旋转蒸发器。

⑤ 氮吹仪。

⑥ 紫外-可见光分光光度计。

⑦ 高效液相色谱仪（HPLC 仪）：带紫外检测器。

【分析步骤】

注：整个实验操作过程应注意避光。

1. 试样制备

谷物、豆类、坚果等试样需粉碎、研磨、过筛（筛板孔径 0.3～0.5mm）；蔬菜、水果、蛋、藻类等试样用匀质器混匀；固体粉末状试样和液体试样用前振摇或搅拌混匀。4℃冰箱可保存1 周。

2. 试样处理

（1）普通食品试样

① 预处理：蔬菜、水果、菌藻类、谷物、豆类、蛋类等普通食品试样准确称取混合均匀的1～5g（精确至 0.001g），油类准确称取 0.2～2g（精确至 0.001g），转至 250mL 锥形瓶中，加入1g 抗坏血酸、75mL 无水乙醇，于 60℃±1℃水浴振荡 30min。如果试样中蛋白质、淀粉含量较高（＞10％），先加入 1g 抗坏血酸、15mL 45～50℃温水、0.5g 木瓜蛋白酶和 0.5g α-淀粉酶，盖上瓶塞混匀后，置 55℃±1℃恒温水浴箱内振荡或超声处理 30min 后，再加入 75mL 无水乙醇，于 60℃±1℃水浴振荡 30min。

② 皂化：加入 25mL 氢氧化钾溶液，盖上瓶塞。置于已预热至 53℃±2℃恒温振荡水浴箱中，皂化 30min。取出，静置，冷却到室温。

（2）添加 β-胡萝卜素的食品试样

① 预处理：固体试样，准确称取 1～5g（精确至 0.001g），置于 250mL 锥形瓶中，加入 1g 抗坏血酸，加 50mL 45～50℃温水混匀。加入 0.5g 木瓜蛋白酶和 0.5gα-淀粉酶（无淀粉试样可以不加 α-淀粉酶），盖上瓶塞，置 55℃±1℃恒温水浴箱内振荡或超声处理 30min。液体试样，准确称取 5～10g（精确至 0.001g），置于 250mL 锥形瓶中，加入 1g 抗坏血酸。

② 皂化：取预处理后试样，加入 75mL 无水乙醇，摇匀，再加入 25mL 氢氧化钾溶液，盖上瓶塞。置于已预热至 53℃±2℃恒温振荡水浴箱中，皂化 30min。取出，静置，冷却到室温。

注：如皂化不完全可适当延长皂化时间至 1h。

（3）试样萃取 将皂化液转入 500mL 分液漏斗中，加入 100mL 石油醚，轻轻摇动，排气，盖好瓶塞，室温下振荡 10min 后静置分层，将水相转入另一分液漏斗中按上述方法进行第二次提取。合并有机相，用水洗至近中性。弃水相，有机相通过无水硫酸钠过滤脱水。滤液收入 500mL 蒸发瓶中，于旋转蒸发器上 40℃±2℃减压浓缩，近干。用氮气吹干，用移液管准确加入 5.0mL 二氯甲烷，盖上瓶塞，充分溶解提取物。经 0.45μm 膜过滤后，弃出初始约 1mL 滤液后收集至进样瓶中，备用。

注：必要时可根据待测样液中胡萝卜素含量水平进行浓缩或稀释，使待测样液中 α-胡萝卜素和/或 β-胡萝卜素浓度在 0.5～10μg/mL。

3. 色谱测定

（1）色谱条件（适用于食品中 α-胡萝卜素、β-胡萝卜素及总胡萝卜素的测定）

① 色谱柱：C_{18} 柱，柱长 250mm，内径 4.6mm，粒径 5μm，或等效柱；

② 流动相：三氯甲烷：乙腈：甲醇＝3：12：85，含抗坏血酸 0.4g/L，经 0.45μm 膜过滤后备用；

③ 流程：2.0mL/min；

④ 检测波长：450nm；

⑤ 柱温：35℃±1℃；

⑥ 进样体积：20μL。

（2）绘制 α-胡萝卜素标准曲线、计算全反式 β-胡萝卜素响应因子 将 α-胡萝卜素、β-胡萝卜素混合标准工作液注入 HPLC 仪中，根据保留时间定性，测定 α-胡萝卜素、β-胡萝卜素各异构体峰面积（色谱图见图 14-1）。

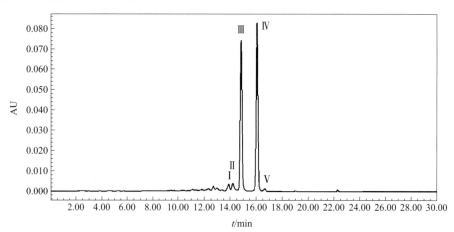

Ⅰ—15-顺式-β-胡萝卜素；Ⅱ—13-顺式-β-胡萝卜素；Ⅲ—全反式 α-胡萝卜素；
Ⅳ—全反式 β-胡萝卜素；Ⅴ—9-顺式-β-胡萝卜素。

图 14-1　α-胡萝卜素和 β-胡萝卜素混合标准色谱图

α-胡萝卜素根据系列标准工作液浓度及峰面积，以浓度为横坐标，峰面积为纵坐标绘制标准曲线，计算回归方程。

β-胡萝卜素根据标准工作液标定浓度、全反式 β-胡萝卜素 6 次测定峰面积平均值、全反式 β-胡萝卜素色谱纯度（CP，计算方法见 GB 5009.83—2016 食品中胡萝卜素的测定附录 B），按式（14-2）计算全反式 β-胡萝卜素响应因子。

$$RF = \frac{\overline{A}_{all-E}}{\rho \times CP} \tag{14-2}$$

式中　RF——全反式 β-胡萝卜素响应因子，AU·mL/μg；

　　$\overline{A}_{all-E}$——全反式 β-胡萝卜素标准工作液色谱峰峰面积平均值，AU；

　　　ρ——β-胡萝卜素标准工作液标定浓度，μg/mL；

　　CP——全反式 β-胡萝卜素的色谱纯度，%。

（3）试样测定　在相同色谱条件下，将待测液注入液相色谱仪中，以保留时间定性，根据峰面积采用外标法定量。

α-胡萝卜素根据标准曲线回归方程计算待测液中 α-胡萝卜素浓度，β-胡萝卜素根据全反式 β-胡萝卜素响应因子进行计算。

【分析结果的表述】

试样中 α-胡萝卜素含量按式（14-3）计算：

$$X_a = \frac{\rho_a \times V \times 100}{m} \tag{14-3}$$

式中　X_a——试样中 α-胡萝卜素的含量，μg/100g；

　　ρ_a——从标准曲线得到的待测液中 α-胡萝卜素浓度，μg/mL；

　　V——试样液定容体积，mL；

　　100——将结果表示为微克每百克（μg/100g）的系数；

　　m——试样质量，g。

试样中 β-胡萝卜素含量按式（14-4）计算：

$$X_\beta = \frac{(A_{all-E} + A_{9Z} + A_{13Z} \times 1.2 + A_{15Z} \times 1.4 + A_{xZ}) \times V \times 100}{RF \times m} \tag{14-4}$$

式中　X_β——试样中 β-胡萝卜素的含量，μg/100g；

　　A_{all-E}——试样待测液中全反式 β-胡萝卜素峰面积，AU；

　　A_{9Z}——试样待测液中 9-顺式-β-胡萝卜素的峰面积，AU；

　　A_{13Z}——试样待测液中 13-顺式-β-胡萝卜素的峰面积，AU；

　　1.2——13-顺式-β-胡萝卜素的相对校正因子；

　　A_{15Z}——试样待测液中 15-顺式-β-胡萝卜素的峰面积，AU；

　　1.4——15-顺式-β-胡萝卜素的相对校正因子；

　　A_{xZ}——试样待测液中其他顺式 β-胡萝卜素的峰面积，AU；

　　V——试样液定容体积，mL；

　　100——将结果表示为微克每百克（μg/100g）的系数；

　　RF——全反式 β-胡萝卜素响应因子，AU·mL/μg；

　　m——试样质量，g。

【精密度】

在重复性条件下获得的两次独立测定结果的绝对差值不得超过算术平均值的 10%。

任务三　食品中维生素 B_1 的测定——荧光分光光度法（第二法）

【原理】

　　硫胺素在碱性铁氰化钾溶液中被氧化成噻嘧色素，在紫外线照射下，噻嘧色素发出荧光。在给定的条件下，以及没有其他荧光物质干扰时，此荧光之强度与噻嘧色素量成正比，即与溶液中硫胺素量成正比。如试样中含杂质过多，应经过离子交换剂处理，使硫胺素与杂质分离，然后以所得溶液用于测定。

【试剂及配制】

　　1. 试剂

　　除非另有说明，本方法所用试剂均为分析纯，水为 GB/T6682 规定的二级水。

　　① 正丁醇（$CH_3CH_2CH_2CH_2OH$）。

　　② 无水硫酸钠（Na_2SO_4）：560℃烘烤 6h 后使用。

　　③ 铁氰化钾 [$K_3Fe(CN)_6$]。

　　④ 氢氧化钠（NaOH）。

　　⑤ 盐酸（HCl）。

　　⑥ 乙酸钠（$CH_3COONa \cdot 3H_2O$）。

　　⑦ 冰乙酸（CH_3COOH）。

　　⑧ 人造沸石。

　　⑨ 硝酸银（$AgNO_3$）。

　　⑩ 溴甲酚绿（$C_{21}H_{14}Br_4O_5S$）。

　　⑪ 五氧化二磷（P_2O_5）或者氯化钙（$CaCl_2$）。

　　⑫ 氯化钾（KCl）。

　　⑬ 淀粉酶：不含维生素 B_1，酶活力≥3700U/g。

　　⑭ 木瓜蛋白酶：不含维生素 B_1，酶活力≥800U/mg。

　　2. 试剂配制

　　(1) 0.1mol/L 盐酸溶液　移取 8.5mL 盐酸，用水稀释并定容至 1000mL，摇匀。

　　(2) 0.01mol/L 盐酸溶液　量取 0.1mol/L 盐酸溶液 50mL，用水稀释并定容至 500mL，摇匀。

　　(3) 2mol/L 乙酸钠溶液　称取 272g 乙酸钠，用水溶解并定容至 1000mL，摇匀。

　　(4) 混合酶溶液　称取 1.76g 木瓜蛋白酶、1.27g 淀粉酶，加水定容至 50mL，涡旋，使其呈混悬状液体，冷藏保存。临用前再次摇匀后使用。

　　(5) 氯化钾溶液（250g/L）　称取 250g 氯化钾，用水溶解并定容至 1000mL，摇匀。

　　(6) 酸性氯化钾（250g/L）　移取 8.5mL 盐酸，用 250g/L 氯化钾溶液稀释并定容至 1000mL，摇匀。

　　(7) 氢氧化钠溶液（150g/L）　称取 150g 氢氧化钠，用水溶解并定容至 1000mL，摇匀。

　　(8) 铁氰化钾溶液（10g/L）　称取 1g 铁氰化钾，用水溶解并定容至 100mL，摇匀，于棕色瓶内保存。

　　(9) 碱性铁氰化钾溶液　移取 4mL 10g/L 铁氰化钾溶液，用 150g/L 氢氧化钠溶液稀释至 60mL，摇匀。用时现配，避光使用。

　　(10) 乙酸溶液　量取 30mL 冰乙酸，用水稀释并定容至 1000mL，摇匀。

　　(11) 0.01mol/L 硝酸银溶液　称取 0.17g 硝酸银，用 100mL 水溶解后，于棕色瓶中保存。

　　(12) 0.1mol/L 氢氧化钠溶液　称取 0.4g 氢氧化钠，用水溶解并定容至 100mL，摇匀。

　　(13) 溴甲酚绿溶液（0.4g/L）　称取 0.1g 溴甲酚绿，置于小研钵中，加入 1.4mL 0.1mol/L

氢氧化钠溶液研磨片刻，再加入少许水继续研磨至完全溶解，用水稀释至250mL。

（14）活性人造沸石 称取200g 0.25mm（40目）～0.42mm（60目）的人造沸石于2000mL试剂瓶中，加入10倍于其体积的接近沸腾的热乙酸溶液，振荡10min，静置后，弃去上清液，再加入热乙酸溶液，重复一次；再加入5倍于其体积的接近沸腾的热250g/L氯化钾溶液，振荡15min，倒出上清液；再加入乙酸溶液，振荡10min，倒出上清液；反复洗涤，最后用水洗直至不含氯离子。氯离子的定性鉴别方法：取1mL上述上清液（洗涤液）于5mL试管中，加入几滴0.01mol/L硝酸银溶液振荡，观察是否有浑浊产生，如果有浑浊说明还含有氯离子，继续用水洗涤，直至不含氯离子为止。将此活性人造沸石于水中冷藏保存备用。使用时，倒入适量于铺有滤纸的漏斗中，沥干水后称取约8.0g倒入充满水的色谱柱中。

3. 标准品

盐酸硫胺素（$C_{12}H_{17}ClN_1OS \cdot HCl$），CAS：67-03-8，纯度≥99.0％。

4. 标准溶液配制

（1）维生素 B_1 标准储备液（100μg/mL） 准确称取经氯化钙或者五氧化二磷干燥24h的盐酸硫胺素112.1mg（精确至0.1mg），相当于硫胺素为100mg，用0.01mol/L盐酸溶液溶解，并稀释至1000mL，摇匀。于0～4℃冰箱避光保存，保存期为3个月。

（2）维生素 B_1 标准中间液（10.0μg/mL） 将标准储备液用0.01mol/L盐酸溶液稀释10倍，摇匀，在冰箱中避光保存。

（3）维生素 B_1 标准使用液（0.100μg/mL） 准确移取维生素 B_1 标准中间液1.00mL，用水稀释、定容至100mL，摇匀。临用前配制。

【仪器和设备】

① 荧光分光光度计。

② 离心机：转速≥4000r/min。

③ pH计：精度0.01。

④ 电热恒温箱。

⑤ 盐基交换管或色谱柱（60mL，300mm×10mm内径）。

⑥ 天平：感量为0.01g和0.01mg。

【分析步骤】

1. 试样制备

（1）试样预处理 用匀浆机将样品均质成匀浆，于冰箱中冷冻保存，用时将其解冻混匀使用。干燥试样取不少于150g，将其全部充分粉碎后备用。

（2）提取 准确称取适量试样（估计其硫胺素含量约为10～30μg，一般称取2～10g试样），置于100mL锥形瓶中，加入50mL 0.1mol/L盐酸溶液，使得样品分散开，将样品放入恒温箱中于121℃水解30min，结束后，凉至室温后取出。用2mol/L乙酸钠溶液调pH为4.0～5.0或者用0.4g/L溴甲酚绿溶液为指示剂，滴定至溶液由黄色转变为蓝绿色。

酶解：于水解液中加入2mL混合酶液，于45～50℃温箱中保温过夜（16h）。待溶液凉至室温后，转移至100mL容量瓶中，用水定容至刻度，混匀、过滤，即得提取液。

（3）净化 根据待测样品的数量，取适量处理好的活性人造沸石，经滤纸过滤后，放在烧杯中。用少许脱脂棉铺于盐基交换管柱（或色谱柱）的底部，加水将棉纤维中的气泡排出，关闭柱塞，加入约20mL水，再加入约8.0g（以湿重计，相当于干重1.0～1.2g）经预先处理的活性人造沸石，要求保持盐基交换管中液面始终高过活性人造沸石。活性人造沸石柱床的高度对维生素 B_1 测定结果有影响，高度不低于45mm。

样品提取液的净化：准确加入20mL上述提取液于上述盐基交换管柱（或色谱柱）中，使通过活性人造沸石的硫胺素总量约为2～5μg，流速约为每秒钟1滴。加入10mL近沸腾的热水冲洗盐基交换柱，流速约为 1 滴/s，弃去淋洗液，如此重复三次。于交换管下放置 25mL 刻度试管用于收集洗脱液，分两次加入 20mL 温度约为 90℃ 的酸性氯化钾溶液，每次 10mL，流速为 1 滴/s。待洗脱液凉至室温后，用 250g/L 酸性氯化钾定容，摇匀，即为试样净化液。

标准溶液的处理：重复上述操作，取 20mL 维生素 B_1 标准使用液（0.1μg/mL）代替试样提取液，同上用盐基交换管（或色谱柱）净化，即得到标准净化液。

（4）氧化 将 5mL 试样净化液分别加入 A、B 两支已标记的 50mL 离心管中。在避光条件下将 3mL 150g/L 氢氧化钠溶液加入离心管 A，将 3mL 碱性铁氰化钾溶液加入离心管 B，涡旋 15s；然后各加入 10mL 正丁醇，将 A、B 管同时涡旋 90s。静置分层后吸取上层有机相于另一套离心管中，加入 2～3g 无水硫酸钠，涡旋 20s，使溶液充分脱水，待测定。

用标准的净化液代替试样净化液重复"（4）氧化"的操作。

2. 测定

（1）荧光测定条件 激发波长，365nm；发射波长，435nm；狭缝宽度，5nm。

（2）依次测定下列荧光强度

① 试样空白荧光强度（试样反应管 A）；

② 标准空白荧光强度（标准反应管 A）；

③ 试样荧光强度（试样反应管 B）；

④ 标准荧光强度（标准反应管 B）。

【分析结果表述】

试样中维生素 B_1（以硫胺素计）的含量按下式计算：

$$X = \frac{(U-U_b) \times c \times V}{(S-S_b)} \times \frac{V_1 \times f}{V_2 \times m} \times \frac{100}{1000} \tag{14-5}$$

式中　X——试样中硫胺素（维生素 B_1）含量，mg/100g；

　　　U——试样荧光强度；

　　　U_b——试样空白荧光强度；

　　　S——标准荧光强度；

　　　S_b——标准空白荧光强度；

　　　c——硫胺素（维生素 B_1）标准使用液浓度，μg/mL；

　　　V——用于净化的硫胺素（维生素 B_1）标准使用液体积，mL；

　　　V_1——试样水解后定容之体积，mL；

　　　V_2——试样用于净化的提取液体积，mL；

　　　m——试样质量，g；

　　　$\dfrac{100}{1000}$——试样含量由 μg/g 换算成 mg/100g 的系数；

　　　f——试样提取液的稀释倍数。

注：试样中测定的硫胺素含量乘以换算系数 1.121，即得盐酸硫胺素的含量。

维生素 B_1 标准在 0.2～10μg 呈线性关系，可以用单点法计算结果，否则用标准工作曲线法。以重复性条件下获得的两次独立测定结果的算术平均值表示，结果保留三位有效数字。

【说明】

① 一般食品中维生素 B_1 有游离型的，也有结合型的，即与淀粉、蛋白质等结合在一起的，故需用酸和酶水解，使结合型 B_1 成为游离型，再采用此法测定。

② 硫色素能溶解于正丁醇，在正丁醇中比在水中稳定，故用正丁醇等提取硫色素。萃取时振摇不宜过猛，以免乳化，不易分层。

③ 紫外线破坏硫色素，所以硫色素形成后要迅速测定，并尽量避光操作。

④ 用甘油-淀粉润滑剂代替凡士林涂盐基交换管下活塞，因凡士林具有荧光。

⑤ 谷类物质不需酶分解，试样粉碎后用250g/L酸性氯化钾直接提取，氧化测定。

任务四　食品中抗坏血酸的测定——高效液相色谱法（第一法）

【原理】

试样中的抗坏血酸用偏磷酸溶解超声提取后，以离子对试剂为流动相，经反相色谱柱分离，其中L（＋）-抗坏血酸和D（－）-抗坏血酸直接用配有紫外检测器的液相色谱仪（波长245nm）测定；试样的L（＋）-脱氢抗坏血酸经L-半胱氨酸溶液进行还原后，用紫外检测器（波长245nm）测定L（＋）-抗坏血酸总量，或减去原样品中测得的L（＋）-抗坏血酸含量而获得L（＋）-脱氢抗坏血酸的含量。以色谱峰的保留时间定性，外标法定量。

【试剂及配制】

除非另有说明，本方法所用试剂均为分析纯。水为GB/T 6682规定的一级水。

1. 试剂

① 偏磷酸（$(HPO_3)n$）：含量（以HPO_3计）≥38％。

② 磷酸三钠（$Na_3PO_4 \cdot 12H_2O$）。

③ 磷酸二氢钾（KH_2PO_4）。

④ 磷酸（H_3PO_4）：85％。

⑤ L-半胱氨酸（$C_3H_7NO_2S$）：优级纯。

⑥ 十六烷基三甲基溴化铵（$C_{19}H_{42}BrN$）：色谱纯。

⑦ 甲醇（CH_3OH）：色谱纯。

2. 试剂配制

（1）偏磷酸溶液（200g/L）　称取200g（精确至0.1g）偏磷酸，溶于水并稀释至1L，此溶液保存于4℃的环境下可保存一个月。

（2）偏磷酸溶液（20g/L）　量取50mL 200g/L偏磷酸溶液，用水稀释至500mL。

（3）磷酸三钠溶液（100g/L）　称取100g（精确至0.1g）磷酸三钠，溶于水并稀释至1L。

（4）L-半胱氨酸溶液（40g/L）　称取4g L-半胱氨酸，溶于水并稀释至100mL。临用时配制。

3. 标准品

（1）L（＋）-抗坏血酸标准品（$C_6H_8O_6$）　纯度≥99％。

（2）D（＋）-抗坏血酸（异抗坏血酸）标准品（$C_6H_8O_6$）　纯度≥99％。

4. 标准溶液配制

（1）L（＋）-抗坏血酸标准贮备溶液（1.000mg/mL）　准确称取L（＋）-抗坏血酸标准品0.01g（精确至0.01mg），用20g/L的偏磷酸溶液定容至10mL。该储备液在2～8℃避光条件下可保存一周。

（2）D（－）-抗坏血酸标准贮备溶液（1.000mg/mL）　准确称取D（－）-抗坏血酸标准品0.01g（精确至0.01mg），用20g/L的偏磷酸溶液定容至10mL。该储备液在2～8℃避光条件下可保存一周。

（3）抗坏血酸混合标准系列工作液　分别吸取L（＋）-抗坏血酸和D（－）-抗坏血酸标准储备液0mL、0.05mL、0.50mL、1.0mL、2.5mL、5.0mL，用20g/L的偏磷酸溶液定容至100mL。标准系列工作液中L（＋）-抗坏血酸和D（－）-抗坏血酸的浓度分别为0μg/mL、0.5μg/mL、5.0μg/mL、10.0μg/mL、25.0μg/mL、50.0μg/mL。临用时配制。

【仪器和设备】

① 液相色谱仪：配有二极管阵列检测器或紫外检测器。

② pH计：精度为0.01。

③ 天平：感量为0.1g、1mg、0.01mg。

④ 超声波清洗器。

⑤ 离心机：转速≥4000r/min。

⑥ 均质机。

⑦ 滤膜：0.45μm 水相膜。

⑧ 振荡器。

【分析步骤】

整个检测过程尽可能在避光条件下进行。

1. 试样制备

（1）液体或固体粉末样品 混合均匀后，应立即用于检测。

（2）水果、蔬菜及其制品或其他固体样品 取 100g 左右样品加入等质量 20g/L 的偏磷酸溶液，经均质机均质并混合均匀后，应立即测定。

2. 试样溶液的制备

称取相对于样品约 0.5～2g（精确至 0.001g）混合均匀的固体试样或匀浆试样，或吸取 2～10mL 液体试样［使所取试样含 L（＋）-抗坏血酸约 0.03～6mg］于 50mL 烧杯中，用 20g/L 的偏磷酸溶液将试样转移至 50mL 容量瓶中，震摇溶解并定容。摇匀，全部转移至 50mL 离心管中，超声提取 5min 后，于 4000r/min 离心 5min，取上清液过 0.45μm 水相滤膜，滤液待测［由此试液可同时分别测定试样中 L（＋）-抗坏血酸和 D（－）-抗坏血酸的含量］。

3. 试样溶液的还原

准确吸取 20mL 上述离心后的上清液于 50mL 离心管中，加入 10mL 40g/L 的 L-半胱氨酸溶液，用 100g/L 磷酸三钠溶液调节 pH 至 7.0～7.2，以每分钟 200 次振荡 5min。再用磷酸调节 pH 至 2.5～2.8，用水将试液全部转移至 50mL 容量瓶中，并定容至刻度。混匀后取此试液过 0.45μm 水相滤膜后待测［由此试液可测定试样中包括脱氢型的 L（＋）-抗坏血酸总量］。若试样含有增稠剂，可准确吸取 4mL 经 L-半胱氨酸溶液还原的试液，再准确加入 1mL 甲醇，混匀后过 0.45μm 滤膜后待测。

4. 仪器参考条件

① 色谱柱：C_{18} 柱，柱长 250mm，内径 4.6mm，粒径 5μm，或同等性能的色谱柱。

② 检测器：二极管阵列检测器或紫外检测器。

③ 流动相：A，6.8g 磷酸二氢钾和 0.91g 十六烷基三甲基溴化铵，用水溶解并定容至 1L（用磷酸调 pH 至 2.5～2.8）；B，100% 甲醇。按 A∶B＝98∶2 混合，过 0.45μm 滤膜，超声脱气。

④ 流速：0.7mL/min。

⑤ 检测波长：245nm。

⑥ 柱温：25℃。

⑦ 进样量：20μL。

5. 标准曲线制作

分别对抗坏血酸混合标准系列工作溶液进行测定，以 L（＋）-抗坏血酸［或 D（－）-抗坏血酸］标准溶液的质量浓度（μg/mL）为横坐标，L（＋）-抗坏血酸［或 D（－）-抗坏血酸］的峰高或峰面积为纵坐标，绘制标准曲线或计算回归方程。L（＋）-抗坏血酸、D（－）-抗坏血酸标准色谱图如图 14-2。

6. 试样溶液的测定

对试样溶液进行测定，根据标准曲线得到测定液中 L（＋）-抗坏血酸［或 D（－）-抗坏血酸］的浓度（μg/mL）。

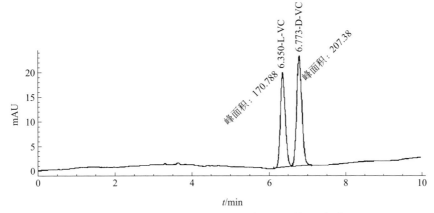

图 14-2　L（＋）-抗坏血酸，D（－）-抗坏血酸标准色谱图

7. 空白试验

空白试验系指除不加试样外，采用完全相同的分析步骤、试剂和用量，进行平行操作。

【分析结果表述】

试样中 L（＋）-抗坏血酸［或 D（－）-抗坏血酸］的含量和 L（＋）-抗坏血酸总量以毫克每百克表示，按式（14-6）计算：

$$X = \frac{(c_1 - c_0) \times V}{m \times 1000} \times F \times K \times 100 \tag{14-6}$$

式中　X——试样中 L（＋）-抗坏血酸［或 D（－）-抗坏血酸、L（＋）-抗坏血酸总量］的含量，mg/100g；

c_1——样液中 L（＋）-抗坏血酸［或 D（－）-抗坏血酸］的质量浓度，μg/mL；

c_0——样品空白液中 L（＋）-抗坏血酸［或 D（－）-抗坏血酸］的质量浓度，μg/mL；

V——试样的最后定容体积，mL；

m——实际检测试样质量，g；

1000——换算系数（由 μg/mL 换算成 mg/mL 的换算因子）；

F——稀释倍数［若使用（3.试样溶液的还原）中的还原步骤时，即为 2.5］；

K——若使用（3.试样溶液的还原）中的甲醇沉淀步骤时，即为 1.25；

100——换算系数（由 mg/g 换算成 mg/100g 的换算因子）。

计算结果以重复性条件下获得的两次独立测定结果的算术平均值表示，结果保留三位有效数字。

【精密度】

在重复性条件下获得的两次独立测定结果的绝对差值不得超过算术平均值的 10%。

【其他】

固体样品取样量为 2g 时，L（＋）-抗坏血酸和 D（－）-抗坏血酸的检出限均为 0.5mg/100g，定量限均为 2.0mg/100g。液体样品取样量为 10g（或 10mL）时，L（＋）-抗坏血酸和 D（－）-抗坏血酸的检出限均为 0.1mg/100g（或 0.1mg/100mL），定量限均为 0.4mg/100g（或 0.4mg/100mL）。

复习思考题

1. 测定维生素 A 时，为什么要用皂化法处理试样？

2. 试述高效液相色谱法测定抗坏血酸的原理。

3. 简要说明维生素 D 的测定原理及方法。

第十五章　食品添加剂的分析测定

知识目标

1. 了解食品添加剂的概念和分类；
2. 掌握食品添加剂的安全管理及测定意义；
3. 掌握常用食品添加剂的国家标准及检测方法。

技能目标

1. 掌握亚硝酸盐测定的技能；
2. 掌握二氧化硫含量测定的操作技能。

思政与职业素养目标

正确理解食品添加剂，树立诚信为本、食品安全无小事的观念，树立积极健康的价值观，为食品安全站好岗。

国家标准

1. GB 5009.28—2016 食品安全国家标准　食品中苯甲酸、山梨酸和糖精钠的测定
2. GB 5009.35—2016 食品安全国家标准　食品中合成着色剂的测定
3. GB 5009.34—2016 食品安全国家标准　食品中二氧化硫的测定
4. GB 5009.33—2016 食品安全国家标准　食品中亚硝酸盐与硝酸盐的测定
5. GB 5009.97—2016 食品安全国家标准　食品中环己基氨基磺酸钠的测定
6. GB/T 5009.30—2003 食品中叔丁基羟基茴香醚（BHA）与 2,6 二叔丁基对甲酚（BHT）的测定
7. GB 5009.263—2016 食品安全国家标准　食品中阿斯巴甜和阿力甜的测定

必备知识

一、食品添加剂定义及分类

1. 食品添加剂的定义

《中华人民共和国食品安全法》对食品添加剂的定义是："食品添加剂，指为改善食品品质和色、香、味以及为防腐、保鲜和加工工艺的需要而加入食品中的人工合成或者天然物质，包括营养强化剂。"

GB 2760—2014《食品安全国家标准　食品添加剂使用标准》对食品添加剂的定义是：为改善食品品质和色、香、味，以及为防腐、保鲜和加工工艺的需要而加入食品中的人工合成或者天然物质。食品用香料、胶基糖果中基础剂物质、食品工业用加工助剂也包括在内。

2. 食品添加剂的分类

根据 GB 2760—2014《食品安全国家标准　食品添加剂使用标准》，食品添加剂分成以下 22 大类：

酸度调节剂：用以维持或改变食品酸碱度的物质。

抗结剂：用于防止颗粒或粉状食品聚集结块，保持其松散或自由流动的物质。

消泡剂：在食品加工过程中降低表面张力，消除泡沫的物质。

抗氧化剂：能防止或延缓油脂或食品成分氧化分解、变质，提高食品稳定性的物质。

漂白剂：能够破坏、抑制食品的发色因素，使其褪色或使食品免于褐变的物质。

膨松剂：在食品加工过程中加入的，能使产品发起形成致密多孔组织，从而使制品膨松、柔软或酥脆的物质。

胶基糖果中基础剂物质：赋予胶基糖果起泡、增塑、耐咀嚼等特性的物质。

着色剂：赋予食品色泽和改善食品色泽的物质。

护色剂：能与肉及肉制品中呈色物质作用，使之在食品加工、保藏等过程中不致分解、破坏，呈现良好色泽的物质。

乳化剂：能改善乳化体中各种构成相之间的表面张力，形成均匀分散体或乳化体的物质。

酶制剂：由动物或植物的可食或非可食部分直接提取，或由传统或通过基因修饰的微生物（包括但不限于细菌、放线菌、真菌菌种）发酵、提取制得，用于食品加工，具有特殊催化功能的生物制品。

增味剂：补充或增强食品原有风味的物质。

面粉处理剂：促进面粉的熟化和提高制品质量的物质。

被膜剂：涂抹于食品外表，起保质、保鲜、上光、防止水分蒸发等作用的物质。

水分保持剂：有助于保持食品中水分而加入的物质。

防腐剂：防止食品腐败变质、延长食品储存期的物质。

稳定剂和凝固剂：使食品结构稳定或使食品组织结构不变，增强黏性或使食品凝固的物质。

甜味剂：赋予食品甜味的物质。

增稠剂：可以提高食品的黏稠度或形成凝胶，从而改变食品的物理性状、赋予食品黏润、适宜的口感，并兼有乳化、稳定或使呈悬浮状态作用的物质。

食品用香料：能够用于调配食品香精，并使食品增香的物质。

食品工业用加工助剂：有助于食品加工能顺利进行的各种物质，与食品本身无关。如助滤、澄清、吸附、脱模、脱色、脱皮、提取溶剂等。

其他：上述功能类别中不能涵盖的其他功能。

二、食物食品添加剂的安全管理及测定意义

食品添加剂是食品工业重要的基础原料，对食品的生产工艺、产品质量、安全卫生都起到至关重要的作用。但是违禁、滥用食品添加剂以及超范围、超标准使用添加剂，都会给食品质量、安全卫生以及消费者的健康带来巨大的损害。随着食品工业与添加剂工业的发展，食品添加剂的种类和数量也越来越多，它们对人们健康的影响也越来越大。加之随着毒理学研究方法的不断改进和发展，原来认为无害的食品添加剂，近年来又发现还可能存在慢性毒性、致癌作用、致畸作用及致突变作用等各种潜在的危害，因而更加不能忽视。所以，食品加工企业必须严格遵照并执行食品添加剂的卫生标准，加强对食品添加剂的卫生管理，规范、合理、安全地使用添加剂，保证食品质量，保证人民身体健康。而食品添加剂的分析与检测，则对食品的安全起到了很好的监督、保证和促进作用。脂溶性维生素和水溶性维生素结构、性质差异很大，其测定方法也有所不同。

 任务实施

任务一　甜味剂糖精钠的测定——高效液相色谱法（第一法）

甜味剂是指能够赋予食品甜味的食品添加剂，按其来源可分为天然甜味剂和人工合成甜味剂；按其营养价值可分为营养型甜味剂（如山梨糖醇、乳糖醇）与非营养型甜味剂（糖精钠）。

通常所讲的甜味剂系指人工合成的非营养型甜味剂，如糖精钠、环己氨基磺酸钠（甜蜜素）、乙酰磺胺酸钾（安塞蜜）、天冬酰苯丙氨甲酯（甜味素、阿斯巴甜）等。

人工合成甜味剂对人体没有营养价值，只起到增加甜度、改善口感的作用。尤其是糖精钠，因其价格低廉，被一些企业在所生产的食品中超量、超范围使用，有的用量竟大大超过国家规定的标准。消费者短期内大量食用糖精，会导致血小板减少性大出血，甚至脑、心、肺、肾脏等部位严重受损。

糖精钠主要用于饮料、酱菜类、复合调味料、蜜饯、雪糕，配制酒、冰棒、糕点、饼干、面包等食品，最大使用量（以糖精计）为 0.15g/kg；高糖果汁（果味）饮料按稀释倍数的 80％加入，瓜子的最大使用量为 1.2g/kg；话梅、陈皮等中的最大使用量为 5.0g/kg。环己氨基磺酸钠（甜蜜素）在食品中最大使用量为 0.65g/kg；在话梅、陈皮等中的最大使用量为 8.0g/kg。

糖精钠的测定，国家标准方法有高效液相色谱法（第一法）、气相色谱法（第二法）。利用液相色谱法测定糖精钠时，也可同时测定山梨酸和苯甲酸。

【原理】

样品经水提取，高脂肪样品经正己烷脱脂、高蛋白样品经蛋白质沉淀剂沉淀蛋白质，采用液相色谱分离、紫外检测器检测，外标法定量。

【试剂及配制】

除非另有说明，本方法所用试剂均为分析纯，水为 GB/T 6682 规定的一级水。

1. 试剂

① 氨水（$NH_3 \cdot H_2O$）。

② 亚铁氰化钾 $[K_4Fe(CN)_6 \cdot 3H_2O]$。

③ 乙酸锌 $[Zn(CH_3COO)_2 \cdot 2H_2O]$。

④ 无水乙醇（CH_3CH_2OH）。

⑤ 正己烷（C_6H_{14}）。

⑥ 甲醇（CH_3OH）：色谱纯。

⑦ 乙酸铵（CH_3COONH_4）：色谱纯。

⑧ 甲酸（$HCOOH$）：色谱纯。

2. 试剂配制

（1）氨水溶液（1＋99） 取氨水 1mL，加到 99mL 水中，混匀。

（2）亚铁氰化钾溶液（92g/L） 称取 106g 亚铁氰化钾，加入适量水溶解，用水定容至 1000mL。

（3）乙酸锌溶液（183g/L） 称取 220g 乙酸锌溶于少量水中，加入 30mL 冰乙酸，用水定容至 1000mL。

（4）乙酸铵溶液（20mmol/L） 称取 1.54g 乙酸铵，加入适量水溶解，用水定容至 1000mL，经 0.22μm 水相微孔滤膜过滤后备用。

（5）甲酸-乙酸铵溶液（2mmol/L 甲酸＋20mmol/L 乙酸铵） 称取 1.54g 乙酸铵，加入适量水溶解，再加入 75.2μL 甲酸，用水定容至 1000mL，经 0.22μm 水相微孔滤膜过滤后备用。

3. 标准品

（1）苯甲酸钠（C_6H_5COONa，CAS 号：532-32-1） 纯度≥99.0％；苯甲酸（C_6H_5COOH，CAS 号：65-85-0），纯度≥99.0％，或经国家认证并授予标准物质证书的标准物质。

（2）山梨酸钾（$C_6H_7KO_2$，CAS 号：590-00-1） 纯度≥99.0％；山梨酸（$C_6H_8O_2$，CAS 号：110-44-1），纯度≥99.0％，或经国家认证并授予标准物质证书的标准物质。

（3）糖精钠（$C_6H_4CONNaSO_2$，CAS 号：128-44-9） 纯度≥99％，或经国家认证并授予标准物质证书的标准物质。

4. 标准溶液配制

（1）苯甲酸、山梨酸和糖精钠（以糖精计）标准储备溶液（1000mg/L）　分别准确称取苯甲酸钠、山梨酸钾和糖精钠0.118g、0.134g和0.117g（精确到0.0001g），用水溶解并分别定容至100mL。于4℃贮存，保存期为6个月。当使用苯甲酸和山梨酸标准品时，需要用甲醇溶解并定容。

注：糖精钠含结晶水，使用前需在120℃烘4h，干燥器中冷却至室温后备用。

（2）苯甲酸、山梨酸和糖精钠（以糖精计）混合标准中间溶液（200mg/L）　分别准确吸取苯甲酸、山梨酸和糖精钠标准储备溶液各10.0mL于50mL容量瓶中，用水定容。于4℃贮存，保存期为3个月。

（3）苯甲酸、山梨酸和糖精钠（以糖精计）混合标准系列工作溶液　分别准确吸取苯甲酸、山梨酸和糖精钠混合标准中间溶液0mL、0.05mL、0.25mL、0.50mL、1.00mL、2.50mL、5.00mL和10.0mL，用水定容至10mL，配制成质量浓度分别为0mg/L、1.00mg/L、5.00mg/L、10.0mg/L、20.0mg/L、50.0mg/L、100mg/L和200mg/L的混合标准系列工作溶液。临用现配。

5. 材料

① 水相微孔滤膜：0.22μm。
② 塑料离心管：50mL。

【仪器和设备】

① 高效液相色谱仪：配紫外检测器。
② 分析天平：感量为0.001g和0.0001g。
③ 涡旋振荡器。
④ 离心机：转速＞8000r/min。
⑤ 匀浆机。
⑥ 恒温水浴锅。
⑦ 超声波发生器。

【分析步骤】

1. 试样制备

取多个预包装的饮料、液态乳等均匀样品直接混合；非均匀的液态、半固态样品用组织匀浆机匀浆；固体样品用研磨机充分粉碎并搅拌均匀；干酪、黄油、巧克力等采用50～60℃加热熔融，并趁热充分搅拌均匀。取其中的200g装入玻璃容器中，密封，液体试样于4℃保存，其他试样于−18℃保存。

2. 试样提取

（1）一般性试样　准确称取约2g（精确到0.001g）试样于50mL具塞离心管中，加水约25mL，涡旋混匀，于50℃水浴超声20min，冷却至室温后加亚铁氰化钾溶液2mL和乙酸锌溶液2mL，混匀，于8000r/min离心5min，将水相转移至50mL容量瓶中，于残渣中加水20mL，涡旋混匀后超声5min，于8000r/min离心5min，将水相转移到同一50mL容量瓶中，并用水定容至刻度，混匀。取适量上清液过0.22μm滤膜，待液相色谱测定。

注：碳酸饮料、果酒、果汁、蒸馏酒等测定时可以不加蛋白质沉淀剂。

（2）含胶基的果冻、糖果等试样　准确称取约2g（精确到0.001g）试样于50mL具塞离心管中，加水约25mL，涡旋混匀，于70℃水浴加热溶解试样，于50℃水浴超声20min，之后的操作同（1）。

（3）油脂、巧克力、奶油、油炸食品等高油脂试样　准确称取约2g（精确到0.001g）试样于50mL具塞离心管中，加正己烷10mL，于60℃水浴加热约5min，并不时轻摇以溶解脂肪，然后加氨水溶液（1＋99）25mL，乙醇1mL，涡旋混匀，于50℃水浴超声20min，冷却至室温后，加亚铁氰化钾溶液2mL和乙酸锌溶液2mL，混匀，于8000r/min离心5min，弃去有机相，水相转移至 50mL 容量瓶中，残渣同（1）再提取一次后测定。

3. 仪器参考条件

① 色谱柱：C_{18} 柱，柱长 250mm，内径 4.6mm，粒径 $5\mu m$，或等效色谱柱。

② 流动相：甲醇＋乙酸铵溶液（5＋95）。

③ 流速：1mL/min。

④ 检测波长：230nm。

⑤ 进样量：$10\mu L$。

注：当存在干扰峰或需要辅助定性时，可以采用加入甲酸的流动相来测定，如流动相：甲醇＋甲酸-乙酸铵溶液（8＋92）。参考色谱图见图 15-1 和图 15-2。

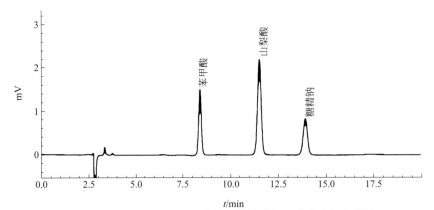

图 15-1　1mg/L 苯甲酸、山梨酸和糖精钠标准溶液液相色谱图
流动相：甲醇＋乙酸铵溶液（5＋95）

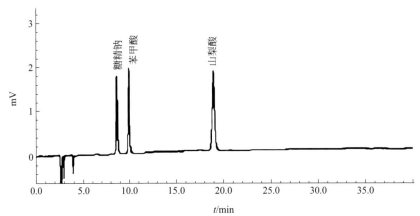

图 15-2　1mg/L 苯甲酸、山梨酸和糖精钠标准溶液液相色谱图
流动相：甲醇＋甲酸-乙酸铵溶液（8＋92）

4. 标准曲线的制作

将混合标准系列工作溶液分别注入液相色谱仪中，测定相应的峰面积，以混合标准系列工作溶液的质量浓度为横坐标，以峰面积为纵坐标，绘制标准曲线。

5. 试样溶液的测定

将试样溶液注入液相色谱仪中，得到峰面积，根据标准曲线得到待测液中苯甲酸、山梨酸和糖精钠（以糖精计）的质量浓度。

【分析结果表述】

试样中苯甲酸、山梨酸和糖精钠（以糖精计）的含量按式（15-1）计算：

$$X = \frac{\rho \times V}{m \times 1000} \tag{15-1}$$

式中　X——试样中待测组分含量，g/kg；

　　　ρ——由标准曲线得出的试样液中待测物的质量浓度，mg/L；

　　　V——试样定容体积，mL；

　　　m——试样质量，g；

　　1000——由 mg/kg 转换为 g/kg 的换算因子。

结果保留三位有效数字。

【精密度】

在重复性条件下获得的两次独立测定结果的绝对差值不得超过算术平均值的 10％。

【其他】

按取样量 2g，定容 50mL 时，苯甲酸、山梨酸和糖精钠（以糖精计）的检出限均为 0.005g/kg，定量限均为 0.01g/kg。

任务二　甜味剂环己基氨基磺酸钠的测定——气相色谱法

【原理】

食品中的环己基氨基磺酸钠（甜蜜素）用水提取，在硫酸介质中环己基氨基磺酸钠与亚硝酸反应，生成环己醇亚硝酸酯，利用气相色谱氢火焰离子化检测器进行分离及分析，保留时间定性，外标法定量。

【试剂及配制】

除非另有说明，本方法所用试剂均为分析纯，水为 GB/T 6682 规定的二级水。

1. 试剂

① 正庚烷 $[CH_3(CH_2)_5CH_3]$。

② 氯化钠（NaCl）。

③ 石油醚：沸程为 30～60℃。

④ 氢氧化钠（NaOH）。

⑤ 硫酸（H_2SO_4）。

⑥ 亚铁氰化钾 $\{K_4[Fe(CN)_6] \cdot 3H_2O\}$。

⑦ 硫酸锌（$ZnSO_4 \cdot 7H_2O$）。

⑧ 亚硝酸钠（$NaNO_2$）。

2. 试剂配制

（1）氢氧化钠溶液（40g/L） 称取 20g 氢氧化钠，溶于水并稀释至 500mL，混匀。

（2）硫酸溶液（200g/L） 量取 54mL 硫酸小心缓缓加入 400mL 水中，后加水至 500mL，混匀。

（3）亚铁氰化钾溶液（150g/L） 称取折合 15g 亚铁氰化钾，溶于水稀释至 100mL，混匀。

（4）硫酸锌溶液（300g/L） 称取折合 30g 硫酸锌的试剂，溶于水并稀释至 100mL，混匀。

（5）亚硝酸钠溶液（50g/L） 称取 25g 亚硝酸钠，溶于水并稀释至 500mL，混匀。

3. 标准品

环己基氨基磺酸钠标准品（$C_6H_{12}NSO_3Na$）：纯度≥99％。

4. 标准溶液的配制

（1）环己基氨基磺酸标准储备液（5.00mg/mL） 精确称取 0.5612g 环己基氨基磺酸钠标准

品，用水溶解并定容至 100mL，混匀，此溶液 1.00mL 相当于环己基氨基磺酸 5.00mg（环己基氨基磺酸钠与环己基氨基磺酸的换算系数为 0.8909）。置于 1～4℃ 冰箱保存，可保存 12 个月。

（2）环己基氨基磺酸标准使用液（1.00mg/mL）　准确移取 20.0mL 环己基氨基磺酸标准储备液用水稀释并定容至 100mL，混匀。置于 1～4℃ 冰箱保存，可保存 6 个月。

【仪器和设备】

① 气相色谱仪：配有氢火焰离子化检测器（FID）。
② 涡旋混合器。
③ 离心机：转速≥4000r/min。
④ 超声波振荡器。
⑤ 样品粉碎机。
⑥ 10μL 微量注射器。
⑦ 恒温水浴锅。
⑧ 天平：感量 1mg、0.1mg。

【分析步骤】

1. 试样溶液的制备

（1）液体试样处理

① 普通液体试样：摇匀后称取 25.0g 试样（如需要可过滤），用水定容至 50mL 备用。

② 含二氧化碳的试样：称取 25.0g 试样于烧杯中，60℃ 水浴加热 30min 以除二氧化碳，放冷，用水定容至 50mL 备用。

③ 含酒精的试样：称取 25.0g 试样于烧杯中，用氢氧化钠溶液调至弱碱性，pH7～8，60℃ 水浴加热 30min 以除酒精，放冷，用水定容至 50mL 备用。

（2）固体、半固体试样处理

① 低脂、低蛋白样品（果酱、果冻、水果罐头、果丹类、蜜饯凉果、浓缩果汁、面包、糕点、饼干、复合调味料、带壳熟制坚果和籽类、腌渍的蔬菜等）：称取打碎、混匀的样品 3.00～5.00g 于 50mL 离心管中，加 30mL 水，振摇，超声提取 20min，混匀，离心（3000r/min）10min，过滤，用水分次洗涤残渣，收集滤液并定容至 50mL，混匀备用。

② 高蛋白样品（酸乳、雪糕、冰淇淋等乳制品及豆制品、腐乳等）：冰棒、雪糕、冰淇淋等分别放置于 250mL 烧杯中，待融化后搅匀称取；称取样品 3.00～5.00g 于 50mL 离心管中，加 30mL 水，超声提取 20min，加 2mL 亚铁氰化钾溶液，混匀，再加入 2mL 硫酸锌溶液，混匀，离心（3000r/min）10min，过滤，用水分次洗涤残渣，收集滤液并定容至 50mL，混匀备用。

③ 高脂样品（奶油制品、海鱼罐头、熟肉制品等）：称取打碎、混匀的样品 3.00～5.00g 于 50mL 离心管中，加入 25mL 石油醚，振摇，超声提取 3min，再混匀，离心（1000r/min 以上）10min，弃石油醚，再用 25mL 石油醚提取一次，弃石油醚，60℃ 水浴挥发去除石油醚，残渣加 30mL 水，混匀，超声提取 20min，加 2mL 亚铁氰化钾溶液，混匀，再加入 2mL 硫酸锌溶液，混匀，离心（3000r/min）10min，过滤，用水洗涤残渣，收集滤液并定容至 50mL，混匀备用。

（3）衍生化　准确移取液体试样溶液、固体、半固体试样溶液 10.0mL 于 50mL 带盖离心管中。离心管置试管架上冰浴中 5min 后，准确加入 5.00mL 正庚烷，加入 2.5mL 亚硝酸钠溶液、2.5mL 硫酸溶液，盖紧离心管盖，摇匀，在冰浴中放置 30min，其间振摇 3～5 次；加入 2.5g 氯化钠，盖上盖后置旋涡混合器上振动 1min（或振摇 60～80 次），低温离心（3000r/min）10min，分层或低温静置 20min 至澄清分层后，取上清液放置 1～4℃ 冰箱冷藏保存以备进样用。

2. 标准溶液系列的制备及衍生化

准确移取 1.00mg/mL 环己基氨基磺酸标准溶液 0.50mL、1.00mL、2.50mL、5.00mL、10.0mL、25.0mL 于 50mL 容量瓶中，加水定容。配成标准溶液系列浓度为：0.01mg/mL、

0.02mg/mL、0.05mg/mL、0.10mg/mL、0.20mg/mL、0.50mg/mL。临用时配制以备衍生化用。

准确移取标准系列溶液 10.0mL，同衍生化。

3. 测定

（1）色谱条件

① 色谱柱：弱极性石英毛细管柱（内涂 5％苯基甲基聚硅氧烷，30m×0.53mm×1.0μm）或等效柱。

② 柱温升温程序：初温 55℃保持 3min，10℃/min 升温至 90℃保持 0.5min，20℃/min 升温至 200℃保持 3min。

③ 进样口：温度 230℃；进样量 1μL，不分流/分流进样，分流比 1∶5（分流比及方式可根据色谱仪器条件调整）。

④ 检测器：氢火焰离子化检测器（FID），温度 260℃。

⑤ 载气：高纯氮气，流量 12.0mL/min，尾吹 20mL/min。

⑥ 氢气：30mL/min；空气 330mL/min（载气、氢气、空气流量大小可根据仪器条件进行调整）。

（2）色谱分析 分别吸取 1μL 经衍生化处理的标准系列各浓度溶液上清液注入气相色谱仪中，可测得不同浓度被测物的响应值峰面积，以浓度为横坐标，以环己醇亚硝酸酯和环己醇两峰面积之和为纵坐标，绘制标准曲线。

在完全相同的条件下进样 1μL 经衍生化处理的试样待测液上清液，保留时间定性，测得峰面积，根据标准曲线得到样液中的组分浓度；试样上清响应值若超出线性范围，应用正庚烷稀释后再进样分析。平行测定次数不少于两次。

【分析结果的表述】

试样中环己基氨基磺酸含量按式（15-2）计算：

$$X_1 = \frac{c}{m} \times V \qquad\qquad (15\text{-}2)$$

式中　X_1——试样中环己基氨基磺酸的含量，g/kg；

　　　c——由标准曲线计算出定容样液中环己基氨基磺酸的浓度，mg/mL；

　　　m——试样质量，g；

　　　V——试样的最后定容体积，mL。

计算结果以重复性条件下获得的两次独立测定结果的算术平均值表示，结果保留三位有效数字。

【精密度】

在重复性条件下获得的两次独立测定结果的绝对差值不得超过算术平均值的 10％。

【检出限】

取样量 5g 时，本方法检出限为 0.010g/kg，定量限为 0.030g/kg。

任务三　防腐剂二氧化硫的测定

防腐剂是指能防止食品腐败、变质，抑制食品中微生物繁殖，延长食品保存期的食品添加剂。它是人类使用最悠久、最广泛的食品添加剂。我国允许在一定量内使用的防腐剂有 30 多种，包括：苯甲酸及其钠盐、山梨酸及其钾盐、二氧化硫、焦亚硫酸钠（钾）、丙酸钠（钙）、对羟基苯甲酸乙酯、脱氢乙酸等。其中较多的是山梨酸和苯甲酸及其盐类；此外，一些天然生物防腐剂如乳酸链球菌素、纳他霉素等，也有良好的防腐效果。

防腐剂作为重要的食品添加剂之一，在食品工业中被广泛使用。酱油中一般含有防腐剂苯甲酸钠，面包和豆制品常常添加防腐剂丙酸钙，酱菜、果酱、调味品和饮料中常加入山梨酸钾，葡萄酒等果酒的防腐传统上用亚硫酸盐等。可见，防腐剂在我们日常消费的食品中广泛存在。

防腐剂在抑制微生物繁殖的同时，也不可避免地对人体产生副作用，但是国家法律法规定允许使用的食品添加剂都是经过严格的安全性评价，在正确的使用范围、正确的使用量内，其安全性完全能够保障。因此防腐剂的检测对于保证人民群众的健康是非常重要的。

二氧化硫作为防腐剂常用于果脯、干菜、米粉类、粉条、砂糖、食用菌和葡萄酒等食品中。

【原理】

在密闭容器中对样品进行酸化、蒸馏，蒸馏物用乙酸铅溶液吸收。吸收后的溶液用盐酸酸化，碘标准溶液滴定，根据所消耗的碘标准溶液量计算出样品中的二氧化硫含量。

【试剂及配制】

1. 试剂

除非另有说明，本方法所用试剂均为分析纯，水为 GB/T 6682 规定的三级水。

① 盐酸（HCl）。

② 硫酸（H_2SO_4）。

③ 可溶性淀粉 $[(C_6H_{10}O_5)n]$。

④ 氢氧化钠（NaOH）。

⑤ 碳酸钠（Na_2CO_3）。

⑥ 乙酸铅（$C_4H_6O_4Pb$）。

⑦ 硫代硫酸钠（$Na_2S_2O_3 \cdot 5H_2O$）或无水硫代硫酸钠（$Na_2S_2O_3$）。

⑧ 碘（I_2）。

⑨ 碘化钾（KI）。

2. 试剂配制

（1）盐酸溶液（1+1） 量取 50mL 盐酸，缓缓倾入 50mL 水中，边加边搅拌。

（2）硫酸溶液（1+9） 量取 10mL 硫酸，缓缓倾入 90mL 水中，边加边搅拌。

（3）淀粉指示液（10g/L） 称取 1g 可溶性淀粉，用少许水调成糊状，缓缓倾入 100mL 沸水中，边加边搅拌，煮沸 2min，放冷备用，临用现配。

（4）乙酸铅溶液（20g/L） 称取 2g 乙酸铅，溶于少量水中并稀释至 100mL。

3. 标准品

重铬酸钾（$K_2Cr_2O_7$），优级纯，纯度≥99%。

4. 标准溶液配制

（1）硫代硫酸钠标准溶液（0.1mol/L） 称取 25g 含结晶水的硫代硫酸钠或 16g 无水硫酸钠溶于 1000mL 新煮沸放冷的水中，加入 0.4g 氢氧化钠或 0.2g 碳酸钠，摇匀，贮存于棕色瓶内，放置两周后过滤，用重铬酸钾标准溶液标定其准确浓度。或购买有证书的硫代硫酸钠标准溶液。

（2）碘标准溶液 $[c(1/2I_2)=0.10mol/L]$ 称取 13g 碘和 35g 碘化钾，加水约 100mL，溶解后加入 3 滴盐酸，用水稀释至 1000mL，过滤后转入棕色瓶。使用前用硫代硫酸钠标准溶液标定。

（3）重铬酸钾标准溶液 $[c(1/6K_2Cr_2O_7)=0.1000mol/L]$ 准确称取 4.9031g 已于 120℃±2℃ 电烘箱中干燥至恒重的重铬酸钾，溶于水并转移至 1000mL 量瓶中，定容至刻度。或购买有证书的重铬酸钾标准溶液。

（4）碘标准溶液 $[c(1/2I_2)=0.01000mol/L]$ 将 0.1000mol/L 碘标准溶液用水稀释 10 倍。

【仪器和设备】

① 全玻璃蒸馏器：500mL，或等效的蒸馏设备。

② 酸式滴定管：25mL 或 50mL。

③ 剪切式粉碎机。

④ 碘量瓶：500mL。

【分析步骤】

1. 试样制备

果脯、干菜、米粉类、粉条和食用菌适当剪成小块，再用剪切式粉碎机剪碎，搅均匀，备用。

2. 样品蒸馏

称取 5g 均匀样品（精确至 0.001g，取样量可视含量高低而定），液体样品可直接吸取 5.00～10.00mL 样品，置于蒸馏烧瓶中。加入 250mL 水，装上冷凝装置，冷凝管下端插入预先备有 25mL 乙酸铅吸收液的碘量瓶的液面下，然后在蒸馏瓶中加入 10mL 盐酸溶液，立即盖塞，加热蒸馏。当蒸馏液约 200mL 时，使冷凝管下端离开液面，再蒸馏 1min。用少量蒸馏水冲洗插入乙酸铅溶液的装置部分。同时做空白试验。

3. 滴定

向取下的碘量瓶中依次加入 10mL 盐酸、1mL 淀粉指示液，摇匀之后用碘标准溶液滴定至溶液颜色变蓝且 30s 内不褪色为止，记录消耗的碘标准滴定溶液体积。

【分析结果表述】

试样中二氧化硫的含量按式（15-3）计算：

$$X = \frac{(V-V_0) \times 0.032 \times c \times 1000}{m} \tag{15-3}$$

式中　X——试样中的二氧化硫总含量（以 SO_2 计），g/kg 或 g/L；

　　　V——滴定样品所用的碘标准溶液体积，mL；

　　　V_0——空白试验所用的碘标准溶液体积，mL；

0.032——1mL 碘标准溶液 $[c(1/2I_2) = 1.0\text{mol/L}]$ 相当于二氧化硫的质量，g；

　　　c——碘标准溶液浓度，mol/L；

　　　m——试样质量或体积，g 或 mL。

计算结果以重复性条件下获得的两次独立测定结果的算术平均值表示，当二氧化硫含量≥1g/kg（L）时，结果保留三位有效数字；当二氧化硫含量＜1g/kg（L）时，结果保留两位有效数字。

【精密度】

在重复性条件下获得的两次独立测试结果的绝对差值不得超过算术平均值的 10%。

【其他】

当取 5g 固体样品时，方法的检出限为 3.0mg/kg，定量限为 10.0mg/kg；当取 10mL 液体样品时，方法的检出限为 1.5mg/L，定量限为 5.0mg/L。

任务四　抗氧化剂叔丁基羟基茴香醚（BHA）与 2,6-二叔丁基对甲酚（BHT）的测定

抗氧化剂是指能阻止或推迟食品氧化变质，提高食品稳定性和延长食品储存期的食品添加剂。氧化不仅会使食品中的油脂变质，而且还会使食品褪色、变色和破坏维生素等，从而降低食

品的感官质量和营养价值，甚至产生有害物质，引起食物中毒。因此，为阻止或延缓食品氧化变质，会在加工的过程中加入抗氧化剂来保证食品的质量。

抗氧化剂按来源分为天然抗氧化剂和合成抗氧化剂两类。按溶解性也可分成两类：①油溶性抗氧化剂，常用的有叔丁基羟基茴香醚（BHA）、2,6-二叔丁基羟基甲苯（BHT）和没食子酸丙酯（PG）等人工合成的油溶性抗氧化剂，混合生育酚浓缩物及愈创树脂等天然的油溶性抗氧化剂；②水溶性抗氧化剂，包括抗坏血酸及其钠盐、异抗坏血酸及其钠盐等人工合成品，从米糠、麸皮中提制的天然品植酸即肌醇六磷酸。

食品抗氧化剂的作用比较复杂。抗坏血酸、异抗坏血酸及其钠盐因其本身易被氧化，因而可保护食品免受氧化。BHA 和 BHT 等酚型抗氧化剂可能与油脂氧化所产生的过氧化物结合，中断自动氧化反应链，阻止氧化。另一些抗氧化剂可能抑制或破坏氧化酶的活性，借以防止氧化反应进行。BHA 与 BHT 单独在食品中最大使用量为 0.2g/kg。PG 在食品中单独最大使用量为 0.1g/kg，与 BHA 和 BHT 混合使用时，不得超过 0.1g/kg。

【原理】

试样通过水蒸气蒸馏，使 BHT 分离，用甲醇吸收后，遇邻联二茴香胺与亚硝酸钠溶液生成橙红色化合物，再用三氯甲烷提取，于 520nm 处测定其吸光度并与标准比较定量。

【试剂及配制】

除非另有说明，本方法所用试剂均为分析纯。水为 GB/T 6682 规定的一级水。

1. 试剂

① 无水氯化钙。

② 甲醇。

③ 三氯甲烷。

④ 50%甲醇溶液。

⑤ 亚硝酸钠溶液（3g/L）：避光保存。

2. 试剂配制

（1）邻联二茴香胺溶液 准确称取 125mg 邻联二茴香胺于 50mL 棕色容量瓶中，加入 25mL 甲醇，振摇使其全部溶解，加入 50mg 活性炭，振摇 5min 后过滤。吸取滤液 20mL 置于另一个 50mL 棕色容量瓶中，加 1mol/L 盐酸并定容至刻度。临用时现配并注意避光保存。

（2）BHT 标准储备液 准确称取 BHT 50mg，用少量甲醇溶解，移入 100mL 棕色容量瓶中，用甲醇稀释至刻度。避光保存。此溶液每毫升相当于 0.5mg BHT。

（3）BHT 标准使用溶液 临用时吸取 1.0mL BHT 标准储备液，置于 50mL 棕色容量瓶中，加甲醇至刻度，混匀，避光保存。此溶液每毫升相当于 10.0μg BHT。

【仪器和设备】

① 水蒸气蒸馏装置。

② 甘油浴。

③ 分光光度计。

【分析步骤】

整个检测过程尽可能在避光条件下进行。

1. 试样制备

称取 2.00～5.00g 试样（约含 0.4mg BHT）于 100mL 蒸馏瓶中，加 16g 无水氯化钙粉末及 10mL 水，当甘油浴温度达到 165℃恒温时，将蒸馏瓶浸入甘油浴中，连接好水蒸气发生装置及冷凝管，冷凝管下端浸入盛有 50mL 甲醇的 200mL 容量瓶中，进行蒸馏，蒸馏速度每分钟 1.5～

2mL，在 50～60min 内收集约 100mL 馏出液（连同原盛有的甲醇共约 150mL，蒸气压不可太高，以免油滴带出），以温热的甲醇分次洗涤冷凝管，洗液并入容量瓶中并稀释至刻度，混匀。

2. BHT 标准曲线的绘制

准确吸取 25mL 经上述处理后的试样溶液，移入用黑纸（布）包扎的 100mL 分液漏斗中，另准确吸取 0.0mL、1.0mL、2.0mL、3.0mL、4.0mL、5.0mLBHT 标准使用液（相当于 0μg、10μg、20μg、30μg、40μg、50μgBHT），分别置于黑纸（布）包扎的 60mL 分液漏斗，加入甲醇（50%）至 25mL。分别加入 5mL 邻联二茴香胺溶液，混匀，再各加 2mL 亚硝酸钠溶液（3g/L），振摇 1min，放置 10min，再各加 10mL 三氯甲烷，剧烈振摇 1min，静置 3min 后，将三氯甲烷层分入黑纸（布）包扎的 10mL 比色管中，管中预先放入 2mL 甲醇，混匀。用 1cm 比色杯，以三氯甲烷调节零点，于波长 520nm 处测吸光度，绘制标准曲线比较。

3. 试样的测定

准确吸取 25mL 上述处理后的试样溶液，移入用黑纸（布）包扎的 100mL 分液漏斗中，分别加入 5mL 邻联二茴香胺溶液，混匀，以下按标准曲线绘制操作，测得吸光度值并从标准曲线上查得相应的 BHT 含量。

【分析结果表述】

$$X = \frac{m_1 \times 1000}{m \times \dfrac{V_2}{V_1} \times 1000 \times 1000} \qquad (15\text{-}4)$$

式中　X——试样中 BHT 的含量，g/kg；

　　　m_1——测定用样液中 BHT 的质量，μg；

　　　m——试样质量，g；

　　　V_1——蒸馏后样液总体积，mL；

　　　V_2——测定用吸取样液的体积，mL。

【精密度】

保留算术平均值的两位有效数字。相对误差≤10%。

硝酸盐和亚硝酸盐是肉制品生产中最常使用的发色剂。在微生物作用下，硝酸盐还原为亚硝酸盐，亚硝酸盐在肌肉中乳酸的作用下生成亚硝酸，而亚硝酸极不稳定，可分解为亚硝基，并与肌肉组织中的肌红蛋白结合，生成鲜红色的亚硝基肌红蛋白，使肉制品呈现良好的色泽。但由于亚硝酸盐是致癌物质——亚硝胺的前体，因此在加工过程中常以抗坏血酸钠或异构抗坏血酸钠、烟酸胺等辅助发色，以降低肉制品中亚硝酸盐的使用量。亚硝酸盐用于腌制肉类、肉类罐头、肉制品时的最大使用量为 0.15g/kg，硝酸钠最大使用量为 0.5g/kg，残留量（以亚硝酸钠计）在肉类罐头中不得超过 0.05g/kg，在肉制品中不得超过 0.03g/kg。

任务五　发色剂亚硝酸盐的测定——离子色谱法（第一法）

【原理】

试样经沉淀蛋白质、除去脂肪后，采用相应的方法提取和净化，以氢氧化钾溶液为淋洗液，阴离子交换柱分离，电导检测器或紫外检测器检测。以保留时间定性，外标法定量。

【试剂及配制】

除非另有说明，本方法所用试剂均为分析纯，水为 GB/T 6682 规定的一级水。

1. 试剂

① 乙酸（CH_3COOH）。

② 氢氧化钾（KOH）。

2. 试剂配制

（1）乙酸溶液（3%） 量取乙酸 3mL 于 100mL 容量瓶中，以水稀释至刻度，混匀。

（2）氢氧化钾溶液（1mol/L） 称取 6g 氢氧化钾，加入新煮沸过的冷水溶解，并稀释至 100mL，混匀。

3. 标准品

（1）亚硝酸钠（NaNO₂，CAS 号：7632-00-0） 基准试剂，或采用具有标准物质证书的亚硝酸盐标准溶液。

（2）硝酸钠（NaNO₃，CAS 号：7631-99-4） 基准试剂，或采用具有标准物质证书的硝酸盐标准溶液。

4. 标准溶液的制备

（1）亚硝酸盐标准储备液（100mg/L，以 NO_2^- 计，下同） 准确称取 0.1500g 于 110～120℃ 干燥至恒重的亚硝酸钠，用水溶解并转移至 1000mL 容量瓶中，加水稀释至刻度，混匀。

（2）硝酸盐标准储备液（1000mg/L，以 NO_3^- 计，下同） 准确称取 1.3710g 于 110～120℃ 干燥至恒重的硝酸钠，用水溶解并转移至 1000mL 容量瓶中，加水稀释至刻度，混匀。

（3）亚硝酸盐和硝酸盐混合标准中间液 准确移取亚硝酸根离子（NO_2^-）和硝酸根离子（NO_3^-）的标准储备液各 1.0mL 于 100mL 容量瓶中，用水稀释至刻度，此溶液每升含亚硝酸根离子 1.0mg 和硝酸根离子 10.0mg。

（4）亚硝酸盐和硝酸盐混合标准使用液 移取亚硝酸盐和硝酸盐混合标准中间液，加水逐级稀释，制成系列混合标准使用液，亚硝酸根离子浓度分别为 0.02mg/L、0.04mg/L、0.06mg/L、0.08mg/L、0.10mg/L、0.15mg/L、0.20mg/L；硝酸根离子浓度分别为 0.2mg/L、0.4mg/L、0.6mg/L、0.8mg/L、1.0mg/L、1.5mg/L、2.0mg/L。

【仪器和设备】

① 离子色谱仪：配电导检测器及抑制器或紫外检测器，高容量阴离子交换柱，50μL 定量环。

② 食物粉碎机。

③ 超声波清洗器。

④ 分析天平：感量为 0.1mg 和 1mg。

⑤ 离心机：转速≥10000r/min，配 50mL 离心管。

⑥ 0.22μm 水性滤膜针头滤器。

⑦ 净化柱：包括 C₁₈ 柱、Ag 柱和 Na 柱或等效柱。

⑧ 注射器：1.0mL 和 2.5mL。

注：所有玻璃器皿使用前均需依次用 2mol/L 氢氧化钾和水分别浸泡 4h，然后用水冲洗 3～5 次，晾干备用。

【分析步骤】

1. 试样预处理

（1）蔬菜、水果 将新鲜蔬菜、水果试样用自来水洗净后，用水冲洗，晾干后，取可食部切碎混匀。将切碎的样品用四分法取适量，用食物粉碎机制成匀浆，备用。如需加水应记录加水量。

（2）粮食及其他植物样品 除去可见杂质后，取有代表性试样 50～100g，粉碎后，过 0.30mm 孔筛，混匀，备用。

（3）肉类、蛋、水产及其制品 用四分法取适量或取全部，用食物粉碎机制成匀浆，备用。

（4）乳粉、豆奶粉、婴儿配方粉等固态乳制品（不包括干酪） 将试样装入能够容纳 2 倍试样体积的带盖容器中，通过反复摇晃和颠倒容器使样品充分混匀直到使试样均一化。

(5) 发酵乳、乳、炼乳及其他液体乳制品 通过搅拌或反复摇晃和颠倒容器使试样充分混匀。

(6) 干酪 取适量的样品研磨成均匀的泥浆状。为避免水分损失，研磨过程中应避免产生过多的热量。

2. 提取

(1) 蔬菜、水果等植物性试样 称取试样 5g（精确至 0.001g，可适当调整试样的取样量，以下相同），置于 150mL 具塞锥形瓶中，加入 80mL 水，1mL1mol/L 氢氧化钾溶液，超声提取 30min，每隔 5min 振摇 1 次，保持固相完全分散。于 75℃ 水浴中放置 5min，取出放置至室温，定量转移至 100mL 容量瓶中，加水稀释至刻度，混匀。溶液经滤纸过滤后，取部分溶液于 10000r/min 离心 15min，上清液备用。

(2) 肉类、蛋类、鱼类及其制品等 称取试样匀浆 5g（精确至 0.001g），置于 150mL 具塞锥形瓶中，加入 80mL 水，超声提取 30min，每隔 5min 振摇 1 次，保持固相完全分散。于 75℃ 水浴中放置 5min，取出放置至室温，定量转移至 100mL 容量瓶中，加水稀释至刻度，混匀。溶液经滤纸过滤后，取部分溶液于 10000r/min 离心 15min，上清液备用。

(3) 腌鱼类、腌肉类及其他腌制品 称取试样匀浆 2g（精确至 0.001g），置于 150mL 具塞锥形瓶中，加入 80mL 水，超声提取 30min，每隔 5min 振摇 1 次，保持固相完全分散。于 75℃ 水浴中放置 5min，取出放置至室温，定量转移至 100mL 容量瓶中，加水稀释至刻度，混匀。溶液经滤纸过滤后，取部分溶液于 10000r/min 离心 15min，上清液备用。

(4) 乳 称取试样 10g（精确至 0.01g），置于 100mL 具塞锥形瓶中，加水 80mL，摇匀，超声 30min，加入 3％乙酸溶液 2mL，于 4℃ 放置 20min，取出放置至室温，加水稀释至刻度。溶液经滤纸过滤，滤液备用。

(5) 乳粉及干酪 称取试样 2.5g（精确至 0.01g），置于 100mL 具塞锥形瓶中，加水 80mL，摇匀，超声 30min，取出放置至室温，定量转移至 100mL 容量瓶中，加入 3％乙酸溶液 2mL，加水稀释至刻度，混匀。于 4℃ 放置 20min，取出放置至室温，溶液经滤纸过滤，滤液备用。

(6) 过滤 取上述备用溶液约 15mL，通过 0.22μm 水性滤膜针头滤器、C_{18} 柱，弃去前面 3mL（如果氯离子大于 100mg/L，则需要依次通过针头滤器、C_{18} 柱、Ag 柱和 Na 柱，弃去前面 7mL），收集后面洗脱液待测。

固相萃取柱使用前需进行活化，C_{18} 柱（1.0mL）、Ag 柱（1.0mL）和 Na 柱（1.0mL），其活化过程为：C_{18} 柱（1.0mL）使用前依次用 10mL 甲醇、15mL 水通过，静置活化 30min。Ag 柱（1.0mL）和 Na 柱（1.0mL）用 10mL 水通过，静置活化 30min。

3. 仪器参考条件

① 色谱柱：氢氧化物选择性，可兼容梯度洗脱的二乙烯基苯-乙基苯乙烯共聚物基质，烷醇基季铵盐功能团的高容量阴离子交换柱，4mm×250mm（带保护柱 4mm×50mm），或性能相当的离子色谱柱。

② 淋洗液：氢氧化钾溶液，浓度为 6～70mmol/L；洗脱梯度为 6mmol/L 30min，70mmol/L 5min，6mmol/L 5min；流速为 1.0mL/min。

③ 粉状婴幼儿配方食品：氢氧化钾溶液，浓度为 5～50mmol/L；洗脱梯度为 5mmol/L 33min，50mmol/L 5min，5mmol/L 5min；流速为 1.3mL/min。

④ 抑制器。

⑤ 检测器：电导检测器，检测池温度为 35℃；或紫外检测器，检测波长为 226nm。

⑥ 进样体积：50μL（可根据试样中被测离子含量进行调整）。

4. 测定

(1) 标准曲线的制作 将标准系列工作液分别注入离子色谱仪中，得到各浓度标准工作液色谱图，测定相应的峰高（μS）或峰面积，以标准工作液的浓度为横坐标，以峰高（μS）或峰面积为纵坐标，绘制标准曲线（亚硝酸盐和硝酸盐标准色谱图见图 15-3）。

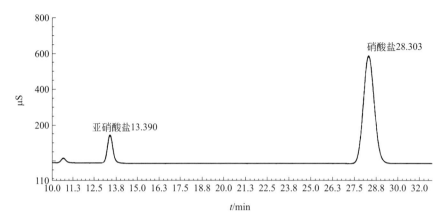

图 15-3　亚硝酸盐和硝酸盐标准色谱图

（2）试样溶液的测定　将空白和试样溶液注入离子色谱仪中，得到空白和试样溶液的峰高（μS）或峰面积，根据标准曲线得到待测液中亚硝酸根离子或硝酸根离子的浓度。

【分析结果表述】

试样中亚硝酸离子或硝酸根离子的含量按式（15-5）计算：

$$X = \frac{(\rho - \rho_0) \times V \times f \times 1000}{m \times 1000} \qquad (15\text{-}5)$$

式中　X——试样中亚硝酸根离子或硝酸根离子的含量，mg/kg；

ρ——测定用试样溶液中的亚硝酸根离子或硝酸根离子浓度，mg/L；

ρ_0——试剂空白液中亚硝酸根离子或硝酸根离子的浓度，mg/L；

V——试样溶液体积，mL；

f——试样溶液稀释倍数；

1000——换算系数；

m——试样取样量，g。

试样中测得的亚硝酸根离子含量乘以换算系数 1.5，即得亚硝酸盐（按亚硝酸钠计）含量；试样中测得的硝酸根离子含量乘以换算系数 1.37，即得硝酸盐（按硝酸钠计）含量。

结果保留两位有效数字。

【精密度】

在重复性条件下获得的两次独立测定结果的绝对差值不得超过算术平均值的 10%。

【其他】

亚硝酸盐和硝酸盐检出限分别为 0.2mg/kg 和 0.4mg/kg。

任务六　食用合成着色剂的测定——高效液相色谱法（第一法）

食品着色剂也就是食品色素。天然食品大多具有固定色泽，在加工和食品保藏过程中，食品的色泽会受到影响，因此需要加入一定的着色剂，以增加食品的色泽与美感。

常用的食品着色剂可分为天然和人干合成两类。天然着色剂主要是从动物、植物和微生物中提取的，如叶绿素铜钠、姜黄、甜菜红、虫胶色素、辣椒红素、红花黄色素、红曲色素等。合成着色剂主要是以人工方法进行化学合成的有机色素类，按其化学结构不同可分为偶氮类色素和非偶氮类色素，偶氮类色素按溶解性不同又分为油溶性和水溶性两类。人工合成着色剂具有成本低廉、色泽鲜艳、着色能力强等特点，所以应用广泛。

食品中合成着色剂的种类很多，国际上允许使用的约有 30 余种，我国允许使用的主要有苋菜红、胭脂红、赤藓红、新红、玫瑰红、柠檬黄、日落黄、亮蓝、靛蓝、牢固绿等。

食品中合成着色剂毕竟是化学物质，本身没有营养价值，作为食品添加剂只是为提高食品的色泽而使用的。在国家标准内使用被认为是安全的。着色剂的测定主要是检测食用合成着色剂是否符合国家规定的标准。

【原理】

食品中人工合成着色剂用聚酰胺吸附法或液-液分配法提取，制成水溶液，注入高效液相色谱仪，经反相色谱分离，根据保留时间定性和与峰面积比较进行定量。

利用高效液相色谱法测定食品中合成着色剂的检出限：柠檬黄、新红、苋菜红、胭脂红、日落黄均为 0.5mg/kg，亮蓝、赤藓红均为 0.2mg/kg（检测波长为 254nm 时亮蓝检出限为 1.0mg/kg，赤藓红检出限为 0.5mg/kg）。

【试剂及配制】

除非另有说明，本方法所用试剂均为分析纯，水为 GB/T 6682 规定的一级水。

1. 试剂

① 甲醇（CH_3OH）：色谱纯。

② 正己烷（C_6H_{14}）。

③ 盐酸（HCl）。

④ 冰乙酸（CH_3COOH）。

⑤ 甲酸（HCOOH）。

⑥ 乙酸铵（CH_3COONH_4）。

⑦ 柠檬酸（$C_6H_8O_7 \cdot H_2O$）。

⑧ 硫酸钠（Na_2SO_4）。

⑨ 正丁醇（$C_4H_{10}O$）。

⑩ 三正辛胺（$C_{24}H_{51}N$）。

⑪ 无水乙醇（CH_3CH_2OH）。

⑫ 氨水（$NH_3 \cdot H_2O$）：含量 20%～25%。

⑬ 聚酰胺粉（尼龙 6）：过 200μm（目）筛。

2. 试剂配制

（1）乙酸铵溶液（0.02mol/L） 称取 1.54g 乙酸铵，加水至 1000mL，溶解，经 0.45μm 微孔滤膜过滤。

（2）氨水溶液 量取氨水 2mL，加水至 100mL，混匀。

（3）甲醇-甲酸溶液（6＋4，体积比） 量取甲醇 60mL，甲酸 40mL，混匀。

（4）柠檬酸溶液 称取 20g 柠檬酸，加水至 100mL，溶解混匀。

（5）无水乙醇-氨水-水溶液（7＋2＋1，体积比） 量取无水乙醇 70mL、氨水溶液 20mL、水 10mL，混匀。

（6）三正辛胺-正丁醇溶液（5%） 量取三正辛胺 5mL，加正丁醇至 100mL，混匀。

（7）饱和硫酸钠溶液。

（8）pH6 的水 水加柠檬酸溶液调 pH 到 6。

（9）pH4 的水 水加柠檬酸溶液调 pH 到 4。

3. 标准品

① 柠檬黄（CAS：1934-21-0）。

② 新红（CAS：220658-76-4）。

③ 苋菜红（CAS：915-67-3）。

④ 胭脂红（CAS：2611-82-7）。

⑤ 日落黄（CAS：2783-94-0）。

⑥ 亮蓝（CAS：3844-45-9）。

⑦ 赤藓红（CAS：16423-68-0）。

4. 标准溶液配制

（1）合成着色剂标准储备液（1mg/mL） 准确称取按其纯度折算为 100％质量的柠檬黄、日落黄、苋菜红、胭脂红、新红、赤藓红、亮蓝各 0.1g（精确至 0.0001g），置 100mL 容量瓶中，加 pH6 的水到刻度。配成水溶液（1.00mg/mL）。

（2）合成着色剂标准使用液（50μg/mL） 临用时将标准储备液加水稀释 20 倍，经 0.45μm 微孔滤膜过滤。配成每毫升相当 50.0μg 的合成着色剂。

【仪器和设备】

① 高效液相色谱仪，带二极管阵列或紫外检测器。

② 天平：感量为 0.001g 和 0.0001g。

③ 恒温水浴锅。

④ G3 垂融漏斗。

【分析步骤】

1. 试样制备

（1）果汁饮料及果汁、果味碳酸饮料等 称取 20～40g（精确至 0.001g），放入 100mL 烧杯中。含二氧化碳样品加热或超声驱除二氧化碳。

（2）配制酒类 称取 20～40g（精确至 0.001g），放入 100mL 烧杯中，加小碎瓷片数片，加热驱除乙醇。

（3）硬糖、蜜饯类、淀粉软糖等 称取 5～10g（精确至 0.001g）粉碎样品，放入 100mL 小烧杯中，加水 30mL，温热溶解，若样品溶液 pH 较高，用柠檬酸溶液调 pH 到 6 左右。

（4）巧克力豆及着色糖衣制品 称取 5～10g（精确至 0.001g），放入 100mL 小烧杯中，用水反复洗涤色素，到巧克力豆无色素为止，合并色素漂洗液为样品溶液。

2. 色素提取

（1）聚酰胺吸附法 样品溶液加柠檬酸溶液调 pH 到 6，加热至 60℃，将 1g 聚酰胺粉加少许水调成粥状，倒入样品溶液中，搅拌片刻，以 G3 垂融漏斗抽滤，用 60℃ pH 为 4 的水洗涤 3～5 次，然后用甲醇-甲酸混合溶液洗涤 3～5 次［含赤藓红的样品用（2）法处理］，再用水洗至中性，用乙醇-氨水-水混合溶液解吸 3～5 次，直至色素完全解吸，收集解吸液，加乙酸中和，蒸发至近干，加水溶解，定容至 5mL。经 0.45μm 微孔滤膜过滤，进高效液相色谱仪分析。

（2）液-液分配法（适用于含赤藓红的样品） 将制备好的样品溶液放入分液漏斗中，加 2mL 盐酸、三正辛胺-正丁醇溶液（5％）10～20mL，振摇提取，分取有机相，重复提取，直至有机相无色，合并有机相，用饱和硫酸钠溶液洗 2 次，每次 10mL，分取有机相，放蒸发皿中，水浴加热浓缩至 10mL，转移至分液漏斗中，加 10mL 正己烷，混匀，加氨水溶液提取 2～3 次，每次 5mL，合并氨水溶液层（含水溶性酸性色素），用正己烷洗 2 次，氨水层加乙酸调成中性，水浴加热蒸发至近干，加水定容至 5mL。经 0.45μm 微孔滤膜过滤，进高效液相色谱仪分析。

3. 仪器参考条件

① 色谱柱：C_{18} 柱，4.6mm×250mm，5μm。

② 进样量：10μL。

③ 柱温：35℃。

④ 二极管阵列检测器波长范围：400～800nm，或紫外检测器检测波长：254nm。

⑤ 梯度洗脱表见表 15-1。

表 15-1　梯度洗脱表

时间/min	流速/(mL/min)	0.02mol/L 乙酸铵溶液/%	甲醇/%
0	1.0	95	5
3	1.0	65	35
7	1.0	0	100
10	1.0	0	100
10.1	1.0	95	5
21	1.0	95	5

4. 测定

将样品提取液和合成着色剂标准使用液分别注入高效液相色谱仪，根据保留时间定性，外标峰面积法定量。

【分析结果表述】

试样中着色剂含量按式（15-6）计算：

$$X = \frac{c \times V \times 1000}{m \times 1000 \times 1000} \tag{15-6}$$

式中　X——试样中着色剂的含量，g/kg；

　　　c——进样液中着色剂的浓度，μg/mL；

　　　V——试样稀释总体积，mL；

　　　m——试样质量，g；

　　1000——换算系数。

计算结果以重复性条件下获得的两次独立测定结果的算术平均值表示，结果保留两位有效数字。

【精密度】

在重复性条件下获得的两次独立测定结果的绝对差值不得超过算术平均值的 10%。

【其他】

方法检出限：柠檬黄、新红、苋菜红、胭脂红、日落黄均为 0.5mg/kg，亮蓝、赤藓红均为 0.2mg/kg（检测波长 254nm 时亮蓝检出限为 1.0mg/kg，赤藓红检出限为 0.5mg/kg）。

复习思考题

1. 简述食品添加剂的概念、分类及检测的重要意义。
2. 亚硝酸盐含量测定的基本原理是什么？
3. 二氧化硫含量测定的基本原理是什么？简述滴定法的操作过程。
4. 简述食品中合成着色剂检测的方法和原理。

第十六章　食品中污染物的测定

第一节　食品中污染物概述

1983 年，联合国粮农组织（FAO）和世界卫生组织（WHO）食品添加剂法规委员会（CCFA）第十六次会议规定：凡不是有意加入食品中，而是在生产、制造、处理、加工、填充、包装、运输和贮藏等过程中带入食品的任何物质都称为污染物，但不包括昆虫碎体、动物毛发和其他不寻常的物质。

一、食品中污染物相关概念

（1）污染物　食品在从生产（包括农作物种植、动物饲养和兽医用药）、加工、包装、贮存、运输、销售，直至食用等过程中产生的或由环境污染带入的、非有意加入的化学性危害物质。

GB 2762—2017《食品安全国家标准　食品中污染物限量》所规定的污染物是指除农药残留、兽药残留、生物毒素和放射性物质以外的污染物。

（2）限量　污染物在食品原料和（或）食品成品可食用部分中允许的最大含量水平。

二、食品中污染物的分类

食品中存在的天然有害物，如河豚中含有的河鲀毒素，发芽和绿皮马铃薯中含有的龙葵碱糖苷，大豆中含有的胰蛋白酶抑制剂，毒蘑菇中含有的蘑菇毒素等。

环境污染物，如铅是地壳中发现的含量最丰富的重金属元素，海产鱼中铅的自然含量为 $0.3\mu g/kg$，受污染的海洋鱼类含铅量可达 $0.2\sim25mg/kg$，公路附近的豆荚和稻谷含铅量为 $0.4\sim2.6mg/kg$，是乡村区域的同种植物含铅量的 10 倍。汞是地球上储量很大、分布很广的重金属元素，在地壳中的平均含量约为 $80\mu g/kg$，鱼和贝类是被汞污染的主要食品，是人类膳食中汞的主要来源。

不可滥用食品添加剂，如在动物性食品的生产过程中，为了发色及防腐可以使用硝酸盐、亚硝酸盐。但是大量使用这类物质可能造成食用者急性中毒，如果长期食用含一定硝酸盐、亚硝酸盐的食品，致癌的风险将增加。

食品加工、贮存、运输及烹调过程中产生的物质或工具、用具中的污染物，如含高淀粉的食品在高温下加工处理，可能生成具有潜在致癌性的丙烯酰胺；如果对食品进行烟熏、烘烤，食品一方面可以从熏烟中吸附、另一方面食品中的油脂在高温下产生具有致癌性的多环芳烃类物质。

人类消费食品存在风险的危害物大体上分为农药残留、兽药残留、化学污染物（添加剂滥用超标）、生物（天然）毒素、微生物危害等。

1. 农药残留

（1）农药残留　农药残留指使用农药而导致的在食品、农产品或动物饲料中残留的一定物质，包括具有明显毒性的农药的任何派生物质，如转换产品、代谢产品、反应产品以及杂质。

（2）最大残留限制（MRL）　MRL 指由食品营养标准委员会推荐的，食品或动物饲料中允许的农药残留物的最大浓度（mg/kg）。最大残留限制标准是根据良好的农药使用方式（GAP）和在毒理学上认为可以接受的食品农药残留量制定的。

（3）外部最大残留限制（EMRL）　EMRL 指除了使用农药或直接或间接对商品有污染的物质以外，来自环境（包括以前农业使用）的污染。它是由食品营养标准委员会（Codex Alimentarius Commission）推荐合法应允或被认为在食品、农产品或动物饲料中可接受的农药或污染物的最大浓度，以每公斤商品中所含农药或污染物的质量（mg）来表示。

（4）每日容许摄入量（ADI） ADI 指人或动物每日摄入某种化学物质（食品添加剂、农药等），对健康无任何已知不良效应的剂量。以相当于人或动物每公斤体重所含化学药品的数量（mg）表示。

（5）暂时可忍受的日摄入量（PTDI） PTDI 是基于毒理学数据计算出的一个数值，表示人们摄入的可忍受的残留在食品、饮用水和环境中的农药污染物。

2. 兽药残留

（1）兽药 兽药是指用于预防、治疗、诊断畜禽等动物疾病，有目的地调节其生理机能并规定作用、用途、用法、用量的物质（含饲料药物添加剂）。包括：血清、菌（疫）苗、诊断液等生物制品；兽用的中药材、中成药、化学原料药及其制剂；抗生素、生化药品、放射性药品。

（2）兽药残留 兽药残留是指动物产品可食部分中的残留的兽药及代谢化合物，以及与其相关兽药所产生的杂质。

（3）食物中兽药的最大残留限制（MRLVD） MRLVD 指兽药使用后残留的最大集中量（按鲜重以 mg/kg 或 μg/kg 表示），是符合食物标准委员会的推荐，法律所容许的或公认为可接受的在食物中的残留量。

3. 化学污染物

化学污染物主要包括除农药残留、兽药（抗菌素）残留外的环境污染物、雌激素（二噁英、氯丙醇）、重金属等以及在工业生产中所产生的有毒有害化学物，如包装材料等均可通过植物或动物进入食物链，并引起人类的疾病或健康问题。

4. 天然毒素

天然毒素是一大类生物活性物质的总称，包括动物毒素、植物毒素和微生物毒素等，有别于人工合成的有毒化合物。也可分为海洋毒素和农业毒素。

海洋毒素是由海洋中的微藻或者海洋细菌产生的一类生物活性物质的总称。由于这些毒素通常是通过海洋贝类或鱼类等生物媒介造成人类中毒，因此这些毒素常被作贝毒或鱼毒（或贝类毒素和鳍类毒素），例如贝类毒素中的麻痹性贝毒、腹泻性贝毒、记忆缺失性贝毒、神经性贝毒。鳍类毒素如西加鱼毒包括河鲀毒素、鲭鱼毒素等。在上面几类主要的海洋毒素中，麻痹性贝毒是分布最广、危害最大的一类毒素。这些毒素的一个共同点是：他们不是由贝类自身产生，而是其他海洋微生物在贝类中存积形成。

5. 农业毒素

除在海洋生物中发现的自然毒素外，在农作物中也发现了许多自然毒素。这些毒素都是真菌类的。这些毒性真菌包括曲霉、青霉、镰刀霉、链格孢霉、棒孢霉和毛壳菌等。

黄曲霉毒素是真菌毒素，实际上是指一组化学组成相似的毒素，黄曲霉和寄生曲霉是产生黄曲霉毒素的主要菌种，其他曲霉、毛霉、青霉、镰孢霉、根霉等也可产生黄曲霉毒素，黄曲霉毒素最常见于花生及花生制品，玉米、棉籽、一些坚果类食品和饲料中，主要有黄曲霉毒素 B_1、黄曲霉毒素 B_2、黄曲霉毒素 G_1 及黄曲霉毒素 G_2 等 10 多种，其中以黄曲霉毒素 B_1 存在量最大，毒性也最强；黄曲霉毒素 M_1 为黄曲霉毒素 B_1 的代谢物，毒性仅次于黄曲霉毒素 B_1，常存在于牛乳和乳制品中。

除此以外，食物中还有麦角生物碱、伏马菌素、赭曲霉毒素、棒曲霉毒素、杂色曲霉毒素等。

植物自己产生的毒素也很多。许多人认为有毒的植物大多是陌生的野生植物，其实不然，日常生活中常见的粮食作物、油料作物、蔬菜、水果等食用植物中也有可能引起中毒的因素。如大豆、四季豆中的皂素、凝血素；蚕豆种子中含有的巢菜碱苷；木薯含有的有毒物质为亚麻仁苦苷；马铃薯含的有毒成分茄碱（马铃薯毒素、龙葵苷）；青菜中的荠菜、灰菜等野菜都含有大量亚硝酸盐；黄花菜中含有秋水仙碱。

6. 食品添加剂

食品添加剂是指为改善食品品质和色、香、味，以及为防腐和加工工艺的需要而加入食品中的化学合成或天然物质。

7. 微生物危害

不作为理化分析的内容，本书不讨论。

第二节 农药残留与兽药残留的检测

知识目标

1. 掌握农药残留、兽药残留的概念和种类；
2. 掌握农药残留、兽药残留的相关检测标准。

技能目标

1. 能够正确查阅农药残留、兽药残留相关检测标准；
2. 能够掌握试样前处理技能；
3. 掌握气相色谱仪、高效液相色谱仪的操作方法和检验技能。

思政与职业素养目标

了解农药和兽药残留的危害，促使学生关心国家大事、了解国家法律法规，自觉接受爱国主义教育、社会主义法治教育、生命健康教育和生态文明教育，培养家国情怀和社会担当。

国家标准

1. GB 5009.161—2003 动物性食品中有机磷农药多组分残留量的测定
2. GB 5009.116—2003 畜、禽肉中土霉素、四环素、金霉素残留量的测定

必备知识

一、农药及农药残留

农药是指用于预防、消灭或者控制危害农业、林业的病、虫、草及其他有害生物，以及有目的地调节植物、昆虫生长的药物的通称。

当前，全世界实际生产和使用的农药品种有上千种，其中绝大部分为化学合成农药。农药按其用途主要可分为杀菌剂、杀虫剂、除草剂、杀螨剂、杀鼠剂和植物生长调节剂等；按化学成分可分为有机氯农药、有机磷农药、氨基甲酸酯类农药、拟除虫菊酯类农药、有机锡类农药等；按其毒性可分为高毒、中毒、低毒三类；按农药在植物体内残留时间的长短可分为高残留、中度残留和低残留三大类农药。

农药残留是指由于使用农药后存留在环境和农产品、食品、饲料、药材中的农药及其降解代谢产物，还包括环境背景中存有的污染物或持久性农药的残留物再次在商品中形成的残留。表16-1是我国对常用农药在食品中的最大允许残留量标准。

表16-1 食品中农药的最大残留量（MRL）限量标准　　　　　　单位：mg/kg

食品	滴滴涕	六六六	甲胺磷	马拉硫磷	对硫磷	敌敌畏	辛硫磷	溴氰菊酯	多菌灵
成品粮食	0.2	0.3	0.1	3.0	0.1	0.1	0.05	—	0.5

食品	滴滴涕	六六六	甲胺磷	马拉硫磷	对硫磷	敌敌畏	辛硫磷	溴氰菊酯	多菌灵
蔬菜水果	0.1	0.2	×	×	×	0.2	0.05	0.2～0.5	0.5
肉类	0.2	0.4	—	—	—	—	—	—	—
蛋	1.0	1.0	—	—	—	—	—	—	—
鱼类	1.0	2.0	—	—	—	—	—	—	—
植物油	—	—	—	×	0.1	×	—	—	—

注："×"为不得检出；"—"为标准未制定。

二、兽药及兽药残留种类

兽药残留指食品动物用药后，动物产品的任何食用部分中与所有药物有关的物质的残留，包括原型药物或/和其代谢产物。

（1）抗生素类药物　主要用于防治动物的传染性疾病所用的药物，如氯霉素、四环素、土霉素、青霉素等。

（2）磺胺类药物　主要用于抗菌消炎，如磺胺嘧啶、磺胺脒、磺胺甲基异噁唑等。

（3）硝基呋喃类药物　主要用于抗菌消炎，如呋喃唑酮、呋喃西林、呋喃妥因等。

（4）抗寄生虫药物　主要用于驱虫或杀虫，如左旋咪唑、苯并咪唑等。

（5）激素类药物　主要用于提高动物的繁殖和生产性能，如己烯雌酚、雌二醇等。

三、我国食品中兽药的最高残留量标准（MRL）

（1）抗生素类　金霉素在猪体内 MRL（mg/kg）为：肾 4，肝 2，肌肉 0.2，在禽体内：禽肉 1，肾 4，肝 1；土霉素在牛、羊、猪、禽体内为：肝 0.3，肾 0.6，肌肉 0.1，脂肪 0.01；青霉素在牛、羊、猪、禽体内为：肌肉、肝、肾 0.05，牛乳 0.004；四环素在牛、羊、猪、禽体内的可食组织中为 0.25。

（2）磺胺类　在牛、羊、猪、家禽肝、肾和脂肪中 MRL（μg/kg）为 0.3；牛、羊、猪肌肉中为 0.3；牛、羊乳中为 0.05。

磺胺二甲嘧啶的 MRL（μg/kg）：在牛、羊、猪肌肉中为 0.1；肝、肾、脂肪中为 0.1；牛、羊乳中为 0.025。ADI（每日容许摄入量）值为 0～0.004mg/kg 体重。

（3）硝基呋喃类　如呋喃唑酮，在猪、家禽各组织中残留量为 0mg/kg。

任务实施

任务一　食品中农药残留的测定

【原理】

试样经提取、净化、浓缩、定容，用毛细管柱气相色谱分离，火焰光度检测器检测，以保留时间定性，外标法定量。

本法适用于畜禽肉及其制品、乳与乳制品、蛋与蛋制品中甲胺磷、敌敌畏、乙酰甲胺磷、久效磷、乐果、乙拌磷、甲基对硫磷、杀螟硫磷、甲基嘧啶磷、马拉硫磷、倍硫磷、对硫磷、乙硫磷 13 种常用有机磷农药多组分残留测定方法。

【试剂及配制】

除非另有说明，本方法所用试剂均为分析纯，水为 GB/T 6682 规定的三级水。

1. 试剂

① 丙酮：重蒸。

② 二氯甲烷：重蒸。

③ 乙酸乙酯：重蒸。

④ 环己烷：重蒸。

⑤ 氯化钠。

⑥ 无水硫酸钠。

⑦ 凝胶：Bio-Beads S-X$_3$ 200～400 目。

⑧ 有机磷农药标准品：甲胺磷、敌敌畏、乙酰甲胺磷、久效磷、乐果、乙拌磷、甲基对硫磷、杀螟硫磷、甲基嘧啶磷、马拉硫磷、倍硫磷、对硫磷、乙硫磷等标准品的纯度≥99％。

2. 试剂配制

有机磷农药标准溶液的配制

(1) 单体有机磷农药标准储备液　准确称取各有机磷农药标准品 0.0100g，分别置于 25mL 容量瓶中，用乙酸乙酯溶解、定容（浓度各为 400ug/mL）。

(2) 混合有机磷农药标准应用液　测定前，量取不同体积的各单体有机磷农药标准储备液于 10mL 容量瓶中，用氮气吹尽溶剂，用经下面试样提取、净化处理的鲜牛乳提取液稀释、定容。此混合标准应用液中各有机磷农药浓度（μg/mL）为：甲胺磷 16、敌敌畏 80、乙酰甲胺磷 24、久效磷 80、乐果 16、乙拌磷 24、甲基对硫磷 16、杀螟硫磷 16、甲基嘧啶磷 16、马拉硫磷 16、倍硫磷 24、对硫磷 16、乙硫磷 8。

【仪器和设备】

① 气相色谱仪（具火焰光度检测器，毛细管色谱柱）。

② 旋转蒸发仪。

③ 凝胶净化柱：长 30.0cm，内径 2.5cm 具活塞色谱柱，柱底垫少许玻璃棉。用洗脱液乙酸乙酯-环己烷（1+1）浸泡的凝胶以湿法装入柱中，柱床高约 26cm，胶床始终保持在洗脱液中。

【分析步骤】

1. 试样制备

蛋品去壳，制成匀浆；肉品去筋后，切成小块，制成肉糜；乳品混匀待用。

2. 提取与分配

① 称取蛋类试样 20g（精确到 0.01g）于 100mL 具塞三角瓶中，加水 5mL（视试样水分含量加水，使总量约 20g），加 40mL 丙酮，振摇 30min，加氯化钠 6g，充分摇匀，再加 30mL 二氯甲烷，振摇 30min。取 35mL 上清液，经无水硫酸钠滤于旋转蒸发瓶中，浓缩至约 1mL，加 2mL 乙酸乙酯-环己烷（1+1）溶液再浓缩，如此重复 3 次，浓缩至约 1mL。

② 称取肉类试样 20g（精确到 0.01g），加水 6mL（视试样水分含量加水，使总量约 20g），以下按照蛋类试样的提取与分配步骤处理。

③ 称取乳类试样 20g（精确到 0.01g），以下按照蛋类试样的提取与分配步骤处理。

3. 净化

将此浓缩液经凝胶柱，以乙酸乙酯-环己烷（1+1）溶液洗脱，弃去 0～35mL 流分，收集 35～70mL 流分。将其旋转蒸发浓缩至约 1mL，再经凝胶柱净化收集 35～70mL 流分，旋转蒸发浓缩，用氮气吹至约 1mL，以乙酸乙酯定容 1mL，留待 GC 分析。

4. 气相色谱测定

(1) 色谱条件　色谱柱：涂以 SE-54 0.25μm，30m×0.32mm（内径）石英弹性毛细管柱。柱温：60℃保持 1min，开始以 40℃/min 的升温速度升温至 110℃后，再以 5℃/min 升温至 235℃，接着再以 40℃/min 的升温速度升温至 265℃。进样口温度：270℃。检测器：火焰光度检测器（FPD-P）。气体流速：氮气（载气），1mL/min；尾吹：50mL/min；氢气：50mL/min；

空气：500mL/min。

（2）色谱分析 分别量取 $1\mu L$ 混合标准液及试样净化液注入色谱仪中，以保留时间定性，以试样和标准的峰高或峰面积比较定量。

（3）色谱图 如图 16-1 所示。

【分析结果表述】

按式（16-1）计算：

$$X = \frac{m_1 \times V_2 \times 1000}{m \times V_1 \times 1000} \quad (16\text{-}1)$$

式中 X——试样中各农药的含量，mg/kg；

m_1——被测样液中各农药的含量，ng；

m——试样质量，g；

V_1——样液进样体积，μL；

V_2——试样最后定容体积，mL。

【精密度】

在重复性条件下获得的两次独立测定结果的绝对差值不得超过算术平均值的 15%。

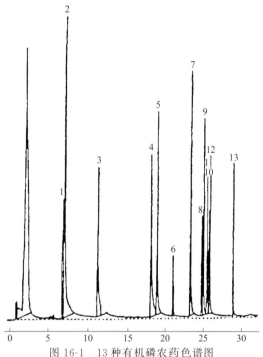

图 16-1 13 种有机磷农药色谱图

1—甲胺磷；2—敌敌畏；3—乙酰甲胺磷；4—久效磷；
5—乐果；6—乙拌磷；7—甲基对硫磷；8—杀螟硫磷；
9—甲基嘧啶磷磷；10—马拉硫磷；11—倍硫磷；
12—对硫磷；13—乙硫磷

【说明】

（1）出峰顺序 甲胺磷、敌敌畏、乙酰甲胺磷、久效磷、乐果、乙拌磷、甲基对硫磷、杀螟硫磷、甲基嘧啶磷、马拉硫磷、倍硫磷、对硫磷、乙硫磷。

（2）本方法各种农药检出限（μg/kg） 甲胺磷 5.7、敌敌畏 3.5、乙酰甲胺磷 10.0、久效磷 12.0、乐果 2.6、乙拌磷 1.2、甲基对硫磷 2.6、杀螟硫磷 2.9、甲基嘧啶磷 2.5、马拉硫磷 2.8、倍硫磷 2.1、对硫磷 2.6、乙硫磷 1.7。

任务二 动物性食品中兽药残留的测定——高效液相色谱法

【原理】

试样经提取，微孔滤膜过滤后直接进样，用反相色谱分离，紫外检测器检测，与标准比较定量，出峰顺序为土霉素、四环素、金霉素。标准加入法定量。

【试剂及配制】

（1）乙腈（分析纯）。

（2）0.01mol/L 磷酸二氢钠溶液 称取 1.56g（精确到 ±0.01g）磷酸二氢钠溶于蒸馏水中，定容到 100mL，经微孔滤膜（0.45μm）过滤，备用。

（3）土霉素（OTC）标准溶液 称取土霉素 0.0100g（精确到 ±0.0001g），用 0.1mol/L 盐酸溶液溶解并定容到 10.00mL，此溶液每毫升含土霉素 1mg。

（4）四环素（TC）标准溶液 称取四环素 0.0100g（精确到 ±0.0001g），用 0.01mol/L 盐酸溶液溶解并定容到 10.00mL，此溶液每毫升含四环素 1mg。

（5）金霉素（CTC）标准溶液 称取金霉素 0.0100g（精确到 ±0.0001g），溶于蒸馏水并定容成 10.00mL，此溶液每毫升含金霉素 1mg。

以上标准品均按 1000 单位/mg 折算。（3）～（5）溶液应于 4℃ 以下保存，可使用 1 周。

（6）混合标准溶液 取（3）、（4）标准溶液各 1.00mL，取（5）标准溶液 2.00mL，置于 10mL 容量瓶中，加蒸馏水至刻度。此溶液每毫升含土霉素、四环素各 0.1mg，金霉素 0.2mg，临用时现配。

（7）5％高氯酸溶液。

【仪器和设备】

高效液相色谱仪（HPLC）：具紫外检测器。

【分析步骤】

1. 色谱条件

色谱柱：ODS-C$_{18}$（5μm）6.2mm×15cm。

检测波长：365nm。

灵敏度：0.002AUFS。

柱温：室温。

流速：1.0mL/min。

进样量：10μL。

流动相：乙腈＋0.01mol/L 磷酸二氢钠溶液（用 30％硝酸溶液调节 pH2.5）＝35＋65，使用前用超声波脱气 10min。

2. 测定

（1）试样测定 称取 5.00g（精确到±0.01g）切碎的肉样（<5mm），置于 50mL 锥形瓶中，加入 5％高氯酸 25.0mL，于振荡器上振荡提取 10min，移入到离心管中，以 2000r/min 离心 3min，取上清液经 0.45μm 滤膜过滤，取溶液 10μL 进样，记录峰高，从工作曲线上查得含量。

（2）工作曲线 分别称取 7 份切碎的肉样，每份 5.00g（精确到±0.01g），分别加入混合标准溶液 0μL、25μL、50μL、100μL、150μL、200μL、250μL（含土霉素、四环素各为 0μg、2.5μg、5.0μg、10.0μg、15.0μg、20.0μg、25.0μg）。按（1）试样测定方法操作，峰高为纵坐标，以抗生素含量为横坐标，绘制工作曲线。

【分析结果表述】

按式（16-2）计算：

$$X = \frac{A \times 1000}{m \times 1000} \tag{16-2}$$

式中　X——试样中抗生素含量，mg/kg；

　　　A——试样溶液测得抗生素质量，μg；

　　　m——试样质量，g。

【说明与注意事项】

① 本方法回收率：OTC 为 82.5％，TC 为 78.0％，CTC 为 72.5％。

② 本方法的最低检出量：OTC 为 1.5ng，TC 为 2.0ng，CTC 为 0.5ng。

③ 本方法适用于各种畜禽肉中土霉素、四环素、金霉素残留量的测定。

第三节　食品中金属元素的测定

知识目标

1. 掌握金属元素和重金属的概念；

2. 掌握食品中重金属的限量标准；

3. 了解食品安全国家标准中金属元素的检测方法；

4. 掌握比色法、火焰原子吸收光谱法的测定原理。

技能目标

1. 熟练掌握分光光度计、火焰原子吸收光谱仪的使用技能；

2. 熟练掌握比色法的检测操作；

3. 熟练掌握火焰原子吸收光谱法检测操作；

4. 熟练运用计算机制作标准曲线和计算。

思政与职业素养目标

教学融入"家国情怀""科学精神""团队精神""绿色理念"，引导学生树立正确的人生观、价值观，培养工匠精神与家国情怀并重的检验人员。

国家标准

1. GB 5009.14—2017 食品安全国家标准　食品中锌的测定

2. GB 5009.12—2017 食品安全国家标准　食品中铅的测定

必备知识

一、金属元素

金属元素与人类生活密切相关。有些金属在人体结构和机能中可发挥重要作用，甚至被列为主要的营养素，一旦缺乏将导致病理学的症状特征，如钙、钾、钠、镁，为人体功能所必需的常量营养金属；铁、锌、硒、锰、铜等为人体功能所必需的微量营养金属，但有些金属进入人体后，则会产生毒性作用。食物中毒中常见的有毒金属主要来源于自然环境、食品生产加工、农用化学物质及工业"三废"的污染。所谓有毒的金属，指既不是必需元素，又不是有益元素的那一类，它们在人体内即使少量存在，对正常的代谢作用也会产生明显的毒性作用。

当然，对于所有的金属，如果摄取得足够多，都可能有毒，比如硒在有毒量和不足量之间的界限就非常小，人体的适应能力也有一定的限度。重金属污染就是造成这种病理性变化的因素之一。

重金属是指密度大于 5、原子量大于 55 的金属。从环境污染方面所说的重金属，主要是指汞、镉、铅、铬以及类金属砷。一旦通过饮水、饮食、呼吸或是直接接触的路径进入人体，就会极大地损坏身体的正常功能。因为重金属不像其他的毒素可以在肝脏分解代谢，然后排出体外，相反，它们极易积存在大脑、肾脏等器官，一旦超标，易引起基因突变，影响细胞遗传，严重时会产生畸胎或诱发癌症。

铅：是重金属污染中毒性较大的一种，一旦进入人体很难排出。直接伤害人的脑细胞，特别是胎儿的神经板，可造成先天大脑沟回浅，智力低下；使老年人出现痴呆、脑死亡等。

汞：食入后直接沉入肝脏，对大脑视力神经破坏极大。每升天然水中含 0.01mg 汞，就会引起强烈中毒。含有微量汞的饮用水，长期食用会引起蓄积性中毒。

铬：会造成四肢麻木，精神异常。

砷：会使皮肤色素沉着，导致异常角质化。

镉：导致高血压，引起心脑血管疾病；破坏骨钙，引起肾功能失调。

锡：与铅是古代巨毒药"鸩"中的重要成分，入腹后凝固成块致死。

还有钴能对皮肤有放射性损伤；锰超量时会使人甲状腺功能亢进等。

表 16-2 列举出 GB 2762—2017《食品安全国家标准　食品中污染物限量》中部分食品对于金

属的限量要求。

表 16-2　食物中金属元素的限量标准（部分）

单位：mg/kg

元素		食品品种及指标
铅		麦片、面筋、八宝粥罐头、带馅（料）面米制品≤0.5;豆类蔬菜、薯类≤0.2;肉制品≤0.5;水产制品（海蜇制品除外）≤1.0;生乳、巴氏杀菌乳、灭菌乳、发酵乳、调制乳≤0.05
镉限量（以 Cd 计）		谷物（稻谷[①]除外）≤0.1;谷物碾磨加工品（糙米、大米除外）≤0.1 稻谷[①]、糙米、大米≤0.2;花生≤0.5;蛋及豆制品≤0.05
汞 （以 Hg 计）	甲基汞限量	水产动物及其制品（肉食性鱼类及其制品除外）≤0.5 肉食性鱼类及其制品≤1.0
	汞	稻谷[①]、糙米、大米、玉米、玉米面（渣、片）、小麦、小麦粉≤0.02;新鲜蔬菜≤0.01;食用菌及其制品≤0.1;肉类≤0.05;生乳、巴氏杀菌乳、灭菌乳、调制乳、发酵乳≤0.01;鲜蛋≤0.05;食用盐≤0.1
砷限量 （以 As 计）	总砷	新鲜蔬菜≤0.5;食用菌及其制品≤0.5;肉及肉制品≤0.5;生乳、巴氏杀菌乳、灭菌乳、调制乳、发酵乳≤0.1;乳粉≤0.5;油脂及其制品≤0.1;调味品（水产调味品、藻类调味品和香辛料类除外）≤0.5
	无机砷	稻谷[①]、糙米、大米≤0.2;水产动物及其制品（鱼类及其制品除外）≤0.5;鱼类及其制品≤0.1
锡限量 （以 Sn 计）		食品（饮料类、婴幼儿配方食品、婴幼儿辅助食品除外）[②]≤250;饮料类≤150;婴幼儿配方食品、婴幼儿辅助食品≤50
镍（以 Ni 计）		氢化植物油及氢化植物油为主的产品≤1.0
铬限量 （以 Cr 计）		谷物碾磨加工品≤1.0;新鲜蔬菜≤0.5;豆类≤1.0;肉及肉制品≤1.0

①稻米以糙米计。
②仅限于采用镀锡薄板容器包装的食品。

二、食品中金属检测的国家标准与检测方法

1. GB 5009 系列标准中金属元素的检验标准

GB 5009 食品安全国家标准中包括磷、铁、钾、钠、钙、硒、总砷及无机砷、铅、铜、锌、镉、锡、总汞及有机汞、铬、锑、镍、锗的检测方法。这些金属元素不以必需矿质元素（人体有益）或重金属（有毒有害）区分，其检测方法都是相同的。

2. 食品中金属检测的检测方法

检测方法主要包括氢化物原子荧光光谱法、电感耦合等离子体质谱法、二硫腙比色法、火焰原子吸收光谱法、石墨炉原子吸收光谱法、原子荧光光谱法等。

任务实施

任务一　食品中锌的测定——二硫腙比色法

【原理】

试样经消化后，在 pH 4.0～5.5 时，锌离子与二硫腙形成紫红色络合物，溶于四氯化碳，加入硫代硫酸钠，防止铜、汞、铅、铋、银和镉等离子干扰。于 530nm 处测定吸光度与标准系列比较定量。

【试剂及配制】

除非另有说明，本方法所用试剂均为分析纯，水为 GB/T 6682 规定的二级水。

1. 试剂

① 硝酸（HNO_3）：优级纯。

② 高氯酸（$HClO_4$）：优级纯。

③ 三水合乙酸钠（$CH_3COONa \cdot 3H_2O$）。

④ 冰乙酸（CH_3COOH）：优级纯。

⑤ 氨水（$NH_3 \cdot H_2O$）：优级纯。

⑥ 盐酸（HCl）：优级纯。

⑦ 二硫腙（$C_6H_5NHNHCSN=NC_6H_5$）。

⑧ 盐酸羟胺（$NH_2OH \cdot HCl$）。

⑨ 硫代硫酸钠（$Na_2S_2O_3$）。

⑩ 酚红（$C_{19}H_{14}O_5S$）。

⑪ 乙醇（C_2H_5OH）：优级纯。

2. 试剂配制

(1) 硝酸溶液（5＋95） 量取 50mL 硝酸，缓慢加入 950mL 水中，混匀。

(2) 硝酸溶液（1＋9） 量取 50mL 硝酸，缓慢加入 450mL 水中，混匀。

(3) 氨水溶液（1＋1） 量取 100mL 氨水，加入 100mL 水中，混匀。

(4) 氨水溶液（1＋99） 量取 10mL 氨水，加入 990mL 水中，混匀。

(5) 盐酸溶液（2mol/L） 量取 10mL 盐酸，加水稀释至 60mL，混匀。

(6) 盐酸溶液（0.02mol/L） 吸取 1mL 盐酸溶液（2mol/L），加水稀释至 100mL，混匀。

(7) 盐酸溶液（1＋1） 量取 100mL 盐酸，加入 100mL 水中，混匀。

(8) 乙酸钠溶液（2mol/L） 称取 68g 三水合乙酸钠，加水溶解后稀释至 250mL，混匀。

(9) 乙酸溶液（2mol/L） 量取 10mL 冰乙酸，加水稀释至 85mL，混匀。

(10) 二硫腙-四氯化碳溶液（0.1g/L） 称取 0.1g 二硫腙，用四氯化碳溶解，定容至 1000mL，混匀，保存于 0～5℃ 下。必要时用下述方法纯化。称取 0.1g 研细的二硫腙，溶于 50mL 四氯化碳中，如不全溶，可用滤纸过滤于 250mL 分液漏斗中，用氨水溶液（1＋99）提取三次，每次 100mL，将提取液用棉花过滤至 500mL 分液漏斗中，用盐酸溶液（1＋1）调至酸性，将沉淀出的二硫腙用四氯化碳提取 2～3 次，每次 20mL，合并四氯化碳层，用等量水洗涤两次，弃去洗涤液，在 50℃ 水浴上蒸去四氯化碳。精制的二硫腙置于硫酸干燥器中，干燥备用。或将沉淀出的二硫腙用 200mL、200mL、100mL 四氯化碳提取三次，合并四氯化碳层为二硫腙-四氯化碳溶液。

(11) 乙酸-乙酸盐缓冲液 乙酸钠溶液（2mol/L）与乙酸溶液（2mol/L）等体积混合，此溶液 pH 为 4.7 左右。用二硫腙-四氯化碳溶液（0.1gL）提取数次，每次 10mL，除去其中的锌，至四氯化碳层绿色不变为止，弃去四氯化碳层，再用四氯化碳提取乙酸-乙酸盐缓冲液中过剩的二硫腙，至四氯化碳无色，弃去四氯化碳层。

(12) 盐酸羟胺溶液（200g/L） 称取 20g 盐酸羟胺，加 60mL 水，滴加氨水溶液（1＋1），调节 pH 至 4.0～5.5，加水至 100mL。用二硫腙-四氯化碳溶液（0.1g/L）提取数次，每次 10mL，除去其中的锌，至四氯化碳层绿色不变为止，弃去四氯化碳层，再用四氯化碳提取乙酸-乙酸盐缓冲液中过剩的二硫腙，至四氯化碳无色，弃去四氯化碳层。

(13) 硫代硫酸钠溶液（250g/L） 称取 25g 硫代硫酸钠，加 60mL 水，用乙酸溶液（2mol/L）调节 pH 至 4.0～5.5，加水至 100mL。用二硫腙-四氯化碳溶液（0.1g/L）提取数次，每次 10mL，除去其中的锌，至四氯化碳层绿色不变为止，弃去四氯化碳层，再用四氯化碳提取乙酸-

乙酸盐缓冲液中过剩的二硫腙，至四氯化碳无色，弃去四氯化碳层。

（14）二硫腙使用液　吸取 1.0mL 二硫腙-四氯化碳溶液（0.1g/L），加四氯化碳至 10.0mL，混匀。用 1cm 比色杯，以四氯化碳调节零点，于波长 530nm 处测吸光度（A）。用式（16-3）计算出配制 100mL 二硫腙使用液（57％透光率）所需的二硫腙-四氯化碳溶液（0.1g/L）毫升数（V）。量取计算所得体积的二硫腙-四氯化碳溶液（0.1g/L），用四氯化碳稀释至 100mL。

$$V = \frac{10 \times (2 - \lg 57)}{A} = \frac{2.44}{A} \tag{16-3}$$

（15）酚红指示液（1g/L）　称取 0.1g 酚红，用乙醇溶解并定容至 100mL，混匀。

3. 标准品

氧化锌（ZnO，CAS 1314-13-2）：纯度＞99.99％，或经国家认证并授予标准物质证书的一定浓度的锌标准溶液。

4. 标准溶液配制

（1）锌标准储备液（1000mg/L）　准确称取 1.2447g（精确至 0.0001g）氧化锌，加少量硝酸溶液（1+1），加热溶解，冷却后移入 1000mL 容量瓶，加水至刻度。混匀。

（2）锌标准使用液（1.00mg/L）　准确吸取锌标准储备液（1000mg/L）1.00mL 于 1000mL 容量瓶中，加硝酸溶液（5+95）至刻度，混匀。

【仪器和设备】

注：所有玻璃器皿均需硝酸（1+5）浸泡过夜，用自来水反复冲洗，最后用水冲洗干净。

① 分光光度计。

② 分析天平感量 0.1mg 和 1mg。

③ 可调式电热炉。

④ 可调式电热板。

⑤ 马弗炉。

【分析步骤】

1. 试样制备

注：在采样和试样制备过程中，应避免试样污染。

（1）粮食、豆类样品　样品去除杂物后，粉碎，储于塑料瓶中。

（2）蔬菜、水果、鱼类、肉类等样品　样品用水洗净，晾干，取可食部分，制成匀浆，储于塑料瓶中。

（3）饮料、酒、醋、酱油、食用植物油、液态乳等液体样品　将样品摇匀。

2. 试样前处理

（1）湿法消解　准确称取固体试样 0.2～3g（精确至 0.001g）或准确移取液体试样 0.500～5.00mL 于带刻度消化管中，加入 10mL 硝酸、0.5mL 高氯酸，在可调式电热炉上消解（参考条件：120℃/0.5～1h、升至 180℃/2～4h、升至 200～220℃）。若消化液呈棕褐色，再加少量硝酸，消解至冒白烟，消化液呈无色透明或略带黄色，取出消化管，冷却后用水定容至 25mL 或 50mL，混匀备用。同时做试剂空白试验。亦可采用锥形瓶，于可调式电热板上，按上述操作方法进行湿法消解。

（2）干法灰化　准确称取固体试样 0.5～5g（精确至 0.001g）或准确移取液体试样 0.500～10.0mL 于坩埚中，小火加热，炭化至无烟，转移至马弗炉中，于 550℃灰化 3～4h。冷却，取出，对于灰化不彻底的试样，加数滴硝酸，小火加热，小心蒸干，再转入 550℃马弗炉中，继续灰化 1～2h，至试样呈白灰状，冷却，取出，用适量硝酸溶液（1+1）溶解并用水定容至 25mL 或 50mL。同时做试剂空白试验。

3. 测定

(1) 仪器参考条件　根据各自仪器性能调至最佳状态。测定波长：530nm。

(2) 标准曲线的制作（可根据实际情况选择点）　准确吸取 0mL、1.00mL、2.00mL、3.00mL、4.00mL 和 5.00mL 锌标准使用液（相当 0μg、1.00μg、2.00μg、3.00μg、4.00μg 和 5.00μg 锌），分别置于 125mL 分液漏斗中，各加盐酸溶液（0.02mol/L）至 20mL。于各分液漏斗中，各加 10mL 乙酸-乙酸盐缓冲液、1mL 硫代硫酸钠溶液（250g/L），摇匀，再各加入 10mL 二硫腙使用液，剧烈振摇 2min。静置分层后，经脱脂棉将四氯化碳层滤入 1cm 比色杯中，以四氯化碳调节零点，于波长 530nm 处测吸光度，以质量为横坐标，吸光度值为纵坐标，制作标准曲线。

(3) 试样测定　准确吸取 5.00～10.0mL 试样消化液和相同体积的空白消化液，分别置于 125mL 分液漏斗中，加 5mL 水、0.5mL 盐酸羟胺溶液（200g/L），摇匀，再加 2 滴酚红指示液（1g/L），用氨水溶液（1+1）调节至红色，再多加 2 滴。再加 5mL 二硫腙-四氯化碳溶液（0.1g/L），剧烈振摇 2min，静置分层。将四氯化碳层移入另一分液漏斗中，水层再用少量二硫腙-四氯化碳溶液（0.1g/L）振摇提取，每次 2～3mL，直至二硫腙-四氯化碳溶液（0.1g/L）保持绿色不变为止。合并提取液，用 5mL 水洗涤，四氯化碳层用盐酸溶液（0.02mol/L）提取 2 次，每次 10mL，提取时剧烈振摇 2min，合并盐酸溶液（0.02mol/L）提取液，并用少量四氯化碳洗去残留的二硫腙。将上述试样提取液和空白提取液移入 125mL 分液漏斗中，各加 10mL 乙酸-乙酸盐缓冲液、1mL 硫代硫酸钠溶液（250g/L），摇匀，再各加入 10mL 二硫腙使用液，剧烈振摇 2min。静置分层后，经脱脂棉将四氯化碳层滤入 1cm 比色杯中，以四氯化碳调节零点，于波长 530nm 处测定吸光度，与标准曲线比较定量。

【分析结果表述】

试样中锌的含量按式（16-4）计算：

$$X = \frac{(m_1 - m_0) \times V_1}{m_2 \times V_2} \tag{16-4}$$

式中　X——试品中锌的含量，mg/kg 或 mg/L；

m_1——测定用试样溶液中锌的质量，μg；

m_0——空白溶液中锌的质量，μg；

m_2——试样称样量或移取体积，g 或 mL；

V_1——试样消化液的定容体积，mL；

V_2——测定用试样消化液的体积，mL。

计算结果保留三位有效数字。

【精密度】

在重复性条件下获得的两次独立测定结果的绝对差不得超过算术平均值的 10%。

【说明】

当称样量为 1g（或 1mL），定容体积为 25mL 时，方法的检出限为 7mg/kg（或 7mg/L），定量限为 21mg/kg（或 21mg/L）。

任务二　食品中铅的测定——原子吸收光谱法（第三法）

【原理】

原子吸收光谱法（AAS）是利用气态原子可以吸收一定波长的光辐射，使原子中外层的电子从基态跃迁到激发态的现象而建立的。由于各种原子中电子的能级不同，将有选择性地共振吸收一定波长的辐射光，这个共振吸收波长恰好等于该原子受激发后发射光谱的波长，由此可作为元素定性的依据，而吸收辐射的强度可作为定量的依据。原子吸收光谱法该法具有检出限低（火焰法可达 $\mu g/mL$ 级）、准确度高（火焰法相对误差小于 1%）、选择性好（即干扰少）、分析速度快、应用范围广（火焰法可分析 70 多种元素）等优点。

试样经处理后，铅离子在一定 pH 条件下与二乙基二硫代氨基甲酸钠（DDTC）形成络合物，经 4-甲基-2-戊酮（MIBK）萃取分离，导入原子吸收光谱仪中，经火焰原子化，在 283.3nm 处测定吸光度。在一定浓度范围内铅的吸光度值与铅含量成正比，与标准系列比较定量。

【试剂及配制】

注：除非另有说明，本方法所用试剂均为分析纯，水为 GB/T 6682 规定的二级水。

1. 试剂

① 硝酸：优级纯。

② 高氯酸：优级纯。

③ 硫酸铵。

④ 柠檬酸铵。

⑤ 溴百里酚蓝。

⑥ 二乙基二硫代氨基甲酸钠 ［DDTC］。

⑦ 氨水：优级纯。

⑧ 4-甲基-2-戊酮（MIBK）。

⑨ 盐酸：优级纯。

2. 试剂配制

(1) 硝酸溶液（5＋95） 量取 50mL 硝酸，加入 950mL 水中，混匀。

(2) 硝酸溶液（1＋9） 量取 50mL 硝酸，加入 450mL 水中，混匀。

(3) 硫酸铵溶液（300g/L） 称取 30g 硫酸铵，用水溶解并稀释至 100mL，混匀。

(4) 柠檬酸铵溶液（250g/L） 称取 25g 柠檬酸铵，用水溶解并稀释至 100mL，混匀。

(5) 溴百里酚蓝水溶液（1g/L） 称取 0.1g 溴百里酚蓝，用水溶解并稀释至 100mL，混匀。

(6) DDTC 溶液（50g/L） 称取 5g DDTC，用水溶解并稀释至 100mL，混匀。

(7) 氨水溶液（1＋1） 吸取 100mL 氨水，加入 100mL 水，混匀。

(8) 盐酸溶液（1＋11） 吸取 10mL 盐酸，加入 110mL 水，混匀。

3. 标准品

硝酸铅 ［$Pb(NO_3)_2$，CAS 号：10099-74-8］：纯度＞99.99％。或经国家认证并授予标准物质证书的一定浓度的铅标准溶液。

4. 标准溶液配制

(1) 铅标准储备液（1000mg/L） 准确称取 1.5985g（精确至 0.0001g）硝酸铅，用少量硝酸溶液（1＋9）溶解，移入 1000mL 容量瓶，加水至刻度，混匀。

(2) 铅标准使用液（10.0mg/L） 准确吸取铅标准储备液（1000mg/L）1.00mL 于 100mL 容量瓶中，加硝酸溶液（5＋95）至刻度，混匀。

【仪器和设备】

注：所有玻璃器皿均需硝酸（1＋5）浸泡过夜，用自来水反复冲洗，最后用水冲洗干净。

① 原子吸收光谱仪：配火焰原子化器，附铅空心阴极灯。

② 分析天平：感量 0.1mg 和 1mg。

③ 可调式电热炉。

④ 可调式电热板。

【分析步骤】

1. 试样制备

同锌的测定。

2. 试样前处理

同锌的测定：湿法消解。

3. 测定

（1）仪器参考条件 根据各自仪器性能调至最佳状态。

（2）标准曲线的制作 分别吸取铅标准使用液 0mL、0.250mL、0.500mL、1.00mL、1.50mL 和 2.00mL（相当 0μg、2.50μg、5.00μg、10.0μg、15.0μg 和 20.0μg 铅）于 125mL 分液漏斗中，补加水至 60mL。加 2mL 柠檬酸铵溶液（250g/L），溴百里酚蓝水溶液（1g/L）3～5 滴，用氨水溶液（1+1）调 pH 至溶液由黄变蓝，加硫酸铵溶液（300g/L）10mL，DDTC 溶液（1g/L）10mL，摇匀。放置 5min 左右，加入 10mL MIBK，剧烈振摇提取 1min，静置分层后，弃去水层，将 MIBK 层放入 10mL 带塞刻度管中，得到标准系列溶液。

将标准系列溶液按质量由低到高的顺序分别导入火焰原子化器，原子化后测其吸光度值，以铅的质量为横坐标，吸光度值为纵坐标，制作标准曲线。

（3）试样溶液的测定 将试样消化液及试剂空白溶液分别置于 125mL 分液漏斗中，补加水至 60mL。加 2mL 柠檬酸铵溶液（250g/L），溴百里酚蓝水溶液（1g/L）3～5 滴，用氨水溶液（1+1）调 pH 至溶液由黄变蓝，加硫酸铵溶液（300g/L）10mL，DDTC 溶液（1g/L）10mL，摇匀。放置 5min 左右，加入 10mL MIBK，剧烈振摇提取 1min，静置分层后，弃去水层，将 MIBK 层放入 10mL 带塞刻度管中，得到试样溶液和空白溶液。

将试样溶液和空白溶液分别导入火焰原子化器，原子化后测其吸光度值，与标准系列比较定量。

【分析结果表述】

试样中铅的含量按式（16-5）计算：

$$X = \frac{m_1 - m_0}{m_2} \tag{16-5}$$

式中　X——试样中铅的含量，mg/kg 或 mg/L；

　　　m_1——试样溶液中铅的质量，μg；

　　　m_0——空白溶液中铅的质量，μg；

　　　m_2——试样称样量或移取体积，g 或 mL。

当铅含量≥10.0mg/kg（或 mg/L）时，计算结果保留三位有效数字；当铅含量＜10.0mg/kg（或 mg/L）时，计算结果保留两位有效数字。

【精密度】

在重复性条件下获得的两次独立测定结果的绝对差值不得超过算术平均值的 20%。

【其他】

以称样量 0.5g（或 0.5mL）计算，方法的检出限为 0.4mg/kg（或 0.4mg/L），定量限为 1.2mg/kg。

第四节　食品中致癌化合物的测定

 知识目标

1. 掌握致癌化合物的种类和来源；

2. 掌握 N-亚硝胺类化合物、苯并(a)芘、氰化物的检测标准；

3. 了解气相色谱-质谱联用仪的原理。

技能目标

掌握气相色谱-质谱联用仪的使用技能。

思政与职业素养目标

培养学生塑造自主自律的健康行为，将我国传统饮食理念"五谷为养，五果为助，五畜为益，五菜为充"融入教学，彰显我国传统膳食文化的博大精深，增强学生的民族自豪感和文化自信。通过检测实操，培养学生一丝不苟的科学精神和工匠精神。

国家标准

1. GB 5009.26—2016 食品安全国家标准　食品中 N-亚硝胺类化合物的测定

2. GB 5009.27—2016 食品安全国家标准　食品中苯并（a）芘的测定

3. GB 5009.36—2016 食品安全国家标准　食品中氰化物的测定

必备知识

一、N-亚硝基化合物

N-亚硝基化合物是指具有 $\overset{R}{\underset{R'}{}}N{-}NO$ 结构的一类化合物，如 R 和 R' 均为烃类或取代烃类（包括环状化合物）称为 N-亚硝胺，而 R' 基为酰基及取代产物称为 N-亚硝酰胺。N-亚硝基化合物具有急性毒性，但其强致癌性更为人们所关注。经过多种动物实验均可诱发多器官、多部位、多系统的癌症。

食品在腌制、烘焙、油煎、油炸等加工过程后，其内部会产生一定数量的 N-亚硝基类化合物，另外，某些营养物质在人体胃液环境中可能自行合成 N-亚硝基化合物。因此，食品中 N-亚硝基类化合物的来源包括加工过程中产生以及内源性的自行合成。亚硝胺类化合物普遍存在于谷物、牛乳、干酪、烟酒、熏肉、烤肉、海鱼、罐装食品以及饮用水中，所以食品需要检验 N-亚硝基类化合物。食品中亚硝胺主要来源有：

① 肉、蔬菜等食品腌制时所用的亚硝酸盐的作用；

② 加热干燥时，空气中氮气氧化成氮氧化物的作用，如啤酒、乳粉、豆制品。

食品中 N-亚硝基二甲胺允许量标准：啤酒、香肠、腊肠、火腿、熏肉等食品≤3μg/L。

二、苯并（a）芘

苯并(a)芘[简称 B(a)P]，即 3,4-苯并(a)芘，是多环芳烃类化合物中一种主要的食品污染物。其结构为：

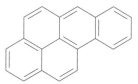

苯并(a)芘在自然界中存在极广，但主要存在于煤、石油、焦油和沥青等中，也可由一切含碳氢化合物的燃烧中产生，造成大气、土壤和水体的污染。粮食谷物在烟道中直接烘干或熏制肉、鱼及豆制品，特别是熏烤时食品直接和炭火接触，即可受到［B(a)P］的污染或产生［B(a)P］。

食品中苯并（a）芘允许量标准：烧烤猪肉、鸭、鸡，叉烤肉，羊肉串，火腿，板鸭，烟熏鱼，熏牛肉，熏红肠，香肠等肉制品≤5μg/kg；豆油、花生油、菜油、其他油等油制品≤10μg/kg；稻谷、小麦和大麦等粮食≤5μg/kg。

三、氰化物

氰化物是指带有氰离子（CN⁻）或氰基（—CN）的化合物，有很强的毒性，堪比砒霜。

酒中氰化物主要来源于原料（如木薯、代用品、豆类及其他果核或混入一些野生植物）中含有的氰甙类配糖体在发酵过程中水解产生（如 HCN 等）。因此，氰化物是酒类的一项重要监测指标。苦杏仁、竹笋、木薯及亚麻籽样本的氰化物含量范围为 9.3～330mg/kg。因此，如果白酒配料表中是用木薯或代用品酿造的，那么基本都会有氰化物检出。如果超标，容易造成饮酒者中毒。GB 2757—2012《食品安全国家标准 蒸馏酒及其配制酒》对氰化物限量指标：氰化物（以HCN 计）/（mg/L）≤8.0，按照超标 33.5 倍计算，500mL 白酒中含有氰化物的量为 134mg。氢氰酸可引起人类的急性中毒，严重者可导致死亡；氢氰酸的致死量约为 60mg，氰化物或氰化钾的致死量在 200～300mg。

任务实施

任务一　食品中 *N*-亚硝胺类化合物的测定——气相色谱-质谱法
（第一法）

【原理】

试样中的 *N*-亚硝胺类化合物经水蒸气蒸馏和有机溶剂萃取后，浓缩至一定体积，采用气相色谱-质谱联用仪进行确认和定量。

【试剂及配制】

除非另有说明，本方法所用试剂均为分析纯，水为 GB/T 6682 规定的二级水。

1. 试剂

① 二氯甲烷（CH_2Cl_2）：色谱纯，每批应取 100mL 在 40℃ 水浴上用旋转蒸发仪浓缩至1mL，在气相色谱-质谱联用仪上应无阳性响应，如有阳性响应，则需经全玻璃装置重蒸后再试，直至阴性。

② 无水硫酸钠（Na_2SO_4）。

③ 氯化钠（NaCl）：优级纯。

④ 硫酸（H_2SO_4）。

⑤ 无水乙醇（C_2H_5OH）。

2. 试剂配制

硫酸溶液（1+3）：量取 30mL 硫酸，缓缓倒入 90mL 冷水中，一边搅拌使得充分散热，冷却后小心混匀。

3. 标准品

N-亚硝胺标准品（$C_2H_6N_2O$，CAS 号：62-75-9）：纯度≥98.0%。

4. *N*-亚硝胺标准溶液的制备

（1）*N*-亚硝胺（$C_2H_6N_2O$，CAS 号：62-75-9）标准溶液　用二氯甲烷配制成 1mg/mL 的溶液。

（2）*N*-亚硝胺标准中间液（$C_2H_6N_2O$，CAS 号：62-75-9）标准使用液　用二氯甲烷配制成1μg/mL 的标准使用液。

【仪器和设备】

① 气相色谱-质谱联用仪。

② 旋转蒸发仪。

③ 全玻璃水蒸气蒸馏装置或等效的全自动水蒸气蒸馏装置。

④ 氮吹仪。

⑤ 制冰机。

⑥ 电子天平：感量为 0.01g 和 0.1mg。

【分析步骤】

1. 试样制备

（1）提取 准确称取 200g（精确至 0.01g）试样，加入 100mL 水和 50g 氯化钠于蒸馏管中，充分混匀，检查气密性。在 500mL 平底烧瓶中加入 100mL 二氯甲烷及少量冰块用以接收冷凝液，冷凝管出口伸入二氯甲烷液面下，并将平底烧瓶置于冰浴中，开启蒸馏装置加热蒸馏，收集 400mL 冷凝液后关闭加热装置，停止蒸馏。

（2）萃取净化 在盛有蒸馏液的平底烧瓶中加入 20g 氯化钠和 3mL 的硫酸（1+3），搅拌使氯化钠完全溶解。然后将溶液转移至 500mL 分液漏斗中，振荡 5min，必要时放气，静置分层后，将二氯甲烷层转移至另一平底烧瓶中，再用 150mL 二氯甲烷分三次提取水层，合并 4 次二氯甲烷萃取液，总体积约为 250mL。

（3）浓缩 将二氯甲烷萃取液用 10g 无水硫酸钠脱水后，进行旋转蒸发，于 40℃ 水浴上浓缩至 5~10mL 改氮吹，并准确定容至 1.0mL，摇匀后待测定。

2. 气相色谱-质谱测定条件

（1）气相色谱条件

毛细管气相色谱柱：INNOWAX 石英毛细管柱（柱长 30m，内径 0.25mm，膜厚 0.25μm）；

进样口温度：220℃；

程序升温条件：初始柱温 40℃，以 10℃/min 的速率升至 80℃，以 1℃/min 的速率升至 100℃，再以 20℃/min 的速率升至 240℃，保持 2min；

载气：氦气，流速 1.0mL/min；

进样方式：不分流进样；

进样体积：1.0μL。

（2）质谱条件 选择离子检测。9.9min 开始扫描 N-二甲基亚硝胺，选择离子为 15.0、42.0、43.0、44.0、74.0；电子轰击离子化源（EI），电压：70eV；离子化电流：300μA；离子源温度：230℃；接口温度：230℃；离子源真空度：1.33×10^{-4}Pa。

3. 标准曲线的制作

分别准确吸取 N-亚硝胺的混合标准储备液（1μg/mL）配制标准系列的浓度为 0.01μg/mL、0.02μg/mL、0.05μg/mL、0.1μg/mL、0.2μg/mL、0.5μg/mL 的混合标准系列溶液，进样分析，用峰面积对浓度进行线性回归，表明在给定的浓度范围内 N-亚硝胺呈线性，回归方程中 y 为峰面积，x 为浓度（μg/mL）。

4. 试样溶液的测定

将试样溶液注入气相色谱-质谱联用仪中，得到某一特定监测离子的峰面积，根据标准曲线计算得到试样溶液中 N-二甲基亚硝胺（μg/mL）。

【分析结果的表述】

试样中 N-二甲基亚硝胺含量按式（16-6）计算：

$$X = \frac{h_1}{h_2} \times \rho \times \frac{V}{m} \times 1000 \qquad (16\text{-}6)$$

式中　X——试样中 N-二甲基亚硝胺的含量，$\mu g/kg$ 或 $\mu g/L$；

h_1——浓缩液中该某一 N-亚硝胺化合物的峰面积；

h_2——N-亚硝胺标准的峰面积；

ρ——标准溶液中 N-亚硝胺化合物的浓度，$\mu g/mL$；

V——试液（浓缩液）的体积，mL；

m——试样的质量或体积，g 或 mL；

1000——换算系数。

结果保留三位有效数字。

【精密度】

在重复性条件下获得的两次独立测定结果的绝对差值不得超过算术平均值的 15％。

【其他】

当取样量为 200g，浓缩体积为 1.0mL 时，本方法的检出限为 $0.3\mu g/kg$，定量限为 $1.0\mu g/kg$。

【说明与注意事项】

① 适用范围：本方法适用于酒类、肉及肉制品、蔬菜、豆制品、调味品、茶叶等食品中 N-亚硝基二甲胺、N-亚硝基二乙胺、N-亚硝基二丙胺及 N-亚硝基吡咯烷含量的测定。

② 由于挥发性 N-亚硝胺在 100℃时都具有一定的蒸气压，可随水蒸气带入气相，在接收瓶中冷凝收集。在待蒸馏的试样中加入氯化钠使之饱和是为了减小 N-亚硝胺在水中溶解度，使之易于蒸发。在接收瓶中加入冰块和二氯甲烷，可利于挥发性亚硝胺的冷凝收集，提高回收率。

③ 在水相中加入 3mL 硫酸（1＋3）是为了除去碱性杂质。

任务二　食品中苯并(a)芘的测定——液相色谱法

【原理】

试样经过有机溶剂提取，中性氧化铝或分子印迹小柱净化，浓缩至干，乙腈溶解，反相液相色谱分离，荧光检测器检测，根据色谱峰的保留时间定性，外标法定量。

【试剂及配制】

除非另有说明，本方法所用试剂均为分析纯，水为 GB/T 6682 规定的一级水。

1. 试剂

① 甲苯（C_7H_8）：色谱纯。

② 乙腈（CH_3CN）：色谱纯。

③ 正己烷（C_6H_{14}）：色谱纯。

④ 二氯甲烷（CH_2Cl_2）：色谱纯。

2. 标准品

苯并(a)芘标准品（$C_{20}H_{12}$，CAS 号：50-32-8）：纯度≥99.0％，或经国家认证并授予标准物质证书的标准物质。

警告——苯并(a)芘是一种已知的致癌物质，测定时应特别注意安全防护！测定应在通风柜中进行并戴手套，尽量减少暴露。如已污染了皮肤，应采用 10％次氯酸钠水溶液浸泡和洗刷，在紫外光下观察皮肤上有无蓝紫色斑点，一直洗到蓝色斑点消失为止。

3. 材料

(1) 中性氧化铝柱 填料粒径 $75\sim150\mu m$，22g，60mL。

注：空气中水分对其性能影响很大，打开柱子包装后应立即使用或密闭避光保存。由于不同品牌氧化铝活性存在差异，建议对质控样品进行测试，或做加标回收试验，以验证氧化铝活性是否满足回收率要求。

(2) 苯并(a)芘分子印迹柱 500mg，6mL。

注：由于不同品牌分子印迹柱质量存在差异，建议对质控样品进行测试，或做加标回收试验，以验证是否满足要求。

(3) 微孔滤膜 $0.45\mu m$。

4. 标准溶液配制

(1) 苯并(a)芘标准储备液（100μg/mL） 准确称取苯并(a)芘 1mg（精确到 0.01mg）于 10mL 容量瓶中，用甲苯溶解，定容。避光保存在 $0\sim5℃$ 的冰箱中，保存期 1 年。

(2) 苯并(a)芘标准中间液（1.0μg/mL） 吸取 0.10mL 苯并(a)芘标准储备液（100μg/mL），用乙腈定容到 10mL。避光保存在 $0\sim5℃$ 的冰箱中，保存期 1 个月。

(3) 苯并(a)芘标准工作液 把苯并(a)芘标准中间液（1.0μg/mL）用乙腈稀释得到 0.5ng/mL、1.0ng/mL、5.0ng/mL、10.0ng/mL、20.0ng/mL 的校准曲线溶液，临用现配。

【仪器和设备】

① 液相色谱仪：配有荧光检测器。

② 分析天平：感量为 0.01mg 和 1mg。

③ 粉碎机。

④ 组织匀浆机。

⑤ 离心机：转速≥4000r/min。

⑥ 涡旋振荡器。

⑦ 超声波振荡器。

⑧ 旋转蒸发器或氮气吹干装置。

⑨ 固相萃取装置。

【分析步骤】

1. 试样制备、提取及净化

(1) 谷物及其制品

① 预处理：将去除杂质，磨碎成均匀的样品储于洁净的样品瓶中，并标明标记，于室温下或按产品包装要求的保存条件保存备用。

② 提取：称取 1g（精确到 0.001g）试样，加入 5mL 正己烷，旋涡混合 0.5min，40℃下超声提取 10min，4000r/min 离心 5min，转移出上清液。再加入 5mL 正己烷重复提取一次。合并上清液，用下列 2 种净化方法之一进行净化。

③ 净化方法 1：采用中性氧化铝柱，用 30mL 正己烷活化柱子，待液面降至柱床时，关闭底部旋塞。将待净化液转移进柱子，打开旋塞，以 1mL/min 的速度收集净化液到茄形瓶，再转入 50mL 正己烷洗脱，继续收集净化液。将净化液在 40℃下旋转蒸至约 1mL，转移至色谱仪进样小瓶，在 40℃氮气流下浓缩至近干。用 1mL 正己烷清洗茄形瓶，将洗涤液再次转移至色谱仪进样小瓶并浓缩至干。准确吸取 1mL 乙腈到色谱仪进样小瓶，涡旋复溶 0.5min，过微孔滤膜后供液相色谱测定。

④ 净化方法 2：采用苯并(a)芘分子印迹柱，依次用 5mL 二氯甲烷及 5mL 正己烷活化柱子。将待净化液转移进柱子，待液面降至柱床时，用 6mL 正己烷淋洗柱子，弃去流出液。用 6mL 二氯甲烷洗脱并收集净化液到试管中。将净化液在 40℃下氮气吹干，准确吸取 1mL 乙腈涡旋复溶

0.5min，过微孔滤膜后供液相色谱测定。

（2）熏、烧、烤肉类及熏、烤水产品

① 预处理：肉去骨、鱼去刺、贝去壳，把可食部分绞碎均匀，储于洁净的样品瓶中，并标明标记，于−16～−18℃冰箱中保存备用。提取：同（1）中提取部分。

② 净化方法1：除了正己烷洗脱液体积为70mL外，其余操作同（1）中净化方法1。

③ 净化方法2：操作同（1）中净化方法2。

（3）油脂及其制品

① 提取：称取0.4g（精确到0.001g）试样，加入5mL正己烷，旋涡混合0.5min，待净化。

注：若样品为人造黄油等含水油脂制品，则会出现乳化现象，需要4000r/min离心5min，转移出正己烷层待净化。

② 净化方法1：除了最后用0.4mL乙腈涡旋复溶试样外，其余操作同（1）中的净化方法1。

③ 净化方法2：除了最后用0.4mL乙腈涡旋复溶试样外，其余操作同（1）中的净化方法2。

试样制备时，不同试样的前处理需要同时做试样空白试验。

2. 仪器参考条件

色谱柱：C_{18}，柱长250mm，内径4.6mm，粒径5μm，或性能相当者；

流动相：乙腈＋水＝88＋12；

流速：1.0mL/min；

荧光检测器：激发波长384nm，发射波长406nm；

柱温：35℃；

进样量：20μL。

3. 标准曲线的制作

将标准系列工作液分别注入液相色谱中，测定相应的色谱峰，以标准系列工作液的浓度为横坐标，以峰面积为纵坐标，得到标准曲线回归方程。苯并(a)芘标准溶液的液相色谱图见图16-2。

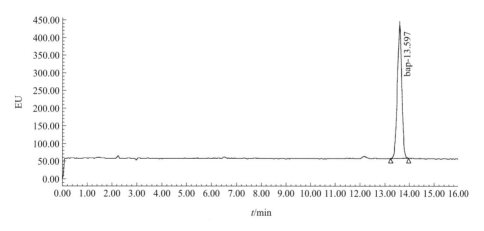

图16-2　苯并(a)芘标准溶液的液相色谱图

4. 试样溶液的测定

将待测液进样测定，得到苯并(a)芘色谱峰面积。根据标准曲线回归方程计算试样溶液中苯并(a)芘的浓度。

【分析结果表述】

试样中苯并(a)芘的含量按式（16-7）计算：

$$X = \frac{\rho \times V}{m} \times \frac{1000}{1000} \qquad (16\text{-}7)$$

式中　X——试样中苯并(a)芘含量，$\mu g/kg$；

　　　ρ——由标准曲线得到的样品净化溶液浓度，ng/mL；

　　　V——试样最终定容体积，mL；

　　　m——试样质量，g；

　　1000——由 ng/g 换算成 $\mu g/kg$ 的换算因子。

结果保留到小数点后一位。

【精密度】

在重复性条件下获得的两次独立测试结果的绝对差值不得超过算术平均值的 20%。

【其他】

方法检出限为 $0.2\mu g/kg$，定量限为 $0.5\mu g/kg$。

【说明及注意事项】

高效液相色谱分离多环芳烃的效果与洗脱液的比例、柱温和流速等有关，其最适宜的条件随仪器而异。

任务三　食品中氰化物的测定——分光光度法（第一法）

【原理】

木薯粉、包装饮用水和矿泉水中的氰化物在酸性条件下蒸馏出的氰氢酸用氢氧化钠溶液吸收，在 pH 7.0 条件下，馏出液用氯胺 T 将氰化物转变为氯化氰，再与异烟酸-吡唑啉酮作用，生成蓝色染料，与标准系列比较定量。

蒸馏酒及其配制酒在碱性条件下加热除去高沸点有机物，然后在 pH 7.0 条件下，用氯胺 T 将氰化物转变为氯化氰，再与异烟酸-吡唑啉酮作用，生成蓝色染料，与标准系列比较定量。

【试剂及配制】

除非另有说明，本方法所用试剂均为分析纯，水为 GB/T 6682 规定的三级水。

1. 试剂

① 甲基橙：指示剂。

② 酚酞：指示剂。

③ 酒石酸（$C_4H_6O_6$）。

④ 氢氧化钠（$NaOH$）。

⑤ 磷酸二氢钾（KH_2PO_4）。

⑥ 磷酸氢二钠（Na_2HPO_4）。

⑦ 乙酸（$C_2H_4O_2$）。

⑧ 异烟酸（$C_6H_5O_2N$）。

⑨ 吡唑啉酮（$C_{10}H_{10}N_{20}$）。

⑩ 氯胺 T（$C_7H_7SO_2NClNa \cdot 3H_2O$）：保存于干燥器中。

⑪ 无水乙醇（C_2H_6O）。

⑫ 乙酸锌（$C_4H_6O_4Zn$）。

2. 试剂配制

（1）甲基橙指示剂（0.5g/L）　称取 50mg 甲基橙，溶于水中，并稀释至 100mL。

（2）氢氧化钠溶液（20g/L）　称取 2g 氢氧化钠，溶于水中，并稀释至 100mL。

(3) 氢氧化钠溶液（10g/L） 称取 1g 氢氧化钠，溶于水中，并稀释至 100mL。

(4) 乙酸锌溶液（100g/L） 称取 10g 乙酸锌，溶于水中，并稀释至 100mL。

(5) 氢氧化钠溶液（2g/L） 量取 10mL 氢氧化钠溶液（20g/L），用水稀释至 100mL。

(6) 氢氧化钠溶液（1g/L） 量取 5mL 氢氧化钠溶液（20g/L），用水稀释至 100mL。

(7) 乙酸溶液（1+24） 将乙酸和水按 1∶24 的体积比混匀。

(8) 酚酞-乙醇指示液（10g/L） 称取 1g 酚酞试剂，用无水乙醇溶解，并定容至 100mL。

(9) 磷酸盐缓冲溶液 [(0.5mol/L) pH7.0] 称取 34.0g 无水磷酸二氢钾和 35.5g 无水磷酸氢二钠，溶于水并稀释至 1000mL。

(10) 异烟酸-吡唑啉酮溶液 称取 1.5g 异烟酸溶于 24mL 氧化钠溶液（20g/L）中，加水至 100mL，另称取 0.25g 吡唑啉酮，溶于 20mL 无水乙醇中，合并上述两种溶液，摇匀。临用时配制。

(11) 氯胺 T 溶液（10g/L） 称取 1g 氯胺 T 溶于水中，并稀释至 100mL。临用时配制。

3. 标准溶液配制

(1) 水中氰成分分析标准物质（50μg/mL） 标准物质编号为 GBW（E）080115。

(2) 氰离子标准中间液（1μg/mL） 取 2mL 水中氰成分分析标准物质，用氢氧化钠溶液（2g/L）定容至 100mL。

【仪器和设备】

① 可见分光光度计。

② 分析天平：感量为 0.001g。

③ 具塞比色管：10mL。

④ 恒温水浴锅：37℃±1℃。

⑤ 电加热板：120℃±1℃。

⑥ 500mL 水蒸气蒸馏装置。

【分析步骤】

① 吸取 1.0mL 试样于 50mL 烧杯中，加入 5mL 2g/L 氢氧化钠溶液，放置 10min，然后放于 120℃ 电加热板上加热至溶液剩余约 1mL，取下放至室温，用 2g/L 氢氧化钠溶液转移至 10mL 具塞比色管中，最后加 2g/L 氢氧化钠至 5mL。

② 若酒样浑浊或有色，取 25.0mL 试样于 250mL 蒸馏瓶中，加入 100mL 水，滴加数滴甲基橙指示剂，将冷凝管下端插入盛有 10mL 2g/L 氢氧化钠溶液比色管的液面下，再加 1～2g 酒石酸，迅速连接蒸馏装置进行水蒸气蒸馏，收集蒸馏液约 50mL，然后用水定容至 50mL，混合均匀。取 2.0mL 馏出液按①操作。

③ 用移液管分别吸取 0mL、0.4mL、0.8mL、1.2mL、1.6mL、2.0mL 氰离子标准中间液于 10mL 具塞比色管中，加 2g/L 氢氧化钠至 5mL。

④ 于试样及标准管中分别加入 2 滴酚酞指示剂，然后加入乙酸溶液调至红色褪去，再用 2g/L 氢氧化钠溶液调至近红色，然后加 2mL 磷酸盐缓冲溶液（如果室温低于 20℃ 即放入 25～30℃ 水浴中 10min），再加入 0.2mL 氯胺 T 溶液，摇匀放置 3min，加入 2mL 异烟酸-吡唑啉酮溶液，加水稀释至刻度，加塞振荡混合均匀，在 37℃ 恒温水浴锅中放置 40min，取出用 1cm 比色杯以空白管调节零点，于波长 638nm 处测吸光度。

【分析结果表述】

按①操作时试样中氰化物（以 CN⁻ 计）的含量按式（16-8）计算：

$$X = \frac{m \times 1000}{V \times 1000} \tag{16-8}$$

式中　　X——试样中氰化物含量（以 CN^- 计），mg/L；

　　　　m——测定用试样中氰化物的质量，μg；

　　1000——换算系数；

　　　　V——试样体积，mL。

按②操作时试样中氰化物（以 CN^- 计）的含量按式（16-9）计算：

$$X=\frac{m\times50\times1000}{V\times2\times1000}\tag{16-9}$$

式中　　X——试样中氰化物含量（以 CN^- 计），mg/L；

　　　　m——测定用试样馏出液中氰化物的质量，μg；

　　　　50——换算系数；

　　　　　2——换算系数；

　　1000——换算系数；

　　　　V——试样体积，mL。

计算结果保留两位有效数字。

【精密度】

在重复性条件下获得的两次独立测试结果的绝对差值不得超过算术平均值的 20%。

第五节　食品中真菌毒素的测定

知识目标

1.掌握真菌毒素的种类；

2.掌握黄曲霉毒素的测定方法；

3.了解酶联免疫吸附筛查法的原理。

技能目标

掌握酶联免疫吸附筛查法测定黄曲霉毒素的技能。

国家标准

1.GB 5009.22—2016 食品安全国家标准　食品中黄曲霉毒素 B 族和 G 族的测定

2.GB 5009.24—2016 食品安全国家标准　食品中黄曲霉毒素 M 族的测定

3.GB 5009.25—2016 食品安全国家标准　食品中杂色曲霉素的测定

必备知识

一、真菌毒素

真菌毒素是产毒真菌在粮食（或果蔬）的种植、收获、运输、储存过程中侵染粮食（或果蔬），并在适宜的生长条件下产生的次生代谢产物。真菌毒素污染谷物、饲料、果蔬，通过食物链危害人类健康和畜禽生产安全。因此，世界卫生组织和联合国粮农组织把真菌毒素列为食源性疾病的三大根源之首。

现发现的真菌毒素有 400 多种。我国重点关注黄曲霉毒素（主要是 AFB_1 和 AFM_1）、脱氧雪腐镰刀菌烯醇（DON）、玉米赤霉烯酮（ZEN）、赭曲霉毒素（OTA）、展青毒素（Pat）、T-2 毒素和伏马毒素（FBs）等，这些毒素具有强毒性和高污染频率等特点。每种毒素的化学结构、生物毒性及适宜生长的基质不同；有些毒素会在饲用动物体内发生结构转化，以结构类似物存在动物源性食品中，危害人类健康。

二、真菌毒素检测标准的发展

我国制定了一系列的真菌毒素相关标准，但还需要在检测技术、作用毒理、公共危害等领域得到加强的基础上逐步改进和丰富。

真菌毒素标准包括限量标准和检测标准。按照检测方法，可分为大型仪器方法和快速检测方法；按照适用范围，可分为食品类、原粮类和饲料类。

现行的食品安全国家限量标准 GB 2761—2017《食品中真菌毒素限量》，属国家强制执行的标准。GB 2761 包括限定的毒素种类、限量、食品类型及检验方法的标准。

我国现行标准中真菌毒素的检测方法包括 GB 5009.22—2016《食品安全国家标准 食品中黄曲霉毒素 B 族和 G 族的测定》、GB 5009.24—2016《食品安全国家标准 食品中黄曲霉毒素 M 族的测定》、GB 5009.25—2016《食品安全国家标准 食品中杂色曲霉素的测定》、GB 5009.111—2016《食品安全国家标准 食品中脱氧雪腐镰刀菌烯醇及其乙酰化衍生物的测定》、GB/T 5009.209—2016《食品安全国家标准 食品中玉米赤霉烯酮》、GB 5009.240—2016《食品安全国家标准 食品中伏马毒素的测定》、GB 5009.96—2016《食品安全国家标准 食品中赭曲霉毒素 A 的测定》、GB 5009.118—2016《食品安全国家标准 食品中 T-2 毒素的测定》、GB 5009.185—2016《食品安全国家标准 食品中展青霉素的测定》。

三、黄曲霉毒素分类

黄曲霉毒素是一组化学结构类似的化合物，目前已分离鉴定出 12 种，包括 B_1、B_2、G_1、G_2、M_1、M_2、P_1、Q、H_1 和毒醇等。黄曲霉毒素的基本结构为二呋喃环和香豆素，B_1 是二氢呋喃氧杂萘邻酮的衍生物。即含有一个双呋喃环和一个氧杂萘邻酮（香豆素）。前者为基本毒性结构，后者与致癌有关。M_1 是黄曲霉毒素 B_1 在体内经过羟化而衍生成的代谢产物。黄曲霉毒素的主要分子型式含 B_1、B_2、G_1、G_2、M_1、M_2 等。其中 M_1 和 M_2 主要存在于牛奶中。B_1 为毒性及致癌性最强的物质。在紫外线下，黄曲霉毒素 B_1、B_2 发蓝色荧光，黄曲霉毒素 G_1、G_2 发绿色荧光。黄曲霉毒素的分子量为 312～346。难溶于水，易溶于油、甲醇、丙酮和氯仿等有机溶剂，但不溶于石油醚、己烷和乙醚。一般在中性溶液中较稳定，但在强酸性溶液中稍有分解。

黄曲霉毒素 B_1 在 pH9～10 的强酸溶液中分解迅速。其纯品为无色结晶，耐高温，黄曲霉毒素 B_1 的分解温度为 268℃，紫外线对低浓度黄曲霉毒素有一定的破坏性。

四、黄曲霉毒素的检测方法

GB 5009.22—2016《食品安全国家标准 食品中黄曲霉毒素 B 族和 G 族的测定》第一法为同位素稀释液相色谱-串联质谱法，适用于谷物及其制品、豆类及其制品、坚果及籽类、油脂及其制品、调味品、婴幼儿配方食品和婴幼儿辅助食品中黄曲霉毒素 B_1、黄曲霉毒素 B_2、黄曲霉毒素 G_1、黄曲霉毒素 G_2（以下简称 AFT B_1、AFT B_2、AFT G_1 和 AFT G_2）的测定。

标准第二法为高效液相色谱-柱前衍生法，适用于谷物及其制品、豆类及其制品、坚果及籽类、油脂及其制品、调味品、婴幼儿配方食品和婴幼儿辅助食品中 AFT B_1、AFT B_2、AFT G_1 和 AFT G_2 的测定。

标准第三法为高效液相色谱-柱后衍生法，适用于谷物及其制品、豆类及其制品、坚果及籽类、油脂及其制品、调味品、婴幼儿配方食品和婴幼儿辅助食品中 AFT B_1、AFT B_2、AFT G_1 和 AFT G_2 的测定。

标准第四法为酶联免疫吸附筛查法，适用于谷物及其制品、豆类及其制品、坚果及籽类、油脂及其制品、调味品、婴幼儿配方食品和婴幼儿辅助食品中 AFT B_1 的测定。

标准第五法为薄层色谱法，适用于谷物及其制品、豆类及其制品、坚果及籽类、油脂及其制品、调味品中 AFT B_1 的测定。

任务实施

任务一　食品中黄曲霉毒素 B 族和 G 族的测定——酶联免疫吸附筛查法（第四法）

【原理】

试样中的黄曲霉毒素 B_1 用甲醇水溶液提取，经均质、涡旋、离心（过滤）等处理获取上清液。被辣根过氧化物酶标记或固定在反应孔中的黄曲霉毒素 B_1，与试样上清液或标准品中的黄曲霉毒素 B_1 竞争性结合特异性抗体。在洗涤后加入相应显色剂显色，经无机酸终止反应，于 450nm 或 630nm 波长下检测。样品中的黄曲霉毒素 B_1 与吸光度在一定浓度范围内呈反比。

【试剂及配制】

配制溶液所需试剂均为分析纯，水为 GB/T 6682 规定二级水。

按照试剂盒说明书所述，配制所需溶液。所用商品化的试剂盒需按照（附录）中所述方法验证合格后方可使用。

酶联免疫试剂盒的质量判定方法：选取小麦粉或其他阴性样品，根据所购酶联免疫试剂盒的检出限，在阴性基质中添加 3 个浓度水平的 AFT B_1 标准溶液（2μg/kg、5μg/kg、10μg/kg）。按照说明书操作方法，用读数仪读数，做三次平行实验。针对每个加标浓度，回收率在 50%～120% 的该批次产品方可使用。

注：当试剂盒用于特殊膳食用食品基质检测时，需根据其限量，考察添加浓度水平为 0.2μg/kg AFT B_1 标准溶液的回收率。

【仪器和设备】

① 微孔板酶标仪：带 450nm 与 630nm（可选）滤光片。
② 研磨机。
③ 振荡器。
④ 电子天平：感量 0.01g。
⑤ 离心机：转速≥6000r/min。
⑥ 快速定量滤纸：孔径 11μm。
⑦ 筛网：1～2mm 孔径。
⑧ 试剂盒所要求的仪器。

【分析步骤】

1. 样品前处理

（1）液态样品（油脂和调味品）　取 100g 待测样品摇匀，称取 5.0g 样品于 50mL 离心管中，加入试剂盒所要求提取液，按照试剂盒说明书所述方法进行检测。

（2）固态样品（谷物、坚果和特殊膳食用食品）　称取至少 100g 样品，用研磨机进行粉碎，粉碎后的样品过 1～2mm 孔径试验筛。取 5.0g 样品于 50mL 离心管中，加入试剂盒所要求提取液，按照试剂盒说明书所述方法进行检测。

2. 样品检测

按照酶联免疫试剂盒所述操作步骤对待测试样（液）进行定量检测。

【分析结果的表述】

1. 酶联免疫试剂盒定量检测的标准工作曲线绘制

按照试剂盒说明书提供的计算方法或者计算机软件，根据标准品浓度与吸光度变化关系绘制标准工作曲线。

2. 待测液浓度计算

按照试剂盒说明书提供的计算方法以及计算机软件，将待测液吸光度代入标准曲线所获得公式，计算得待测液浓度（ρ）。

3. 结果计算

食品中黄曲霉毒素 B_1 的含量按式（16-10）计算：

$$X = \frac{\rho \times V \times f}{m} \qquad (16-10)$$

式中　X——试样中 AFT B_1 的含量，$\mu g/kg$；

$\qquad \rho$——待测液中黄曲霉毒素 B_1 的浓度，$\mu g/L$；

$\qquad V$——提取液体积（固态样品为加入提取液体积，液态样品为样品和提取液总体积），L；

$\qquad f$——在前处理过程中的稀释倍数；

$\qquad m$——试样的称样量，kg。

计算结果保留小数点后两位。

阳性样品需用第一法、第二法或第三法进一步确认。

【精密度】

每个试样称取两份进行平行测定，以其算术平均值为分析结果。其分析结果的相对相差应不大于 20%。

【其他】

当称取谷物、坚果、油脂、调味品等样品 5g 时，方法检出限为 $1\mu g/kg$，定量限为 $3\mu g/kg$。当称取特殊膳食用食品样品 5g 时，方法检出限为 $0.1\mu g/kg$，定量限为 $0.3\mu g/kg$。

任务二　食品中黄曲霉毒素 B 族和 G 族的测定——薄层色谱法（第五法）

【原理】

样品经提取、浓缩、薄层分离后，黄曲霉毒素 B_1 在紫外光（波长 365nm）下产生蓝紫色荧光，根据其在薄层上显示荧光的最低检出量来测定含量。

【试剂及配制】

除非另有说明，本方法所用试剂均为分析纯，水为 GB/T 6682 规定的一级水。

1. 试剂

① 甲醇（CH_3OH）。

② 正己烷（C_6H_{14}）。

③ 石油醚（沸程 30～60℃或 60～90℃）。

④ 三氯甲烷（$CHCl_3$）。

⑤ 苯（C_6H_6）。

⑥ 乙腈（CH_3CN）。

⑦ 无水乙醚（C_2H_6O）。

⑧ 丙酮（C_3H_6O）。

注：以上试剂在试验时先进行一次试剂空白试验，如不干扰测定即可使用，否则需逐一进行重蒸。

⑨ 硅胶 G：薄层色谱用。

⑩ 三氟乙酸（CF_3COOH）。

⑪ 无水硫酸钠（Na_2SO_4）。

⑫ 氯化钠（NaCl）。

2. 试剂配制

（1）苯-乙腈溶液（98＋2） 取 2mL 乙腈加入 98mL 苯中混匀。

（2）甲醇-水溶液（55＋45） 取 550mL 甲醇加入 450mL 水中混匀。

（3）甲醇-三氯甲烷（4＋96） 取 4mL 甲醇加入 96mL 三氯甲烷中混匀。

（4）丙酮-三氯甲烷（8＋92） 取 8mL 丙酮加入 92mL 三氯甲烷中混匀。

（5）次氯酸钠溶液（消毒用） 取 100g 漂白粉，加入 500mL 水，搅拌均匀。另将 80g 工业用碳酸钠（$Na_2CO_3 \cdot 10H_2O$）溶于 500mL 温水中，再将两液混合、搅拌，澄清后过滤。此滤液含次氯酸浓度约为 25g/L。若用漂粉精制备，则碳酸钠的量可以加倍。所得溶液的浓度约为 50g/L。污染的玻璃仪器用 10g/L 氯酸钠溶液浸泡半天或用 50g/L 次氯酸钠溶液浸泡片刻后，即可达到去毒效果。

3. 标准品

AFT B_1 标准品（$C_{17}H_{12}O_6$，CAS 号：1162-65-8）：纯度≥98%，或经国家认证并授予标准物质证书的标准物质。

4. 标准溶液配制

（1）AFT B_1 标准储备溶液（10μg/mL） 准确称取 1～1.2mg AFT B_1 标准品，先加入 2mL 乙腈溶解后，再用苯稀释至 100mL，避光，置于 4℃冰箱保存，此溶液浓度约 10μg/mL。纯度的测定：取 5μL 10μg/mL AFT B_1 标准溶液，滴加于涂层厚度 0.25mm 的硅胶 G 薄层板上，用甲醇-三氯甲烷与丙酮-三氯甲烷展开剂展开，在紫外光灯下观察荧光的产生，应符合以下条件：

① 在展开后，只有单一的荧光点，无其他杂质荧光点；

② 原点上没有任何残留的荧光物质。

（2）AFT B_1 标准工作液 准确吸取 1mL 标准溶液储备液于 10mL 容量瓶中，加苯-乙腈混合液至刻度，混匀。此溶液每毫升相当于 1.0μg AFT B_1。吸取 1.0mL 此稀释液，置于 5mL 容量瓶中，加苯-乙腈混合液稀释至刻度，此溶液每毫升相当于 0.2μg AFT B_1。再吸取 AFT B_1 标准溶液（0.2μg/mL）1.0mL 置于 5mL 容量瓶中，加苯-乙腈混合液稀释至刻度。此溶液每毫升相当于 0.04μg AFT B_1。

【仪器和设备】

① 圆孔筛：2.0mm 筛孔孔径。

② 小型粉碎机。

③ 电动振荡器。

④ 全玻璃浓缩器。

⑤ 玻璃板：5cm×20cm。

⑥ 薄层板涂布器。

注：可选购适用黄曲霉毒素检测的商品化薄层板。

⑦ 展开槽：长 25cm，宽 6cm，高 4cm。

⑧ 紫外光灯：100～125W，带 365nm 滤光片。

⑨ 微量注射器或血色素吸管。

【分析步骤】

注意：整个操作需在暗室条件下进行。

1. 样品提取

（1）玉米、大米、小麦、面粉、薯干、豆类、花生、花生酱等

① 甲法：称取 20.00g 粉碎过筛试样（面粉、花生酱不需粉碎），置于 250mL 具塞锥形瓶中，加 30mL 正己烷或石油醚和 100mL 甲醇水溶液，在瓶塞上涂上一层水，盖严防漏。振荡 30min，静置片刻，以叠成折叠式的快速定性滤纸过滤于分液漏斗中，待下层甲醇水带被分清后，放出甲醇水溶液于另一具塞锥形瓶内。取 20.00mL 甲醇水溶液（相当于 4g 试样）置于另一 125mL 分液漏斗中，加 20mL 三氯甲烷，振摇 2min，静置分层，如出现乳化现象可滴加甲醇促使分层。放出三氯甲烷层，经盛有约 10g 预先用三氯甲烷湿润的无水硫酸钠的定量慢速滤纸过滤于 50mL 蒸发皿中，再加 5mL 三氯甲烷于分液漏斗中，重复振摇提取，三氯甲烷层一并滤于蒸发皿中，最后用少量三氯甲烷洗过滤器，洗液并于蒸发皿中。将蒸发皿放在通风柜于 65℃ 水浴上通风挥干，然后放在冰盒上冷却 2～3min 后，准确加入 1mL 苯-乙腈混合液（或将三氯甲烷用浓缩蒸馏器减压吹气蒸干后，准确加入 1mL 苯-乙腈混合液）。用带橡皮头的滴管的管尖将残渣充分混合，若有苯的结晶析出，将蒸发皿从冰盒上取出，继续溶解、混合，晶体即消失，再用此滴管吸取上清液转移于 2mL 具塞试管中。

② 乙法（限于玉米、大米、小麦及其制品）：称取 20.00g 粉碎过筛试样于 250mL 具塞锥形瓶中，用滴管滴加约 6mL 水，使试样湿润，准确加入 60mL 三氯甲烷，振荡 30min，加 12g 无水硫酸钠，振摇后，静置 30min，用叠成折叠式的快速定性滤纸过滤于 100mL 具塞锥形瓶中。取 12mL 滤液（相当 4g 试样）于蒸发皿中，在 65℃ 水浴锅上通风挥干，准确加入 1mL 苯-乙腈混合液，以下按①甲法自"用带橡皮头的滴管的管尖将残渣充分混合……"起依法操作。

（2）花生油、香油、菜油等 称取 4.00g 试样置于小烧杯中，用 20mL 正己烷或石油醚将试样移于 125mL 分液漏斗中。用 20mL 甲醇水溶液分次洗烧杯，洗液一并移入分液漏斗中，振摇 2min，静置分层后，将下层甲醇水溶液移入第二个分液漏斗中，再用 5mL 甲醇水溶液重复振摇提取一次，提取液一并移入第二个分液漏斗中，在第二个分液漏斗中加入 20mL 三氯甲烷，以下按①甲法自"振摇 2min，静置分层……"起依法操作。

2. 测定

（1）薄层板的制备 称取约 3g 硅胶 G，加相当于硅胶量 2～3 倍的水，用力研磨 1～2min 至成糊状后立即倒入涂布器内，推成 5cm×20cm，厚度约 0.25mm 的薄层板三块。在空气中干燥约 15min 后，在 100℃ 活化 2h，取出，放干燥器中保存。一般可保存 2～3d，若放置时间较长，可再活化后使用。

（2）点样 将薄层板边缘附着的吸附剂刮净，在距薄层板下端 3cm 的基线上用微量注射器或血色素吸管滴加样液。一块板可滴加 4 个点，点距边缘和点间距约为 1cm，点直径约 3mm。在同一块板上滴加点的大小应一致，滴加时可用吹风机用冷风边吹边加。滴加样式如下。

第一点：0μL AFT B$_1$ 标准工作液（0.04μg/mL）。

第二点：20μL 样液。

第三点：20μL 样液＋10μL 0.04μg/mL AFT B$_1$ 标准工作液。

第四点：20μL 样液＋10μL 0.2μg/mL AFT B$_1$ 标准工作液。

（3）展开与观察 在展开槽内加 10mL 无水乙醚，预展 12cm，取出挥干。再于另一展开槽内加 10mL 丙酮-三氯甲烷（8＋92），展开 10～12cm，取出。在紫外光下观察结果，方法如下。由于样液点上加滴 AFT B$_1$ 标准工作液，可使 AFT B$_1$ 标准点与样液中的 AFT B$_1$ 荧光点重叠。如样液为阴性，薄层板上的第三点中 AFT B$_1$ 为 0.0004μg，可用作检查在样液内 AFT B$_1$ 最低检出量是否正常出现：如为阳性，则起定性作用。薄层板上的第四点中 AFT B_1 为 $0.002\mu g$，主要起定位作用。若第二点在与 AFT B_1 标准点的相应位置上无蓝紫色荧光点，表示试样中 AFT B_1 含量在 $5\mu g/kg$ 以下，如在相应位置上有蓝紫色荧光点，则需进行确证试验。

（4）确证试验 为了证实薄层板上样液荧光是由 AFT B_1 产生的，加滴三氟乙酸，产生 AFT B_1 的衍生物，展开后此衍生物的比移值在 0.1 左右。于薄层板左边依次滴加两个点。

第一点：$0.04\mu g/mL$ AFT B_1 标准工作液 $10\mu L$。

第二点：$20\mu L$ 样液。于以上两点各加一小滴三氟乙酸盖于其上，反应 5min 后，用吹风机吹热风 2min 后，使热风吹到薄层板上的温度不高于 40℃，再于薄层板上滴加以下两个点。

第三点：$0.04\mu g/mL$ AFT B_1 标准工作液 $10\mu L$。

第四点：$20\mu L$ 样液。

再展开，在紫外光灯下观察样液是否产生与 AFT B_1 标准点相同的衍生物。未加三氟乙酸的三、四两点，可依次作为样液与标准的衍生物空白对照。

（5）稀释定量 样液中的 AFT B_1 荧光点的荧光强度如与 AFT B_1 标准点的最低检出量（$0.0004\mu g$）的荧光强度一致，则试样中 AFT B_1 含量即为 $5\mu g/kg$。如样液中荧光强度比最低检出量强，则根据其强度估计减少滴加体积或将样液稀释后再滴加不同体积，直至样液点的荧光强度与最低检出量的荧光强度一致为止。滴加式样如下。

第一点：$10\mu L$ AFT B_1 标准工作液（$0.04\mu g/mL$）

第二点：根据情况滴加 $10\mu L$ 样液。

第三点：根据情况滴加 $15\mu L$ 样液。

第四点：根据情况滴加 $20\mu L$ 样液。

【分析结果表述】

试样中 AFT B_1 的含量按式（16-11）计算：

$$X = 0.0004 \times \frac{V_1 \times f}{V_2 \times m} \times 1000 \tag{16-11}$$

式中 X——试样中 AFT B_1 的含量，$\mu g/kg$；

0.0004——AFT B_1 的最低检出量，μg；

V_1——加入苯-乙腈混合液的体积，mL；

f——样液的总稀释倍数；

V_2——出现最低荧光时滴加样液的体积，mL；

m——加入苯-乙腈混合液溶解时相当试样的质量，g；

1000——换算系数。

结果表示到测定值的整数位。

复习思考题

1. 食品中污染物分为哪几类？

2. 天然毒素包括哪些种类？

3. 兽药残留有哪些种类？

4. 畜、禽肉中土霉素、四环素、金霉素残留量的测定采用什么分析方法？分析包括哪几个步骤？

5. 试述原子吸收光谱法测定食品中铅的步骤。

6. 食品中致癌化合物有哪几种？试举出检测方法？

7. 常见真菌毒素有哪些？如何检测黄曲霉毒素？

附　表

附表一　观测锤度温度改正表（标准温度 20℃）

温度低于 20℃时读数应减之数

温度/℃	0	1	2	3	4	5	6	7	8	9	10	11	12	13	14	15	16	17	18	19	20	21	22	23	24	25	30
0	0.30	0.34	0.36	0.41	0.45	0.49	0.52	0.55	0.59	0.62	0.65	0.67	0.70	0.72	0.75	0.77	0.79	0.82	0.84	0.87	0.89	0.91	0.93	0.95	0.97	0.99	1.08
5	0.36	0.38	0.40	0.43	0.45	0.47	0.49	0.51	0.52	0.54	0.56	0.58	0.60	0.61	0.63	0.65	0.67	0.68	0.70	0.71	0.73	0.74	0.75	0.76	0.77	0.80	0.86
10	0.32	0.33	0.34	0.36	0.37	0.38	0.39	0.40	0.41	0.42	0.43	0.44	0.45	0.46	0.47	0.48	0.49	0.50	0.50	0.51	0.52	0.53	0.54	0.55	0.56	0.57	0.60
1/2	0.31	0.32	0.33	0.34	0.35	0.36	0.37	0.38	0.39	0.40	0.41	0.42	0.43	0.44	0.45	0.46	0.47	0.48	0.48	0.49	0.50	0.51	0.52	0.52	0.53	0.54	0.57
11	0.31	0.32	0.33	0.33	0.34	0.35	0.36	0.37	0.38	0.39	0.40	0.41	0.42	0.42	0.43	0.44	0.45	0.46	0.46	0.47	0.48	0.49	0.49	0.50	0.50	0.51	0.55
1/2	0.30	0.31	0.31	0.32	0.32	0.33	0.34	0.35	0.36	0.37	0.38	0.39	0.40	0.40	0.41	0.42	0.43	0.43	0.44	0.44	0.45	0.46	0.46	0.47	0.47	0.48	0.52
12	0.29	0.30	0.30	0.31	0.31	0.32	0.33	0.34	0.34	0.35	0.36	0.37	0.38	0.38	0.39	0.40	0.41	0.41	0.42	0.42	0.43	0.44	0.44	0.45	0.45	0.46	0.50
1/2	0.27	0.28	0.28	0.29	0.29	0.30	0.31	0.32	0.32	0.33	0.34	0.35	0.35	0.36	0.36	0.37	0.38	0.38	0.39	0.39	0.40	0.41	0.41	0.42	0.42	0.43	0.47
13	0.26	0.27	0.27	0.28	0.28	0.29	0.30	0.30	0.31	0.31	0.32	0.33	0.33	0.34	0.34	0.35	0.36	0.36	0.37	0.37	0.38	0.39	0.39	0.40	0.40	0.41	0.44
1/2	0.25	0.25	0.25	0.25	0.26	0.27	0.27	0.28	0.29	0.29	0.30	0.31	0.31	0.32	0.32	0.33	0.34	0.34	0.35	0.35	0.36	0.36	0.37	0.37	0.38	0.38	0.41
14	0.24	0.24	0.24	0.24	0.25	0.26	0.27	0.27	0.28	0.28	0.29	0.29	0.30	0.30	0.31	0.31	0.32	0.32	0.33	0.33	0.34	0.34	0.35	0.35	0.36	0.36	0.38
1/2	0.22	0.22	0.22	0.22	0.23	0.24	0.24	0.25	0.25	0.26	0.26	0.27	0.27	0.28	0.28	0.29	0.30	0.30	0.31	0.31	0.32	0.32	0.33	0.33	0.34	0.34	0.35
15	0.20	0.20	0.20	0.20	0.21	0.22	0.22	0.23	0.23	0.24	0.25	0.25	0.25	0.26	0.26	0.27	0.28	0.28	0.28	0.29	0.29	0.30	0.30	0.30	0.31	0.31	0.32
1/2	0.18	0.18	0.18	0.19	0.19	0.20	0.20	0.20	0.21	0.21	0.22	0.23	0.23	0.24	0.24	0.25	0.25	0.25	0.26	0.26	0.27	0.27	0.27	0.28	0.28	0.29	0.29
16	0.17	0.17	0.17	0.18	0.18	0.18	0.19	0.19	0.20	0.20	0.20	0.21	0.21	0.22	0.22	0.22	0.23	0.23	0.23	0.24	0.24	0.25	0.25	0.25	0.25	0.26	0.26
1/2	0.15	0.15	0.15	0.16	0.16	0.16	0.16	0.17	0.17	0.17	0.17	0.18	0.18	0.19	0.19	0.19	0.20	0.20	0.20	0.20	0.21	0.21	0.22	0.22	0.22	0.22	0.23
17	0.13	0.13	0.13	0.14	0.14	0.14	0.14	0.15	0.15	0.15	0.15	0.16	0.16	0.16	0.16	0.17	0.17	0.18	0.18	0.18	0.18	0.19	0.19	0.19	0.19	0.20	0.20
1/2	0.11	0.11	0.11	0.12	0.12	0.12	0.12	0.12	0.12	0.12	0.12	0.13	0.13	0.13	0.13	0.14	0.14	0.15	0.15	0.15	0.15	0.15	0.16	0.16	0.16	0.16	0.16
18	0.09	0.09	0.09	0.10	0.10	0.10	0.10	0.10	0.10	0.10	0.10	0.11	0.11	0.11	0.11	0.11	0.12	0.12	0.12	0.12	0.12	0.12	0.13	0.13	0.13	0.13	0.13
1/2	0.07	0.07	0.07	0.07	0.07	0.07	0.07	0.07	0.07	0.07	0.07	0.07	0.08	0.08	0.08	0.08	0.08	0.09	0.09	0.09	0.09	0.09	0.09	0.09	0.09	0.10	0.10
19	0.05	0.05	0.05	0.05	0.05	0.05	0.05	0.05	0.05	0.05	0.05	0.05	0.06	0.06	0.06	0.06	0.06	0.06	0.06	0.06	0.06	0.06	0.06	0.06	0.06	0.07	0.07
1/2	0.03	0.03	0.03	0.03	0.03	0.03	0.03	0.03	0.03	0.03	0.03	0.03	0.03	0.03	0.03	0.03	0.03	0.03	0.03	0.03	0.03	0.03	0.03	0.03	0.03	0.04	0.04
20	0	0	0	0	0	0	0	0	0	0	0	0	0	0	0	0	0	0	0	0	0	0	0	0	0	0	0

温度高于 20℃时读数应加之数

温度/℃	0	1	2	3	4	5	6	7	8	9	10	11	12	13	14	15	16	17	18	19	20	21	22	23	24	25	30
1/2	0.02	0.02	0.02	0.03	0.03	0.03	0.03	0.03	0.03	0.03	0.03	0.03	0.03	0.03	0.03	0.03	0.03	0.03	0.03	0.03	0.03	0.03	0.03	0.03	0.04	0.04	0.04
21	0.04	0.04	0.04	0.05	0.05	0.05	0.05	0.05	0.05	0.06	0.06	0.06	0.06	0.06	0.06	0.06	0.06	0.06	0.06	0.06	0.06	0.06	0.06	0.07	0.07	0.07	0.07
1/2	0.07	0.07	0.07	0.08	0.08	0.08	0.08	0.09	0.09	0.09	0.09	0.09	0.09	0.09	0.09	0.09	0.09	0.09	0.09	0.09	0.09	0.10	0.10	0.10	0.10	0.11	0.11
22	0.10	0.10	0.10	0.10	0.10	0.10	0.10	0.10	0.11	0.11	0.11	0.11	0.11	0.12	0.12	0.12	0.12	0.12	0.12	0.12	0.12	0.12	0.12	0.13	0.13	0.13	0.14
1/2	0.13	0.13	0.13	0.13	0.13	0.13	0.13	0.14	0.14	0.14	0.14	0.14	0.15	0.15	0.15	0.15	0.15	0.16	0.16	0.16	0.16	0.16	0.16	0.17	0.17	0.17	0.18

温度/℃	观测锤度																										
	0	1	2	3	4	5	6	7	8	9	10	11	12	13	14	15	16	17	18	19	20	21	22	23	24	25	30
	温度高于20℃时读数应加之数																										
23	0.16	0.16	0.16	0.16	0.16	0.16	0.16	0.16	0.16	0.17	0.17	0.17	0.17	0.17	0.17	0.17	0.17	0.17	0.18	0.18	0.19	0.19	0.19	0.19	0.20	0.20	0.21
1/2	0.19	0.19	0.19	0.19	0.19	0.19	0.19	0.19	0.20	0.20	0.20	0.20	0.20	0.21	0.21	0.21	0.21	0.22	0.22	0.23	0.23	0.23	0.23	0.24	0.24	0.24	0.25
24	0.21	0.21	0.21	0.22	0.22	0.22	0.22	0.22	0.23	0.23	0.23	0.23	0.23	0.24	0.24	0.24	0.24	0.25	0.25	0.26	0.26	0.26	0.26	0.27	0.27	0.27	0.28
1/2	0.24	0.24	0.24	0.25	0.25	0.25	0.26	0.26	0.26	0.27	0.27	0.27	0.27	0.28	0.28	0.28	0.28	0.28	0.29	0.29	0.29	0.29	0.30	0.30	0.31	0.31	0.32
25	0.27	0.27	0.27	0.28	0.28	0.28	0.28	0.29	0.29	0.30	0.30	0.30	0.30	0.31	0.31	0.31	0.31	0.32	0.32	0.32	0.32	0.33	0.33	0.34	0.34	0.34	0.35
1/2	0.30	0.30	0.30	0.31	0.31	0.31	0.31	0.32	0.32	0.33	0.33	0.33	0.33	0.34	0.34	0.34	0.34	0.35	0.35	0.36	0.36	0.36	0.36	0.37	0.37	0.37	0.39
26	0.33	0.33	0.33	0.34	0.34	0.34	0.34	0.35	0.35	0.36	0.36	0.36	0.36	0.37	0.37	0.38	0.38	0.39	0.39	0.40	0.40	0.40	0.40	0.40	0.40	0.40	0.42
1/2	0.37	0.37	0.37	0.38	0.38	0.38	0.38	0.38	0.39	0.39	0.39	0.39	0.40	0.40	0.41	0.41	0.41	0.42	0.42	0.43	0.43	0.43	0.43	0.44	0.44	0.44	0.46
27	0.40	0.40	0.40	0.41	0.41	0.41	0.41	0.41	0.42	0.42	0.42	0.42	0.43	0.43	0.44	0.44	0.44	0.45	0.45	0.46	0.46	0.46	0.47	0.47	0.48	0.48	0.50
1/2	0.43	0.43	0.43	0.44	0.44	0.44	0.44	0.45	0.45	0.46	0.46	0.46	0.47	0.47	0.48	0.48	0.48	0.49	0.50	0.50	0.50	0.51	0.51	0.52	0.52	0.52	0.54
28	0.46	0.46	0.46	0.47	0.47	0.47	0.48	0.48	0.48	0.49	0.49	0.50	0.50	0.51	0.51	0.52	0.52	0.53	0.53	0.54	0.54	0.55	0.55	0.56	0.56	0.56	0.58
1/2	0.50	0.50	0.50	0.51	0.51	0.51	0.51	0.52	0.52	0.53	0.53	0.54	0.54	0.55	0.55	0.56	0.56	0.57	0.57	0.58	0.58	0.59	0.59	0.60	0.60	0.60	0.58
29	0.54	0.54	0.54	0.55	0.55	0.55	0.55	0.55	0.56	0.56	0.57	0.57	0.58	0.58	0.59	0.60	0.60	0.61	0.61	0.61	0.62	0.62	0.63	0.63	0.63	0.63	0.66
1/2	0.58	0.58	0.58	0.59	0.59	0.59	0.59	0.59	0.60	0.60	0.60	0.61	0.61	0.62	0.62	0.63	0.63	0.64	0.64	0.65	0.65	0.65	0.66	0.66	0.67	0.67	0.70
30	0.61	0.61	0.61	0.62	0.62	0.62	0.62	0.62	0.63	0.63	0.63	0.64	0.64	0.65	0.65	0.66	0.66	0.67	0.67	0.68	0.68	0.68	0.69	0.69	0.70	0.70	0.73
1/2	0.65	0.65	0.65	0.66	0.66	0.66	0.66	0.66	0.67	0.67	0.67	0.68	0.68	0.69	0.69	0.70	0.70	0.71	0.71	0.72	0.72	0.73	0.73	0.74	0.74	0.75	0.78
31	0.69	0.69	0.66	0.70	0.60	0.70	0.70	0.70	0.71	0.71	0.71	0.72	0.72	0.73	0.73	0.74	0.74	0.75	0.75	0.76	0.76	0.77	0.77	0.78	0.78	0.79	0.82
1/2	0.73	0.73	0.73	0.74	0.74	0.74	0.74	0.74	0.75	0.75	0.75	0.76	0.76	0.77	0.77	0.78	0.79	0.79	0.80	0.80	0.81	0.81	0.82	0.82	0.83	0.83	0.86
32	0.76	0.76	0.77	0.77	0.78	0.78	0.78	0.78	0.79	0.79	0.80	0.80	0.81	0.81	0.82	0.82	0.83	0.83	0.84	0.84	0.85	0.85	0.86	0.86	0.87	0.87	0.90
1/2	0.80	0.80	0.81	0.81	0.82	0.82	0.82	0.83	0.83	0.83	0.83	0.84	0.84	0.85	0.85	0.86	0.87	0.87	0.88	0.88	0.89	0.90	0.90	0.91	0.91	0.92	0.95
33	0.84	0.84	0.85	0.85	0.85	0.85	0.85	0.86	0.86	0.86	0.86	0.87	0.88	0.88	0.89	0.90	0.91	0.91	0.92	0.92	0.93	0.94	0.94	0.95	0.95	0.96	0.99
1/2	0.88	0.88	0.88	0.89	0.89	0.89	0.89	0.90	0.90	0.90	0.91	0.92	0.92	0.93	0.94	0.95	0.95	0.96	0.97	0.98	0.98	0.99	0.99	1.00	1.00	1.00	1.03
34	0.91	0.91	0.92	0.92	0.93	0.93	0.93	0.93	0.94	0.94	0.95	0.96	0.96	0.97	0.98	0.99	1.00	1.00	1.01	1.02	1.02	1.03	1.03	1.04	1.04	1.04	1.07
1/2	0.95	0.95	0.96	0.96	0.97	0.97	0.97	0.97	0.98	0.98	0.99	0.99	1.00	1.01	1.02	1.03	1.04	1.04	1.05	1.06	1.07	1.07	1.08	1.08	1.09	1.09	1.12
35	0.99	0.99	1.00	1.00	1.01	1.01	1.01	1.01	1.02	1.02	1.02	1.03	1.04	1.05	1.05	1.06	1.07	1.08	1.08	1.09	1.10	1.11	1.11	1.12	1.12	1.13	1.16
40	1.42	1.43	1.43	1.44	1.44	1.45	1.45	1.46	1.47	1.47	1.47	1.48	1.49	1.50	1.50	1.51	1.52	1.53	1.53	1.54	1.54	1.55	1.55	1.56	1.56	1.57	1.62

附表二 乳稠计读数变为15℃时的度数换算表

乳稠计读数 ＼ 鲜乳温度/℃	8	9	10	11	12	13	14	15	16	17	18	19	20	21	22
15	14.2	14.3	14.4	14.5	14.6	14.7	14.8	15.0	15.1	15.2	15.4	15.6	15.8	16.0	16.2
16	15.2	15.3	15.4	15.5	15.6	15.7	15.8	16.0	16.1	16.3	16.5	16.7	16.9	17.1	17.3
17	16.2	16.3	16.4	16.5	16.6	16.7	16.8	17.0	17.1	17.3	17.5	17.7	17.9	18.1	18.3
18	17.2	17.3	17.4	17.5	17.6	17.7	17.8	18.0	18.1	18.3	18.5	18.7	18.9	19.1	19.5
19	18.2	18.3	18.4	18.5	18.6	18.7	18.8	19.0	19.0	19.3	19.5	19.7	19.9	20.1	20.3
20	19.1	19.2	19.3	19.4	19.5	19.6	19.8	20.0	20.1	20.3	20.5	20.7	20.9	21.1	21.3
21	20.1	20.2	20.3	20.4	20.5	20.6	20.8	21.0	21.2	21.4	21.6	21.8	22.0	22.2	22.4
22	21.1	21.2	21.3	21.4	21.5	21.6	21.8	22.0	22.2	22.4	22.6	22.8	23.0	23.4	23.4
23	22.1	22.2	22.3	22.4	22.5	22.6	22.8	23.0	23.2	23.4	23.6	23.8	24.0	24.2	24.4
24	23.1	23.2	23.3	23.4	23.5	23.6	23.8	24.0	24.2	24.4	24.6	24.8	25.0	25.2	25.5
25	24.0	24.1	24.2	24.3	24.5	24.6	24.8	25.0	25.2	25.4	25.6	25.8	26.0	26.2	26.4
26	25.0	25.1	25.2	25.3	25.5	25.6	25.8	26.0	26.2	26.4	26.6	26.9	27.1	27.3	27.5
27	26.0	26.1	26.2	26.3	26.4	26.6	26.8	27.0	27.2	27.4	27.6	27.9	28.1	28.4	28.6
28	26.9	27.0	27.1	27.2	27.4	27.6	27.8	28.0	28.2	28.4	28.6	28.9	29.2	29.4	29.6

乳稠计读数 ＼ 鲜乳温度/℃	8	9	10	11	12	13	14	15	16	17	18	19	20	21	22
29	27.8	27.9	28.1	28.2	28.4	28.6	28.8	29.0	29.2	29.4	29.6	29.9	30.2	30.4	30.6
30	28.7	28.9	29.0	29.2	29.4	29.6	29.8	30.0	30.2	30.4	30.6	30.9	31.2	31.4	31.6
31	29.7	29.8	30.0	30.2	30.4	30.6	30.8	31.0	31.2	31.4	31.6	32.0	32.2	32.5	32.7
32	30.6	30.8	31.0	31.2	31.4	31.6	31.8	32.0	32.2	32.4	32.7	33.0	33.3	33.6	33.8
33	31.6	31.8	32.0	32.2	32.4	32.6	32.8	33.0	33.2	33.4	33.7	34.0	34.3	34.7	34.8
34	32.6	32.8	32.8	33.1	33.3	33.6	33.8	34.0	34.2	34.4	34.7	35.0	35.3	35.6	35.9
35	33.6	33.7	33.8	34.0	34.2	34.4	34.8	35.0	35.2	35.4	35.7	36.0	36.3	36.6	36.9

附表三　碳酸气吸收系数表

温度/℃ ＼ 倍数 ＼ 压力/9.8×10^4 Pa	0	0.1	0.2	0.3	0.4	0.5	0.6	0.7	0.8	0.9	1.0	1.1	1.2	1.3	1.4	1.5	1.6
0	1.713	1.88	2.04	2.21	2.38	2.54	2.71	2.87	3.04	3.21	3.37	3.54	3.70	3.87	4.03	4.20	4.37
1	1.645	1.81	1.96	2.12	2.28	2.44	2.60	2.76	2.92	3.08	3.24	3.46	3.56	3.72	3.88	4.04	4.19
2	1.584	1.74	1.89	2.04	2.20	2.35	2.50	2.66	2.81	2.96	3.12	3.27	3.42	3.58	3.73	3.88	4.04
3	1.527	1.67	1.82	1.97	2.12	2.27	2.41	2.56	2.71	2.86	3.00	3.15	3.30	3.45	3.60	3.74	3.89
4	1.473	1.62	1.76	1.90	2.04	2.19	2.33	2.47	2.61	2.76	2.90	3.04	3.18	3.33	3.47	3.61	3.75
5	1.424	1.56	1.70	1.84	1.98	2.11	2.25	2.39	2.53	2.66	2.80	2.94	3.08	3.22	3.35	3.49	3.63
6	1.377	1.51	1.64	1.78	1.91	2.04	2.18	2.31	2.44	2.58	2.71	2.84	2.98	3.11	3.24	3.38	3.51
7	1.331	1.46	1.59	1.72	1.85	1.98	2.10	2.23	2.36	2.49	2.62	2.75	2.88	3.01	3.13	3.26	3.39
8	1.282	1.41	1.53	1.65	1.78	1.90	2.03	2.15	2.27	2.40	2.52	2.65	2.77	2.90	3.02	3.14	3.27
9	1.237	1.36	1.48	1.60	1.72	1.84	1.96	2.08	2.19	2.31	2.43	2.55	2.67	2.79	2.91	3.03	3.15
10	1.194	1.31	1.43	1.54	1.66	1.77	1.89	2.00	2.12	2.23	2.35	2.47	2.58	2.70	2.81	2.93	3.04
11	1.154	1.27	1.38	1.49	1.60	1.71	1.82	1.94	2.05	2.16	2.27	2.38	2.49	2.61	2.72	2.83	2.94
12	1.117	1.23	1.33	1.44	1.55	1.66	1.77	1.87	1.98	2.09	2.20	2.31	2.41	2.52	2.63	2.74	2.85
13	1.083	1.19	1.29	1.40	1.50	1.61	1.71	1.82	1.92	2.03	2.13	2.24	2.34	2.45	2.55	2.66	2.76
14	1.050	1.51	1.25	1.35	1.46	1.56	1.66	1.76	1.86	1.96	2.07	2.17	2.27	2.37	2.47	2.57	2.68
15	1.019	1.12	1.22	1.31	1.41	1.51	1.61	1.71	1.81	1.91	2.01	2.10	2.20	2.30	2.40	2.50	2.60
16	0.985	1.08	1.18	1.27	1.37	1.46	1.56	1.65	1.75	1.84	1.94	2.03	2.13	2.22	2.32	2.41	2.51
17	0.956	1.05	1.14	1.23	1.33	1.42	1.51	1.60	1.70	1.79	1.88	1.97	2.07	2.16	2.25	2.34	2.44
18	0.928	1.02	1.11	1.20	1.29	1.38	1.47	1.56	1.65	1.74	1.83	1.92	2.01	2.10	2.19	2.28	2.37
19	0.902	0.99	1.08	1.16	1.25	1.34	1.43	1.51	1.60	1.69	1.77	1.86	1.95	2.04	2.12	2.21	2.30
20	0.878	0.96	1.05	1.13	1.22	1.30	1.39	1.47	1.56	1.64	1.73	1.81	1.90	1.98	2.07	2.15	2.24
21	0.854	—	—	1.10	1.18	1.27	1.35	1.43	1.52	1.60	1.68	1.76	1.85	1.93	2.01	2.09	2.18
22	0.829	—	—	—	1.15	1.23	1.31	1.39	1.47	1.55	1.63	1.71	1.79	1.87	1.95	2.03	2.11
23	0.804	—	—	—	—	1.19	1.27	1.35	1.43	1.50	1.58	1.66	1.74	1.82	1.89	1.97	2.05
24	0.781	—	—	—	—	—	1.23	1.31	1.39	1.46	1.54	1.61	1.69	1.76	1.84	1.91	1.99
25	0.759	—	—	—	—	—	1.27	1.35	1.42	1.49	1.57	1.64	1.71	1.79	1.86	1.93	

温度/℃ \ 倍数 \ 压力/9.8×10⁴ Pa	1.7	1.8	1.9	2.0	2.1	2.2	2.3	2.4	2.5	2.6	2.7	2.8	2.9	3.0	3.1	3.2	3.3
0	4.53	4.70	4.86	5.03	5.19	5.36	5.53	5.69	5.86	6.02	—	—	—	—	—	—	—
1	4.35	4.51	4.67	4.83	4.99	5.15	5.31	5.47	5.63	5.79	5.95	6.11	—	—	—	—	—
2	4.19	4.34	4.50	4.65	4.80	4.96	5.11	5.26	5.42	5.57	5.72	5.88	6.03	—	—	—	—
3	4.04	4.19	4.33	4.48	4.63	4.78	4.93	5.07	5.22	5.37	5.52	5.67	5.81	5.96	6.11	—	—
4	3.95	4.04	4.18	4.32	4.47	4.61	4.75	4.89	5.04	5.18	5.32	5.46	5.61	5.75	5.89	6.01	6.18
5	3.77	3.90	4.04	4.18	4.32	4.46	4.59	4.73	4.87	5.01	5.15	5.28	5.42	5.56	5.70	5.83	5.97
6	3.64	3.78	3.91	4.04	4.18	4.31	4.44	4.58	4.71	4.84	4.98	5.11	5.24	5.38	5.51	5.64	5.77
7	3.52	3.65	3.78	3.91	4.04	4.17	4.29	4.42	4.55	4.68	4.81	4.94	5.07	5.20	5.32	5.45	5.58
8	3.39	3.52	3.64	3.76	3.89	4.01	4.14	4.26	4.38	4.51	4.63	4.76	4.88	5.00	5.13	5.25	5.38
9	3.27	3.39	3.51	3.63	3.75	3.87	3.99	4.11	4.23	4.35	4.47	4.59	4.71	4.83	4.95	5.07	5.19
10	3.16	3.27	3.39	3.51	3.62	3.74	3.85	3.97	4.08	4.20	4.31	4.43	4.55	4.66	4.78	4.89	5.01
11	3.05	3.16	3.28	3.39	3.50	3.61	3.72	3.83	3.95	4.06	4.17	4.28	4.39	4.50	4.62	4.73	4.84
12	2.95	3.06	3.17	3.28	3.39	3.50	3.60	3.71	3.82	3.93	4.04	4.14	4.25	4.36	4.47	4.58	4.68
13	2.86	2.97	3.07	3.18	3.28	3.39	3.49	3.60	3.70	3.81	3.91	4.02	4.12	4.23	4.33	4.44	4.54
14	2.78	2.88	2.98	3.08	3.18	3.29	3.39	3.49	3.59	3.69	3.79	3.90	4.00	4.10	4.20	4.30	4.40
15	2.70	2.79	2.89	2.99	3.09	3.19	3.29	3.39	3.48	3.58	3.68	3.78	3.88	3.98	4.08	4.17	4.27
16	2.61	2.70	2.80	2.89	2.99	3.08	3.18	3.27	3.37	3.46	3.56	3.65	3.75	3.84	3.94	4.04	4.13
17	2.53	2.62	2.71	2.81	2.90	2.99	3.08	3.18	3.27	3.36	3.45	3.55	3.64	3.73	3.82	3.92	4.01
18	2.45	2.54	2.63	2.72	2.81	2.90	2.99	3.08	3.17	3.26	3.35	3.44	3.53	3.62	3.71	3.80	3.89
19	2.39	2.47	2.56	2.65	2.74	2.82	2.91	3.00	3.08	3.17	3.26	3.35	3.43	3.52	3.61	3.70	3.78
20	2.32	2.41	2.49	2.58	2.66	2.75	2.83	2.92	3.00	3.09	3.17	3.26	3.34	3.43	3.51	3.60	3.68
21	2.26	2.34	2.42	2.51	2.59	2.67	2.76	2.84	2.92	3.00	3.09	3.17	3.25	3.33	3.42	3.50	3.58
22	2.19	2.27	2.35	2.43	2.51	2.59	2.67	2.75	2.83	2.92	3.00	3.08	3.16	3.24	3.32	3.40	3.48
23	2.13	2.20	2.28	2.36	2.44	2.52	2.59	2.67	2.75	2.83	2.90	2.98	3.06	3.14	3.22	3.29	3.37
24	2.07	2.14	2.22	2.29	2.37	2.44	2.52	2.60	2.67	2.75	2.82	2.90	2.97	3.05	3.12	3.20	3.28
25	2.01	2.08	2.15	2.23	2.30	2.38	2.45	2.52	2.60	2.67	2.74	2.82	2.89	2.96	3.04	3.11	3.18

温度/℃ \ 倍数 \ 压力/9.8×10⁴ Pa	3.4	3.5	3.6	3.7	3.8	3.9	4.0	4.1	4.2	4.3	4.4	4.5	4.6	4.7	4.8	4.9	5.0
0	—	—	—	—	—	—	—	—	—	—	—	—	—	—	—	—	—
1	—	—	—	—	—	—	—	—	—	—	—	—	—	—	—	—	—
2	—	—	—	—	—	—	—	—	—	—	—	—	—	—	—	—	—
3	—	—	—	—	—	—	—	—	—	—	—	—	—	—	—	—	—
4	—	—	—	—	—	—	—	—	—	—	—	—	—	—	—	—	—
5	6.11	—	—	—	—	—	—	—	—	—	—	—	—	—	—	—	—
6	5.91	6.04	6.17	—	—	—	—	—	—	—	—	—	—	—	—	—	—
7	5.71	5.84	5.97	6.10	6.23	—	—	—	—	—	—	—	—	—	—	—	—
8	5.50	5.62	5.75	5.87	6.00	6.12	—	—	—	—	—	—	—	—	—	—	—
9	5.31	5.43	5.55	5.67	5.79	5.91	6.03	6.15	—	—	—	—	—	—	—	—	—

温度/℃ \ 倍数 \ 压力/9.8 ×10⁴ Pa	3.4	3.5	3.6	3.7	3.8	3.9	4.0	4.1	4.2	4.3	4.4	4.5	4.6	4.7	4.8	4.9	5.0
10	5.12	5.24	5.35	5.47	5.59	5.70	5.82	5.93	6.05	—	—	—	—	—	—	—	—
11	4.95	5.06	5.17	5.29	5.40	5.51	5.62	5.73	5.84	5.96	6.07	6.18	6.29	6.40	—	—	—
12	4.79	4.90	5.01	5.12	5.23	5.33	5.44	5.55	5.66	5.77	5.87	5.98	6.09	6.20	6.31	6.41	6.52
13	4.65	4.75	4.86	4.96	5.07	5.17	5.28	5.38	5.49	5.59	5.69	5.80	5.80	6.01	6.11	6.22	6.32
14	4.51	4.61	4.71	4.81	4.91	5.01	5.11	5.22	5.32	5.42	5.52	5.62	5.72	5.83	5.93	6.03	6.13
15	4.37	4.47	4.57	4.67	4.77	4.87	4.96	5.06	5.16	5.26	5.36	5.46	5.56	5.56	5.75	5.85	5.95
16	4.23	4.32	4.42	4.51	4.61	4.70	4.80	4.89	4.99	5.08	5.18	5.27	5.37	5.47	5.56	5.66	5.75
17	4.10	4.19	4.29	4.38	4.47	4.56	4.66	4.75	4.84	4.93	5.03	5.12	5.21	5.30	5.40	5.49	5.58
18	3.98	4.07	4.16	4.25	4.34	4.43	4.52	4.61	4.70	4.79	4.88	4.97	5.06	5.15	5.24	5.33	5.42
19	3.87	3.96	4.04	4.13	4.22	4.31	4.39	4.48	4.57	4.66	4.74	4.83	4.92	5.01	5.09	5.18	5.27
20	3.77	3.85	3.94	4.02	4.11	4.19	4.28	4.36	4.45	4.53	4.62	4.70	4.79	4.87	4.96	5.04	5.18
21	3.66	3.75	3.83	3.91	3.99	4.08	4.16	4.24	4.33	4.41	4.49	4.57	4.66	4.74	4.82	4.90	4.99
22	3.56	3.64	3.72	3.80	3.88	3.96	4.04	4.12	4.20	4.28	4.36	4.44	4.52	4.60	4.68	4.76	4.84
23	3.45	3.53	3.61	3.68	3.76	3.84	3.92	3.99	4.04	4.15	4.23	4.31	4.38	4.46	4.54	4.62	4.69
24	3.35	3.43	3.50	3.58	3.65	3.73	3.80	3.88	3.96	4.03	4.11	4.18	4.26	4.33	4.41	4.48	4.56
25	3.26	3.33	3.40	3.48	3.55	3.62	3.70	3.77	3.84	3.92	3.99	4.06	4.14	4.21	4.29	4.36	4.43

注：1. 碳酸气吸收系数称为气容量。

2. 本样品测试之标准温度为20℃。若差异应进行温度校正，本表已将各因素整理、换算、归纳，可直接查出正确数值。

附表四　相当于氧化亚铜质量的葡萄糖、果糖、乳糖、转化糖质量表　　单位：mg

氧化亚铜	葡萄糖	果糖	乳糖（含水）	转化糖	氧化亚铜	葡萄糖	果糖	乳糖（含水）	转化糖
11.3	4.6	5.1	7.7	5.2	32.6	13.8	15.2	22.2	14.8
12.4	5.1	5.6	8.5	5.7	33.8	14.3	15.8	23	15.3
13.5	5.6	6.1	9.3	6.2	34.9	14.8	16.3	23.8	15.8
14.6	6	6.7	10	6.7	36	15.3	16.8	24.5	16.3
15.8	6.5	7.2	10.8	7.2	37.2	15.7	17.4	25.3	16.8
16.9	7	7.7	11.5	7.7	38.3	16.2	17.9	26.1	17.3
18	7.5	8.3	12.3	8.2	39.4	16.7	18.4	26.8	17.8
19.1	8	8.8	13.1	8.7	40.5	17.2	19	27.6	18.3
20.3	8.5	9.3	13.8	9.2	41.7	17.7	19.5	28.4	18.9
21.4	8.9	9.9	14.6	9.7	42.8	18.2	20.1	29.1	19.4
22.5	9.4	10.4	15.4	10.2	43.9	18.7	20.6	29.9	19.9
23.6	9.9	10.9	16.1	10.7	45	19.2	21.1	30.6	20.4
24.8	10.4	11.5	16.9	11.2	46.2	19.7	21.7	31.4	20.9
25.9	10.9	12	17.7	11.7	47.3	20.1	22.2	32.2	21.4
27	11.4	12.5	18.4	12.3	48.4	20.6	22.8	32.9	21.9
28.1	11.9	13.1	19.2	12.8	49.5	21.1	23.3	33.7	22.4
29.3	12.3	13.6	19.9	13.3	50.7	21.6	23.9	34.5	22.9
30.4	12.8	14.2	20.7	13.8	51.8	22.1	24.4	35.2	23.5
31.5	13.3	14.7	21.5	14.3	52.9	22.6	24.9	36	24

氧化亚铜	葡萄糖	果糖	乳糖(含水)	转化糖	氧化亚铜	葡萄糖	果糖	乳糖(含水)	转化糖
54	23.1	25.4	36.8	24.5	101.3	44	48.3	69	46.2
55.2	23.6	26	37.5	25	102.5	44.5	48.9	69.7	46.7
56.3	24.1	26.5	38.3	25.5	103.6	45	49.4	70.5	47.3
57.4	24.6	27.1	39.1	26	10.7	45.5	50	71.3	47.8
58.5	25.1	27.6	39.8	26.5	105.8	46	50.5	72.1	48.3
59.7	25.6	28.2	40.6	27	107	46.5	51.1	72.8	48.8
60.8	26.1	28.7	41.4	27.6	108.1	47	51.6	73.6	49.4
61.9	26.5	29.2	42.1	28.1	109.2	47.5	52.2	74.4	49.9
63	27	29.8	42.9	28.6	110.3	48	52.7	75.1	50.4
64.2	27.5	30.3	43.7	29.1	111.5	48.5	53.3	75.9	50.9
65.3	28	30.9	44.4	29.6	112.6	49	53.8	76.7	51.5
66.4	28.5	31.4	45.2	30.1	113.7	49.5	54.4	77.4	52
67.6	29	31.9	46	30.6	114.8	50	54.9	78.2	52.5
68.7	29.5	32.5	46.7	31.2	116	50.6	55.5	79	53
69.8	30	33	47.5	31.7	117.1	51.1	56	79.7	53.6
70.9	30.5	33.6	48.3	32.2	118.2	51.6	56.6	80.5	54.1
72.1	31	34.1	49	32.7	119.3	52.1	57.1	81.3	54.6
73.2	31.5	34.7	49.8	33.2	120.5	52.6	57.7	82.1	55.2
74.3	32	35.2	50.6	33.7	121.6	53.1	58.2	82.8	55.7
75.4	32.5	35.8	51.3	34.3	122.7	53.6	58.8	83.6	56.2
76.6	33	36.3	52.1	34.8	123.8	54.1	59.3	84.4	56.7
77.7	33.5	36.8	52.9	35.3	125	54.6	59.9	85.1	57.3
78.8	34	37.4	53.6	35.8	126.1	55.1	60.4	85.9	57.8
79.9	34.5	37.9	54.4	36.3	127.2	55.6	61	86.7	58.3
81.1	35	38.5	55.2	36.8	128.3	56.1	61.6	87.4	58.9
82.2	35.5	39	55.9	37.4	129.5	56.7	62.1	88.2	59.4
83.3	36	39.6	56.7	37.9	130.6	57.2	62.7	89	59.9
84.4	36.5	40.1	57.5	38.4	131.7	57.7	63.2	89.8	60.4
85.6	37	40.7	58.2	38.9	132.8	58.2	63.8	90.5	61
86.7	37.5	41.2	59	39.4	134	58.7	64.3	91.3	61.5
87.8	38	41.7	59.8	40	135.1	59.2	64.9	92.1	62
88.9	38.5	42.3	60.5	40.5	136.2	59.7	65.4	92.8	62.6
90.1	39	42.8	61.3	41	137.4	60.2	66	93.6	63.1
91.2	39.5	43.4	62.1	41.5	138.5	60.7	66.5	94.4	63.6
92.3	40	43.9	62.8	42	139.6	61.3	67.1	95.2	64.2
93.4	40.5	44.5	63.6	42.6	140.7	61.8	67.7	95.9	64.7
94.6	41	45	64.4	43.1	141.9	62.3	68.2	96.7	65.2
95.7	41.5	45.6	65.1	43.6	143	62.8	68.8	97.5	65.8
96.8	42	46.1	65.9	44.1	144.1	63.3	69.3	98.2	66.3
97.9	42.5	46.7	66.7	44.7	145.2	63.8	69.9	99	66.8
99.1	43	47.2	67.4	45.2	146.4	64.3	70.4	99.8	67.4
100.2	43.5	47.8	68.2	45.7	147.5	64.9	71	100.6	67.9

氧化亚铜	葡萄糖	果糖	乳糖(含水)	转化糖	氧化亚铜	葡萄糖	果糖	乳糖(含水)	转化糖
148.6	65.4	71.6	101.3	68.4	195.9	87.3	95.2	133.8	91.1
149.7	65.9	72.1	102.1	69	197	87.8	95.7	134.6	91.7
150.9	66.4	72.7	102.9	69.5	198.1	88.3	96.3	135.3	92.2
152	66.9	73.2	103.6	70	199.3	88.9	96.9	136.1	92.8
153.1	67.4	73.8	104.4	70.6	200.4	89.4	97.4	136.9	93.3
154.2	68	74.3	105.2	71.1	201.5	89.9	98	137.7	93.8
155.4	68.5	74.9	106	71.6	202.7	90.4	98.6	138.4	94.4
156.5	69	75.5	106.7	72.2	203.8	91	99.2	139.2	94.9
157.6	69.5	76	107.5	72.7	204.9	91.5	99.7	140	95.5
158.7	70	76.6	108.3	73.2	206	92	100.3	140.8	96
159.9	70.5	77.1	109	73.8	207.2	92.6	100.9	141.5	96.6
161	71.1	77.7	109.8	74.3	208.3	93.1	101.4	142.3	97.1
162.1	71.6	78.3	110.6	74.9	209.4	93.6	102	143.1	97.7
163.2	72.1	78.8	111.4	75.4	210.5	94.2	102.6	143.9	98.2
164.4	72.6	79.4	112.1	75.9	211.7	94.7	103.1	144.6	98.8
165.5	73.1	80	112.9	76.5	212.8	95.2	103.7	145.4	99.3
166.6	73.7	80.5	113.7	77	213.9	95.7	104.3	146.2	99.9
167.8	74.2	81.1	114.4	77.6	215	96.3	104.8	147	100.4
168.9	74.7	81.6	115.2	78.1	216.2	96.8	105.4	147.7	101
170	75.2	82.2	116	78.6	217.3	97.3	106	148.5	101.5
171.1	75.7	82.8	116.8	79.2	218.4	97.9	106.6	149.3	102.1
172.3	76.3	83.3	117.5	79.7	219.5	98.4	107.1	150.1	102.6
173.4	76.8	83.9	118.3	80.3	220.7	98.9	107.7	150.8	103.2
174.5	77.3	84.4	119.1	80.8	221.8	99.5	108.3	151.6	103.7
175.6	77.8	85	119.9	81.3	222.9	100	108.8	152.4	104.3
176.8	78.3	85.6	120.6	81.9	224	100.5	109.4	153.2	104.8
177.9	78.9	86.1	121.4	82.4	225.2	101.1	110	153.9	105.4
179	79.4	86.7	122.2	83	226.3	101.6	110.6	154.7	106
180.1	79.9	87.3	122.9	83.5	227.4	102.2	111.1	155.5	106.5
181.3	80.4	87.8	123.7	84	228.5	102.7	111.7	156.3	107.1
182.4	81	88.4	124.5	84.6	229.7	103.2	112.3	157	107.6
183.5	81.5	89	125.3	85.1	230.8	103.8	112.9	157.8	108.2
184.5	82	89.5	126	85.7	231.9	104.3	113.4	158.6	108.7
185.8	82.5	90.1	126.8	86.2	233.1	104.8	114	159.4	109.3
186.9	83.1	90.6	127.6	86.8	234.2	105.4	114.6	160.2	109.8
188	83.6	91.2	128.4	87.3	235.3	105.9	115.2	160.9	110.4
189.1	84.1	91.8	129.1	87.8	236.4	106.5	115.7	161.7	110.9
190.3	84.6	92.3	129.9	88.4	237.6	107	116.3	162.5	111.5
191.4	85.2	92.9	130.7	88.9	238.7	107.5	116.9	163.3	112.1
192.5	85.7	93.5	131.5	89.5	239.8	108.1	117.5	164	112.6
193.6	86.2	94	132.2	90	240.9	108.6	118	164.8	113.2
194.8	86.7	94.6	133	90.6	242.1	109.2	118.6	165.6	113.7

氧化亚铜	葡萄糖	果糖	乳糖（含水）	转化糖	氧化亚铜	葡萄糖	果糖	乳糖（含水）	转化糖
243.1	109.7	119.2	166.4	114.3	290.5	132.7	143.6	199.1	138
244.3	110.2	119.8	167.1	114.9	291.6	133.2	144.2	199.9	138.6
245.4	110.8	120.3	167.9	115.4	292.7	133.8	144.8	200.7	139.1
246.6	111.3	120.9	168.7	116	293.8	134.3	145.4	201.4	139.7
247.7	111.9	121.5	169.5	116.5	295	134.9	145.9	202.2	140.3
248.8	112.4	122.1	170.3	117.1	296.1	135.4	146.5	203	140.8
249.9	112.9	122.6	171	117.6	297.2	136	147.1	203.8	141.4
251.1	113.5	123.2	171.8	118.2	298.3	136.5	147.7	204.6	142
252.2	114	123.8	172.6	118.8	299.5	137.1	148.3	205.3	142.6
253.3	114.6	124.4	173.4	119.3	300.6	137.7	148.9	206.1	143.1
254.4	115.1	125	174.2	119.9	301.7	138.2	149.5	206.9	143.7
255.6	115.7	125.5	174.9	120.4	302.9	138.8	150.1	207.7	144.3
256.7	116.2	126.1	175.7	121	304	139.3	150.6	208.5	144.8
257.8	116.7	126.7	176.5	121.6	305.1	139.9	151.2	209.2	145.4
258.9	117.3	127.3	177.3	122.1	306.2	140.4	151.8	210	146
260.1	117.8	127.9	178.1	122.7	307.4	141	152.4	210.8	146.6
261.2	118.4	128.4	178.8	123.3	308.5	141.6	153	211.6	147.1
262.3	118.9	129	179.6	123.8	309.6	142.1	153.6	212.4	147.7
263.4	119.5	129.6	180.4	124.4	310.7	142.7	154.2	213.2	148.3
264.6	120	130.2	181.2	124.9	311.9	143.2	154.8	214	148.9
265.7	120.6	130.8	181.9	125.5	313	143.8	155.4	214.7	149.4
266.8	121.1	131.3	182.7	126.1	314.1	144.4	156	215.5	150
268	121.7	131.9	183.5	126.6	315.2	144.9	156.5	216.3	150.6
269.1	122.2	132.5	184.3	127.2	316.4	145.5	157.1	217.1	151.2
270.2	122.7	133.1	185.1	127.8	317.5	146	157.7	217.9	151.8
271.3	123.3	133.7	185.8	128.3	318.6	146.6	158.3	218.7	152.3
272.5	123.8	134.2	186.6	128.9	319.7	147.2	158.9	219.4	152.9
273.6	124.4	134.8	187.4	129.5	320.9	147.7	159.5	220.2	153.5
274.7	124.9	135.4	188.2	130	322	148.3	160.1	221	154.1
275.8	125.5	136	189	130.6	323.1	148.8	160.7	221.8	154.6
277	126	136.6	189.7	131.2	324.2	149.4	161.3	222.6	155.2
278.1	126.6	137.2	190.5	131.7	325.4	150	161.9	223.3	155.8
279.2	127.1	137.7	191.3	132.3	326.5	150.5	162.5	224.1	156.4
280.3	127.7	138.3	192.1	132.9	327.6	151.1	163.1	224.9	157
281.5	128.2	138.9	192.9	133.4	328.7	151.7	163.7	225.7	157.5
282.6	128.8	139.5	193.6	134	329.9	152.2	164.3	226.5	158.1
283.7	129.3	140.1	194.4	134.6	331	152.8	164.9	227.3	158.7
284.8	129.9	140.7	195.2	135.1	332.1	153.4	165.4	228	159.3
286	130.4	141.3	196	135.7	333.3	153.9	166	228.8	159.9
287.1	131	141.8	196.8	136.3	334.4	154.5	166.6	229.6	160.5
288.2	131.6	142.4	197.5	136.8	335.5	155.1	167.2	230.4	161
289.3	132.1	143	198.3	137.4	336.6	155.6	167.8	231.2	161.6

氧化亚铜	葡萄糖	果糖	乳糖(含水)	转化糖	氧化亚铜	葡萄糖	果糖	乳糖(含水)	转化糖
337.8	156.2	168.4	232	162.2	385	180.3	193.7	265	187
338.9	156.8	169	232.7	162.8	386.2	180.9	194.3	265.8	187.6
340	157.3	169.6	233.5	163.4	387.3	181.5	194.9	266.6	188.2
341.1	157.9	170.2	234.3	164	388.4	182.1	195.5	267.4	188.8
342.3	158.5	170.8	235.1	164.5	389.5	182.7	196.1	268.1	189.4
343.4	159	171.4	235.9	165.1	390.7	183.2	196.7	268.9	190
344.5	159.6	172	236.7	165.7	391.8	183.8	197.3	269.7	190.6
345.6	160.2	172.6	237.4	166.3	392.9	184.4	197.9	270.5	191.2
346.8	160.7	173.2	238.2	166.9	394	185	198.5	271.3	191.8
347.9	161.3	173.8	239	167.5	395.2	185.6	199.2	272.1	192.4
349	161.9	174.4	239.8	168	396.3	186.2	199.8	272.9	193
350.1	162.5	175	240.6	168.6	397.4	186.8	200.4	273.7	193.6
351.3	163	175.6	241.1	169.2	398.5	187.3	201	274.4	194.2
352.4	163.6	176.2	242.2	169.8	399.7	187.9	201.6	275.2	194.8
353.5	164.2	176.8	243	170.4	400.8	188.5	202.2	276	195.4
354.6	164.7	177.4	243.7	171	401.9	189.1	202.8	276.8	196
355.8	165.3	178	244.5	171.6	403.1	189.7	203.4	277.6	196.6
356.9	165.9	178.6	245.3	172.2	404.2	190.3	204	278.4	197.2
358	166.5	179.2	246.1	172.8	405.3	190.9	204.7	279.2	197.8
359.1	167	179.8	246.9	173.3	406.4	191.5	205.3	280	198.4
360.3	167.6	180.4	247.7	173.9	407.6	192	205.9	280.8	199
361.4	168.2	181	248.5	174.5	408.7	192.6	206.5	281.6	199.6
362.5	168.8	181.6	249.2	175.1	409.8	193.2	207.1	282.4	200.2
363.6	169.3	182.2	250	175.7	410.9	193.8	207.7	283.2	200.8
364.8	169.9	182.8	250.8	176.3	412.1	194.4	208.3	284	201.4
365.9	170.5	183.4	251.6	176.9	413.2	195	209	284.8	202
367	171.1	184	252.4	177.5	414.3	195.6	209.6	285.6	202.6
368.2	171.6	184.6	253.2	178.1	415.4	196.2	210.2	286.3	203.2
369.3	172.2	185.2	253.9	178.7	416.6	196.8	210.8	287.1	203.8
370.4	172.8	185.8	254.7	179.2	417.7	197.4	211.4	287.9	204.4
371.5	173.4	186.4	255.5	179.8	418.8	198	212	288.7	205
372.7	173.9	187	256.3	180.4	419.9	198.5	212.6	289.5	205.7
373.8	174.5	187.6	257.1	181	421.1	199.1	213.3	290.3	206.3
374.9	175.1	188.2	257.9	181.6	422.2	199.7	213.9	291.1	206.9
376	175.7	188.8	258.7	182.2	423.3	200.3	214.5	291.9	207.5
377.2	176.3	189.4	259.4	182.8	424.4	200.9	215.1	292.7	208.1
378.3	176.8	190.1	260.2	183.4	425.6	201.5	215.7	293.5	208.7
379.4	177.4	190.7	261	184	426.7	202.1	216.3	294.3	209.3
380.5	178	191.3	261.8	184.6	427.8	202.7	217	295	209.9
381.7	178.6	191.9	262.6	185.2	428.9	203.3	217.6	295.8	210.5
382.8	179.2	192.5	263.4	185.8	430.1	203.9	218.2	296.6	211.1
383.9	179.7	193.1	264.2	186.4	431.2	204.5	218.8	297.4	211.8

氧化亚铜	葡萄糖	果糖	乳糖（含水）	转化糖	氧化亚铜	葡萄糖	果糖	乳糖（含水）	转化糖
432.3	205.1	219.5	298.2	212.4	461.6	220.8	235.8	319.1	228.5
433.5	205.7	220.1	299	213	462.7	221.4	236.4	319.9	229.1
434.6	206.3	220.7	299.8	213.6	463.8	222	237.1	320.7	229.7
435.7	206.9	221.3	300.6	214.2	465	222.6	237.7	321.6	230.4
436.8	207.5	221.9	301.4	214.8	466.1	223.3	238.4	322.4	231
438	208.1	222.6	302.2	215.4	466.7	223.9	239	323.2	231.7
439.1	208.7	223.2	303	216	468.4	224.5	239.7	324	232.3
440.2	209.3	223.8	303.8	216.7	469.5	225.1	240.3	324.9	232.9
441.3	209.9	224.4	304.6	217.3	470.6	225.7	241	325.7	233.6
442.5	210.5	225.1	305.4	217.9	471.7	226.3	241.6	326.5	234.2
443.6	211.1	225.7	306.2	218.5	472.9	227	242.2	327.4	234.8
444.7	211.7	226.3	307	219.1	474	227.6	242.9	328.2	235.5
445.8	212.3	226.9	307.8	219.8	475.1	228.2	243.6	329.1	236.1
447	212.9	227.6	308.6	220.4	476.2	228.8	244.3	329.9	236.8
448.1	213.5	228.2	309.4	221	477.4	229.5	244.9	330.8	237.5
449.2	214.1	228.8	310.2	221.6	478.5	230.1	245.6	331.7	238.1
450.3	214.7	229.4	311	222.2	479.6	230.7	246.3	332.6	238.8
452.6	215.9	230.7	312.6	223.5	478.7	231.4	247	333.5	239.5
453.7	216.5	231.3	313.4	224.1	481.9	232	247.8	334.4	240.2
454.8	217.1	232	314.2	224.7	483	232.7	248.5	335.3	240.8
456	217.8	232.6	315	225.4	493.1	233.3	249.2	336.3	241.5
457.1	218.4	233.2	315.9	226	485.2	234	250	337.3	242.3
458.2	219	233.9	316.7	226.6	486.4	234.7	250.8	338.3	243
459.3	219.6	234.5	317.5	227.2	487.5	235.3	251.6	339.3	243.8
460.5	220.2	235.1	318.3	227.9	488.6	236.1	252.7	340.7	244.7

参 考 文 献

[1] 杜淑霞，王一凡. 食品理化检验技术[M]. 北京：科学出版社，2019.

[2] 杨玉红. 食品理化检验技术[M]. 武汉：武汉理工大学出版社，2016.

[3] 陈晓平，黄广民. 食品理化检验[M]. 北京：中国计量出版社，2008.

[4] 王磊. 食品分析与检验[M]. 北京：化学工业出版社，2017.

[5] GB/T 32146.1—2015. 检验检测实验室设计与建设技术要求 第1部分：通用要求.

[6] GB/T 32146.3—2015. 检验检测实验室设计与建设技术要求 第3部分：食品实验室.

[7] GB/T 27404—2008. 实验室质量控制规范 食品理化检测.

[8] GB/T 31190—2014. 实验室废弃化学品收集技术规范.

[9] GB/T 23777—2009. 化学品理化及其危险性检验检测实验室要求.

[10] GB/T 5009.1—2003. 食品卫生检验方法 理化部分 总则.

[11] GB/T 601—2016. 化学试剂 标准滴定溶液的制备.

[12] GB/T 6682—2008. 分析实验室用水规格和试验方法.

[13] GB/T 603—2002. 化学试剂 试验方法中所用制剂及制品的制备.

[14] GB/T 27404—2008. 实验室质量控制规范 食品理化检测.

[15] GB/T 31190—2014. 实验室废弃化学品收集技术规范.

[16] GB 21549—2008. 实验室玻璃仪器 玻璃烧器的安全要求.

[17] SB/T 10314—1999. 采样方法及检验规则.

[18] GB/T 20981—2007. 面包.

[19] GB/T 5498—2013. 粮油检验 容重测定.

[20] GB/T 31321—2014. 冷冻饮品检验方法.

[21] GB 5009.2—2016. 食品安全国家标准 食品相对密度的测定.

[22] GB/T 5527—2010. 动植物油脂 折光指数的测定.

[23] GB/T 613—2007. 化学试剂 比旋光本领(比旋光度)测定通用方法.

[24] GB/T 20378—2006. 原淀粉 淀粉含量的测定 旋光法.

[25] GB/T 10792—2008. 碳酸饮料(汽水).

[26] GB/T 4928—2008. 啤酒分析方法.

[27] GB 5009.238—2016. 食品安全国家标准 食品水分活度的测定.

[28] GB 8538—2016. 食品安全国家标准 饮用天然矿泉水检验方法.

[29] GB 5009.3—2016. 食品安全国家标准 食品中水分的测定.

[30] GB 5009.236—2016. 食品安全国家标准 动植物油脂水分及挥发物的测定.

[31] GB 5009.6—2016. 食品安全国家标准 食品中脂肪的测定.

[32] GB 5009.4—2016. 食品安全国家标准 食品中灰分的测定.

[33] GB 5009.229—2016. 食品安全国家标准 食品中酸价的测定.

[34] GB 5009.239—2016. 食品安全国家标准 食品酸度的测定.

[35] GB 5009.5—2016. 食品安全国家标准 食品中蛋白质的测定.

[36] GB 5009.8—2016. 食品安全国家标准 食品中果糖、葡萄糖、蔗糖、麦芽糖、乳糖的测定.

[37] GB 5009.7—2016. 食品安全国家标准 食品中还原糖的测定.

[38] GB 5009.9—2016. 食品安全国家标准 食品中淀粉的测定.

[39] GB 5009.92—2016. 食品安全国家标准 食品中钙的测定.

[40] GB 5009.44—2016. 食品安全国家标准 食品中氯化物的测定.

[41] GB 5009.82—2016. 食品安全国家标准 食品中维生素 A、D、E 的测定.

[42] GB 5009.83—2016. 食品安全国家标准 食品中胡萝卜素的测定.

[43] GB 5009.84—2016. 食品安全国家标准 食品中维生素 B_1 的测定.

[44] GB 5009.86—2016. 食品安全国家标准 食品中抗坏血酸的测定.

[45] GB 5009.158—2016. 食品安全国家标准 食品中维生素 K_1 的测定.

[46] GB 5009.33—2016. 食品安全国家标准 食品中亚硝酸盐与硝酸盐的测定.

[47] GB 5009.34—2016. 食品安全国家标准 食品中二氧化硫的测定.

[48] GB 5009.28—2016. 食品安全国家标准 食品中苯甲酸、山梨酸和糖精钠的测定.

[49] GB 5009.35—2016. 食品安全国家标准 食品中合成着色剂的测定.

[50] GB 5009.97—2016. 食品安全国家标准 食品中环己基氨基磺酸钠的测定.

[51] GB/T 5009.116—2003. 畜、禽肉中土霉素、四环素、金霉素残留量的测定.

[52] GB/T 5009.161—2003. 动物性食品中有机磷农药多组分残留量的测定.

[53] GB 5009.14—2017. 食品安全国家标准 食品中锌的测定.

[54] GB 5009.12—2017. 食品安全国家标准 食品中铅的测定.

[55] GB 5009.36—2016. 食品安全国家标准 食品中氰化物的测定.

[56] GB 5009.26—2016. 食品安全国家标准 食品中 N-亚硝胺类化合物的测定.

[57] GB 5009.26—2016. 食品安全国家标准 食品中苯并(a)芘的测定.

[58] GB 5009.22—2016. 食品安全国家标准 食品中黄曲霉毒素 B 族和 G 族的测定.

《食品理化分析技术》（第二版）

任务活页工作单

密度计法测定液体食品的相对密度

实验前准备

1. 样品：酱油、果汁、生乳（标准要求：d（20℃/4℃）≥ 1.027）、白酒（标准要求：酒精度 /%vol ≥ 95.0）

2. 仪器和设备：密度计 1 套、滤纸（裁条）、1000mL 玻璃量筒。

密度计 1 套

滤纸（裁条）

1000mL 玻璃量筒

检验步骤

1. 将试样缓缓倒入 1000mL 量筒中。

2. 选一只密度计，洗净，擦干。

3. 将密度计缓缓放入量筒中，勿使其碰及量筒四周及底部，温度为 20℃。

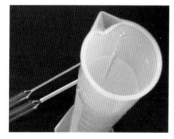
4. 静置后，再轻轻按下少许，然后待其自然上升，静置至无气泡冒出。

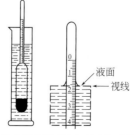
5. 从水平位置观察与液面相交处的刻度，即为试样的密度。

（1）密度计合适　　　　　　（2）密度计大　　　　　　　（3）密度计小

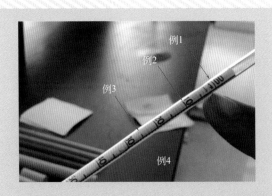

例1：液面在"1.400"处，读数 1.4000（最后一位 0 是估的）。

例2：液面在"10"处，读数 1.4100（最后一位 0 是估的）。

例3：液面在"20"和"30"中间处，即 25，读数 1.4250（最后一位 0 是估的）。

例4：液面在"33"和"34"中间处，即 35，读数 1.4335（最后一位 5 是估的）。

相对密度读数举例，以 1 支 1.400～1.500 量程密度计为例。

解析：读数读至小数点后 4 位，最后一位是估数；另外，相对密度没有单位。

判定：如果生乳的相对密度为 $d < 1.027$，即为不合格。

密度瓶法测定液体食品的相对密度

实验前准备

1. 样品：酱油、果汁、生乳［标准要求：d（20℃/4℃）≥ 1.027］；白酒（标准要求：酒精度/%vol ≥ 95.0）。

2. 仪器和设备：密度瓶；万分之一天平，感量为 0.1mg；水浴锅；滤纸条；玻璃真空干燥器；干燥箱（烘箱）。

3. 试剂：乙醇、石油醚。

带温度计的密度瓶

万分之一天平

水浴锅

玻璃真空干燥器

干燥箱（烘箱）

检验步骤

1. 先把密度瓶依次用水、去离子水洗干净，再依次用乙醇、乙醚洗涤。

2. 100℃烘干密度瓶。

3. 密度瓶烘干后冷却。

4. 精密称重，密度瓶至恒重。

5. 倾倒样液于密度瓶中。

6. 装满不留空隙。

7. 盖上盖，置 20℃ 水浴锅内浸放 0.5h。

8. 样液的温度达到 20℃ 后保持 20min，并用细滤纸条吸去支管标线上的试样，盖好小帽后取出。

9. 用滤纸把瓶外擦干，置天平室内 0.5h 后称重。

10. 再将试样倾出，洗净密度瓶，装满水，以下按上述自 7-9 步骤完成。

说明和注意事项

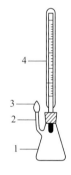

1——密度瓶；
2——支管标线；
3——支管上小帽；
4——附温度计的瓶盖。

> 要求戴好手套，否则温度变化造成测量误差；
> ◆ 装样液时，要缓缓注入，不能留有气泡；
> ◆ 如果气温高于 20℃，试样在冰箱里冷却到 20℃ 以下；
> ◆ 瓶外一定用滤纸擦干；
> ◆ 天平室温度保持 20℃ 恒温条件；
> ◆ 请勿颠倒顺序，常见错误是先称水。

计算和判定

试样在 20℃ 时的相对密度计算：

$$d_{20}^{20} = \frac{m_2 - m_0}{m_1 - m_0}$$

式中：

d——试样在 20℃ 时的相对密度；

m_0——空密度瓶质量，g；

m_1——密度瓶和水的质量，g；

m_2——密度瓶加液体试样的质量，g。

在重复性条件下获得的两次独立测定结果的绝对差值不得超过算术平均值的 5%。

> 如何记录和计算？
> m_0=22.0480g（第 1 次烘 1h 后）
> m_0=22.0456g（第 2 次烘 1h 后）
> m_0=22.0454g（第 3 次，记录值）
> m_2=75.6228g［密度瓶＋试样（酱油）］
> m_1=69.5296g（密度瓶＋水）
> 计算 d=1.1283，此酱油合格。

面包比容的测定

实验前准备

1. 样品：面包。

2. 仪器和设备：天平（感量 0.1g）；容器（可装下面包的烧杯代替）；小颗粒（小粒粮食代替）；托盘或纸张；大量筒（500mL）；直尺。

样品：面包

天平：感量 0.1g

容器（可装下面包的烧杯代替）

小颗粒（小粒粮食代替）

大量筒

检验步骤

1. 天平上放称量纸，去皮归零。

2. 将待测面包称重，精确至 0.1g。

3. 用小颗粒填满大烧杯，用直尺刮平。

4. 要求颗粒与容器口水平，颗粒之间无空隙。

5. 将烧杯里的颗粒部分转移到大量筒中，烧杯腾出的空间可放入面包。

6. 小心地把面包放入容器，不可压迫变形。

7. 把大量筒中的颗粒回填进容器中，稍稍振动，不留空隙，填满，用尺刮平。

8. 纸上散落的填充物小心地倒回大量筒内。

9. 记录大量筒内填充物的体积，即为面包体积。

计算和判定

面包比容计算公式为：

$$P=V/m$$

式中：

P——面包比容，mL/g；

V——面包体积，mL；

m——面包质量，g。

中华人民共和国国家标准

GB/T 20981—2007

比容/(mL/g)	≤	7.0

面　　包

精密度

在重复性条件下获得的两次独立测定结果的绝对差值，应不超过 0.1mL/g。

根据 GB/T 20981—2007 面包，面包比容指标为 <7mL/g。

> 如何记录和计算？
>
> 记录：
>
> 面包质量 m=20.6g
>
> 量筒中填充物 V=134.2mL
>
> 公式：$P=V/m$
>
> P=132.0/20.6=6.5mL/g ≤ 7mL/g
>
> 面包比容合格。

易　错

（1）错误：面包不经称量就直接放到容器中；

（2）错误：测定时面包被挤压而破坏其原有体积；

（3）错误：颗粒填充时留有空隙；

（4）错误：颗粒填充时没能够与容器口水平。

冰淇淋膨胀率的测定

实验前准备

1. 样品：冰淇淋。

2. 仪器和设备：量筒，50mL，200mL；250mL 容量瓶；玻璃漏斗；恒温水浴锅；吸量管；滴定管。

3. 试剂：乙醚。

检验步骤

1. 溶解冰淇淋试样于烧杯中。

2. 准确量取体积为 50mL 的冰淇淋试样。

3. 将冰淇淋试样用玻璃漏斗移入 250mL 容量瓶中。

4. 用量筒量取 200mL 的蒸馏水（40～50℃），用 200mL 的蒸馏水将冰淇淋全部移入 250mL 容量瓶。

5. 在温水中保温，待泡沫消除后冷却。

6. 用吸量管吸取 2mL 乙醚，注入容量瓶中，水平旋转容量瓶，去除溶液的泡沫。

7. 用滴定管滴加蒸馏水于容量瓶中，直至刻度止。

8. 定容到刻度线，记录滴加蒸馏水的体积（mL）。

计算和判定

冰淇淋的膨胀率计算公式为：

$$膨胀率 = \frac{V_1 + V_2}{50 - (V_1 + V_2)} \times 100\%$$

式中：

V_1——加入乙醚的体积，mL；

V_2——滴加蒸馏水的体积，mL。

X 04

GB

中华人民共和国国家标准

GB/T 31321—2014

冷冻饮品检验方法

精密度

平均测定的结果用算数平均值表示，所得结果应保持在小数点后一位。

> 如何记录和计算？
>
> 冰淇淋 V=50.0mL
>
> V_1=2.00mL
>
> V_2=19.60mL
>
> $$膨胀率 = \frac{V_1 + V_2}{50 - (V_1 + V_2)} \times 100\%$$
>
> 计算膨胀率 =76.056%=76.0%

易错

1. "用 200mL 的蒸馏水将冰淇淋全部移入 250mL 容量瓶"，常常忘记用 200mL，直接定容。

2. 记录错误：2.00mL 记成 2mL；50.0mL 记成 50mL。

直接干燥法测定黄豆中水分含量

实验前准备

1. 样品：黄豆。

2. 仪器和设备：称量瓶；电热恒温干燥箱；干燥器（内附有效干燥剂）；天平（感量为 0.1mg）。

| 黄豆试样 | 称量瓶 | 干燥箱 | 玻璃干燥器 | 电子天平（0.1mg） |

检验步骤

1. 洗净称量瓶，置于 101～105℃干燥箱中，瓶盖斜支于瓶边，烘干 1h。

2. 戴手套取出称量瓶，盖好盖，置干燥器内冷却 0.5h。

3. 精确称重称量瓶，记录空瓶质量（m_0）。

空称量瓶的质量（m_0）/g

	1	2	3	恒重值
	25.4002	25.3990		25.3990

空称量瓶的质量 m_0 值的判断：
25.4002−25.3990＝0.0012g＜2mg
恒重值＝25.3990

4. 重复烘干－冷却干燥－称重，至前后两次质量差不超过 2mg，即为恒重。

5. 试样制备：试样快速打粉，混匀。

6. 试样放入恒重的称量瓶中，精密称量质量（空瓶＋试样），记录（m_1）

7. 装试样的称量瓶置于101～105℃干燥箱中，烘干约 1.5h。

8. 取出，冷却干燥约 0.5h。

9. 精密称量质量（空瓶＋烘干试样），记录（m_2）。

10. 重复 7-9，直至恒重（前后两次质量差＜2mg）。

称量瓶的质量 m_0/g				称量瓶 + 试样 m_1/g	烘后称量瓶 + 试样 m_2/g			
1	2	3	恒重		1	2	3	恒重
25.4002	25.3990		25.3990	28.9829	28.8229	28.8190	28.8176	28.8176

计算和判定

1. 分析

空称量瓶 m_0：第 1 次 m_0=25.4002g；第 2 次 m_0=25.3990g。

25.4002−25.3990=0.0012<2mg，所以 m_0=25.3990 g（恒重值）。

称量瓶 + 试样 m_1：　　　　　　m_1=28.9829 g

烘后称量瓶 + 试样 m_2：第 1 次 m_2=28.5669g；第 2 次 m_2=28.5595g；第 3 次 m_2=28.5584g。

28.5669−28.5595=0.0093>2mg，所以要继续烘。

28.5595−28.5584=0.0011<2mg，所以 m_2=28.5584g（恒重值）。

2. 代入公式计算

$$X = \frac{m_1 - m_2}{m_1 - m_0} \times 100$$

式中：

X——试样中水分的含量，g/100g；

m_0——空称量瓶的质量，g；

m_1——称量瓶和试样的质量，g；

m_2——称量瓶和试样烘烤后的质量，g。

水分含量 ≥ 1g/100g 时，计算结果保留三位有效数字；水分含量 < 1g/100g 时，计算结果保留两位有效数字。

X=（28.9829−28.5580)/（28.9829−25.3990)×100=0.4249/3.5839×100=0.118557×100

　=11.8g/100g

3. 讨论：为什么结果是 11.8g/100g ？

常见错误：

（1）结果为 11.8。错误：不写单位 g/100g。

（2）结果为 11.9g/100g。错误："四舍六入五成双"的"双"是指 8 后面的 5，如果 5 前是奇数就进位，比如计算结果取舍前为 11.352，则结果为 11.4g/100g。

（3）结果为 11.856g/100g。错误：没有搞清楚"计算结果保留三位有效数字"和"计算结果保留小数点后三位有效数字"的区别。

索氏提取法测定食品粗脂肪含量

实验前准备

1. 样品：黄豆。

2. 仪器和设备：索氏抽提器；恒温水浴锅；分析天平（感量为 0.1mg）；电热鼓风干燥箱；干燥器；滤纸筒；有机溶剂回收装置；其他配件（橡胶管、铁架台、铁夹子、脱脂棉花、磨砂玻璃片、滤纸等）。

3. 试剂：石油醚（30 ～ 60℃沸程）。

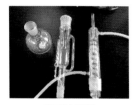

索氏抽提器　　　　　　恒温水浴锅　　　　　　　滤纸筒　　　　　　有机溶剂回收装置

检验步骤

1. 试样快速粉碎，烘干至恒重。

2. 将精确称重（m_2）的试样包入滤纸筒内；要求装入试样后不能泄露，用硬铅笔标记编号；放在干燥器中备用。

3. 精确称量干燥至恒重的接收瓶（m_0），注意要在磨砂口处标记组别，瓶身不能贴标签。

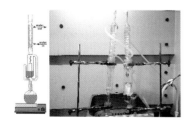

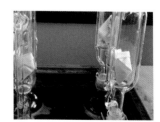

4. 在通风橱里安装好索氏抽提器，可多个串联。

5. 通冷凝水原则：冷凝管近水槽，装置自上而下，接水"下进上出"。

6. 将滤纸筒放入索氏抽提器的抽提筒内，注意滤纸筒高度不要超过虹吸管高度。

7. 轻轻拔出冷凝管，由抽提器上端加入石油醚，虹吸至接收瓶内容积的三分之二处，于水浴上加热。

8. 使石油醚不断回流抽提（6~8 次/h），一般抽提 6~10h。

9. 提取结束时，拔出抽提管，用磨砂玻璃或滤纸接取1滴提取液，磨砂玻璃或滤纸上无油斑表明提取完毕。

10. 取出滤纸筒，用回收装置回收石油醚，当石油醚基本蒸干后取下接收瓶，于水浴上蒸去残留石油醚。

11. 用纱布擦净接收瓶外部，于 100~105℃烘箱中烘至恒重，准确称量（m_1）。

数据记录表

接收瓶的质量 m_0/g				试样 m_2/g	烘后接收瓶 + 油 m_1/g			
1	2	3	恒重		1	2	3	恒重
112.3759	112.3731		112.3731	3.5839	113.0501	113.0035		113.0135

计算和判定

1. 分析

试样质量：水分烘干测定后留样，m_2=3.5839g；

空接收瓶质量：m_0=112.3731g（恒重值）

烘后接收瓶 + 脂肪质量：m_1=113.0135g（恒重值）

2. 代入公式计算

$$X = \frac{m_1 - m_0}{m_2} \times 100$$

式中：

X——试样中脂肪的含量，g/100g；

m_1——恒重后接收瓶和脂肪的含量，g；

m_0——空接收瓶的质量，g；

m_2——试样的质量，g；

计算结果表示到小数点后一位。

X=（113.0135−112.3731）/3.5839×100=0.6404/3.5839×100=0.17868×100

=17.9 g/100g

直接滴定法测定还原糖含量

 实验前准备

1. 样品：菠萝罐头。

2. 仪器和设备：（1）天平，感量为 0.1mg；（2）水浴锅；（3）可调温电炉；（4）滴定管：25mL；（5）其他，玻璃珠、锥形瓶、洗瓶、手套、洗耳球、滴定台等。

| 样品 | 电子天平 | 水浴锅 | 可调温电炉 | 滴定管 |

3. 试剂：（1）盐酸（HCl）；（2）硫酸铜（$CuSO_4 \cdot 5H_2O$）；（3）亚甲蓝（$C_{16}H_{18}ClN_3S \cdot 3H_2O$）；（4）酒石酸钾钠（$C_4H_4O_6KNa \cdot 4H_2O$）；（5）氢氧化钠（NaOH）；（6）乙酸锌 $[Zn(CH_3COO)_2 \cdot 2H_2O]$；（7）冰乙酸（$C_2H_4O_2$）；（8）亚铁氰化钾 $[K_4Fe(CN)_6 \cdot 3H_2O]$。

4. 试剂配制

（1）盐酸溶液（1+1，体积比）：量取盐酸 50mL，加水 50mL 混匀。

（2）碱性酒石酸铜甲液：称取 15g 硫酸铜及 0.05g 次甲基蓝，溶于水中并稀释到 1000mL。

（3）碱性酒石酸铜乙液：称取 50g 酒石酸钾钠、75g 氢氧化钠，溶于水中，再加入 4g 亚铁氰化钾，完全溶解后，用水稀释至 1000mL，储存于橡皮塞玻璃瓶中。

（4）乙酸锌溶液：称取 21.9g 乙酸锌，加 3mL 冰乙酸，加水溶解并稀释到 100mL。

（5）亚铁氰化钾溶液：称取 10.6g 亚铁氰化钾，溶于水中，稀释至 100mL。

（6）氢氧化钠溶液（40g/L）：称取氢氧化钠 4g，加水溶解后，放冷，并定容至 100mL。

5. 标准品

葡萄糖（$C_6H_{12}O_6$）CAS：50-99-7，纯度 ≥ 99%。

6. 标准溶液配制

葡萄糖标准溶液（1.0mg/mL）：准确称取经过 98℃ ±2℃烘箱中干燥 2h 后的葡萄糖 1g，加水溶解后加入盐酸溶液 5mL（防止微生物生长），并用水定容至 1000mL。此溶液每毫升相当于 1.0mg 葡萄糖。

 **检验步骤**

一、试样制备

1. 样品打浆混匀，称取混匀后的液体试样 5g（精确至 0.001g）。　2. 置 250mL 容量瓶中，加 50mL 水，缓慢加入乙酸锌溶液 5mL 和亚铁氰化钾溶液 5mL。　3. 静置 30min，用干燥滤纸过滤，弃去初滤液，取后续滤液备用。

二、碱性酒石酸铜溶液的标定

1. 准备 3 个 150mL 锥形瓶；准确吸取碱性酒石酸铜甲液和乙液各 5.0mL，置于 150mL 锥形瓶中，加水 10mL，加玻璃珠 2~4 粒。

2. 从滴定管加约 9mL 葡萄糖标准溶液，控制在 2min 内加热至沸腾；以每 2 秒 1 滴的速度继续滴加葡萄糖标准溶液。

3. 直至溶液蓝色刚好褪去为终点。读数、记录消耗葡萄糖标准溶液的总体积。平行操作 3 份，取平均值。

三、试样溶液预测

步骤同"二、碱性酒石酸铜溶液的标定"。

不同：葡萄糖标准溶液换成试样；不能从滴定管滴先加约 9mL；要"趁热以先快后慢的速度从滴定管中滴加试样溶液"；预测只做一瓶。

四、试样溶液测定

步骤同"三"。

不同之处是"从滴定管中加入比预测时试样溶液消耗总体积少 1mL 的试样溶液至锥形瓶中"。比如：试样溶液预测时，如果试样滴加的体积是 14.50mL，滴定前，先放入 12.50 ~ 13.50mL 的样液于装有碱性酒石酸铜甲液和乙液各 5.0mL 的 150mL 锥形瓶中，混匀，加热至沸腾，然后快速滴定。完成三个平行。

记录和计算

记录

葡萄糖浓度：C=1.0021g/L

标定的体积分别是 10.02mL、9.98mL、10.01mL

试样 m=2.0012g；定容到 250mL 容量瓶

试样预测体积是 15.10mL

试样滴定的体积分别是 13.20mL、12.90mL、12.90mL

$$m_1 = C \times V$$

式中：m_1——10mL 碱性酒石酸铜溶液（甲液、乙液各 5mL）相当于还原糖的质量，mg；

C——葡萄糖标准溶液的浓度，mg/mL；

V——标定时平均消耗葡萄糖标准溶液的总体积，mL。

$$m_1 = C \times V = 1.0021 \times \frac{10.02 + 9.99 + 10.01}{3} = 10.01 \text{mg}$$

结果计算

$$X = \frac{m_1}{m \times F \times V / 250 \times 1000} \times 100$$

X——试样中还在原糖的含量单位（g/100g）（以葡萄糖计）；

m——试样质量，g；

F=1；

V——测定时平均消耗试样溶液的体积，mL；

250——试样溶液的总体积，mL；

计算结果保留到小数点后一位。

$$X = \frac{10.01}{2.0012 \times 1 \times (13.00 / 250) \times 1000} \times 100$$

$$= 9.6 \text{（g/100g）}$$

酚酞指示剂法测定乳制品的酸度
（含标准溶液标定）

实验前准备

1. 样品：牛乳、酸乳。

2. 仪器和设备：（1）分析天平，感量为0.001g；（2）碱式滴定管；（3）水浴锅；（4）锥形瓶150mL；（5）移液管，10mL、20mL；（6）量筒，50mL、250mL。

分析天平：感量为0.001g

碱式滴定管

移液管：10mL、20mL

3. 试剂及材料：（1）氢氧化钠（NaOH）；（2）酚酞。

检验步骤

0.1mol/L
氢氧化钠
标准滴定
溶液配制

1. 称取分析纯氢氧化钠，粗配成0.1mol/L的氢氧化钠粗配液备用（配制1000mL）。

2. 将105～110℃电烘箱中干燥至恒重的工作基准试剂邻苯二甲酸氢钾放在称量皿中，于干燥器中保存。

3. 减量法称取0.75g邻苯二甲酸氢钾：精密称量装邻苯二甲酸氢钾称量皿的质量。

4. 往第1个锥形瓶中敲进去约0.75g的邻苯二甲酸氢钾。

5. 记录敲入锥形瓶后称量皿的质量，计算第1只锥形瓶里的邻苯二甲酸氢钾质量。

6. 重复4-6的操作，完成称取基准试剂邻苯二甲酸氢钾的质量（3瓶）。

7. 用量筒分别加50mL无二氧化碳的水溶解。

8. 加2滴酚酞指示液。

9. 用配制好的氢氧化钠溶液滴定至溶液呈粉红色，并保持30s。记录滴定液用量（V_2）。

10. 做空白试验，记录滴定液用量（V_1）。

乳制品酸度
的测定

1. 称取 10g（精确到 0.001g）已混匀的试样，置于 150mL 锥形瓶中。

2. 加 20mL 新煮沸冷却至室温的水。

3. 加入 2.0mL 酚酞指示液。

4. 混匀后用氢氧化钠标准溶液滴定（标准溶液稀释 10 倍）。

5. 观察颜色变化，对照参比溶液。

6. 直到颜色与参比溶液的颜色相似，且 5s 内不消退，整个滴定过程应在 45s 内完成。

7. 记录数据。

记录和计算

氢氧化钠标准滴定溶液的标定报告单

测定依据：GB/T601—2016　　测定温度：22℃　　测定湿度：84%　　基准试剂：邻苯二甲酸氢钾

指示剂名称：10% 酚酞溶液　　样品名称：0.1mol/L 氢氧化钠溶液　　分析日期：2020.03.26

项目	测定次数	1	2	3
基准物称量	m（倾样前）/g	25.5711	24.8024	24.0464
	m（倾样后）/g	24.8024	24.0464	23.2982
	m（$KHC_8H_4O_4$）/g	0.7687	0.7560	0.7482
滴定管初读数 /mL		0.00	0.00	0.00
滴定管终读数 /mL		35.98	35.31	34.98
滴定消耗 NaOH 体积 /mL		35.98	35.31	34.98
空白 /mL			0.02	
c（NaOH）/mol/L		0.1047	0.1049	0.1048
$\bar{c}$（NaOH）/mol/L			0.1048	
相对极差 /%			0.1908	

计算氢氧化钠标准滴定溶液的浓度 $c(NaOH)$，单位 mol/L。计算公式

$$c(NaOH) = \frac{m \times 1000}{(V_1 - V_2) \times M}$$

式中：

m ——邻苯二甲酸氢钾质量，g；

V_1——氢氧化钠溶液体积，mL；

V_2——空白试验消耗氢氧化钠溶液体积，mL；

M——邻苯二甲酸氢钾的摩尔质量，g/mol[$M(KHC_8H_4O_4)$=204.22g/mol]。

允许误差：0.2%。

巴氏杀菌乳、灭菌乳、生乳、发酵乳、奶油和炼乳试样中的酸度数值以（°T）表示计：

$$X_2 = \frac{c_2 \times (V_2 - V_0) \times 100}{m_2 \times 0.1}$$

式中：

X_2——试样的酸度，°T（以 100g 样品所消耗的 0.1mol/L 氢氧化钠体积数计），mL/100g。

以重复性条件下获得的两次独立测定结果的算术平均值表示，结果保留三位有效数字。在重复性条件下获得的两次独立测定结果的绝对差值不得超过算术平均值的10%。

记录：

c(NaOH)=0.1048 mol/L

稀释 10 倍滴定

$m = 10.015g$　　$m = 10.005g$

$m = 10.012g$　　$V_0 = 0.02mL$

V_2=16.95mL　　V_2=16.80mL

V_2=16.85mL

代入公式：

X=17.6（°T）合格

茶叶中粗灰分的测定

实验前准备

1. 样品：茶叶。

2. 仪器和设备：高温炉（马弗炉）；分析天平（感量分别为 0.1mg）；瓷坩埚；干燥器；线圈电炉或电热板。

3. 试剂：盐酸（HCl）。

马弗炉

坩埚

电炉

瓷坩埚

检验步骤

1. 洗净的坩埚依次用沸腾的稀盐酸煮洗，自来水洗涤，蒸馏水冲洗。

2. 坩埚置马弗炉中，在（550±25）℃下灼烧30~60min。

3. 冷却至200℃左右，取出。放入干燥器中冷却30min。

4. 精确称重，记录空坩埚质量（m_2）。

5. 重复2-4步骤，至前后两次称量相差不超过0.5mg，为恒重。

6. 试样制备：试样茶叶磨粉。

7. 试样放入恒重的坩埚中，精密称重（空坩埚+试样，m_3）

8. 将坩埚置于电炉上，半盖坩埚盖，试样在通气的情况下逐渐炭化至无烟。

9. 用预热的坩埚钳将坩埚移至马弗炉中，坩埚盖搭在坩埚上。

10. 关闭炉门灰化4h左右。

11. 坩埚冷却至200℃左右，取出。放入干燥器中冷却至室温。

12. 精密称重（空坩埚+灰化试样，m_1），重复，9-11步骤，直至恒重，记录m_2。

数据记录表

空坩埚的质量 m_0/g				坩埚 + 试样 m_1/g	灰化后坩埚 + 试样 m_2/g			
1	2	3	恒重		1	2	3	恒重
55.4291	55.4287		55.4287	57.9287	55.5928	55.5925		55.5925

1. 分析

空坩埚：第 1 次 m_2=55.4291g   第 2 次 m_2=55.4287g

55.4291−55.4287=0.0004<0.5mg，所以 m_2=55.4287g（恒重值）

空坩埚 + 试样，m_3 m_3=57.9279g

灰化后空坩埚 + 试样，m_1 第 1 次 m_1=55.5928g   第 2 次 m_1=55.5925g

55.5928−55.5925=0.0003<0.5mg，所以 m_1=55.5925g（恒重值）

2. 代入公式计算

$$X = \frac{m_1 - m_2}{m_3 - m_2} \times 100$$

式中：

X_1——总灰分含量，g/100g；

m_1——灰化后灰分加空坩埚的质量，g；

m_2——空坩埚质量，g；

m_3——试样加空坩埚质量，g。

试样中灰分含量 ≥ 10g/100g 时，保留三位有效数字；试样中灰分含量 < 10g/100g 时，保留两位有效数字。

X=（55.5925−55.4287）/（57.9279−55.4287）×100=0.1638/2.4992×100=0.06554×100

  =6.6g/100g

3. 讨论：为什么结果是 6.6g/100g？

常见错误有：

（1）结果为 6.6，错误：缺少单位 g/100g。

（2）结果为 6.55g/100g，错误：没有搞清楚"计算结果保留两位有效数字"和"计算结果保留小数点后两位有效数字"的区别。

凯氏定氮法测定食品蛋白质含量

实验前准备

1. 样品：黄豆、鸡蛋、肉等

2. 仪器和设备：（1）天平：感量为 1mg；（2）定氮蒸馏装置；（3）消化炉（配套消化管）或定氮瓶。

3. 试剂：（1）硫酸铜（$CuSO_4 \cdot 5H_2O$）；（2）硫酸钾（K_2SO_4）；（3）硫酸（H_2SO_4）；（4）硼酸（H_3BO_3）；（5）甲基红指示剂（$C_{15}H_{15}N_3O_2$）；（6）溴甲酚绿指示剂（$C_{21}H_{14}Br_4O_5S$）；（7）亚甲基蓝指示剂（$C_{16}H_{18}ClN_3S \cdot 3H_2O$）；（8）氢氧化钠（NaOH）；（9）95% 乙醇（C_2H_5OH）。

4. 试剂配制

注：试剂配制要根据试剂的用量确定体积，可根据下面试剂配制进行增减。

（1）硼酸溶液（20g/L）；

（2）氢氧化钠溶液（400g/L）。

（3）甲基红乙醇溶液（1g/L）：称取 0.1g 甲基红，溶于 95% 乙醇，用 95% 乙醇稀释至 100mL。

（4）亚甲基蓝乙醇溶液（1g/L）：称取 0.1g 亚甲基蓝，溶于 95% 乙醇，用 95% 乙醇稀释至 100mL。

（5）溴甲酚绿乙醇溶液（1g/L）：称取 0.1g 溴甲酚绿，溶于 95% 乙醇，用 95% 乙醇稀释至 100mL。

（6）A 混合指示液：2 份甲基红乙醇溶液与 1 份亚甲基蓝乙醇溶液临用时混合。

（7）B 混合指示液：1 份甲基红乙醇溶液与 5 份溴甲酚绿乙醇溶液临用时混合。

5. 标准溶液配制：0.0500mol/L 硫酸标准滴定溶液或 0.0500mol/L 盐酸标准滴定溶液。

检验步骤

一、试样消化与制备

1. 试样碾磨，称取充分混匀的固体试样 0.2~2g，精确至 0.001g。

2. 试样移入干燥的消化管中。

3. 在消化管中加入 0.4g 硫酸铜、6g 硫酸钾及 20mL 硫酸。

4. 轻摇后放在消化炉中进行消，待内容物全部碳化，泡沫完全停止后，加强火力，并保持瓶内液体微沸。

5. 待液体呈蓝绿色并澄清透明后，再继续加热 0.5~1h。

6. 取下消化管放冷，小心加入 20mL 水；用少量水洗消化管，洗液并入容量瓶中，定容，混匀备用。

二、安装凯氏定氮装置

1. 仪器安装前，各部件需洗涤干净，所用橡皮管、塞须浸在 10%NaOH 溶液中，煮约 10min，水洗、水煮 10min，再水洗数次。

2. 按图装好定氮蒸馏装置（需要两人合作，安装时找好反应室和冷凝管的角度，勿大力扭曲，易造成与冷凝管连接处断裂）。

3. 向水蒸气发生器内（烧瓶）装水至 2/3 处，加入数粒玻璃珠，加甲基红乙醇溶液数滴及数毫升硫酸，以保持水呈酸性，加热煮沸水蒸气发生器内的水并保持沸腾。

三、蒸馏、吸收

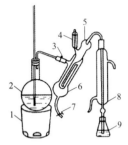

1—电炉;
2—水蒸气发生器（2L 烧瓶）;
3—螺旋夹;
4—小玻杯及棒状玻塞;
5—反应室;
6—反应室外层;
7—橡皮管及螺旋夹;
8—冷凝管;
9—蒸馏液接收瓶。

清洗仪器

1. 冷凝管（图中 8）下部放一烧杯，烧杯里放入蒸馏水，冷凝管（图中 8）尖部埋入蒸馏水中，不得漏气；反应室（图中 5）连接橡皮管和螺旋夹（图中 7）；反应室（图中 5）与水蒸气发生器（图中 2）以橡皮管和螺旋夹（图中 3）相连；废液排出口橡皮管（图 7）下端放置一个烧杯准备接收废液。

2. 立即加紧螺旋夹（图中 7），沿小玻杯（图中 4）加入蒸馏水约 10mL 进入反应室，盖紧小玻杯上的磨砂玻璃管（图中 4）；加热使蒸气从发生器（图中 2）进入反应室，连续蒸煮 5min，清洗反应室（图中 5），夹紧橡胶管（图中 3），由于气体冷却压力降低，反应室内废液自动抽到汽水反应室中（图中 5 与 6 的夹层），此时方可打开废液排出口螺旋夹（图中 7）放出废液。注：可根据实际情况连续清洗 2～3 次。

吸收

1. 取洁净的试样接收瓶（图中 9），向接收瓶内加入 10.0mL 硼酸溶液及 1～2 滴 A 混合指示剂或 B 混合指示剂，并使冷凝管的下端插入液面下。

2. 准确吸取 2.0～10.0mL 试样消化液，由小玻杯注入反应室（图中 4）；以 10mL 水洗涤小玻杯并使之流入反应室内，随后塞紧棒状玻塞；将 10.0mL 氢氧化钠溶液倒入小玻杯，提起玻塞使其缓缓流入反应室，立即将玻塞盖紧，并水封。

3. 夹紧螺旋夹（图中 7），开始蒸馏。蒸馏 10min 后将蒸馏液接收瓶（图中 9）的液面离开冷凝管下端，再蒸馏 1min。然后用少量水冲洗冷凝管下端外部，取下蒸馏液接收瓶（图中 9）。完成吸收。

4. 尽快以硫酸或盐酸标准滴定溶液滴定至终点，如用 A 混合指示液，终点颜色为灰蓝色；如用 B 混合指示液，终点颜色为浅灰红色。同时做试剂空白。

加水清洗

反应颜色（1）

反应颜色（2）

终点颜色

记录和计算

记录：
盐酸标准溶液的摩尔浓度 =1.0021moL/L；稀释 10 倍。
试样 m=2.5052g；定容到 100mL 容量瓶，取样 10.00mL
试样滴定的体积 V_1 分别 10.20mL、10.00mL、10.10mL
空白 V_2=0.02mL。
蛋白质含量 ≥ 1g/100g 时，结果保留三位有效数字；蛋白质含量＜ 1g/100g 时，结果保留两位有效数字。

结果计算

$$X = \frac{(V_1 - V_2) \times c \times 0.0140}{m \times V_3 \times 100} \times F \times 100$$

F——氮换算为蛋白质的系数，各种食品中氮转换系数 6.25

X=35.4（g/100g）；

大豆蛋白质含量为 35.4（g/100g）。